Postfix
郵件系統建置手冊

雲中誰寄綿書來

1971 年，第一封網路郵件透過 ARPANET 在兩台並排的機器之間進行傳遞，從此，開啟了人類運用電子郵件互通訊息的序幕。

隨著網際網路的發展，電子郵件越來越重要，也改變了人們工作的方式。現今，許多單位若沒有電子郵件，甚至不能運作。許多自由軟體專案，靠著電子郵件（稱為郵遞論壇）聯繫散佈在世界各地的開發者。這些開發者，雖未曾謀面，但卻能透過電子郵件互相溝通訊息、協同合作地開發專案。由於專案的開發速度非常快，吸引更多的使用者和開發者加入，形成龐大的社群（群聚效應），專案規模不但呈現暴炸性地成長，而且大部份都能獲得巨大的成功。這種「參與-回饋-成長」的開發模式，顛覆了以往由單一公司封閉地開發軟體的發展方式，不論就開發速度、軟體品質、使用人口數以及產出的經濟規模等等，都更勝於以往。最著名的例子便是 Linux。Linux 甚至在全世界帶起一股自由軟體的風潮，其影響力至今仍然沒有停歇。

傳遞電子郵件最初使用的是擴展型的 FTP 協定，1982 年，RFC 821 提出了 SMTP（Simple Mail Transfer Protocol）做為傳遞電子郵件的標準協定。一直到今天，SMTP 仍然是傳遞電子郵件的重要設計基礎。

多來年，不管網際網路如何發展，電子郵件仍然是殺手級的應用（想想看，若沒有 Gmail，Google 的市佔率會如何？），最主要的原因是，它背後支持的 SMTP 協定十分簡單；由於簡單，容易實作，應用自然廣泛。

第一代祖父級的郵件系統，當推 Sendmail。Sendmail 的前身是 ARPANET 時代的 delivermail，作者是柏克萊大學的 Eric Allman。1983 年 Allman 改寫 delivermail，推出 Sendmail，附在 BSD 4.1c 中，這也是第一次採用 TCP/IP 的 BSD 版本。後來，Sendmail 變成大多數 UNIX-like 系統預設的郵件傳遞程式。Sendmail 的特色是，其功能相當具有彈性，能應付各種複雜的網路環境。

不過，在 Sendmail 出現的年代，網路不大，大多數是學院和軍事單位，彼此是以善意和信任為基礎互相連接。也就是說，Sendmail 一開始並不是以安全為主要的

設計考量（當時並沒有重視程式安全的氛圍）。1988 年 11 月，爆發了全世界第一起透過網際網路發動網虫攻擊的 Morris 事件，這隻由學生（Morris）所寫的網虫，利用 Sendmail 以及一些軟體的漏洞（finger/rsh/rexec），輕易地就重創了當時的網際網路。據估計，大約有 6000 部主機遭受到 Morris 網虫的連鎖入侵。這起事件，對後來產生了兩個重要的影響。其一，Morris 網虫讓美國國防部高級研究計劃署（DARPA）驚覺到：網際網路必須要有緊急反應資安事件的能力才行，於是，後來成立了 CERT Coordination Center（CERT/CC，網路危機處理協調中心）。其二，在那之後，許多人開始循著 Morris 網虫的攻擊模式，不斷地發掘和利用各種 Sendmail 潛藏的漏洞，對網路上的主機進行攻擊。於是 Sendmail 的開發者只好不斷地修補漏洞並增強功能（無法重新改寫架構）。不過，由於其架構一開始並不是以安全為設計考量，實在很難杜絕程式的漏洞，於是乎，Sendmail 就在其增強功能以及不斷地修補漏洞的交互作用下，變成今日這種非常複雜的樣子。1993 年，第一版 Sendmail 的聖經出版（書本封面圖是一隻倒掛的蝙蝠，俗稱蝙蝠書），2007 年，第四版的蝙蝠書竟厚達 1312 頁（筆者在 1998 年 3 月購得的第二版厚達 1021 頁）。研究 Sendmail 的發展歷程，我們不難發現：Sendmail 的長處正是其弱點所在。Sendmail 以單一的程式體來處理各種可能的郵件傳遞路徑，不但設定非常複雜，而且變得十分難以理解，因為它的設定檔的語法，主要是設計要給 Sendmail 主程式讀取的，而不是給人看的。許多郵件系統管理者，經常需要自訂郵件傳遞規則，但卻往往不得其門而入。就算買了書，研究了老半天，仍然不容易看懂，最後只能喟然長嘆，此真乃天書也。因此，一直以來，設計開發一套足以替代 Sendmail 的郵件傳遞系統，便成了許多有志之士的偉大夢想。

第一個以安全為設計考量，而且能代替 Sendmail 的郵件傳遞程式是 qmail。1995 年，qmail 的作者 Daniel J. Bernstein 開始設計一個比 Sendmail 更安全的軟體。2007 年 11 月，qmail 改以 public domain 的授權方式推出，這十年間，作者曾懸賞 500 美金要頒給第一個發現 qmail 資安漏洞的人，後來更加碼到 1000 美金，但至今仍然無人領取，由此可見，qmail 在安全設計上的卓越之處。qmail 是繼 Sendmail 之後，第二個廣為流行的郵件傳遞程式。不過，qmail 和 Sendmail 已成為郵件系統不成文標準的運作方式並不完全一致。qmail 在設計上有許多創舉。例如：Maildir 格式、Wildcard 信箱、QMTP 和 QMQP 協定等等。在設計架構上，qmail 也和 Sendmail 單一執行體的設計模式截然不同，qmail 幾乎是徹底的模組化。各種主要的功能，不但是以模組的方式分開執行（模組之間互不信任），而且，新設計好的模組可以立刻代替舊的模組，並不會影響整體的功能和安全性，這實在是非常全安、優秀的設計；但可惜的是，美中不足的，qmail 的入門和使用並不容易。

大約和 qmail 同時，1995 年，在劍橋大學服務的 Philip Hazel 開始設計 Exim
（EXperimental Internet Mailer）。這是第二個能夠替代 Sendmail 的郵件傳遞程式。
Exim 的前身是 Smail。雖然 Exim 的設計架構和 Sendmail 一樣，都是單一的程式
體，但 Exim 發生資安漏洞的記錄卻很少。至今，著名的老牌子 Linux 套件
---Debian，其預設的郵件傳遞程式便是 Exim。

1998 年初，任職於 IBM Watson 研究中心的 Wietse Venema（著名的 TCP
Wrapper/SATAN 軟體的作者）為 IBM 設計 Vmail（IBM Secure Mailer）。這原
本是個半年期的計劃，後來（1998 年 11 月）改名為 Postfix。1999 年 6 月 27 日，
Postfix 改用 IBM 自由軟體授權協議（IBM Public License v1.0）發行。由於 Postfix
繼續沿用 Sendmail 的特性（例如 aliases、.forward、sendmail、mbox），足以完
全取代 Sendmail，而且，Postfix 的設定十分容易，管理人員上手的門檻不高，最
重要的是，Postfix 採取模組的方式設計系統元件，運作非常穩定，幾乎沒有安全
漏洞，因此，短短幾年的時間，Postfix 便迅速受到大多數人的歡迎，變成一個十
分重要的郵件傳遞系統。可以說，當初極力發展足以替代 Sendmail 的夢想，至此，
幾乎已完全實現（和 Sendmail 相容、設定簡單、注重安全、運作穩定）。2009 年
3 月 20 日，自由軟體基金會（The Free Software Foundation）把 2008 年年度自由
軟體大獎頒給了 Wietse Venema，以表彰 Wietse Venema 在程式安全和 Postfix 方
面的重大貢獻。

1995 年之前，筆者第一次接觸到 Sendmail 時，對 Sendmail 如此複雜的設定十分
驚訝，當時心想：「這是哪門子的怪東西，這是給人用的嗎？」，一直到 1996
年底/1997 年初，玩到 RedHat 4.0/4.1（當時是使用 Sendmail 8.8.4），才對 Sendmail
的架構和想法有點初步的認識。後來，無意中發現 Postfix，立刻找一部主機架設
起來，對 Postfix 那種安裝容易、設定簡單的方式，驚為天人。從那時候開始，筆
者便迷上了 Postfix，逢人便道 Postfix 的好。多年來，筆者一直想寫點關於 Postfix
的東西，剛好，本書的編輯莊吳行世先生來信徵詢筆者是否想寫 Postfix 的書，筆
者不揣淺陋，毫不猶豫，便一口答應下來（雖然明知這是件大工程，而個人能力
實在有限！）。這便是本書的由來。

筆者才疏學淺，純以興趣發端，若有錯誤之處，尚祈各位先進來信斧正。

OLS3 臥龍小三

ols3@lxer.idv.tw

如何閱讀本書

本書採循序漸進的方式編排,前面的內容是瞭解後面章節必備的基礎。欲入門郵件系統管理者,建議應由第 1 章開始讀起,讀畢前 4 章,對如何設定管理 Postfix,應該就有了基本的認識;對 Postfix 已有基礎能力的讀者,可直接跳讀第七章。

以下是本書各章的重點介紹。

第 1 章:說明 Postfix 的起源,Postfix 在傳遞郵件過程中所扮演的工作角色。

第 2 章:說明在架設郵件主機之前必備的項目、安裝 Postfix 的方法、啟用 chroot 的設定。筆者在本章有提供一支可自動編譯安裝 Postfix 的 script 程式,不但安裝快速,而且,將來若要升級 Postfix,也很容易。請參考本書附檔內容。

第 3 章:介紹 Postfix 的基本設定管理,包括:Postfix 的目錄結構、主要設定檔 main.cf 的格式、支援 IPv6 的設定、Postfix 正常運作必要的基本設定項、Postfix 的第一層防護機制:postscreen 的架設法、對照表的觀念和用法、別名檔、樣式表、系統記錄檔、簡易佇列管理。這一章可說是入門 Postfix 的重點基礎,請讀者務必精讀。

第 4 章:介紹伺服器控制檔 master.cf 的格式和設定方法、架設郵件閘道器的方法、如何執行外部程式、pipe 的用法詳解。這一章協助讀者具備自訂服務行程的能力。

第 5 章:介紹郵件系統基礎概念。這章的重點有三:一、郵件系統的基本組成;二、認識 SMTP 簡易郵件傳輸協定;三、瞭解網際網路信件格式。重點二是瞭解第 9 章必備的基礎,重點三是瞭解第 8 章以及相關章節的基礎。

第 6 章:介紹網域名稱系統的基礎知能(DNS)。由於 DNS 與郵件系統能否正常運作習習相關,因此,讀者對本章的內容務必要精熟才行。本章,筆者亦介紹了 DNS/IPv6 以及加入 Google 郵件代管服務的設定方法。另外,筆者提供一支 DNS 自動產生器,可幫助讀者快速架設 DNS Server。

第 7 章:介紹 Postfix 的系統架構、說明 Postfix 如何接收郵件、如何傳遞郵件、Postfix 的運作主體、Postfix 背後運作的細節、各子系統行程的運作方式。這一章是進階 Postfix 的分水嶺,請讀者務必耐心閱讀。

第 8 章:介紹 Postfix 的郵件位址分類、改寫郵件位址的方法、相關的對照表。這是彈性調整 Postfix 必學的一章。

第 9 章：介紹 Postfix 第二層防護機制，即：郵件轉遞與收信控制，其中「SMTP 傳入限制列表」是重點中的重點，只要設妥限制列表和灰名單，立即就能發揮阻擋垃圾郵件的功效，若和第 2 章介紹的 postscreen 結合起來，效果更是驚人，三者合力大約可以擋掉將近百分之九十的垃圾郵件。本章另有介紹備援 MX 郵件主機的設定方法。

第 10 章：介紹 Postfix 的第三層和第四層防護機制－內容過濾與垃圾郵件控制。這一章深入說明 Postfix 支援內容過濾的機制、結合 Postfix/amavisd-new/SpamAssassin/ClamAV 的方法。對付那剩下百分之十的垃圾郵件就靠這一章啦。

第 11 章：介紹 Milter 過濾機制、驗證寄件者來源、架設回報系統。本章三大重點是 DKIM/SPF/DMARC，其中，DMARC 對防堵詐欺郵件非常有效。目前各大郵件服務業者、社群網站大都已支援 DMARC，例如：Yahoo、Gmail、Twitter。

第 12 章：介紹 Postfix 佇列運作原理、維護管理方法。

第 13 章：介紹本機投遞作業、信箱格式設定管理、自動回覆信件。

第 14 章：介紹 POP3/IMAP 下載信包系統。架設 IMAP Server：Dovecot 是本章的重點。

第 15 章：介紹基礎密碼學原理、TLS、自建 CA、建立金鑰、核發主機憑證、設定 Postfix/TLS、建立加密安全的傳輸通道。

第 16 章：介紹 SMTP 授權認證。結合 Postfix/SASL/TLS，讓單位組織的行動用戶就算在網域外，只要經過授權，仍然可以利用域內的主機幫忙轉遞郵件。

第 17 章：介紹虛擬網域/多網域郵件系統的架設方法。

第 18 章：介紹 Postfix 和資料庫結合在一起的方法。

第 19 章：介紹 Postfix 和 OpenLDAP。17、18、19 三章，是架設大型郵件系統的入門功夫。

第 20 章：介紹 Postfix 除錯、郵件佇列瓶頸分析、調整 Postfix 收發郵件效能、分析郵件記錄檔的好工具。這一章主要是說明管理 Postfix 者必備的基本態度和原則方法，有許多實務的經驗在其中。

以上便是本書各章的重點，只要能按序閱讀、動手實作，假以時日，相信讀者必可晉升為 Postfix 的高手。

關於本書範例和用語

本書中所有的範例程式和資料檔，可到以下位址下載：

```
http://postfix.ols3.net/DL/postfix-103-v2.tgz
```

本書使用以下示範用途的網域名稱：

1. example.com/example.net/example.org：RFC 2606 保留做為文件說明用途的網域名稱。

2. root.tw、ols3.net、lxer.idv.tw：筆者專屬的網域名稱。

讀者遇到上述域名時，請修改成您可以適用的網域名稱，切勿照抄。

另外，為方便溝通，不產生誤解，以下是本書經常用到的中英文名稱對照表，位址在：

```
http://postfix.ols3.net/pbook-words.html
```

本書的服務網址：http://postfix.ols3.net。

目錄
CONTENTS

Chapter 1　Postfix 簡介

1.1　關於 Postfix 1

1.2　Postfix 的角色 3

1.3　如何下載取得 Postfix 4

1.4　參與 Postfix 6

1.5　Postfix 的操作示範平台 7

Chapter 2　Postfix 快速架設、立即上手

2.1　準備環境 9

2.2　在 Debian Linux 架設 Postfix 15

2.3　在 OB2D Linux 架設 Postfix 19

2.4　在 Fedora 架設 Postfix 19

2.5　在 FreeBSD 架設 Postfix 21

2.6　在 OpenBSD 架設 Postfix 23

2.7　使用原始碼編譯安裝 Postfix 26

2.8　使用 chroot 環境運行 Postfix 32

2.9　檢測 Postfix 34

Chapter 3　Postfix 基本設定管理：main.cf

3.1　Postfix 的預設目錄 41

3.2　Postfix 的設定檔 42

3.3　main.cf 基本的設定項 49

3.4　啟用 Postfix 的第一層防護 67

3.5　對照表的觀念和用法 74

3.6 別名檔 84

3.7 樣式表 89

3.8 系統記錄檔 91

3.9 簡易佇列管理 93

3.10 自訂信件投遞狀態通知信 95

3.11 操控 Postfix 的方法 99

Chapter 4　Postfix 的服務設定檔：master.cf

4.1 master.cf 的用途和格式 101

4.2 自訂 Postfix 的服務，以郵件閘道器為例 108

4.3 執行外部程式、接收郵件資訊 111

4.4 pipe 用法詳解 114

Chapter 5　郵件系統基礎概念

5.1 郵件系統的基本組成 121

5.2 RFC 標準 124

5.3 SMTP 簡易郵件傳輸協定 133

5.4 網際網路信件格式 147

Chapter 6　MTA 和 DNS 的關係

6.1 DNS 基本概念 154

6.2 在 OB2D/Debian Linux 安裝 BIND 162

6.3 在 Fedora 安裝 BIND 165

6.4 在 FreeBSD 安裝 BIND 166

6.5 在 OpenBSD 安裝 BIND 168

6.6 使用原始碼自行編譯 BIND 169

6.7 DNS 的 Zone files 簡介 170

6.8 維護 Zone files 185

6.9 DNS 工具簡介 191

6.10 決定郵件路由的方法 198

6.11 為網域設定多部郵件交換器 201

Chapter 7　Postfix 的發展理念和系統架構

7.1　Postfix 的發展理念和目標 205

7.2　Postfix 的系統架構簡介 207

7.3　Postfix 如何接收郵件 212

7.4　Postfix 如何傳遞郵件 215

7.5　Postfix 的運作主體 220

7.6　Postfix 背後運作的細節 222

Chapter 8　改寫郵件位址

8.1　Postfix 改寫郵件位址的目的 229

8.2　Postfix 的郵件位址分類 232

8.3　接收郵件時的位址改寫工作 234

8.4　投遞郵件時的位址改寫工作 246

Chapter 9　郵件轉遞與收信控制

9.1　Postfix 的轉遞控制 253

9.2　Postfix 的收信限制 257

9.3　SMTP 傳入限制列表 260

9.4　限制條件列表的設定示範 270

9.5　個別化設定與限制類別 283

9.6　限制條件列表的命令總整理 287

9.7　使用灰名單（greylisting）阻擋垃圾郵件 291

9.8　設定 Postfix 擔任 MX 主機，幫其他網域主機轉信 297

9.9　設定 Postfix 擔任 MX 備援主機 300

9.10　架設郵件閘道器 302

9.11　架設 ETRN 服務主機 303

9.12　DSN 服務控管 306

Chapter 10　內容過濾與垃圾郵件控制

10.1　關於 Postfix 的內容過濾 311

10.2　使用 Postfix 內建的過濾機制 313

10.3 使用外部程式過濾郵件 333

10.4 使用 SMTP proxy 過濾郵件 348

Chapter 11 Milter 過濾機制與寄件者驗證

11.1 Milter 過濾機制 353

11.2 架設 DKIM/OpenDKIM 357

11.3 架設 SPF 370

11.4 架設 DMARC 391

Chapter 12 佇列設定管理

12.1 佇列運作原理 407

12.2 Postfix 的佇列管理工具 415

12.3 佇列分析工具 423

12.4 和佇列相關的設定項 425

Chapter 13 本機投遞作業和信箱格式設定管理

13.1 Postfix 的投遞程序 434

13.2 設定本機信箱 439

13.3 mbox 的信箱格式 442

13.4 分解 mbox 信箱檔 445

13.5 maildir 信箱格式 451

13.6 自動回覆信件 453

Chapter 14 下載信包系統

14.1 POP 和 IMAP 455

14.2 架設 POP3 Server：popa3d/akpop3d 458

14.3 架設 IMAP Server：使用 Dovecot 套件 465

14.4 使用原始碼編譯安裝 Dovecot 476

Chapter 15　建立 Postfix 的主機憑證和金鑰

15.1　TLS 和憑證 481

15.2　自建憑證管理中心（CA） 488

15.3　建立 Postfix 的主機憑證和金鑰 496

15.4　佈署 Postfix 的站台憑證和私鑰檔 500

Chapter 16　SMTP 授權認證

16.1　關於 SMTP 授權認證 509

16.2　設定 SMTP AUTH：使用 Dovecot SASL 511

16.3　設定 SMTP AUTH：使用 Cyrus SASL 517

16.4　設定 Postfix 擔任 SASL Client 527

Chapter 17　架設虛擬網域 / 多網域郵件系統

17.1　關於虛擬網域郵件系統 533

17.2　架設虛擬別名網域郵件系統 536

17.3　架設虛擬信箱網域郵件系統 540

17.4　單純轉信域名 545

Chapter 18　Postfix 和資料庫設定管理

18.1　Postfix 和資料庫 547

18.2　實例應用一：以轉信功能為例，說明連線設定檔的格式 550

18.3　實例應用二：判斷收件者是否存在 560

18.4　實例應用三：虛擬信箱網域郵件系統 562

Chapter 19　Postfix 和 LDAP 設定管理

19.1　Postfix 和 LDAP 567

19.2　以實例介紹 LDAP 入門 568

19.3　LDAP 查表的方法 585

Chapter 20 Postfix 瓶頸分析與效能調整

20.1 Postfix 除錯 593

20.2 郵件佇列瓶頸分析 600

20.3 Postfix 自動調整負載壓力 608

20.4 手動調整負載壓力的設定 612

20.5 Postfix 效能調整 615

20.6 郵件記錄檔分析 622

Postfix 簡介

1.1 關於 Postfix

什麼是 Postfix？ Postfix 是一個郵件傳遞程式（Mail Transfer Agent，以下簡稱 MTA），採用自由軟體的授權協議，可自由免費地使用，其功能足以代替廣為流行的 Sendmail。Postfix 的作者是 Wietse Venema，該軟體的前身是一個半年期的安全郵件計劃，當時 Wietse Venema 任職於 IBM Thomas J. Watson 研究中心。

註解
1-1-1

雖然 IBM 曾贊助 Postfix 的開發，但並沒有控制 Postfix 的發展，最終，Postfix 以 IBM Public License v1.0（簡稱 IPL）的授權協議發行，這也是 OSI（Open Source Initiative）認可的自由軟體授權。由於 IPL 在軟體專利上做了一些保護原始碼貢獻者的限制條款，因此，和自由軟體基金會的 GPL 授權協議並不相容，雖然如此，Postfix 仍然是一種自由軟體。
IPL 的網址：http://www.opensource.org/licenses/ibmpl.php

Postfix 的發展目標是效能、易於設定管理、以及安全。雖然 Postfix 和 Sendmail 的功能相容，運作時看起來一樣，但其實，骨子裡，卻是和 Sendmail 完全不同。

和 Sendmail 相容，使用 Sendmail 的管理者就可以放心地把郵件系統移植到 Postfix，不必擔心移植後的郵遞服務有所殘缺；骨子裡和 Sendmail 的設計方式不同，正是吸引我們使用 Postfix 的最大原因，光是以設定輕鬆這一點來看，就非常值得了。

使用 Postfix 有多簡單呢？ 通常只要維護兩個設定檔即可（main.cf、master.cf）。若沒有特別需求的話，甚至只要維護主要設定檔（main.cf）就夠了，入門非常容易，管理更是輕鬆。若管理者想調整郵件存取政策（access policy），方法十分簡單。Postfix 高達數百個的設定選項任君採用，極具彈性。若不想費心設定，通常使用預設值，Postfix 就可以運作得很好。

另外，Postfix 非常注重安全，內部的設計方式，可消弭常見的漏洞攻擊手法，而且，應付嚴苛的運作環境也很有一套，Postfix 對各種可能的軟硬體問題，都能預先妥善安排，避免對系統造成傷害，或把傷害程度降到最低。

註解
1-1-2

Postfix 支援 chroot，這種機制，可把 Postfix 的行程完全限制在某一個目錄中，以極低的權限運作，就算不幸被入侵，仍能保護在該目錄以外的檔案系統，避免被 cracker 控制。

Postfix 相較於其他 MTA，出現的年代比較晚。常有人問，既然都有 Sendmail 和 qmail 了，為何還要重新開發一個 MTA？《人月神話》的作者曾說過一句名言：「所有程式設計師都是樂觀主義者」，正因為不滿意現況，相會一定會有更完美的結局，才會出現 Postfix。

註解
1-1-3

在某次專訪中被問到這個問題時，作者回應：當他在尋找程式設計專案時，一開始，郵件系統並不是他想要做的主題，因為既然已經有了 Sendmail 和 qmail，誰還會想要花時間再去寫出另一個來？不過，由於 Postfix 是由前一個專案轉變過來的，在無法以修改現成系統的方式下符應需求，作者只好選擇重新開發。《人月神話》是一本闡述軟體專案管理的書，作者是 Frederick P. Brooks, Jr.，他以管理開發 OS/360 而聞名。

以下，筆者列出 Postfix 和其他幾個 MTA 的比較表：

表 1-1-1：Postfix 和其他 MTA 的比較

MTA 名稱	授權方式	出現年代	設計方式	是否以安全為主要設計目標	安全記錄	入門容易程度	設定檔難易程度	功能面	效能	具 Sendmail 運作行為
Sendmail	Sendmail License	1983	單一程式體	否	差	難	非常困難	齊全	差	當然
qmail	Public Domain	1995	模組式	是	甚佳	最難	不易	齊全	佳	部份
Exim	GPL	1995	單一程式體	有加強安全考量	良好	易	易	齊全	中等	是
Postfix	IBM Public License	1998	模組式	是	甚佳	易	最容易	齊全	佳	是

由此表可知，不管從哪一個方面看，Postfix 均是上上之選。筆者要說：只要用過 Postfix，保證你會上癮！ 所以啦，您還在等什麼呢？趕快加入 Postfix 的行列吧！ :-)

1.2 Postfix 的角色

在現實生活中,寄件者寄出實體信件後,接下來,就是郵局的工作了,郵局的郵務系統和郵差會負責把這封信傳遞到收件者的手中。電子郵件也是一樣,寄件者使用寫信軟體寄出電子郵件,這個寫信軟體會把信件傳遞到某一個預先指定的郵遞伺服器,一旦此伺服器願意收下信件,郵遞伺服器便會負責把信件轉遞到收信者的信箱。Postfix 的角色,就是擔任這個郵遞伺服器的工作。

圖 1-2-1 是傳遞電子郵件的基本過程。寄件者 jack@example.com 寄出一封電子郵件給收件者 mary@pbook.ols3.net,jack 使用的寫信軟體(MUA)會把這封信,傳遞到預先指定的郵遞伺服器 mail.example.com,這部伺服器(MTA)在進行一些必要的檢查之後,若願意代轉來自 jack 的信件,便會收下信包,查詢收件者所屬的郵遞伺服器(mail.ols3.net),然後將信包傳遞給該伺服器。mail.ols3.net 收下信包後,會將信件交給主機內部的投遞程式(MDA),由投遞程式存入收件者的信箱。

一般來說,mail.ols3.net 這部主機,還會再架設一套可供使用者下載信件的伺服器程式,例如 POP3 Server 或 IMAP Server,如此一來,收件者 mary 便可不定時地使用讀信程式,連接至伺服器 mail.ols3.net,從而順利地取得 jack 寄來的信件。

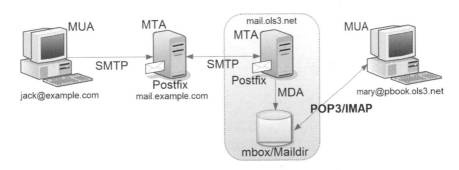

圖 1-2-1:郵件傳遞過程

在上述過程中,我們可以發現:在傳遞郵件的過程中牽涉到許多程式元件,這些元件彼此能夠協同合作地傳遞信件,像這樣的系統,我們稱之為網際網路電子郵件系統。

如圖 1-2-1 所示,在電子郵件系統中,有三個基本元件特別重要,欲成為一位稱職的郵件系統管理者,就得先從了解這三個基本元件開始。茲說明如下:

- 在使用者端：可供使用者寫信、寄信、收信用的軟體，稱為 Mail User Agent，簡稱 MUA。常見的 MUA，例如：Thunderbird、Outlook、Pine、elm 以及各種 Webmail 程式等等。

- 在伺服器端：負責轉送信包的郵件傳遞程式，稱為 Mail Transfer Agent，簡稱 MTA。例如 Postfix、Sendmail、qmail、Exim，等等。

- 郵件投遞程式：負責把信件存入郵件主機的檔案系統，稱為 Mail Delivery Agent，簡稱 MDA。郵件存入的檔案或目錄，具有特殊的格式，稱為信箱（Mailbox）。有些 MTA 套件附有 MDA 程式，例如 Postfix 內建的 MDA 叫 local。大部份 MTA，可自由選擇搭配其他 MDA 程式，例如 procmail 或 maildrop。

另外，有些 MTA（例如 Sendmail/Postfix）會再獨立出來一項功能，即把 MUA 傳遞過來的信件，交給一個稱為 MSA（Mail Submission Agent）的元件來負責接收。MSA 可以接替 MTA 檢查傳入的信件格式是否完整，也可以幫忙處理授權認證，以及資訊安全方面的檢查動作。往後我們會補充說明，如何在 Postfix 中建構 MSA 的收信機制（請參考 3.4 節，設定 postscreen 的步驟 7）。

1.3 如何下載取得 Postfix

◉ Postfix 的授權協議

Postfix 是自由軟體，採用 IBM Public License v1.0 的授權協議，這是 OSI 認可的自由軟體授權。雖然和自由軟體基金會的 GPL 授權協議並不相容，但並不妨礙 Postfix 以自由軟體的方式和精神來散佈使用。

◉ 關於 Postfix 的版本

目前 Postfix 的開發工作分成三條路線，一個是正式發佈的穩定版，另一個是具有測試性質的實驗版，第三個則是尚未具有產品品質的不穩定版。

穩定版只會修正臭虫和改善平台可攜性的問題，並不會增添新功能；新功能是在實驗版本中進行測試。實驗版的程式碼，試驗一段時日之後，若沒有什麼大問題，就會變成下一個穩定版。雖然實驗版經常變動，不過，在作者的主機中都有實際

運作過，因此，仍具有產品化的品質。當然，若要做為正式用途，筆者還是建議
選用穩定版會比較安心。至於不穩定版，則是包含重大變革的版本，經過充份的
測試之後，才會變成下一個實驗版。不穩定版偶爾才會出現，平時多以穩定版和
實驗版為主。

Postfix 正式版的版次採用 a.b.c 的格式，其中，a 代表主要版本編號，b 代表次要
版本編號，c 則是代表修補版次的編號；實驗版的版次採用 a.b-yyyymmdd 的格
式，a、b 代號的意義同正式版，yyyymmdd 則是實驗版的推出日期；不穩定版的
版次，採用 a.b-yyyymmdd-nonprod 的格式，其中 a、b 代號的意義同實驗版，
yyyymmdd 則是推出日期。

筆者撰寫本書時，Postfix 最新的穩定版是 2.11.1（檔名 postfix-2.11.1.tar.gz），
實驗版是 2.12 Snapshot 20140907（檔名 postfix-2.12-20140907.tar.gz），不穩定
版則是 2.12-20140907-nonprod。

◎ 取得 Postfix

大多數 Linux/BSD 平台，都有提供已編譯好的 Postfix 套件，例如：Debian、
Ubuntu、SUSE、CentOS、RedHat、FreeBSD、OpenBSD，等等。只要使用這些
平台的套件管理程式（例如 rpm、dpkg、synaptic、yum、BSD 平台的 pkg_add），
很快地就可以把 Postfix 安裝好。

如果您選擇自行編譯安裝 Postfix，可由 Postfix 的 mirror 站台下載 Postfix 的原始
碼，位址如下：

    http://www.postfix.org/download.html

台灣有兩個正式的 mirror 站台：

    ftp://postfix.cdpa.nsysu.edu.tw/Unix/Mail/Postfix/index.html

    http://ftp.cs.pu.edu.tw/Postfix-source/index.html

1.4 參與 Postfix

不管是 Postfix 的使用者或是開發者，Postfix 的郵遞論壇（Mailing Lists）都極具參考價值。若有 Postfix 的相關問題，皆可在郵遞論壇上和他人交流意見，但請遵守論壇常規禮儀，並保持良好的發言風度。

Postfix 目前有四個郵遞論壇，分別是：

- postfix-announce：Postfix 消息發佈區
- postfix-users：Posfix 使用者交流區
- postfix-users-digest：Postfix 使用者交流區的摘要
- postfix-devel：Postfix 開發者區

訂閱論壇的方法如下：

寫一封電子郵件，寄到 majordomo@postfix.org，信件的內容填入以下其中之一，即可訂閱該論壇：

```
subscribe postfix-announce
subscribe postfix-users
subscribe postfix-users-digest
subscribe postfix-devel
```

信件寄出後，隔不久會收到一封確認信，然後按其中的指示回傳信件（信件內容包含「auth 授權碼 論壇名稱 你的電子郵件」），稍待一會兒之後，便可訂閱成功。

取消訂閱論壇的方法如下：

一樣寫一封電子郵件，寄到 majordomo@postfix.org，信件的內容填入以下其中之一，即可取消該論壇：

```
unsubscribe postfix-announce
unsubscribe postfix-users
unsubscribe postfix-users-digest
unsubscribe postfix-devel
```

若想查看過去的論壇內容，可使用瀏覽器直接觀看以下位址：

http://archives.neohapsis.com/archives/postfix/

http://marc.info/?l=postfix-users

1.5 Postfix 的操作示範平台

由於 Linux/BSD 等平台為數眾多，本書無法一一列舉，因此只能擇一說明。筆者選用 Debian Linux 7.5（代號 Wheezy），來做為本書的操作示範平台。選用 Debian 最主要的原因是，Debian Linux 是自由軟體，可免費使用，擔任伺服器非常穩定，資安記錄良好，套件數夠多，而且支援全中文的圖型安裝介面，易學易用，只要安裝一次，往後可無限升級。

讀者可到以下位址下載 Debian Linux 的 ISO 檔：

http://www.debian.org/CD/http-ftp/

http://ftp.tw.debian.org/debian-cd/

http://ftp.twaren.net/Linux/Debian/debian-cd/

燒錄後，用光碟片開機，選中文圖型安裝介面，即可安裝成功。

如果想要快速架設 Debian-like 的系統，可考慮使用筆者維護的 OB2D（和 Debian 相容），下載位址：

OB2D：http://sourceforge.net/projects/ob2dlinux/

OB2D 的安裝說明，請參考：http://b2d.ols3.net/ob2d-2013-v1-readme.html，大約只要 10 分鐘即可安裝完畢。

雖然本書選用 Debian Linux 做為操作示範平台，但針對 Postfix 所做的各項設定，仍可在其他 UNIX-like 平台上運用，和所選用的平台無關。

Postfix 快速架設、立即上手

2.1 準備環境

◉ 必備項目

在架設 Postfix 之前,有些項目,讀者必須先備齊。

首先,要有一部連通網際網路的主機,裝妥一套 UNIX-like 的網路作業系統,例如 OB2D、Debian、Ubuntu、SUSE、CentOS、RedHat、FreeBSD、OpenBSD,等等。其次,最好要有固定的 IP 位址(Internet Protocol Address),正式登錄的完整主機網域名稱(FQDN,例如 pbook.ols3.net),而且,此固定 IP 位址和主機名稱之間的「DNS 正反解」對應,也要正確才行。

關於 DNS 正反解,請洽詢主機所屬單位的 DNS 管理人員(可能是您自己的單位或 ISP)。

這些項目準備好了之後,就可以正式上路了!:-)

◉ 檢查準備環境

檢查網路組態

主機的網路組態是否設妥,至關重要。若無法連通網際網路,一切枉然。因此,第一步,便是檢查設定是否正確可用。

網路組態至少應包括:網路介面(interface)、主機位址(IP)、網路代表號(network)、網路遮罩(netmask)、廣播位址(broadcast)、路由器位址(router)、DNS 伺服器的指向,等等。

檢查方法，說明如下：

1. **檢查網路介面**

   網路介面是連通網路的實體（以下簡稱「網卡」），主機必須正確載入網卡的驅動程式（driver）才行，以 Linux 來說，此種驅動程式，稱為核心模組。查看主機中，目前有哪些網路介面，最簡單的指令是 ifconfig。

   用例：

```
sudo ifconfig -a
選項 -a 可列出所有的網路介面。
```

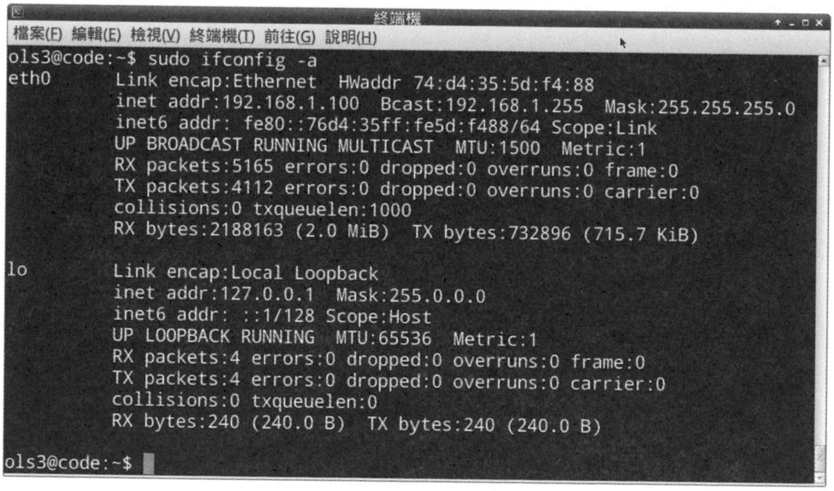

圖 2-1-1：ifconfig -a 列出所有的網路介面

如圖 2-1-1，該主機目前有效的網路介面有 eth0 和 lo。其中，lo 是 loopback 的簡稱，這是一種虛擬的網路介面，可供測試之用。許多網路軟體都需要這個介面，才能正常作用，因此，lo 是不可或缺的（少了 lo 就不正常）。

eth0 代表 ethernet 的網卡，0 是第一片。實際上，在本例中，最要關注的網路介面，就是 eth0（其他如 eth1、eth2 亦可）。

使用以下指令，列出 eth0 的組態：

```
sudo ifconfig eth0
```

接著，檢查 eth0 是使用哪一個核心模組驅動起來的：

```
dmesg | grep eth0
```

這裡把 dmesg 的執行結果，透過管線交給 grep，找出包含關鍵字 eth0 的系統訊息，用例結果如下：

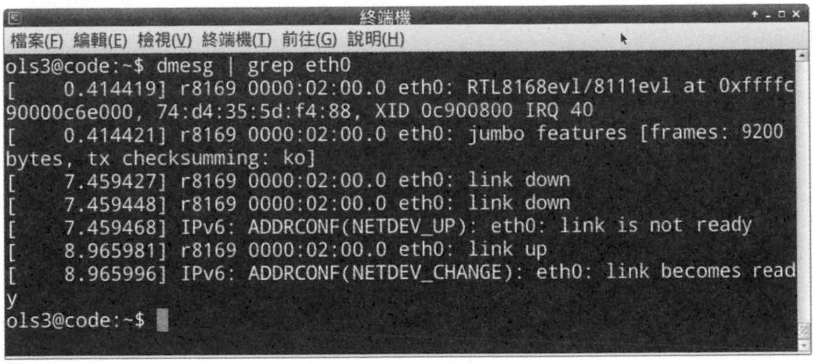

```
終端機
檔案(F) 編輯(E) 檢視(V) 終端機(T) 前往(G) 說明(H)
ols3@code:~$ dmesg | grep eth0
[    0.414419] r8169 0000:02:00.0 eth0: RTL8168evl/8111evl at 0xffffc
90000c6e000, 74:d4:35:5d:f4:88, XID 0c900800 IRQ 40
[    0.414421] r8169 0000:02:00.0 eth0: jumbo features [frames: 9200
bytes, tx checksumming: ko]
[    7.459427] r8169 0000:02:00.0 eth0: link down
[    7.459448] r8169 0000:02:00.0 eth0: link down
[    7.459468] IPv6: ADDRCONF(NETDEV_UP): eth0: link is not ready
[    8.965981] r8169 0000:02:00.0 eth0: link up
[    8.965996] IPv6: ADDRCONF(NETDEV_CHANGE): eth0: link becomes read
y
ols3@code:~$
```

圖 2-1-2：使用 dmesg 找出網卡所使用的核心模組

由上圖可以發現：eth0 使用的核心模組（驅動程式）為 r8169。

接著，使用 lsmod 命令，列出核心模組：

```
lsmod | grep r8169
```

如圖 2-1-3 所示，r8169 核心模組，確實已載入記憶體之中。

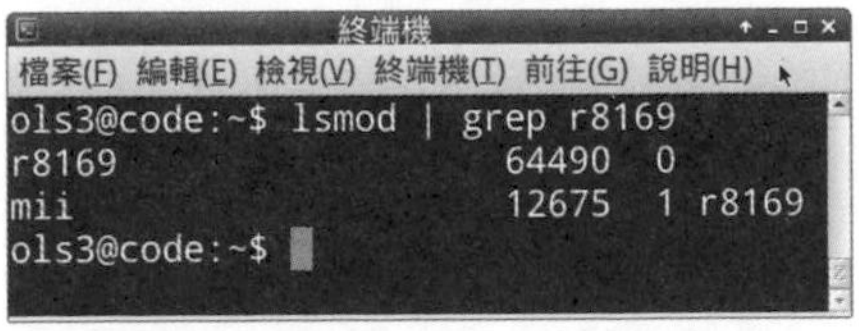

```
終端機
檔案(F) 編輯(E) 檢視(V) 終端機(T) 前往(G) 說明(H)
ols3@code:~$ lsmod | grep r8169
r8169                  64490  0
mii                    12675  1 r8169
ols3@code:~$
```

圖 2-1-3：使用 lsmod，找出核心模組 r8169

2. **檢查網路組態**

由圖 2-1-1 可看出：主機的三個網路組態，其中，「inet addr:」代表 IP 位址，「Bcast:」代表廣播位址，「Mask:」代表網路遮罩。在這部主機中，這三項，分別是：IP 位址 192.168.1.100，廣播位址 192.168.1.255，遮罩 255.255.255.0。由這三個資料，可推算出這部主機屬於一個 C class 的網段，網路代表號是 192.168.1.0。

3. **檢查路由**

路由器用以轉送不同網段的封包。主機能否和網際網路連通，路由器扮演重要的角色。

以下指令，可查出路由器的設定：

```
route -n
```

用例結果如下：

圖 2-1-4：使用 route 指令查出路由器的位址

由圖 2-1-4 中的第 5 列可看出：凡是網路封包的目的位址（Destination）是 192.168.1.0 這個網段，其封包的路由，經過本機的 eth0 介面，以區域網路廣播的方式，傳遞給其他主機。

由上圖第 4 列可看出，若網路封包的目的位址是其他網段，會往路由器位址 192.168.1.1 轉送。

4. **檢查主機名稱**

接下來，檢查「完整主機網域名稱」（FQDN）。此項設定，和 Postfix 能否正常運作關係甚大，一定要特別注意。

以下指令，可列出主機名稱：

```
hostname
或
hostname -f
```

選項 -f 表示要列出 FQDN。

用例結果，如圖 2-1-5 所示。

圖 2-1-5：使用 hostname 顯示主機名稱

其中，第一個字串 pbook 為主機名稱（hostname），剩餘的字串 ols3.net 為網域名稱（domain name）。這種看法，也是 Postfix 識別主機名稱和網域名稱的方法之一。

如果您的主機名稱沒有設妥，可編輯 /etc/hostname 重新設定，接著重新開機，或者執行以下指令，也可立即生效：

```
echo '完整主機名稱' > /proc/sys/kernel/hostname
例：
echo 'pbook.ols3.net' > /proc/sys/kernel/hostname
```

5. **檢查 DNS 設定**

對郵遞伺服器來說，DNS 設定主要是用來查詢 DNS 正解（A）、反解（PTR）、以及郵件路由（MX）這三項資訊。

/etc/resolv.conf 這個檔案設定：這部主機本身，要向哪些 DNS 伺服器發出查詢 DNS 的封包。

resolv.conf 的用例如下：

```
search ols3.net
nameserver 220.130.228.193
nameserver 168.95.1.1
```

這裡，由近而遠，指定 220.130.228.193 為第一部 DNS 伺服器，168.95.1.1 則為第二部。

6. **測試**

上述檢查動作完成之後，接下來，請測試網路組態能否正常運作。

首先檢查連通：

```
ping 192.168.1.100
ping 192.168.1.2
ping 192.168.1.1
ping 168.95.1.1
```

由近而遠，分別對主機本身、區域網路的其他主機、路由器位址、以及遠端的主機，進行測試。

接著，檢查 DNS 的正反解以及 MX 記錄。

- 檢查正解：（由主機名稱查詢對應的 IP 位址）

  ```
  dig pbook.ols3.net
  ```

- 檢查反解：（由 IP 位址查詢對應的主機名稱）

  ```
  dig -x 192.168.1.100
  ```

- 檢查 MX：（查詢郵件路由）

```
dig ols3.net MX
```

校正主機時間

對伺服器來說，主機時間是否精準，會影響正常運作。因此，在檢查網路組態之後，緊接著第二項工作，便是校正主機時間。

調整主機時間最簡單的方法，是透過網際網路時間伺服器來做校對。

請安裝 ntpdate：

```
sudo apt-get update
sudo apt-get install ntpdate
```

目前，台灣「時間與頻率國家標準實驗室」提供的校時主機，其位址如下：

```
time.stdtime.gov.tw
clock.stdtime.gov.tw
tick.stdtime.gov.tw
tock.stdtime.gov.tw
watch.stdtime.gov.tw
```

這裡，筆者選用第一部：

```
sudo ntpdate time.stdtime.gov.tw
```

執行上述指令之後，主機即可和校時伺服器的時間同步。

接著，在 crontab 中，安排每日校時一次：

```
sudo crontab -u root -e
```

它會自動帶出預設的編輯器，例如 vi，接著，請輸入指令如下：

```
0 6 * * * /usr/sbin/ntpdate time.stdtime.gov.tw
```

這裡是設定：每日清晨 6 時自動校時。如此，郵件主機的時間，便可經常保持在精準的狀態。

除了上述方法之外，也可以使用 ntpd 伺服器來做校時。

欲使用 ntpd，需在 /etc/ntp.conf 的設定檔中，設定校時伺服器的位址。筆者建議：最好設定兩部以上的校時主機。

作法如下：

1. 安裝 ntp：

```
sudo apt-get update
sudo apt-get install ntp
```

2. 設定 /etc/ntp.conf。

3. 重新啟動 ntpd 伺服器：

```
service ntp restart
```

2.2 在 Debian Linux 架設 Postfix

Debian Linux 是老牌的 Linux 套件（以下簡稱 Debian），也是筆者最喜愛的 Linux 套件之一。Debian 預設的郵遞伺服器是 Exim。在 Debian 中，改裝 Postfix 非常簡單，作法如下：

1. 檢查 apt 設定：

   以下是筆者的設定：

```
deb http://ftp.tw.debian.org/debian/ wheezy main contrib non-free
deb http://ftp.tw.debian.org/debian/ wheezy-updates main contrib non-free
deb-src http://ftp.tw.debian.org/debian/ wheezy main contrib non-free
deb-src http://ftp.tw.debian.org/debian/ wheezy-updates main contrib
non-free
deb http://security.debian.org/ wheezy/updates main contrib non-free
```

2. 安裝 postfix 的套件：

```
sudo apt-get update
sudo apt-get install postfix postfix-mysql postfix-pgsql postfix-ldap
postfix-pcre sasl2-bin postfix-cdb
```

其中，postfix 為主要套件，其他則為搭配的模組。

上述 apt-get 指令，也可以換成 aptitude。這兩種套件管理程式，最好保持一致，只選一種，不要交錯使用。

執行前述指令，會出現以下操作畫面：

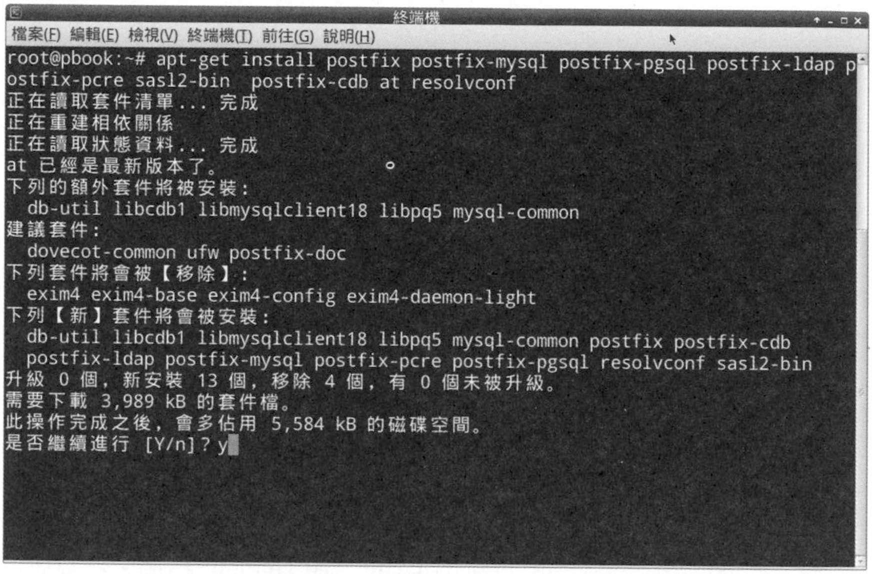

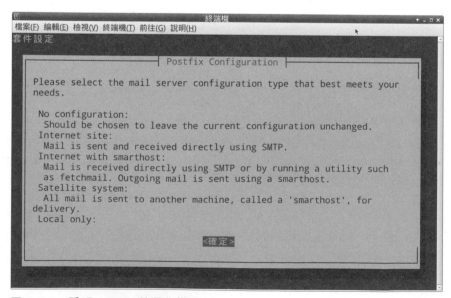

圖 2-2-1：安裝 postfix 套件時的提示訊息

它會提示移除 Exim 等套件，以及即將安裝的 postfix 套件。請回答 y，進行安裝。接著，會出現 postfix 運作模式的說明，這裡只要按 TAB 鍵，再按 Enter 鍵即可，如下圖所示：

圖 2-2-2：說明 postfix 的運作模式

由於我們架設的 postfix，是要擔任郵遞伺服器的角色，因此，接下來，請選擇「Internet Site」，表示，這部主機是連通網際網路的郵件主機，如下圖所示：

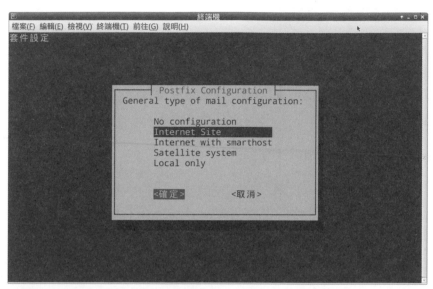

圖 2-2-3：選擇 Internet Site 模式

最後一個步驟是設定郵件主機的 mailname。mailname 可和 hostname 一致，因此，這裡只要填入主機名稱即可。

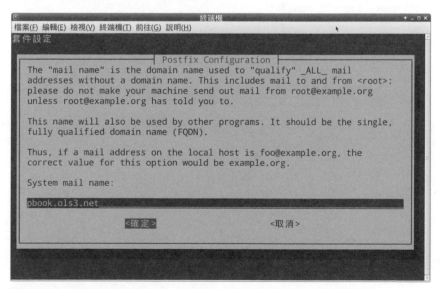

圖 2-2-4：設定 mailname

安裝程式會自動地偵測系統資訊，完成後續的設定工作。接下來的問題，請都回答預設值。如果不小心弄錯了，或者，事後想再重新設定，只要執行以下指令即可：

```
sudo dpkg-reconfigure postfix
```

通常，郵遞伺服器會開放同一網段的來源主機可以轉遞郵件，因此，接下來要進行這樣的設定：編輯 /etc/postfix/main.cf，在 mynetwoks 這一項，加入網段 192.168.1.0/24，如下所示：（請更換成您的網段）

```
mynetworks = 127.0.0.0/8 [::ffff:127.0.0.0]/104 [::1]/128 192.168.1.0/24
```

接著，重新載入 postfix：

```
sudo service postfix reload
```

關於 postfix 的系統資訊，都記錄在 /var/log/mail.log。大約只要查看最後 10 列即可：

```
sudo tail /var/log/mail.log
```

由以下記錄訊息可知：我們剛剛做了重新載入 postfix 的動作。

```
May 17 17:23:07 pbook postfix/master[6873]: daemon started -- version
2.9.6, configuration /etc/postfix
May 17 17:23:41 pbook postfix/master[6873]: reload -- version 2.9.6,
configuration /etc/postfix
```

最後，檢查 SMTP 的服務通道是否開啟：

```
netstat -aunt | grep 25
```

正常的情況之下，應該會出現以下連線通道：

```
tcp       0     0 0.0.0.0:25              0.0.0.0:*              LISTEN
tcp6      0     0 :::25                   :::*                   LISTEN
```

這表示 Postfix 已經正確地在執行了。

2.3　在 OB2D Linux 架設 Postfix

OB2D Linux 是筆者維護的 Linux 套件（以下簡稱 OB2D），安裝非常簡便，大約只要 10 分鐘，即可完成。OB2D 預設內建 Postfix，因此，安裝 OB2D 之後，無需改裝。往後，只要調整 main.cf 的設定即可。

對 OB2D Linux 有興趣的朋友，可到以下位址下載：https://sourceforge.net/projects/ob2dlinux/。

2.4　在 Fedora 架設 Postfix

這裡，筆者以 Fedora 20 為例。

以往，Fedora 都是內建使用 Sendmail，自從 Fedora 20 開始，取消了預設 MTA 的功能。因此，Fedora 安裝完成後，必須自行安裝 Postfix 的套件，然後將系統預設的 MTA 切換成 Postfix。

作法如下：

1. 安裝 Postfix：

   這裡使用 yum 套件管理程式，安裝 Postfix 也算方便。

   請開啟終端機，使用 su - 切換成 root 身份，或者，使用 sudo 執行以下安裝指令：

   ```
   yum install postfix system-switch-mail
   ```

   這裡先安裝兩個基礎套件，其他模組，日後需要時再加裝即可。system-switch-mail 內含切換程式，可幫我們自動切換 MTA。

2. 切換預設的 MTA：

   請執行：

   ```
   system-switch-mail
   ```

   該程式會出現一個詢問選單，請選擇 Postfix。

若不使用 system-switch-mail，以下指令，一樣可以設定預設的 MTA：

```
sudo alternatives --config mta
```

套件安裝完成後，還要再設定 Postfix 才行，計有四個設定項要修改。

請編輯 /etc/postfix/main.cf：

1. 設定 hostname：

   移去第一個註解符號 '#'。改成你的主機名稱。

   ```
   myhostname = pbook.ols3.net
   ```

   請注意，如果主機名稱沒有設妥，請務必重新編輯 /etc/hostname，將正確的「完整主機網域名稱」設定上去。

2. 設定 myorigin：

   ```
   myorigin = $myhostname
   ```

   myorigin 是用來補足外寄郵件在 '@' 右方的位址，這裡使用 myhostname 的值（因此要在 myhostname 之前加上取值符號 $）。例如：帳號 jack 直接由本機寄出郵件時，Postfix 會自動在 @ 右方加上 $myorigin 的值，其完整的寄件者位址會變成 jack@pbook.ols3.net。

3. 在 mynetworks 設定項，加入允許轉遞郵件的 IP 位址範圍：192.168.1.0/24（請替換成你的網段）。

   ```
   mynetworks = 127.0.0.0/8, 192.168.1.0/24
   ```

4. 設定 mydestination：

   ```
   mydestination = $myhostname, localhost.$mydomain, localhost
   ```

上述設定，請依據您的網路組態自行修改，切勿照抄。

在 main.cf 的設定檔中，要特別注意 mydestination。這個設定項的意思是說：凡是收件者電子郵件 '@' 右邊的字串，列表於 mydestination，就允許 Postfix 收下此一位址的郵件。換言之，以下郵件 Postfix 都會接收下來：

```
marry@pbook.ols3.net
marry@localhost.pbook.ols3.net
marry@localhost
```

至於 main.cf 的其他設定項，目前只要使用預設值即可。

main.cf 設定完成之後，請執行以下指令，檢查設定檔的語法是否正確：

```
sudo postfix upgrade-configuration
sudo postfix check
```

若沒有出現任何訊息，表示 main.cf 的設定是正確的。接著，就可以啟用 Postfix 了。

```
systemctl enable postfix.service
systemctl start postfix.service
```

檢查 SMTP 25 埠：

```
netstat -aunt | grep 25
```

應有：

```
tcp       0      0 0.0.0.0:25              0.0.0.0:*               LISTEN
tcp6      0      0 ::1:25                  :::*                    LISTEN
```

MTA 的系統訊息，記錄在 /var/log/maillog，請使用以下指令來觀看：

```
sudo tail /var/log/maillog
```

2.5 在 FreeBSD 架設 Postfix

本節以 FreeBSD 10.0 為例。

有兩種方式可以安裝 Postfix 套件。

第一種，是安裝 FreeBSD 的 package，即已編譯好的二進位檔；第二種是使用 ports tree 安裝。

使用 package 安裝 Postfix

請執行：

```
pkg update
pkg install postfix
```

其中，install 是指由遠端主機抓取套件來安裝的意思。

◉ 使用 ports tree 安裝 Postfix

ports tree 是 FreeBSD 團隊整理好的編譯設定檔，使用時，它會由列表的 FTP 站台抓取套件原始碼回來編譯安裝。

這裡假定您已裝妥 ports tree 了。

首先，安裝 portmaster：

```
pkg install portmaster
```

接下來，就可編譯安裝 Postfix 了：

```
portmaster mail/postfix
```

安裝之前，會出現選單，可選擇加裝模組。這裡，請根據您的需要來加選，例如，加裝：PCRE、SASL2、DOVECOT2、TLS、BDB、MYSQL、OPENLDAP、CDB 等等套件。

使用 ports tree 安裝 Postfix 和相關的模組，其編譯過程費時甚久，讀者要有點耐性才行。;-)

◉ 後續處理事項

不管選用哪一種方式，在安裝過程中都會顯示以下提問訊息，請回答 y：

```
You need user "postfix" added to group "mail".
Would you like me to add it [y]? y
Would you like to activate Postfix in /etc/mail/mailer.conf [n]? y
```

接著編輯 /etc/rc.conf，加入：

```
postfix_enable="YES"
sendmail_enable="NO"
```

第一列表示要啟用 Postfix，第二列則是關閉 Sendmail。

再來，編輯 /etc/periodic.conf，加入以下設定，關閉與 Sendmail 有關的維護工作：

```
daily_clean_hoststat_enable="NO"
daily_status_mail_rejects_enable="NO"
daily_status_include_submit_mailq="NO"
daily_submit_queuerun="NO"
```

接著編輯 /usr/local/etc/postfix/main.cf，修改以下設定：（請參考 2.4 節的說明）

```
myhostname = pbook.ols3.net
myorigin = $myhostname
mydestination = $myhostname, localhost.$mydomain, localhost
mynetworks = 127.0.0.0/8, 192.168.1.0/24
```

另，FreeBSD 安裝後，原本內建的別名檔，其位置在 /etc/mail 目錄，若您要沿用此檔，請修改 main.cf 的設定：

```
alias_maps = hash:/etc/mail/aliases
alias_database = hash:/etc/mail/aliases
```

或者，乾脆把別名檔搬移到您習慣的位置：

```
mv /etc/mail/aliases /etc/
```

此時，請修改 main.cf 的設定如下：

```
alias_maps = hash:/etc/aliases
alias_database = hash:/etc/aliases
```

接著，請重新開機即可。

往後，若欲重新載入 Postfix，請執行：

```
/usr/local/etc/rc.d/postfix reload
```

欲觀看 Postfix 的相關系統資訊，請執行：

```
tail /var/log/maillog
```

2.6 在 OpenBSD 架設 Postfix

和 FreeBSD 一樣，OpenBSD 也可以使用 package 或 ports tree 來安裝 postfix。

◉ 使用 package 安裝 postfix

首先，設定環境變數 PKG_PATH，指向要抓取 package 檔的站台。這裡以 OpenBSD 5.4 i386 的版本為例：

```
export PKG_PATH=ftp://ftp.openbsd.org/pub/OpenBSD/5.4/packages/i386/
```

安裝 Postfix 的 package：

```
pkg_add postfix
```

結果如下：

```
Ambiguous: choose package for postfix
a       0: <None>
        1: postfix-2.10.1
        2: postfix-2.10.1-ldap
        3: postfix-2.10.1-mysql
        4: postfix-2.10.1-pgsql
        5: postfix-2.10.1-sasl2
        6: postfix-2.11.20130710
        7: postfix-2.11.20130710-ldap
        8: postfix-2.11.20130710-mysql
        9: postfix-2.11.20130710-pgsql
       10: postfix-2.11.20130710-sasl2
Your choice: 6
```

這表示套件庫中有多種 Postfix 版本，它要你明確指定。這裡，筆者回答 6，表示要安裝的是 postfix-2.11.20130710。

也可以改用以下指令安裝：

```
pkg_add postfix-2.11.20130710
```

接著，請建立一個新的 mailer.conf：

```
/usr/local/sbin/postfix-enable
```

然後，刪除記憶體中運作的 Sendmail：

```
pkill sendmail
```

接著，設定一開機就啟用 Postfix。請編輯 /etc/rc.conf.local，加入：

```
sendmail_flags="-bd"
syslogd_flags="-a /var/spool/postfix/dev/log"
```

關閉在 crontab 的設定中，屬於 Sendmail 的相關工作，請執行：

```
crontab -e
```

請把以下這一列註解掉（在最左方加上 #）：

```
*/30 * * * * /usr/sbin/sendmail -L sm-msp-queue -Ac -q
```

啟用 Postfix：

```
/usr/local/sbin/postfix start
或
/usr/sbin/sendmail -bd
```

使用 ports tree 安裝 postfix

切換到 postfix 的 port 目錄，然後編譯安裝：

```
cd /usr/ports/mail/postfix
make install clean
```

後續處理事項

不管選用哪一種安裝方式，均須設定 /etc/postfix/main.cf，請修改以下四項設定：

```
myhostname = pbook.ols3.net
myorigin = $myhostname
mydestination = $myhostname, localhost.$mydomain, localhost
mynetworks = 127.0.0.0/8, 192.168.1.0/24
```

最好把 aliases 別名表也設定一下：

```
# 編輯 main.cf
alias_maps = hash:/etc/aliases
alias_database = hash:/etc/aliases
```

編輯 /etc/aliases，加入：

```
mailer-daemon: postmaster
postmaster: root
nobody: root
hostmaster: root
usenet: root
news: root
webmaster: root
www: root
ftp: root
abuse: root
noc: root
```

```
security: root
root: 這裡填上你專用的帳號（例如 jack）
```

執行 newaliases。

接著就可以重新載入 Postfix，讓新的設定生效，請執行：

```
postfix reload
```

欲觀看 Postfix 的相關系統資訊，請執行：

```
tail /var/log/maillog
```

2.7 使用原始碼編譯安裝 Postfix

若您想要嘗試最新版的 Postfix，最好的方法，就是使用原始碼編譯安裝。

讀者可能會擔心：「編譯原始碼會不會很困難呢？」，其實不會啦！這裡，簡單地說明一下操作流程：首先，建立一個名為 postfix 的普通使用者帳號、一個稱為 postdrop 的群組，然後下載 Postfix 的原始碼，並予以解壓，接著，設定編譯條件、建立 Makefile、執行編譯，最後進行安裝。

由於 Postfix 運作時需要一些必要的基礎項目，例如 Berkeley DB，因此，在一般情況下，主機平台中至少要先安裝 Berkeley DB，才能順利編譯 Postfix。另外，若需加裝其他模組，例如 PCRE、CDB、SASL、LDAP、MySQL，也要先把這些模組的函式庫安裝妥當，然後，在編譯 Postfix 時，引入這些模組的標頭檔與必須連結的函式庫。

底下是在 Debian Wheezy，編譯安裝 Postfix 的操作方法。這裡以 Postfix 實驗版 2.12-20140907 為例：

1. 建立 postfix 帳號、postdrop 群組：

   檢查此一帳號群組是否存在。這裡使用 grep 來搜尋：

   ```
   grep postfix /etc/passwd
   grep postdrop /etc/group
   ```

若找不到，就必須建立 Postfix 專用的帳號群組，方法如下：

```
useradd -s /bin/false -m postfix
groupadd postdrop
```

上式第一列，使用 useradd 建立一個名稱為 postfix 的帳號，並指定它的 shell 為 /bin/false，如此一來，帳號 postfix 就不能拿來登入主機，可確保安全。第二列，使用 groupadd 指令建立一個名為 postdrop 的群組。

接著編輯 /etc/passwd，把 postfix 的家目錄 /home/postfix 改成一個不存在的目錄（以 nowhere 為例），即把下式：

```
postfix:x:1003:100::/home/postfix:/bin/false
```

改成：

```
postfix:x:1003:100::/home/nowhere:/bin/false
```

2. 安裝必要的模組：

```
sudo apt-get build-dep postfix
sudo apt-get install git libdb5.1-dev libgnutls-dev libssl-dev
libldap2-dev
```

第一列是在 Debian Wheezy 下建立 postfix 的編譯環境，欲使用此項功能，/etc/apt/sources.list 必須加入 deb-src 的設定，其修改方法，請參考 2.2 節的說明（檢查 apt 的設定）。

第二列安裝 git 版本控制系統，往後，下載安裝其他模組套件會比較方便；另外四個套件是編譯 Postfix 時必須引入的函式庫。

由於新版的 Postfix 支援 mdb（網址是 http://symas.com/mdb/），因此，底下使用 git 下載 LMDB，然後進行編譯安裝：

```
git clone git://gitorious.org/mdb/mdb.git
cd mdb/libraries/liblmdb
make
sudo make install
```

3. 下載 Postfix 的原始碼、解壓：

```
wget ftp://ftp.porcupine.org/mirrors/postfix-release/experimental/
postfix-2.12-20140907.tar.gz
tar xvzf postfix-2.12-20140907.tar.gz
cd postfix-2.12-20140907
```

4. 設定編譯條件，產生 Makefile：

```
make makefiles \
CCARGS='-DDEF_CONFIG_DIR=\"/usr/local/etc/postfix\" \
-DDEF_DAEMON_DIR=\"/usr/local/libexec/postfix\" \
-DDEF_COMMAND_DIR=\"/usr/local/sbin\" \
-DDEF_DATA_DIR=\"/var/local/lib/postfix\" \
-DDEF_MAILQ_PATH=\"/usr/local/bin/mailq\" \
-DDEF_NEWALIAS_PATH=\"/usr/local/bin/newaliases\" \
-DDEF_SENDMAIL_PATH=\"/usr/local/sbin/sendmail\" \
-DHAS_SQLITE -DUSE_TLS -DHAS_PCRE -DHAS_LDAP \
-DHAS_MYSQL -I/usr/include/mysql \
-DHAS_PGSQL -I/usr/include/postgresql \
-DUSE_SASL_AUTH -DUSE_CYRUS_SASL -I/usr/include/sasl \
-DHAS_CDB -DHAS_LMDB -I/usr/local/include' \
AUXLIBS='-lssl -lcrypto -lsqlite3 -lpthread -ldb -lpcre \
-lldap -llber -lmysqlclient -lz -lm \
-lpq  -lsasl2 -lcdb \
-L/usr/local/lib -llmdb'
```

選項及參數說明：

- -D 是設定巨集名稱的意思。巨集名稱用以指揮編譯程式，開啟某項支援功能，或者修改設定項的預設值。以 -DDEF_CONFIG_DIR=\"/usr/local/etc/postfix\" 為例，它是變更 Postfix 設定檔的預設目錄，把原本的路徑由 /etc/postfix 改成 /usr/local/etc/postfix。這樣做的目的，是將手動編譯的 Postfix 和平台套件版的 Postfix 分開，可避免將來升級 Postfix 時造成錯亂。

- -DHAS_LMDB 是告知 Postfix，編譯時要支援 mdb，需要搭配的 C 語言標頭檔，由 -I/usr/local/include 負責引入；這裡的 -I，指的就是標頭檔的目錄位置；而 -L/usr/local/lib -llmdb 中的 -L 是用來設定函式庫存放的路徑（/usr/local/lib），-l 則是指定函庫式的名稱（liblmdb）。像這種事先手動編譯安裝的函式庫，在編譯 Postfix 時，就必須明白指出其標頭檔和函式庫的存放位置，否則編譯過程會發生錯誤。

- 其他 HAS_ 開頭的巨集名稱，意思都是類似的，表示編譯時要啟用某一個特定的模組功能。

- -DUSE_SASL_AUTH 是告知 Postfix，在編譯時要啟用 SASL 授權。

- -lpcre 引入 libpcre 的函式庫，這在步驟 2 就已經安裝進來了。像這種原本在平台中已安裝好的函式庫，其 C 語言標頭檔大都在 /usr/include，

函式庫在 /usr/lib。這些預設位置，Postfix 的編譯程式都可以自動偵測得到，因此，編譯時就不必再特別引入了。

- Postfix 的各種預設路徑的巨集名稱，請參考表 2-7-2 的說明。

5. 編譯：

```
make
```

6. 檢查已編譯的模組是否齊全：

請在 Postfix 的原始碼目錄中執行：

```
src/postconf/postconf -m
```

它會列出和 Postfix 結合在一起模組：

```
btree
cdb
cidr
environ
fail
hash
internal
ldap
lmdb
memcache
mysql
nis
pcre
pgsql
proxy
regexp
socketmap
sqlite
static
tcp
texthash
unix
```

如果已編入的模組有缺漏，請檢查：步驟 2 是否忘了安裝某一個模組函式庫；步驟 4，CCARGS 和 AUXLIBS 是否有引入相關的函式庫。

7. 安裝：

```
make install
```

make install 會詢問一連串的問題，請全部按 ENTER 鍵，接受預設值即可。

有兩點注意事項：

一、如果因故要重新編譯 Postfix，那麼，得先把之前編譯時所產生的暫存檔清除掉。

請執行：

```
make tidy
```

接著，再由步驟 4 重新編譯即可。

二、如果之前，曾經編譯安裝 Postfix（例如前一版 2.11.1），今若欲升級 Postfix，則請把步驟 7 改成：

```
make upgrade
```

安裝完成後，請參考 2.4 節的說明，設妥 main.cf 的四個設定項，再來啟動 Postfix：

```
/usr/local/sbin/postfix start
```

手動編譯安裝 Postfix，main.cf 的預設路徑通常是在 /usr/local/etc/postfix/main.cf。

查看 Postfix 的執行狀態：

```
/usr/local/sbin/postfix status
```

用例訊息如下：

```
postfix/postfix-script: the Postfix mail system is running: PID: 15821
```

查看 Postfix 的執行版本：

```
root@pbook:~# postconf mail_version
mail_version = 2.12-20140907  <-- 此即目前的版本訊息
```

重新載入 Postfix 的方法：

```
/usr/local/sbin/postfix reload
```

◉ Postfix 的各項巨集名稱列表

Postfix 模組的巨集名稱列表：

表 2-7-1：Postfix 模組的巨集名稱列表

巨集名稱	作用
HAS_CDB	支援 CDB 資料庫(Constant DataBase)
HAS_DB	支援 Berkeley DB
NO_DB	不啟用 Berkeley DB
HAS_LDAP	支援 OpenLDAP
USE_LDAP_SASL	支援 OpenLDAP 內建 SASL 支援
USE_CYRUS_SASL	使用 Cyrus SASL 模組
USE_SASL_AUTH	使用 SASL 授權
HAS_LMDB	支援 OpenLDAP 的 LMDB 資料庫
HAS_MYSQL	支援 MySQL 資料庫
HAS_PCRE	支援 Perl 的正規表式示
HAS_PGSQL	支援 PostgreSQL 資料庫
HAS_SQLITE	支援 SQLite 資料庫

Postfix 預設路徑的巨集名稱列表：

表 2-7-2：Postfix 預設路徑的巨集名稱列表

巨集名稱	作用	預設值
DEF_COMMAND_DIR	存放命令的目錄	/usr/sbin
DEF_CONFIG_DIR	存放設定檔的目錄	/etc/postfix
DEF_DB_TYPE	預設索引檔的格式	hash
DEF_DAEMON_DIR	存放伺服器程式的目錄	/usr/libexec/postfix
DEF_DATA_DIR	存放資料的目錄	/var/lib/postfix
DEF_MAILQ_PATH	mailq 的程式路徑	/usr/bin/mailq
DEF_HTML_DIR	存放 html 檔的目錄	沒有預設值
DEF_MANPAGE_DIR	存放手冊文件的目錄	/usr/local/man
DEF_NEWALIAS_PATH	newaliases 的程式路徑	/usr/bin/newaliases
DEF_QUEUE_DIR	佇列的目錄位置	/var/spool/postfix
DEF_README_DIR	readme 檔的存放目錄	沒有預設值
DEF_SENDMAIL_PATH	sendmail 的程式路徑	/usr/sbin/sendmail

2.8 使用 chroot 環境運行 Postfix

關於 chroot jail

chroot jail 是 Unix-like 作業系統的一種特殊功能，它會把伺服器行程完全限制在某一個目錄中運行，此目錄稱為沙箱（sandbox）。對此行程而言，它可以存取到的全部的檔案系統，都被關在此目錄底下。換言之，假設 Postfix 的 pickup 程式以 chroot 模式運行，沙箱目錄為 /var/spool/postfix，那麼，這個目錄對 pickup 而言，就是根目錄「／」。

使用 chroot 的好處是，若某一個行程不幸被入侵了，那麼，駭客只能在沙箱中活動，無法存取沙箱之外的檔案系統。如此，在主機中其他檔案系統的安全性，就可以獲得較大的保障。

啟用 chroot 運行模式的方法

在 Postfix 原始碼的壓縮包中，附有支援各平台的 script 程式，可幫助我們快速方便地設定 chroot 的環境。

作法如下：

1. 解壓：

    ```
    tar xvzf postfix-2.12-20140907.tar.gz
    cd postfix-2.12-20140907
    ```

2. 修改 master.cf：

    除了 qmgr、proxymap、proxywrite、local、virtual 等這幾支程式不能 chroot 之外，請把 master.cf 中所有的伺服程式都設成 chroot，作法是把每一個設定列中的第 5 個欄位（chroot），由 n 改成 y，或是使用預設值「-」。

    修改結果如下：

    ```
    # ==============================================================
    # service type  private unpriv  chroot  wakeup  maxproc command + args
    #               (yes)   (yes)   (yes)   (never) (100)
    # ==============================================================
    smtp     inet   n       -       y       -       -       smtpd
    pickup   unix   n       -       y       60      1       pickup
    cleanup  unix   n       -       y       -       0       cleanup
    ```

```
qmgr        unix   n    -    n    300    1    qmgr
#qmgr       unix   n    -    n    300    1    oqmgr
tlsmgr      unix   -    -    y    1000?  1    tlsmgr
rewrite     unix   -    -    y    -      -    trivial-rewrite
bounce      unix   -    -    y    -      0    bounce
defer       unix   -    -    y    -      0    bounce
trace       unix   -    -    y    -      0    bounce
verify      unix   -    -    y    -      1    verify
flush       unix   n    -    y    1000?  0    flush
proxymap    unix   -    -    n    -      -    proxymap
proxywrite  unix   -    -    n    -      1    proxymap
smtp        unix   -    -    y    -      -    smtp
relay       unix   -    -    y    -      -    smtp
#           -o smtp_helo_timeout=5 -o smtp_connect_timeout=5
showq       unix   n    -    y    -      -    showq
error       unix   -    -    y    -      -    error
retry       unix   -    -    y    -      -    error
discard     unix   -    -    y    -      -    discard
local       unix   -    n    n    -      -    local
virtual     unix   -    n    n    -      -    virtual
lmtp        unix   -    -    y    -      -    lmtp
anvil       unix   -    -    y    -      1    anvil
scache      unix   -    -    y    -      1    scache
```

3. 建立一個新的 socket 通道，讓 rsyslogd 仍能和 chroot 環境中運行的 Postfix 程式互通：

```
sudo echo '$AddUnixListenSocket /var/spool/postfix/dev/log' >
/etc/rsyslog.d/postfix.conf
```

若是使用 syslogd 的系統，請用以下指令操作：

```
FreeBSD 平台，請執行：syslogd -l /var/spool/postfix/var/run/log
Linux 和 OpenBSD 平台，請執行: syslogd -a /var/spool/postfix/dev/log
```

4. 執行 Postfix：

```
postfix start
```

5. 執行 script：

```
cd examples/chroot-setup/
sh LINUX2
```

LINUX2 這支 script 程式，會以 /var/spool/postfix 為沙箱目錄，在該目錄下，它會自動設妥 chroot 環境，其執行的動作包括：建立目錄、拷貝必要的設定檔以及基礎的函式庫，最後重新載入 Postfix。

那麼，要怎麼知道 Postfix 的伺服程式是在 chroot 的環境中運行呢？

其實，分辨的方法很簡單，我們只要檢查伺服程式的行程狀態即可。

這裡以觀察 Postfix 的 pickup 程式為例，作法如下：

1. 取得伺服程式的行程編號（pid）：

```
pidof pickup
```

假設 pid 為 13178。

2. 查看行程狀態：

```
ls -la /proc/13178/root
```

假設用例結果，出現以下訊息：

```
lrwxrwxrwx 1 root root 0  5 月 18 13:19 /proc/13178/root ->
/var/spool/postfix
```

這表示 pickup 看到的根目錄，已經由原本的「/」變成「/var/spool/postfix」，
也就是說，pickup 和其他 Postfix 的伺服器程式，已經成功地被限制在 chroot
的環境中執行了。

2.9 檢測 Postfix

Postfix 安裝好了之後，接下來必須進行一些基本的測試，以確定 Postfix 可以正
常地運作。

◈ Postfix 的操控方法

作用	使用 rc 檔的操控方法	沒有 rc 檔的操控方法
啟動	/etc/init.d/postfix start	postfix start
重新啟動	/etc/init.d/postfix restart	postfix stop；postfix start
重新載入設定檔	/etc/init.d/postfix reload	postfix reload
停止	/etc/init.d/postfix stop	postfix stop

有些平台系統會提供 rc 檔，例如 Debian/Fedora/CentOS/FreeBSD 等等。使用 rc 檔操控 Postfix 非常方便。若沒有 rc 檔，例如在 OpenBSD 之中，或是使用原始碼編譯安裝的 Postfix，只要直接叫用 postfix，即可操控 Postfix，其方法如上表所示。

另外，Debian 也可以利用 service 指令來操控伺服程式，如下表所示：

作用	使用 service 的操控方法
啟動	service postfix start
重新啟動	service postfix restart
重新載入設定檔	service postfix reload
停止	service postfix stop

◉ 檢查 Postfix 的運作

啟動 Postfix

在進行測試之前，應按前面各節提到的方法，對 main.cf 做好四項基本的設定，然後啟動 Postfix。由於 Postfix 相容於 Sendmail，承襲了一些 Sendmail 的作法，例如 aliases 檔，因此在啟動 Postfix 之前，應先確認該檔是否存在，並且使用 newaliases 編譯該檔。

1. 檢查 aliases 檔案是否存在：

```
ls -la /etc/aliases
```

2. aliases 的內容：

   每一部郵遞伺服器，都應該要建立一個 postmaster 帳號，這個帳號主要是用來接受外界回報本機郵務的相關問題。其他像是 root、nobody、abuse 等系統帳號，也各有其適用時機。面對這麼多的系統帳號，最佳的管理方式是建立一個專屬的管理帳號，例如 admin，然後在 aliases 別名檔中，將這些系統帳號全都對應到這個管理帳號。

   以下是 aliases 的樣本檔，每一列代表一種帳號應對關係，其格式為：「收信帳號: 應對帳號」。例如：「postmaster: root」代表凡是寄給 postmaster 的信件，會自動轉寄給 root，而且，在設定列左方的收信帳號，不必使用真實存在的帳號。

```
# /etc/aliases
mailer-daemon: postmaster
postmaster: root
nobody: root
hostmaster: root
usenet: root
news: root
webmaster: root
www: root
ftp: root
abuse: root
noc: root
security: root
root: 這裡填上你的管理帳號，例如 admin
```

3. 編譯 aliases：

    執行以下指令，將 /etc/aliases 編譯成資料庫的格式，其檔名為 /etc/aliases.db

    ```
    newaliases
    ```

接著，就可以啟動 Postfix 了：

```
service postfix start
```

檢查 Postfix 的運作

啟動 Postfix 之後，必須查驗其運作狀況。

檢查的步驟如下：

1. 檢查記憶體中的 Postfix 行程是否已在運行？

2. Postfix 的設定檔語法是否正確？

3. SMTP 服務專用的 25 埠是否開啟？

4. 郵件記錄檔中是否有錯誤訊息？

底下將按上述步驟逐一說明查驗的方法。

1. 檢查記憶體中是否有 Postfix 的行程：

    ```
    ps auxw | grep postfix
    ```

正常的情況下，應出現以下類似的行程：

```
root      3574  0.0  0.3    5624  1816  ?          Ss   02:00   0:00
/usr/lib/postfix/master
postfix   3576  0.0  0.3    5636  1784  ?          S    02:00   0:00
pickup -l -t fifo -u -c
postfix   3577  0.0  0.3    5680  1892  ?          S    02:00   0:00
qmgr -l -t fifo -u
postfix   3579  0.0  0.3    5716  1892  ?          S    02:00   0:00
cleanup -z -t unix -u -c
postfix   3585  0.0  0.4    5832  2424  ?          S    02:00   0:00
local -t unix
```

2. 檢查設定檔組態：

   Postfix 內建工具 postfix，支援 check 語法，除了可檢查設定檔組態是否正確之外，也可以檢查相關目錄的屬性和檔案權限是否正確。

   用法如下：

   ```
   postfix check
   ```

   如果沒有出現任何訊息，表示一切正常，否則 postfix 會指出錯誤之處。

3. 檢查 SMTP 的通訊埠是否開啟：

   ```
   netstat -aunt | grep 25
   ```

   正常的情況，應出現以下訊息，表示 25 埠已開啟：

   ```
   tcp    0    0 0.0.0.0:25              0.0.0.0:*              LISTEN
   tcp6   0    0 :::25                   :::*                   LISTEN
   ```

4. 檢查系統記錄檔：

   這裡使用 egrep 這支程式，搜尋郵件記錄檔，查看是否有錯誤訊息。

   ```
   egrep '(reject|warning|error|fatal|panic):' /var/log/mail.log
   ```

   舉例來說，如果檢查的結果，出現「fatal: bind 0.0.0.0 port 25: Address already in use」的錯誤訊息，很可能在該平台主機中仍在運行 Sendmail。此時應先停止 Sendmail，並移除 Sendmail 的維護設定之後，再來啟動 Postfix。

測試 Postfix

測試 Postfix 的方法很簡單，主要做這三個動作：

1. 連接 SMTP 25 埠，查看 Postfix 的回應訊息。

2. 試寄一封郵件，查看 Postfix 是否能正確遞送。

3. 由外部回寄郵件，查看 Postfix 是否能正確收下信包。

作法：

1. 連接 SMTP 25 port：

```
telnet localhost 25
```

若出現以下訊息，表示正常：

```
Trying 127.0.0.1...
Connected to localhost.
Escape character is '^]'.
220 pbook.ols3.net ESMTP Postfix (Debian/GNU)
```

請按 Ctrl+] 的組合鍵，再鍵入 quit，即可結束連線。

2. 試寄一封測試信，交給 Postfix 轉遞。

```
mail ols3er@gmail.com
```

請在「Subject:」之後輸入信件主旨，按 ENTER 鍵之後，輸入信件內容，再按 ENTER 鍵之後，輸入'.'結束輸入，若出現「Cc:」，請直接按 ENTER 鍵即可。整個過程用例如下：

```
Subject: 測試
test Postfix from pbook.ols3.net
.
Cc:
```

接著查看 /var/log/mail.log。

以下訊息，表示遞送郵件的功能是正常的：

```
Oct 20 09:28:40 pbook postfix/qmgr[4419]: 6B603B52793:
from=<root@pbook.ols3.net>, size=342, nrcpt=1 (queue active)
Oct 20 09:28:42 pbook postfix/smtp[4464]: 6B603B52793:
to=<ols3er@gmail.com>,
relay=gmail-smtp-in.l.google.com[209.85.223.37]:25, delay=2.2,
```

```
delays=0.03/0/0.92/1.2, dsn=2.0.0, status=sent (250 2.0.0 OK 1256002127
3si4363202iwn.70)
```

請注意關鍵字串「status=sent」，這代表寄出去的郵件傳送成功。

3. 由外部回寄郵件，測試收信功能：

由外面試寄一封信給 admin@pbook.ols3.net，查看 /var/log/mail.log。

以下訊息，表示收信功能正常：

```
Oct 20 10:24:43 pbook postfix/qmgr[13215]: 41FAF8FEE1:
from=<ols3er@gmail.com>, size=2176, nrcpt=1 (queue active)
Oct 20 10:24:43 pbook postfix/local[28271]: 41FAF8FEE1:
to=<admin@pbook.ols3.net>, relay=local, delay=0.36,
delays=0.1/0.04/0/0.23, dsn=2.0.0, status=sent
```

請注意關鍵字串「relay=local」和「status=sent」，這代表外部接收進來的
郵件投遞成功。

Postfix 基本設定管理：main.cf

安裝完成後，接著，當然就要開始對 Postfix 進行了解，培養基礎的管理能力。

在第二章，曾提及 Postfix 的四項基本設定，不過，這些設定只能應付最簡單的運作。如果想讓 Postfix 做得更多，例如：關閉 relay、控制「轉遞郵件」的信任範圍、改變「信箱格式」、變更「別名表」的位置、改變「收信域名」、改變「郵件傳遞路徑」、限制郵件傳遞規則、建立郵件備援、郵件閘道器、阻擋垃圾郵件、識別寄件者來源、加密授權認證、結合資料庫和 LDAP、以及規劃虛擬網域、多網域收信等等，那麼，對於 Postfix 的結構以及各種設定方法，就必須要有更進一步的掌握能力才行。

本章將介紹 Postfix 的基本設定管理，掌握之後，入門的管理能力便可建立起來；往後，只要能夠循序漸進，保持耐心，接下來，各種進階的能力，應該就不難了。

3.1 Postfix 的預設目錄

入手 Postfix 的基礎管理，宜應由了解其基本組成開始。

Postfix 有以下預設目錄：

1. 設定檔目錄：

   - /etc/postfix：使用 rpm、deb 等套件安裝者。

   - /usr/local/etc/postfix：使用原始碼編譯安裝者。

2. Postfix 伺服器程式以及 postfix-script 的存放目錄：

   - /usr/lib/postfix：使用 rpm、deb 等套件安裝者。

   - /usr/libexec/postfix 或 /usr/local/libexec/postfix：使用原始碼編譯安裝者。

3. 工具程式存放目錄：/usr/sbin 或 /usr/local/sbin。

4. 和 Sendmail 相容的工具程式存放目錄：/usr/bin 或 /usr/local/bin。

5. Postfix 的佇列目錄（queue）：/var/spool/postfix。

6. Postfix 的函式庫目錄：/usr/lib 或 /usr/local/lib

7. man page 的存放目錄：/usr/share/man 或 /usr/local/man

8. Postfix 2.5 版新增了一個資料目錄，位置在 /var/lib/postfix（或在 /var/local/lib/postfix），此目錄用來存放快取、亂數、以及伺服器行程的編號（pid）。例如 master 的 pid 值，便是記錄在此目錄下的 master.lock。

9. 系統記錄檔：

- /var/log/mail.log（OB2D、Debian/Ubuntu）

- /var/log/maillog（Fedora/CentOS/FreeBSD、OpenBSD）。

10. 信箱位置：

- mbox 格式，其存放目錄是在 /var/mail 或 /var/spool/mail。

- Maildir 格式，其位置可在 main.cf 設定，若是放置在個人目錄之下，通常是設定為「~/Maildir」。

除了預設目錄之外，Postfix 運作時，還需要一組專用的帳號、群組。通常，帳號取名為 postfix，群組取名為 postdrop。

3.2 Postfix 的設定檔

除非特別指定，一般而言，Postfix 的設定檔大都位於 /etc/postfix 目錄。您可以執行「postconf config_directory」，找出存放設定檔的實際路徑。

Postfix 有兩個重要的設定檔：main.cf 以及 master.cf。這兩個檔案的擁有者，應設為 root（此為預設值）。若把這兩個檔案的寫入權，設定給其他帳號，那麼，該帳號對於 Postfix，就具有 root 的管理權限。

main.cf 是主要的設定檔，通常只要做少許的修改，Postfix 就能正常運作。如果想讓 Postfix 做得更多，就要由這個檔案下手，仔細地了解 Postfix 的各種設定項。

不過 Postfix 支援的設定項，其數量高達數百個，初學者並不需要一下子全部了解，相反地，筆者認為，入門 Postfix 的設定，應以「功能需求」為導向，想要做什麼，才研究什麼。換言之，只要詳細研究與達成目標有關的設定項即可，至於其他設定項的意義和用法，日後有機會碰到時，再逐一熟悉不遲。

至於 master.cf，則是 Postfix 控制內部各種伺服程式（稱為 daemon）的設定檔，欲熟悉 Postfix 的運作架構，對 master.cf 的欄位格式，就必須徹底弄明白。

本節將先介紹 main.cf 的結構，以及常見的設定項；master.cf 則留待第 4 章再來介紹。

◉ main.cf 的格式

main.cf 以列為識別單位。每一列的第一個字元若不是「空白字元」（空白字元包括空白和 TAB 鍵），就是一個邏輯的設定列（logical line，以下簡稱設定列）。每一個設定列的格式如下：

```
設定項參數 = 設定值
```

注意，在「＝」兩旁以及「設定值」右方的空白字元都會被忽略。

為方便計，往後，我們將上式簡稱為：

```
參數 = 值
```

例如：

```
myhostname = pbook.ols3.net
```

這裡設定了一個參數 「myhostname」，其值為 「pbook.ols3.net」。

如果同一個參數名稱做了多次設定，則只有最後的設定列有效。例如：

```
myhostname = mail.ols3.net
myhostname = pbook.ols3.net
```

在上式中，雖然 myhostname 設定了兩次，但最終，參數 myhostname 的值應為「pbook.ols3.net」。

請特別注意！ Postfix 的設定列並沒有引號的概念，在上式中，不可以把設定值寫成 "pbook.ols3.net"。若使用引號含括設定值，可能會造成 Postfix 的誤判，也就

是說，引號也會變成了參數值的一部份，以上例而言，此舉會造成 Postfix 解析不到正確的主機名稱。這點，請讀者特別牢記。

其次，若某列開頭第一個字元是「#」，則該列和空白列一樣，均會被視為註解，不會有任何作用。

例如：

```
# 設定：補齊在 @ 右手邊的位址
#myorigin = /etc/mailname
```

上式中，第一列是註解，用來加註說明；第二列也是註解，該設定列會被忽略掉，此時，參數 myorigin 仍然使用預設值。

請注意，「#」只有放在設定列的第一個字元，才有註解的效果，若是放在其他位置，就不是註解。

以下是錯誤的用法：

```
myhostname = pbook.ols3.net #設定主機名稱
```

此時，參數 myhostname 實際的設定值是：「pbook.ols3.net #設定主機名稱」，這可是會讓 Postfix 無法取得正確的主機名稱喔！

如果，某列開頭是空白字元（或是 tab 字元），則該列視為接續上一列的設定，例如：

```
mynetworks = 127.0.0.0/8
             192.168.1.0/24
             172.1.2.0/16
```

上式和下面的寫法是一樣的：

```
mynetworks =
             127.0.0.0/8, 192.168.1.0/24, 172.1.2.0/16
```

亦同於：

```
mynetworks = 127.0.0.0/8, 192.168.1.0/24, 172.1.2.0/16
```

另外，參數的值若有多個，彼此之間可選擇用空白或逗號（,）隔開，因此，以下的寫法，效果也是一樣的：

```
mynetworks = 127.0.0.0/8 192.168.1.0/24 172.1.2.0/16
```

參數的值，還可以再「參考」其他參數的值，Postfix 會用迭代的方式，取得最終的設定值，而且，參數出現的前後順序並不重要。

例如：

```
myhostname = pbook.$mydomain
mydomain = ols3.net
mydestination = $myhostname, local.$mydomain, localhost
```

在上式第一列中，參數 myhostname 的值，參考了 mydomain 這個參數，參考的方法是使用'$'取得 mydomain 的設定值（即第二列的 ols3.net），然後和「pbook.」組合成 pbook.ols3.net。

雖然 mydomain 是在第二列才設定，但是沒有關係，順序在前的設定列，仍然可以事先參考後面才出現的參數；這是因為 Postfix 使用了一種稱為「lazy evaluation」的評估方法，此法在執行期需要取值之時，才會計算相關的參數，因此，引用的參數在設定時，和彼此出現的先後順序沒有關係。

其實，使用 $ 參考其他參數的值，這種做法和 Shell 的變數取值很像，不過，Shell 的變數取值和變數出現的順序有關，順序在後面定義的變數，才可以參考先前已定義的變數值，否則得到的值為空值，這一點和 Postfix 的做法是不同的。

上式第三列，參數 mydestination 同時參考了 myhostname 和 mydomain 的值，其組合結果如下：

```
mydestination = pbook.ols3.net, local.ols3.net, localhost
```

由於 $ 已拿來當作「參考取值」的符號，因此，在設定時，若要恢復 $ 原本的字元意義，就要寫成：$$。

「參考取值」的寫法有多種樣式，以下均可：

```
$myhostname
${myhostname}
$(myhostname)
```

另外，自 Postfix 2.2 版開始，「參考取值」也可以使用「變數擴展」的方法，如下所示：

1. ${name?value}

    '?'測非空值。這個寫法的意義是：若 $name 的值非空，則此參考取值的結果為 value。用例如下：

    ```
    mydestination = $myhostname, local.$mydomain, localhost
    relayhost = ${mydestination?ols3.net}
    ```

    列 2，由於 $mydestination 的值非空，因此 relayhost 的值為「ols3.net」。

2. ${name:value}

    ':'測空值。這個寫法的意義是：若 $name 的值是空值，則此參考取值的結果為 value。用例如下：

    ```
    mydomain =
    myorigin = ${mydomain:mail.ols3.net}
    ```

    列 1，故意把 mydomain 設為空值，因此，最終 myorigin 的值為「mail.ols3.net」。

3. 綜合應用：

    ```
    stress = yes
    smtpd_timeout = ${stress?10}${stress:300}s
    ```

    列 1，設定壓力調節關鍵字 stress 為開啟（yes）。

    列 2，設定 smtpd 逾時的時間長度。

    因為 stress 的值非空，所以，${stress?10} 變數擴展的結果為 10，${stress:300} 則是空值。這個設定的意思是說，如果 Postfix 處於負壓的狀態（stress=yes），則 smtpd_timeout 的設定值就機動地縮短為 10 秒，以應付更多的來源主機可以連線。但如果 Postfix 是平時無事的狀態（stress=），那麼 smtpd_timeout 仍設為預設值 300 秒。

    關於 Postfix 調整負壓的說明，請參考 20.3 節。

◉ 顯示參數值的方法

Postfix 有提供一支工具程式 postconf，可顯示 Postfix 的參數值。用法如下：

1. 顯示全部參數的預設值：

```
postconf -d
```

選項「-d」表示要顯示的是參數的預設值。

2. 顯示在 main.cf 中已明確設定的參數值：

```
postconf -n
```

3. 顯示全部的參數值，若該參數未在 main.cf 中設定過，則顯示其預設值：

```
postconf
```

4. 顯示某一參數的預設值：

```
postconf -d 參數名稱
```

以參數 relayhost 為例：

```
postconf -d relayhost
```

結果如下：

```
relayhost =
```

relayhost 的預設值為空值。此一空值設定的意思是說：Postfix 自己會直接把郵件往 Internet 遞送，不會再透過其他主機轉遞郵件。

5. 顯示某一參數現有的值：

```
postconf 參數名稱
```

用例：

```
postconf myhostname
```

結果：

```
myhostname = pbook.ols3.net
```

6. 只顯示參數值，不顯示參數名稱：

```
postconf -h 參數名稱
```

用例：

```
postconf -h myhostname
```

結果：

```
pbook.ols3.net
```

◉ 使用 postconf 修改 main.cf

postconf 也可以用來修改 main.cf 的參數值，用法如下：

```
postconf -e 設定項=參數值
```

請注意，在「＝」的兩旁，不可以含有空白字元；若有空白，就要用引號含括全部的設定列，例如：" 設定項 = 參數值 "。

用例：

```
# 修改主機名稱
postconf -e myhostname=pbook.ols3.net
或
postconf -e "myhostname = pbook.ols3.net"
```

自 Postfix 2.8 版之後，使用 postconf 修改 main.cf，已不需要加上 -e 的選項，直接寫成「postconf 設定項=參數值」即可，用例如下：

```
# 啟用 SMTP 對 UTF8 的支援
postconf smtputf8_enable=yes
或
postconf "smtputf8_enable = yes"
```

◉ 計算 Postfix 的參數個數

在 main.cf 中，實際會使用到的參數，只佔 Postfix 全部參數的一小部份。Postfix 提供的參數，多達數百個。在 2.2 版之前，大約有 390 個；到了 2.12 版，已擴增到了 840 多個。

以下方法可以計算 Postfix 全部的參數個數：

```
postconf -d | wc -l
```

◉ 查看 Postfix 的版本

欲知主機中運行的 Postfix 其版本編號，可使用以下指令：

```
postconf -d | grep mail_version
```

這個指令的意思是：先用 postconf -d 列出全部的參數，再透過管線（|），把結果交給 grep 過濾出關鍵字 mail_version，如此即可找出 Postfix 的版本編號。

用例結果：

```
mail_version = 2.12-20140907
```

當然，直接執行以下指令，也是可以的：

```
postconf mail_version
```

3.3　main.cf 基本的設定項

◉ main.cf 的維護方法

Postfix 最令人欣賞的地方就是：只需對單一設定檔 main.cf 做少許的修改，就可以讓 Postfix 順利地運作，而且，Postfix 的設定檔，十分容易了解，修改方法也很簡單，維護過程非常輕鬆。

main.cf 的基本維護方法如下：

1. 使用編輯器或 postconf 修改 main.cf 的設定項（參數）。

   使用 postconf 修改參數的方法，請參考 3.2 節。

2. 檢查 main.cf 的參數語法有無錯誤。

   方法如下：

   ```
   postfix check
   ```

3. 重新載入 main.cf，讓新的設定生效。

   重新載入的方法，依您使用的系統而定：

```
/etc/init.d/postfix reload
或
service postfix reload
或
postfix reload
```

有些設定項，修改之後，必須先停止 Postfix 運行，再啟動 Postfix，設定才會生效。例如，若更改了 inet_interfaces 的設定，就要先停止再啟動 Postfix：

```
postfix stop
postfix start
```

4.　查看 log 檔，觀察 Postfix 的運作訊息是否正常。

以下方法可以快速地找出：在 log 檔中是否有警告或嚴重的錯誤訊息。

```
egrep '(reject|warning|error|fatal|panic):' /var/log/mail.log
```

這個方法，使用 egrep 由 mail.log 中尋找訊息關鍵字，凡是 reject：、warning:、error:、fatal:、panic: 等等，都是代表有問題的訊息; 其中‘|’是「或」的意思，意即，只要括號中任何一個關鍵字存在，就會和‘:’組合成目標關鍵字，而被過濾出來。

5.　修正問題，然後由前述步驟 2 重新開始，直到步驟 4 沒有出現錯誤訊息為止。

◉ Postfix 基本的設定項參數

在 main.cf 中，有幾個重要的設定項關係著 Postfix 能否正常運作。這些項目，包括 Postfix 擔任 MTA（郵件轉遞主機）的身份設定，以及管理者希望 Postfix 在網路中扮演的工作角色等等，因此，大致上會有以下幾點考量：

- MTA 的主機名稱是什麼？所在的網域名稱是什麼？

- 由 MTA 本機寄出去的郵件，其來源位址是什麼？

- 哪些域名的郵件才會被本機接收下來？

- 哪些 client 端寄來的郵件才會幫它們轉遞出去？

- 轉遞郵件的目的地為何？

- 傳遞郵件的方法是直接或是間接？

- 郵件系統若有問題要向誰反映？

- 郵件系統產生的訊息要詳細到何種層級？

- ·若郵件主機位在「NAT/防火牆/Proxy」後方，要如何設定 Postfix？

- 郵件系統記錄檔中有無錯誤訊息呢？

換言之，只要正確地設定 main.cf，滿足上述各點的要求，那麼，就可以架構起一個能正常運作的郵件伺服器了。

底下，我們將按上述觀點，依序說明 Postfix 基本設定項的用法：

1. 設定 MTA 的主機名稱。

   設定項名稱：myhostname

   意義：設定郵遞伺服器的主機名稱。

   預設值：

   ```
   使用 postconf -d myhostname 觀看。
   ```

   用法：

   ```
   myhostname = 主機名稱
   ```

   用例：

   ```
   myhostname = pbook.ols3.net
   ```

   說明：

   myhostname 的預設值，是使用 C 語言的 gethostname() 函式，取得完整主機網域名稱（Fully Qualified Domain Name，簡稱 FQDN）。執行「hostname -f」，也可以得到相同的值。

   FQDN 的組成如下：

   ```
   短的主機名稱.網域名稱
   ```

   以上述用例來說，短的主機名稱為 pbook，網域名稱為 ols3.net。

   Postfix 有為數眾多的設定項，都以 $myhostname 當作預設值。

   另外，Postfix 會由 myhostname 推算網域名稱 mydomain 的參數值。推算的方法，請參考 mydomain 的說明。（底下使用「$參數」表示參數值）

2. 設定 MTA 的網域名稱。

   設定項名稱：mydomain

   意義：設定郵遞伺服器的網域名稱。

   預設值：

   ```
   使用 postconf -d mydomain 觀看。
   ```

   用法：

   ```
   mydomain = 網域名稱
   ```

   用例：

   ```
   mydomain = ols3.net
   ```

   說明：

   mydomain 的 預 設 值 可 由 $myhostname 推 算 。 推 算 的 方 法 是 去 掉
   $myhostname 第一個逗號及其左方的字串（即短的主機名稱）。以主機名
   稱「pbook.ols3.net」為例，可推得 $mydomain 為「ols3.net」。

3. MTA 外寄郵件的來源位址？

   設定項名稱：myorigin

   意義：設定本機帳號寄出信件時，或者本機系統寄信給本機帳號時，在 '@'
   的右方補齊的來源位址。

   預設值：

   ```
   $myhostname
   ```

   用法：

   ```
   myorigin = 域名
   ```

   用例：

   ```
   myorigin = $myhostname
   或
   myorigin = /etc/mailname
   ```

說明：

本機帳號寄出信件時，例如 ols3 寄給 jack@example.com，或者由本機系統寄信給本機帳號，例如系統寄信給 ols3；Postfix 會在「ols3@」之後，加上 $myorigin。

myorigin 的預設值是 $myhostname。設定 myorigin 可直接寫入字串，或參考其他設定項的值。也可以使用檔案，Postfix 會讀取檔案內容的第一列，當作 myorigin 的設定值；Debian Linux 預設就是使用這種方式設定 myorigin，其設定值儲存在 /etc/mailname。

4. 哪些域名的郵件才會接收下來？

設定項名稱：mydestination

意義：本機郵件投遞程式（MDA）可收下郵件的「域名」（domain）列表。

預設值：

```
$myhostname, localhost.$mydomain, localhost
```

用法：

```
mydestination = 域名列表
```

用例：

```
mydestination = $mydomain, $myhostname, localhost.$mydomain, localhost,
freesf.tw
```

說明：

mydestination 設定 Postfix 允許收下哪些域名的郵件。預設情況下，本機郵件投遞程式會先檢查帳號檔 /etc/passwd 和別名檔 /etc/aliases，如果收件者帳號或別名不存在，則 Postfix 會拒收郵件。（實際要檢查哪些帳號相關的檔案，由參數 local_recipient_maps 決定）

只有收件帳號存在，而且，收件位址的域名也列表於 mydestination 之中，Postfix 才會收下郵件。舉例來說，假設 $myhostname 和 $mydomain 的值分別是 pbook.ols3.net 和 ols3.net，且 mydestination 的設定如上述用例，則 Postfix 只會接收以下格式的郵件：

```
帳號@ols3.net
帳號@pbook.ols3.net
```

```
帳號@localhost.ols3.net
帳號@localhost
帳號@freesf.tw
```

如果希望 mail.ols3.net 也要列入收件域名，那麼就要把它加入 mydestination 的列表之中，如下所示：

```
mydestination = $mydomain, $myhostname, localhost.$mydomain, localhost,
    freesf.tw, mail.$mydomain
```

5. 哪些 client 端才幫它們轉遞郵件？

   設定項名稱：mynetworks

   意義：設定允許轉遞郵件的來源主機位址，即 Postfix 信任的 SMTP 用戶端範圍。

   預設值：

   ```
   使用 postconf -d mynetworks 觀看。
   ```

   用法：

   ```
   mynetworks = IP 位址列表
   ```

   IPv4 的設定用例：

   ```
   mynetworks = 127.0.0.0/8, 192.168.1.0/24
   ```

   IPv6 的設定用例：

   ```
   mynetworks = 127.0.0.0/8, 192.168.1.0/24, [::1]/128, [fe80::]/10,
   [2001:470:1f05:a89::]/64
   ```

   說明：

   127.0.0.0/8 是 IPv4 的本機位址，[::1]/128 是 IPv6 的本機位址，[fe80::]/10 是 IPv6 的 Link-local 位址，[2001:470:1f05:a89::]/64 是 IPv6 的子網路（此 IP 段是筆者專屬的 IPv6 位址）。

   請注意，在 main.cf 中設定 IPv6 的位址，必須用 '[]' 含括，才不會和 Postfix 的 type:table 對照表的語法搞混了。

欲啟用 Postfix 支援 IPv6，請執行以下指令：

```
postconf "inet_protocols = all"
postfix stop
postfix start
```

列 1 中的 all 代表 Postfix 支援 IPv4，若主機介面使用 IPv6，則 Postfix 也會自動支援。此列，也可以改成「postconf "inet_protocols = ipv4, ipv6"」，這樣的話，Postfix 會強制啟用 ipv4 和 ipv6。若這列沒設定的話，Postfix 預設只有支援 ipv4。

另外，請注意，啟用 IPv6 之後，一定要先停止 Postfix、再啟動 Postfix，這樣，IPv6 的作用才會生效。

mynetworks 的設定，至關重要。SMTP 伺服器轉遞郵件的行為，我們稱之為 relay。如果一部郵遞伺服器不問寄件者來源是誰便代為轉遞，則稱之為 open relay。open relay 會造成垃圾郵件泛濫。現今，大多數的郵遞伺服器，預設都是關閉 open relay 的，否則，會被 DSBL（Distributed Sender Blackhole List）列入拒絕往來的黑名單。因此，Postfix 預設不開放 relay。若欲允許同一網段的主機可以轉遞郵件，須修改 mynetworks 的設定。如上述用例，mynetworks 加入 192.168.1.0/24，表示只有屬於這個網段的主機，才可以透過這部 Postfix 主機轉遞郵件。

常用的網段記法，列表如下，讀者可根據自己的網段範圍修改 mynetworks 的設定值：

IP class	可用 IP 數	記法	網路遮罩
1C	254	192.168.1.0/24	255.255.255.0
1/2C	126	192.168.1.0/25	255.255.255.128
2/2C	126	192.168.1.128/25	255.255.255.128
1/4C	62	192.168.1.0/26	255.255.255.192
2/4C	62	192.168.1.64/26	255.255.255.192
3/4C	62	192.168.1.128/26	255.255.255.192
4/4C	62	192.168.1.192/26	255.255.255.192

當然，開放 relay 的對象不是只有網段才可以，單獨的 IP 也行，例如，以下設定：開放 IPv4 位址 220.130.228.194 也可以 relay 郵件：

```
# 純 IPv4
mynetworks = 127.0.0.0/8, 192.168.1.0/24, 220.130.228.194
```

底下開放 IPv6 位址 2001:470:1f05:a89::2 也可以 relay 郵件：

```
# 支援 IPv4 和 IPv6
mynetworks = 127.0.0.0/8, 192.168.1.0/24, [::1]/128, [fe80::]/10,
[2001:470:1f05:a89::2]/128
```

關於 IPv6 的入門知識，可參考筆者撰寫的講義，位址如下：

```
http://tech.ols3.net/techdoc/new/ipv6_intro/index.html
```

6. 轉遞郵件的目的地為何？

設定項名稱：relay_domains

意義：設定未受信任的 Client 端可以寄給哪些域名的收件者。

預設值：

```
$mydestination
```

用法：

```
relay_domains = 域名列表
```

用例：

```
relay_domains = $mydomain
```

說明：

所謂未受信任的 Client 端，是指本機 Postfix 不允許 relay 郵件的客戶端，簡單來說，就是陌生人啦！

陌生人寄來的信件能被 Postfix 轉遞的目的地，僅限於 relay_domains 所設定的範圍，預設值就是 $mydestination。換言之，只有寄給 $relay_domains 指定域名範圍內的郵件，Postfix 才會接收下來，或代為轉遞。（稱為：代收代轉）

在設定 MX 主機或郵件備援主機時，這個設定項相當重要，詳情請參考 9.8/9.9 節的說明。

7. 傳遞郵件的方法是直接或是間接？

設定項名稱：relayhost

意義：外寄的郵件，接下來要交給誰代為轉遞。

預設值：

```
空值
```

用法：

```
relayhost = 域名（有提供轉遞郵件服務予你的域名）
或
relayhost = [完整主機網域名稱]
或
relayhost = [IP]
```

用例 1：（此為預設值）

```
relayhost =
```

用例 2：

```
relayhost = $mydomain
或
relayhost = example.com
```

用例 3：

```
relayhost = [mail-isp.example.com]
```

用例 4：

```
relayhost = [192.168.1.24]
```

說明：

relayhost 用來設定：外寄的郵件，要交給哪一個郵件伺服器轉遞？

如「用例 1」，若把 relayhost 設為空值，表示郵件是由本機直接連接網際網路，傳送到目的地的郵件主機，中間不會透過其他主機轉遞，也就是說傳送郵件靠自己啦，此為「直接轉遞」。除了用例一之外，其他都是「間接轉遞」。

「用例 2」，設定 relayhost 為 $mydomain，此時，Postfix 會向 DNS Server 查出負責 $mydomain 域名的郵件交換器，然後，把郵件交給該主機負責轉遞。這種主機稱為 mailhub。在管理的網域內，通常都會設立一部以上的郵件交換器，也就是說，在 DNS Server 中，以 MX 記錄指向的郵件主機。若要使用這種設定，必須是該域名的管理者有提供這種服務給你才行。

上述 $mydomain 只是個用例，也可以改成你指定的域名，例如 example.com。（請自行替換成你的域名）

「用例 3」，在完整主機名稱兩旁加上中括號，表示不查詢 MX 記錄，直接把郵件交給 isp-mail.example.com 轉遞。這通常是指：由你的網路服務供應商（ISP）所提供的郵件主機。

「用例 4」，在 IP 位址兩旁加上中括號，表示不查詢 MX，直接把郵件交給 IP 位址是 192.168.1.24 的郵件伺服器轉遞。

8. 運用別名檔，設定外界可向系統管理者反映郵件問題的管道：

設定項名稱：alias_maps

意義：設定轉寄信件的別名表（alias table）。

預設值：

```
hash:/etc/aliases, nis:mail.aliases
```

用法：

```
alias_maps = 格式:路徑檔名
```

用例：

```
alias_maps = hash:/etc/aliases
```

別名表用例：

```
# /etc/aliases
mailer-daemon: postmaster
postmaster: root
nobody: root
hostmaster: root
usenet: root
news: root
webmaster: root
www: root
ftp: root
abuse: root
noc: root
security: root
root: 這裡填上你專用的帳號（例如 jack）
```

說明：

hash 是一種小型的資料庫檔案。執行「postconf -m」，可列出 Postfix 支援哪些檔案格式。

/etc/aliases 和 Sendmail 8 的格式相容（這是 Postfix 故意的）。別名表為一純文字檔，這個檔案設定：給某一個帳號的信件要轉寄給誰，其每一列的基本格式如下：

```
帳號 A: 帳號 B
```

這意思是說：凡是寄給「帳號 A」的信件，均會自動轉寄給「帳號 B」。「:」左方的帳號不必真的存在；而且「:」右方對應的帳號可設定多個，彼此只要用「,」隔開即可。

在管理 Postfix 時，請務必建立一個專用的帳號（普通使用者權限），然後把此一帳號放在別名表最後一列（如下所示），讓系統帳號收到的信件全轉寄到這個帳號來。

```
root: 專用的帳號
```

用例：

```
root: jack
```

這個專用帳號，即是外界向系統管理員反映問題時，實際收取信件的信箱帳號；而系統帳號，則是對外的公關帳號，不必真的存在，只要是個別名即可。

常見的公關信箱如下：

信箱名稱	用途
postmaster@example.com	供外界反映：傳遞郵件的相關問題
abuse@example.com	供外界反映：垃圾郵件或資安事件的相關問題
webmaster@example.com	供外界反映：網站的相關問題

請注意，postmaster 這個系統帳號一定要列表於 aliases 之中。除了接受外界反映郵件問題之外，Postfix 預設也會將系統產生的問題郵寄給 postmaster。

修改 /etc/aliases 之後，應使用下列方法，把它編譯成索引檔。

請執行：

```
newaliases
```

或：

```
postalias /etc/aliases
```

為何要編譯？這是因為郵件投遞程式（MDA）讀取的是索引檔，而不是別名表本身。別名表只是用來產生索引檔的「藍圖」。使用索引檔的好處是讀取效能較佳。索引檔的路徑檔名，由參數 alias_database 定義，通常是 /etc/aliases.db。關於設定 /etc/aliases 的詳細語法，請參考 3.5 節的說明。

9. 系統通知信的訊息層級

設定項名稱：notify_classes

意義：設定向 postmaster 寄出系統通知信的訊息層級。

預設值：

```
notify_classes = resource, software
```

說明：

Postfix 預設會寄信給 postmaster 通知系統所發生的問題，因此，postmaster 這個帳號或別名信箱一定要存在。

Postfix 將系統發生問題的訊息層級分成以下幾種：

訊息層級	適用時機
bounce	退信通知
2bounce	退信通知無法寄達時
delay	郵件暫時無法投遞
policy	client 端連線要求被系統政策拒絕
protocol	傳輸協定有問題
resource	因系統資源問題而無法傳遞信件
software	因軟體本身的問題而無法傳遞信件

由前述 notify_classes 的預設值可知：當系統產生嚴重問題時（即 resource 和 software 這兩類），Postfix 才會寄信通知 postmaster。

10. 郵件主機置於「NAT/防火牆/Proxy」的後方

   如果郵件主機的網路佈署位置,沒有直接連接到外部網路,而是置於某些「NAT/防火牆/Proxy」的後方,特別是這部郵件主機還擔任 MX 主機或其他網域的「備援郵件伺服器」時,就要把所有的「NAT/防火牆/Proxy」對外的 IP 位址,都設定在 proxy_interfaces 的參數中,否則一旦主要的 MX 主機掛掉了,投遞的郵件可能會形成「郵件迴路」的現象(稱為 mail delivery loop),也就是說,郵件寄出去了又送回來,如此不斷地循環。郵件迴路,可是管理郵件伺服器的大忌,一位稱職的郵件管理者,務必要謹慎小心避免之。

   設定 proxy_interfaces 的方法如下所示:

   ```
   proxy_interfaces = 192.168.2.1
   ```

   這裡的 192.168.2.1 代表「NAT/防火牆/Proxy」對外的 IP 位址。

11. 檢查記錄檔是否有錯誤訊息?

   設定好 main.cf 之後,最後一個項目,就是觀察 postfix reload 之後,郵件系統記錄檔中是否有錯誤訊息?請按本節開始所提及的「維護 main.cf 的方法」來觀察。記得要先執行一次 postfix check,這不但可以檢查 main.cf 的語法,更可以檢查相關的檔案及目錄屬性是否正確建立。

   另外,記錄檔伺服程式的設定也很重要,例如傳統的 syslog 設定檔 /etc/syslog.conf 或是效能更好的 rsyslog 的設定檔 /etc/rsyslog.conf,其中關於 mail.* 的設定,要改成「非同步寫入記錄」的方式。如下所示,在 /var/log/mail.log 最左方加上'-',如此,可避免記錄檔伺服程式,因佔用太多的系統資源,而影響了 Postfix 的運行。

   ```
   mail.*    -/var/log/mail.log
   ```

經過上述設定之後,相信,要建立一部可正常運作的 Postfix 郵件主機,應該是沒有問題的。不過,這些都還只是剛剛起步而已。若要讓 Postfix 發揮更強大的功能,就要進一步深入地了解 Postfix 的架構,以及各種進階的管理才行。在往後的章節中,我們將繼續朝向此目標邁進。

◈ 管理者須知的基本設定項

除了前述參數之外，main.cf 還有一些基本設定項，是管理者必須知道的，茲說明如下：

- smtpd_banner

  意義：連接到 Postfix 時，顯示給 SMTP 用戶端的版本訊息。

  預設值：

  ```
  $myhostname ESMTP $mail_name
  ```

  用法：

  ```
  smtpd_banner = $myhostname ESMTP $mail_name (Debian/GNU)
  ```

  這裡，參數 smtpd_banner 參考了 myhostname 和 mail_name 的值。其中 mail_name 的預設值為「Postfix」，可用 postconf mail_name 觀看。

  我們可以用 telnet 指令，連接至 Postfix 觀看 smtpd_banner 的訊息：

  ```
  telnet pbook.ols3.net 25
  ```

  顯示結果：

  ```
  Trying 220.130.228.194...
  Connected to pbook.ols3.net.
  Escape character is '^]'.
  220 pbook.ols3.net ESMTP Postfix
  ```

  請注意最後一列訊息：220 是回應碼，表示連線正常，220 後接的即是 smtpd_banner 的字串值。其中，$myhostname 已替換成「pbook.ols3.net」，而 $mail_name 則替換成「Postfix」。請鍵入 Ctrl+]，再按 ENTER 鍵，接著輸入 quit，即可離線。

  使用 telnet 指令連接 SMTP 25 埠的操作，往後，在維護及測試郵件主機時經常會用到，請讀者務必熟練之。

- alias_database

  意義：編譯別名檔之後，產生的索引檔的路徑檔名。

  預設值：

  ```
  hash:/etc/aliases
  ```

用法：

```
alias_database = 格式:路徑檔名
```

用例：

```
alias_database = hash:/etc/aliases
```

說明：

使用 newaliases 或 postalias 編譯別名檔之後，會產生索引檔 /etc/aliases.db。請注意，在設定 alias_database 時，不必在檔名的後面加上「.db」。

■ mynetworks_style

意義：設定 mynetworks 的預設值。

預設值：

```
subnet
```

用法：

```
mynetworks_style = host 或 subnet 或 class
```

用例：

```
mynetworks_style = host
```

說明：

mynetworks_style 是用來設定 mynetworks 的預設值。不過，mynetworks 的優先權高於 mynetworks_style，如果 mynetworks 已經設定了，Postfix 會忽略 mynetworks_style。

mynetworks_style 共有三個設定值可供選擇：

1. mynetworks_style = host

   只有本機才能轉遞郵件，也就是說，只有本機自己寄出的郵件才會傳送出去。

2. mynetworks_style = subnet

   和本機屬於同一網段的主機才能轉遞郵件。

3.　mynetworks_style = class

　　和本機屬於同一個 IP Class 的主機才能轉遞郵件（例如 Class A/B/C）。
　　這個選項請儘量不要使用。若您是使用撥接式的網路（例如配發浮動
　　式 IP 位址的 ADSL/光世代/Cable 網路等等），此一設定很容易讓您的
　　主機變成濫轉垃圾郵件的主機（即 open relay）。

■　mailbox_command

意義：自訂郵件投遞程式（即 MDA）。

預設值：

```
空值。
```

用法：

```
mailbox_command = 外部命令列程式 參數
```

用例：

```
mailbox_command = procmail -a "$EXTENSION"
```

說明：

Postfix 預設使用的郵件投遞程式是 local。管理者也可以自訂郵件投遞程
式，例如 procmail。procmail 的語法自成一套小型的程式語言，用來設計過
濾郵件的規則，也是蠻好用的。

另外，mailbox_command 支援許多環境變數，利用這些環境變數，我們可
以將郵件資訊傳遞給外部程式處理。

mailbox_command 的環境變數，如下表：

變數名稱	意義	備註
CLIENT_ADDRESS	外部用戶端的 IP 位址	Postfix 2.2 版以後才有
CLIENT_HELO	外部用戶端送出 EHLO 命令參數	Postfix 2.2 版以後才有
CLIENT_HOSTNAME	外部用戶端的主機名稱	Postfix 2.2 版以後才有
CLIENT_PROTOCOL	外部用戶端使用的協定	Postfix 2.2 版以後才有
DOMAIN	收件者郵址的域名部份	
EXTENSION	可選用的郵址擴增部份	
HOME	收件者的家目錄	
LOCAL	收件者郵址的人名部份	

變數名稱	意義	備註
LOGNAME	收件者的登入帳號	
ORIGINAL_RECIPIENT	郵址改寫前收件者的原始郵址	
RECIPIENT	完整的收件者郵址	
SASL_METHOD	外部用戶端發出 AUTH 命令時所使用的 SASL 認證方法	Postfix 2.2 版以後才有
SASL_SENDER	外部用戶端發出 MAIL FROM 命令時所使用的 SASL 寄件者郵址	Postfix 2.2 版以後才有
SASL_USER	外部 Client 端發出 AUTH 命令時所使用的 SASL 使用者名稱	Postfix 2.2 版以後才有
SENDER	完整的寄件者郵址	
SHELL	收件者登入主機所使用的 shell	
USER	收件者的使用者名稱	

本表大致瀏覽一下即可，不必強記。日後備查。

- mailbox_size_limit

意義：設定信箱容量的大小。

預設值：50MB，即 51200000 位元組。

用法：

```
mailbox_size_limit = 數字
```

用例：

```
mailbox_size_limit = 0
```

說明：

mailbox_size_limit 設定 mbox 或 Maildir 的最大容量。容量以位元組為單位，若設為 0，則表示容量不做限制。

注意，$mailbox_size_limit 不可小於單一郵件檔案大小的上限值 $message_size_limit。

- message_size_limit

意義：設定單一郵件檔案大小的上限值。

預設值：10MB，即 10240000 位元組。

用法：

```
message_size_limit = 數字
```

用例：

```
message_size_limit = 20480000
```

說明：

調整這個參數時要特別小心，勿設定得太小。若設得過小，退回的郵件若超過郵件大小的上限，會造成退信作業無法正常運作。

■　biff

意義：是否啟用本機新郵件的自動通知功能。

預設值：yes

用法：

```
biff = yes 或 no
```

用例：

```
biff = no
```

說明：

biff 是在本機中，自動通知使用者有新郵信到來的服務程式。此功能在 Postfix 中，預設是開啟的，主要的原因是為了相容性；若使用者使用傳統的 Unix 指令'biff y'要求新郵件通知，Postfix 就會提供這項服務。不過，當線上的使用者人數很多時，biff 可能會影響系統的效能，因此，一般的建議是關閉此項功能。關閉的方法如上述用例所示。

■　smtpd_recipient_limit

意義：每封郵件可以指定的收件者人數的上限。

預設值：1000 人。

■　控制 SMTP Client 端連線錯誤的設定項

為保護系統安全，Postfix 會計算 Client 端發生錯誤的次數。此錯誤可能是網路連線品質的問題，也可能是惡意攻擊造成的。如果連線錯誤的次數，超過 $smtpd_soft_error_limit 的設定值，Postfix 會將雙方的連線狀態延遲一

段時間，錯誤次數每超過一次，延遲的時間長度就遞增 $smtpd_error_sleep_time 秒，一旦錯誤的次數達到 $smtpd_hard_error_limit 上限，Postfix 就會切斷連線。

前述三個設定項的預設值如下：

```
# 錯誤計數的軟性上限，達到此計數，就開始暫停連線。
smtpd_soft_error_limit = 10
# 錯誤次數每增加一次，延遲的時間就增加此設定項指定的秒數。
smtpd_error_sleep_time = 1s
# 錯誤計數的硬性上限，達到此計數，就斷線。
smtpd_hard_error_limit = 20
```

3.4　啟用 Postfix 的第一層防護

Postfix 設定好了之後，接下來，就要讓它實際運作了。不過，網路上惡意主機很多，我們應該儘速建立起一套有效的防禦工事才行。那麼，要怎麼做呢？其實，不必外求，Postfix 本身就內建四層防護機制，可供系統管理者運用。其中，第一層的防護機制稱為 postscreen。這項防護功能，非常好用，可消弭掉大約百分九十的攻擊。不可置信乎？底下我們拭目以待。

本節將介紹 postscreen 的觀念，以及設定 postscreen 的方法。

◉ 關於 postscreen

postscreen 是 Postfix 2.8 版之後新增的功能，主要目的是提供第一層的防護，避免 SMTP 伺服器被惡意「過載」（overload），也就是說，postscreen 可預防惡意主機癱瘓 SMTP 的連線通道。

其原理在於一旦系統啟用了 postscreen，Postfix 會在 smtpd 伺服器的前端（也是使用 25 port），建立一個獨立的行程（稱為 postscreen 行程）來應付外部的 SMTP 連線，此行程運用「尋狗理論」（註 3.4.1），篩選哪些客戶端才可以和本機的 smtpd 伺服器連接。如果連線端具有惡意的行為，postscreen 會立即擋掉，而把大部份的連線資源，保留給合格的客戶端。如此，可避免 smtpd 伺服器遭到過載攻擊。

架設 postscreen 的典型作法，是把 SMTP 的連接埠和域內使用者的送信管道分離。主機的 SMTP 25 埠完全保留給外部的郵件伺服器連接，傳送域內使用者郵件

的 MUA 程式（例如 Thunderbird/Outlook 等等），則改接 587 埠。587 埠是由 submission 服務提供，此通道亦可啟用加密連線和 SMTP 授權認證。

如果域內使用者的連線數眾多，為效能計，也可以另外再架設一部 Postfix 主機，專門做為域內使用者送信之用。由於此一主機僅供內用，因此，不必再啟用 postscreen，也不必擔任 MX 主機，只需用 iptables 等防火牆機制，限制用戶端的連線範圍即可。

啟用 postscreen 之後，若有 SMTP Client 端要求連線，Postfix 會在 smtpd 伺服器送出 220 歡迎訊息之前，開始 $postscreen_greet_wait 計時（註 3-4-2）。在此時限內，postscreen 會略誘對方，然後觀察對方的行為。postscreen 有一個很有趣的參數，叫做 postscreen_greet_banner，預設值是 $smtpd_banner。它的作用是搶在 Postfix 正式的歡迎訊息之前，提早送出一段假造的歡迎訊息。由於惡意的主機，總是想急著完成 SMTP 對話，對於 SMTP 命令具有「互鎖步驟」的規則，根本是置之不理、提早就回應（稱為 Pregreet），因此，postscreen 只要觀察對方，在收到這段假造的歡迎訊息之後，回應 SMTP 命令的行為是否中規中矩，就可以知道對方是否為垃圾郵件主機。

以底下這段郵件記錄檔的訊息為例：

```
PREGREET 11 after 0.2 from [192.168.0.143]:24269: EHLO User\r\n
NOQUEUE: reject: RCPT from [192.168.0.143]:24269: 550 5.5.1 Protocol error;
from=<test@example.com>, to=<therichman@example2.com>, proto=ESMTP,
helo=<[192.168.2.33]>
DISCONNECT [192.168.0.143]:24269
```

在上述訊息中，讀者應該可以發現，其中有一小段特別的關鍵字串：「PREGREET 11 after 0.2」。

此一字串的意思是說，在 postscreen_greet_wait 計時經過 0.2 秒之後，postscreen 就偵測到了來源主機 192.168.0.143 不遵守 SMTP 的對話規則，理由是「過早回應」－此 Client 端傳送的命令計 11 個字元（EHLO User\r\n）。於是，postscreen 便以「協定錯誤」為由（Protocol error），使用 550 的回應代碼，中斷對方的連線。（DISCONNECT）

不過，並不是每次連線 postscreen 都重複偵測；postscreen 運用一種稱為黑白名單的機制進行篩選。除了靜態的名單之外，postscreen 還會另外維護一份快取名單（此名單，預設並不會和其他 postscreen 行程分享），上頭記載著檢核過的連線端。這份快取名單，在有效期限內，postscreen 就直接跳過，不再進行偵測，就好像

是 postscreen 根本不存在一樣，此舉可降低 postscreen 對傳送郵件的效能所造成的不良影響。

之前曾提到 Postfix 具有四層防護。就第一層防護來說，postscreen 大約可以擋掉來自於僵屍網路和垃圾郵件主機將近 90% 的攻擊。postscreen 以單一的行程實作防護，執行時又能以動用最少的資源完成，在 Postfix 的四層防護中，是最輕量的機制。我們不得不說，postscreen 實在是一種非常優秀的設計。

Postfix 的四層防護機制，列示如下：

- 第一層防護：postscreen。

- 第二層防護：由 Postfix 的傳入限制列表、委任授權伺服器、以及 Milter 程式組成，共同對 SMTP 層進行較複雜的檢查。

- 第三層防護：輕量的內容過濾，使用 Postfix 內建的「表頭、信件內容檢查」(即 header_checks 和 body_checks)。這個方法，可以擋掉帶有惡意程式的郵件，以及不斷重複地發送的病毒信通知。

- 第四層防護：重量級的內容過濾，例如：外部過濾程式 Amavisd-new、SpamAssassin 以及 Milter 過濾程式等等。

上述每一層防護機制，都可以減少垃圾郵件的數量。Postfix 採取的策略是：輕量的機制優先，例如第一層和第二層（除非必要，第三層不用），如此，大約可以擋掉百分之九十的垃圾郵件；剩下的百分之十，就交給第四層來負責。實測結果，利用這四層防護，不但可以阻絕大多數垃圾郵件入侵，而且，防阻惡意連線也很有實效。

註解
3-4-1

「尋狗理論」是 Postfix 用來偵測惡意連線的一種想法。所謂的「尋狗理論」是說：推銷員怕被狗咬，若想知道受訪者的屋子裡頭有沒有惡犬，只要按一下門鈴即可，惡犬聽到門鈴聲，通常都等不及主人應門，就會大聲吠叫。類似的原理，Postfix 痛恨垃圾郵件（怕狗咬），想要事先知道連線端是不是垃圾郵件主機（惡犬乎？），因此，就由 postsreen 丟出一段造假的歡迎訊息（按門鈴），若對方真的是垃圾郵件主機，通常等不及 SMTP 命令完成，就急於回應下一個命令訊息（吠叫），據此，Postfix 便可判斷對方的確是垃圾郵件主機（果然內有惡犬）。根據統計，百分之七十的垃圾郵件主機，都有這種過早反應的現象（稱為 Pregreet），因此，postscreen 採取的「尋狗理論」，當然就可以發揮不錯的阻擋效果。

postscreen_greet_wait 的預設值是 ${stress?2}${stress:6}s，正常狀態下，此預設值是 6 秒；若是在負壓狀態下，預設值則是 2 秒。

註解
3-4-2

◉ 設定 postscreen

以下開始介紹 postscreen 的設定方法；其他二三四層，後面的章節再來介紹。

設定 postscreen，需要十個步驟：

1. 設定黑白名單

    首先，編輯 /etc/postfix/main.cf，設定參數項 postscreen_access_list：

    ```
    postscreen_access_list = permit_mynetworks,
        cidr:/etc/postfix/postscreen_access.cidr
    ```

    postscreen_access_list 用來設定固定式的黑白名單。其預設值為 permit_mynetworks，意思是說，參數項 mynetworks 所設定的網段範圍，都不必測試，直接跳過 postscreen。

    /etc/postfix/postscreen_access.cidr 是 postscreen 的黑白名單對照表，其內容用例如下：

    ```
    192.168.0.1         permit
    192.168.0.0/16      reject
    ```

    黑白名單的規則，採循序評估的方式，先符合者先做。以上例而言，若外部連線端的主機 IP 是 192.168.0.1，則傳回 permit 給 postscreen，表示允許它免測，直接可以連接本機的 smtpd 伺服器；至於其他屬於 192.168.0.0 這個 B class 網段的 IP 主機，就傳回 reject 給 postscreen，也就是說全部予以拒絕連線。

2. 關閉 smtp inet 服務

    編輯 /etc/postfix/master.cf，在 smtp inet 列的最左方，加上「#」註解符號：

    ```
    #smtp      inet  n     -      -      -      -      smtpd
    ```

3. 啟用 smtpd pass 服務

    編輯 /etc/postfix/master.cf（步驟 3～7 皆同），去掉在 smtpd pass 列最左方的「#」註解符號：

```
smtpd      pass      -      -      -      -      -      smtpd
```

4. 啟用 smtp inet postscreen 服務

```
smtp       inet n    -      -      -      1      postscreen
```

5. 啟用 tlsproxy unix tlsproxy 服務

```
tlsproxy   unix -    -      -      -      0      tlsproxy
```

6. 啟用 dnsblog unix dnsblog 服務

```
dnsblog    unix -    -      -      -      0      dnsblog
```

7. 啟用 submission 服務，建立 MSA 收信機制：

請編輯 master.cf，根據 Postfix 的版本，加入以下設定。如果仍要使用 25 埠
來接收域內使用者的郵件，本步驟可以先省略不做。日後若打算啟用
MSA，再予以補做即可。

Postfix 2.9.x 版以前的設定：

```
01.  submission inet n      -      -      -      -      smtpd
02.      -o syslog_name=postfix/submission
03.      -o smtpd_tls_security_level=encrypt
04.      -o smtpd_sasl_auth_enable=yes
05.      -o smtpd_client_restrictions=permit_sasl_authenticated,reject
06.      -o milter_macro_daemon_name=ORIGINATING
```

第 3 列，使用 TLS 加密的連線通道。

第 4 列，啟用 SMTP 授權認認。

第 5 列是轉遞郵件的限制。

Postfix 2.10 版以後的設定：

```
01.  submission inet n      -      -      -      -      smtpd
02.      -o syslog_name=postfix/smtps
03.      -o smtpd_tls_security_level=encrypt
04.      -o smtpd_sasl_auth_enable=yes
05.      -o smtpd_reject_unlisted_recipient=no
06.      -o smtpd_recipient_restrictions=
07.      -o smtpd_relay_restrictions=permit_sasl_authenticated,reject
08.      -o milter_macro_daemon_name=ORIGINATING
```

這個服務會在主機端開啟 587 埠的連線通道，由一個獨立的 smtpd 負責接
收，域內的使用者應改用這個通道來傳送郵件。

上述第一段設定的第 5 列的和第二段的第 7 列，都是關於轉遞郵件的限制，相當重要。此設定可避免主機被當成垃圾郵件的跳板。關於 smtpd_client_restrictions、smtpd_relay_restrictions 的意義及用法，請參考第 9 章。

8. 啟用垃圾郵件黑名單列表機制

    編輯 main.cf 加入以下 3 列：

    ```
    postscreen_dnsbl_threshold = 2
    postscreen_dnsbl_sites = zen.spamhaus.org*2
        bl.spamcop.net*1 b.barracudacentral.org*1
    ```

9. 設定 postscreen 測試失敗時，要如何處置 Client 端

    編輯 main.cf，加入：

    ```
    postscreen_blacklist_action = enforce
    postscreen_greet_action = enforce
    postscreen_dnsbl_action = enforce
    ```

    enforce 回應 550 的拒絕訊息，並在記錄檔中留下「helo/寄件者/收件者」的資訊。也可以改用 drop，回應代碼會改成 521，並且立即斷線。

    這三個參數，原本的預設值都是 ignore。ignore 用來記錄和收集統計資料，並不會真的拒絕連線。在設定 postscreen 時，至少要選用 enforce 或是 drop，postscreen 才能發揮防護效果。

10. 修改 MUA「SMTP 寄件伺服器」的設定

    啟用 postscreen 之後，域內使用者寄信最好改用 submission 服務。如圖 3-4-1 所示，請把 Port 由 25 修改為 587。

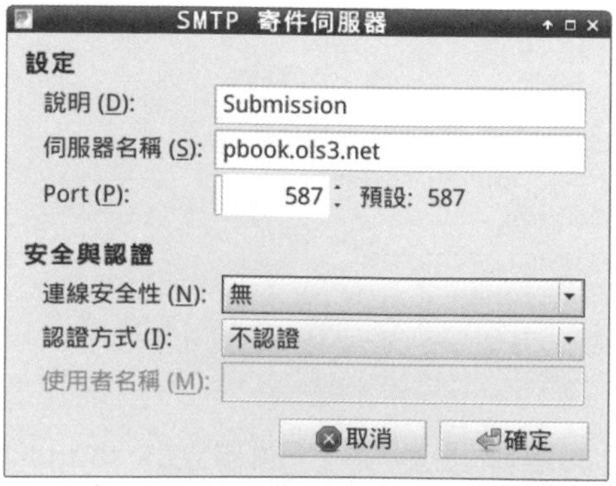

圖 3-4-1：修改 MUA「SMTP 寄件伺服器」port 的設定

上述步驟完成後，請重新載入 Postfix，讓 postscreen 的設定生效。

此時，主機開放的連線通道如下：

```
root@pbook:~# netstat -aunt
Active Internet connections (servers and established)
Proto Recv-Q Send-Q Local Address          Foreign Address        State
tcp        0      0 0.0.0.0:587            0.0.0.0:*              LISTEN
tcp        0      0 0.0.0.0:25             0.0.0.0:*              LISTEN
```

◉ postscreen 在記錄檔的訊息

查看郵件記錄檔，可以確定啟用 postscreen 是否成功。

- SMTP Client 端過早回應。

  這已在前面提過了，這裡就不再解釋了。

  ```
  PREGREET 11 after 0.2 from [192.168.0.143]:24269: EHLO User\r\n
  NOQUEUE: reject: RCPT from [192.168.0.143]:24269: 550 5.5.1 Protocol
  error; from=<test@example.com>, to=<therichman@example2.com>,
  proto=ESMTP, helo=<[192.168.2.33]>
  DISCONNECT [192.168.0.143]:24269
  ```

- 白名單中的主機第一次連線時，會留下 WHITELISTED 的訊息：

  ```
  Jun 22 11:00:21 pbook postfix/postscreen[10622]: CONNECT from
  [192.168.0.1]:57370 to [220.130.228.194]:25
  Jun 22 11:00:21 pbook postfix/postscreen[10622]: WHITELISTED
  [192.168.0.1]:57370
  ```

  這表示，主機 192.168.0.1 要求連線，已經過 postscreen 允許。192.168.0.1 會存入 postscreen 的快取名單之中；下一次再連線時，記錄檔會出現以下訊息：

  ```
  Jun 22 13:30:25 pbook postfix/postscreen[10622]: PASS OLD
  [192.168.0.1]:56430
  ```

  PASS OLD 表示該主機先前已通過測試，可直接跳過 postscreen，不必檢查。

- 如果非白名單的主機，也通過了 postscreen 的測試，記錄檔會出現以下 PASS NEW 的訊息：

  ```
  Jun 22 13:30:25 pbook postfix/postscreen[10622]: PASS NEW
  [172.16.0.1]:26358
  ```

■ 若黑名單中的主機要求連線，會留下 BLACKLISTED 的訊息：

```
Jun 22 14:01:25 pbook postfix/postscreen[10622]: CONNECT from
[192.168.0.6]:46832 to [220.130.228.194]:25
Jun 22 14:01:25 pbook postfix/postscreen[10622]: BLACKLISTED
[192.168.0.6]:46832
```

◉ postscreen 和 TLS 的設定

TLS 是 Transport Layer Security 的簡稱，這是一個在傳輸過程中進行加密的協定，可保護連線通道的全安，例如：防止資料在中途遭人竊聽、偽造或篡改。

postscreen 搭配 TLS 的運作方式，是由 tlsproxy 行程來幫忙處理（前述步驟 5），當 Client 端要求 TLS 連線時，postscreen 會把連線轉交給 tlsproxy，由 tlsproxy 代為處理加解密的工作。

關於 TLS 的詳細用法，請參考第 16 章。

3.5 對照表的觀念和用法

◉ 關於對照表

郵遞伺服器經常要做一些查詢和轉換資料的動作，例如：查詢外部用戶端 IP 位址是否屬於受信任範圍，以決定該用戶端能否使用轉遞郵件的功能；查詢 SMTP 用戶端發出的 EHLO 命令是否偽造我方的「IP 位址/郵址」，而予以拒絕連線，以阻擋垃圾郵件入侵；或者將寄件者郵址改寫成管理者設定的標準格式，等等。

以往 Sendmail 最被人垢病的地方是，Sendmail 使用非常複雜的規則集，處理查詢和轉換資料。Postfix 的作法則和 Sendmail 完全不同，Postfix 使用對照表處理這個系統需求，不但兼具彈性、方便，也兼顧了效能。有了 Postfix 的對照表，從此可免去 Sendmail 那種惱人的鬼畫符（規則集，即 rules set），輕輕鬆鬆就能搞定郵遞伺服器的進階設定。

由於在 main.cf 中直接設定如何查詢和轉換資料，不易管理，因此，Postfix 把這些設定獨立成一個個功能對應的設定檔，然後以此設定檔為「藍圖」，將它編譯成特定格式的資料庫（即索引檔），如此便可以增進資料查詢時的效能。Postfix 的

對照表，使用「鍵值對應」的方式設計，查詢時，Postfix 以特定的字串當作索引鍵（key），如此便可迅速地找到該鍵的對應值（value）。例如：以「192.168.1.24」查詢自訂的對照表 check_helo，若得到查詢結果是 REJECT ，則 Postfix 依此結果便會拒絕 192.168.1.24 這個 SMTP 用戶端的連線。像這種以鍵值對應的方式來設定的檔案，便稱之為對照表（lookup table）。

維護對照表的方法

不過，請特別注意，對照表只是用來建立索引檔的藍圖，它是一個純文字檔，Postfix 並不會直接查詢對照表本身，Postfix 查詢的是已編譯成資料庫格式的索引檔。因此，對照表可是有其特殊的維護方式喔，其步驟方法如下：

1. 首先，規劃哪項功能（設定項）要使用對照表，欲選用的索引檔格式為何？

2. 其次，編輯純文字的對照表。

3. 接著，編譯對照表，將它轉換成索引檔。

4. 然後，進行查詢測試；也就是給予一個鍵來測試取值，以確定你設計的對照表可以正確地查詢。

5. 若測試無誤，就在 main.cf 中設定該參數項來使用對照表。

6. 最後，重新載入 Postfix，使新的設定能夠生效。

對照表的語法

接下來，我們來瞭解一下對照表的語法。

Postfix 的對照表是純文字檔，以列為識別單位。每一列都是一種「鍵值對應」的格式，如下所示：

```
索引鍵    索引值
```

鍵和值之間至少要用一個以上的空白字元（空白或 TAB）隔開。索引鍵在左，因此稱為 Left-Hand-Side，簡稱 LHS；對應值在右，因此稱為 Right-Hand-Side，簡稱 RHS。

通常索引鍵是主機名稱或 IP 位址，而對應的索引值則是要執行的動作或 SMTP 連線的回應碼和訊息。

如果某列開頭第一個字元是「#」，則該列和空白列一樣，都視為註解，不會有任何作用。除了放在第一個字元的位置之外，若字元「#」出現在其他地方，就沒有註解的效力。另外，和 main.cf 一樣，如果某設定列的開頭是空白字元，則該列會被 Postfix 視為接續前一列的設定。最後要注意的一點是，在對照表中，索引鍵值也都不可以使用引號，否則會造成 Postfix 的誤判。

來看一個用例吧。

以下是筆者自訂的一個對照表：/etc/postfix/check_helo：

```
# 在 helo 階段時，不可以使用以下主機名稱和 IP 位址來連線
# 否則視為垃圾郵件散佈者
pbook.ols3.net              REJECT
mail.ols3.net               REJECT
220.130.228.194             REJECT
```

這個對照表，用來防阻外部的 Client 端，假藉表中的主機名稱和 IP 位址，來與我的 SMTP Server 連線。其運作的方式是，Postfix 會在連線的階段，取得 Client 端送出的 helo 字串，並以此字串為鍵（key），搜尋 check_helo 的索引檔，若有符合左方的主機名稱或 IP 位址，就傳回 REJECT 值，此時，Postfix 便會立即切斷此 Client 的連線，因為它違反了我方不可以在 helo 階段造假的政策。

◉ 索引檔的資料庫格式

Postfix 支援多種索引檔的資料庫格式。使用 postconf -m 可列出目前引入的檔案格式有哪些。底下是在 2.7 節，使用原始碼編譯 Postfix 時，所支援的資料庫格式列表：

```
btree
cdb
cidr
environ
fail
hash
internal
ldap （唯讀）
lmdb
memcache
mysql （唯讀）
nis （唯讀）
pcre （唯讀）
pgsql （唯讀）
proxy
```

```
regexp （唯讀）
socketmap （唯讀）
sqlite （唯讀）
static （唯讀）
tcp
texthash （唯讀）
unix （唯讀）
```

各種資料庫格式是否會列在 postconf -m 之中，端視編譯 Postfix 時使用的選項而定。以上表中的 lmdb 為例，lmdb 指的是 OpenLDAP 的 LMDB 資料庫，它之所以會列入，是因為在 2.7 節，我們已事先使用 git 下載 LMDB 的原始碼回來安裝過了，並且在編譯 Postfix 時，使用 -DHAS_LMDB 和 -llmdb 將 LMDB 的支援引入。

雖然 postconf -m 列出的格式眾多，不過，最常使用的格式則是 hash。這也是 Postfix 預設使用的資料庫格式。

Postfix 預設使用哪一種資料庫格式，定義在參數 default_database_type，使用 postconf -d default_database_type 即可查得，如下所示：

```
default_database_type = hash
```

一如前言，這表示對照表預設使用的格式的確是 hash。

另外，也有一些對照表，是不需要經過編譯的（pcre、regexp、cidr、texthash），Postfix 會直接查詢對照表的純文字檔本身，例如 cidr 格式，這大多用在判斷 Client 端的 IP 是否屬於某一個網段範圍。例如：底下的 cidr 對照表 /etc/postfix/client_access；利用這個機制，Postfix 在 Client 連線階段，就可以將惡意的來源主機提早斷線。

cidr:/etc/postfix/client_access 的內容用例：

```
192.168.2.0/24      REJECT
192.168.3.0/24      REJECT
172.16.0.0/16       REJECT
10.0.0.0/8          REJECT
```

Postfix 查詢此表時，只要來源主機的 IP 位址是屬於各列 LHS（左手）所設定的範圍，就執行其 RHS（右手）對應的動作，例如，這裡對應的動作是：REJECT，即拒絕對方連線。

查詢索引檔，除了基本的格式之外（例如 hash、btree、cidr、dbm、sdbm 等等），Postfix 還支援關連式資料庫的查表方法，例如：MySQL（mysql）、PostgreSQL（pgsql）、SQLite（sqlite），以及目錄查詢系統，例如 LDAP（ldap），這些查表的方法，我們會在後面的章節介紹。

◉ 編譯對照表

如果對照表是使用索引檔格式，那麼，使用之前，要先經過編譯的程序才行。

編譯對照表的方法如下：

```
postmap 格式:對照表的路徑檔名
```

若省略不加「格式:」，則預設以 $default_database_type 定義的格式（hash）編譯。

以下兩種方法，結果相同：

```
postmap hash:/etc/postfix/check_helo
postmap /etc/postfix/check_helo
```

執行畢，會在 /etc/postfix 目錄下產生 hash 格式的資料庫檔 check_helo.db。

往後，只要有修改對照表，就要用 postmap 再重新編譯一次。

請注意，在編譯對照表時，索引鍵和值之間、以及索引值右方的空白，都會被 postmap 剔除，而且，索引鍵會被自動轉成小寫。因此，將來查詢對照表時，基本上，索引鍵是不會區分大小寫的。如果，一定要區分索引鍵字母大小寫，那麼在編譯對照表時，就要指定：不要把索引鍵轉成小寫，方法如下：

```
postmap -f /etc/postfix/testmap
```

注意！此時查詢對照表時，也要加上選項 -f，表示查表時要區分大小寫：

```
postmap -fq "索引鍵" /etc/postfix/testmap
```

前面我們已經說過了，有一些對照表格式，只要以純文字檔的內容存在即可，不必再經過編譯的程序，例如：regexp、pcre、cidr、texthash。另外，像關連式資料庫 MariaDB、MySQL（mysql）、PostgreSQL（pgsql）、SQLite（sqlite），以及目錄查詢 LDAP（ldap）等等，以這些方式儲存的對照表格式，也是不需要編譯的。

◈ 測試對照表

索引檔編譯好了之後，接下來就是進行查詢測試。測試的方法是「給鍵查值」，如此可以檢測設計好的對照表是否能正確地運作。

「給鍵查值」的方法如下：

```
postmap -q 索引鍵 格式:索引檔的路徑及主檔名
```

上式中，「格式:」可以省略。若「格式:」省略不寫，則預設會以 hash 查詢；除了 hash 之外，測試其他類的對照表時，都要指定正確的格式才行。

用例：

```
postmap -q pbook.ols3.net /etc/postfix/check_helo
```

在上例中，選項 -q 是要做查詢的意思，「pbook.ols3.net」就是餵給 postmap 的鍵（key），/etc/postfix/check_helo 則是指在編譯對照表之後，所產生的索引檔的路徑及主檔名。以 hash 格式為例，這裡的 check_helo 是指 check_helo.db。請注意：postmap 會自動加上「.db」，因此測試查詢時，不必另外加上副檔名。

如果索引鍵對應的值存在，postmap -q 的執行結果，就會顯示其對應的值；若都沒有出現任何訊息，則表示該鍵並不存在。

如果對照表不是 hash 格式，在測試查詢時，採用的格式就必須指定清楚。

假設 test.regx 的內容採用 pcre 的格式：

```
/^Subject: make money fast/        REJECT
/^To: friend@public\.com/          REJECT
/^(friend@(?!my\.domain$).*)$/     550 $1
```

測試時，必須指定 pcre 的格式，否則會出錯。測試的方法如下：

```
postmap -q 'Subject: make money fast' pcre:test.regx
```

查詢結果應該會得到：REJECT。

```
postmap -q 'friend@ols3.net' pcre:test.regx
```

查詢結果會得到：550 friend@ols3.net

如果執行 postmap 時，出現錯誤訊息：

```
postmap: fatal: unsupported dictionary type: pcre
```

這表示：目前的 Postfix 不支援 pcre 格式，那麼，就要加裝 pcre 的套件，或是重新編譯 Postfix 加入 pcre 模組。以 Debian Linux 為例，加裝 pcre 模組的方法如下：

```
apt-get update
apt-get install postfix-pcre
```

◉ 在 main.cf 中設定對照表的方法

一旦查詢測試正確無誤之後，接下來，就可以在 main.cf 做對照表的設定了。設定的格式如下：

```
參數 = 格式:對照表的路徑檔名
或
參數 = 限制條件 格式:對照表的路徑檔名
```

以前述 check_helo 的對照表為例，筆者在 main.cf 中加入的設定如下：

```
smtpd_helo_restrictions=
        check_helo_access hash:/etc/postfix/check_helo
```

接著，重新載入 Postfix，使新的設定生效。

其中 check_helo_access 便是一種限制條件的命令。該命令用來指揮 Postfix，在 helo 的連線階段，要去查表 /etc/postfix/check_helo 的內容。

上述設定的意思是說：當 SMTP 用戶端連接本機的 Postfix 時，對 Client 端發出來的 HELO/EHLO 命令要做條件限制的檢查，方法是查詢對照表 check_helo 的索引檔，即 /etc/postfix/check_helo.db。

check_helo 那三列的意思是說：凡是用戶端在送出 HELO/EHLO 命令時，若偽裝成本機的主機名稱或 IP 位址，就拒絕連線。例如，用戶端若發出以下 EHLO 命令：

```
EHLO pbook.ols3.net
```

那麼，Postfix 會以「pbook.ols3.net」為索引鍵查詢 /etc/postfix/check_helo.db，結果得到的索引值是「REJECT」，因此，Postfix 在完成 SMTP 的連線對話之後，就強制中斷連線，此時，Postfix 回應給對方的訊息如下：

```
554 5.7.1 <pbook.ols3.net>: Helo command rejected: Access denied
```

這樣做的原因是，許多垃圾郵件主機連接至 SMTP server 時，都會在 SMTP 對話過程中，偽裝成對方的主機名稱或 IP，上述設定便可以擋掉這類垃圾郵件主機的騷擾。

重要的 Postfix 對照表

Postfix 有以下常用的對照表：

對照表名稱	用途	相關的 daemon 伺服程式
access	傳入限制對照表	smtpd
aliases	別名表	local
canonical	對傳入的郵件改寫位址	cleanup
generic	對傳出的郵件改寫位址	trivial-rewrite
header_checks	過濾信件表頭用的對照表	cleanup
body_checks	過濾信件內容用的對照表	cleanup
relocated	已遷移郵件位址的對照表	trivial-rewrite
transport	郵件傳輸路由對照表	trivial-rewrite
virtual	虛擬別名對照表	cleanup

欲知各對照表的詳細用法，執行「man 5 對照表名稱」即可查閱說明文件，例如：man 5 aliases。

這裡以 access 傳入限制對照表為例，說明其用途：

access 傳入限制對照表，可供 smtpd 伺服程式，用來決定如何處置欲傳送進來的郵件。

access 對照表的每一列，在左方索引鍵的位置，放置和 SMTP Client 端有關的樣式，例如：郵件位址、主機名稱、域名、寄件者人名部份、IP 位址等等；在右方索引值的位置，則擺放處置動作（ACTION），例如：拒絕（REJECT）或允許（OK）。

用例如下：

比對郵件位址

```
# 人名@域名              處置動作
jack@example.com        REJECT Don't mail to this man.
```

比對域名

```
# 域名                          處置動作
example.com                     550 Hi! Reject test ....
```

比對完整主機網域名稱

```
# 主機名稱.域名                  處置動作
mail.example.com                REJECT
```

比對人名部份

```
# 人名@                         處置動作
jack@                           REJECT
```

比對 IP

```
# d.d.d.d                       處置動作
192.168.1.1                     REJECT
```

比對開頭部份 IP

```
# d.d.d                         處置動作
10.1.2                          OK
```

請注意，若使用域名比對時，Postfix 也會比對此域名的子網域，也就是說，假設
欲比對的域名是 example.com，則 ms2.example.com 也會比對成功。

Postfix 是否自動比對子網域的設定項，關鍵在參數 parent_domain_matches_
subdomains，其參數值若含有 smtpd_access_maps，就表示 access 的存取對照表
要啟用「自動比對子網域」的功能。您可以用以下指令，觀察目前自動比對子網
域的設定狀態：

```
postconf -d parent_domain_matches_subdomains
```

輸出結果：

```
parent_domain_matches_subdomains = debug_peer_list,
        fast_flush_domains,mynetworks,
            permit_mx_backup_networks,
            qmqpd_authorized_clients,
            relay_domains,
            smtpd_access_maps
```

由上述顯示結果可以發現：參數值含有 smtpd_access_maps，這就表示：自動比對子網域的功能是啟用的。

access 對照表常見的處理動作列表如下：

動作	意義
OK	允許連接。
REJECT	拒絕連線，REJCCT 的後面可接上拒絕連線的訊息。
使用回應代碼 4xx	例如 450，代表暫時拒絕：請對方稍後再試試看，或許可以連線成功。
使用回應代碼 5xx	例如 550，代表永久拒絕：請對方不必再試了，若再來連接，也不會成功。

access 對照表還有其他的處置動作，欲知詳情，請執行「man 5 access」，查閱文件。

access 對照表可運用在 SMTP 的四個連線階段，如下所示：

- smtpd_client_restrictions
- smtpd_helo_restrictions
- smtpd_sender_restrictions
- smtpd_recipient_restrictions

至於這四個階段意義為何，後面會詳細介紹這些觀念，請參考第 8 章的說明。

◉ 特殊的對照表

有些對照表，不需要使用 postmap 編譯成資料庫，例如：cidr、pcre、regexp、mysql、pgsql、sqlite、ldap。其中，mysql 和 ldap 對照表，留在 19/20 章介紹，這裡，先示範 cidr 格式的用法。

cidr 是「Classless Inter-Domain Routing」的簡稱，這是一種表示 IP 網段的記法，例如 127.0.0.0/8 代表主機內部 loopback 迴路的 IP 範圍。

cidr 格式的對照表，常用在比對非法的 MX 主機，用例如下：

```
0.0.0.0/8              550 reject Mail Server from broadcast network
127.0.0.0/8            550 reject Mail Server from loopback network
192.168.99.0/24        550 reject Mail from Bogus MX
```

請將上述內容存成 /etc/postfix/check_bogus_mx，然後，在 main.cf 中設定：

```
smtpd_sender_restrictions=
        check_sender_access cidr:/etc/postfix/check_bogus_mx
```

這樣一來，由於傳入限制條件 check_sender_access 的關係，Postfix 就會檢查信封中的寄件者位址（例如 test@example.com），若負責此域名的郵件交換器，其主機的 IP 位址列於 check_bogus_mx 之中，則 Postfix 就會拒收這些郵件。

因為 check_bogus_mx 使用 cidr 的位址表示法，所以，在此對照表的路徑檔名之前，要加上「cidr:」的格式。

測試的方法：

```
postmap -q '192.168.99.1' cidr:/etc/postfix/check_bogus_mx
```

結果如下：

```
550 reject Mail from Bogus MX
```

由此可以發現，當我們輸入 MX 主機的 IP 位址，是屬於 192.168.99.0/24 的範圍時，postmap 便會回應拒收郵件的訊息（550 代表永久拒絕連線），這就表示，測試成功了。

3.6 別名檔

關於別名檔（alias file）

別名檔是 Postfix 為相容於 Sendmail 而沿用下來的設定檔，算是一種特殊的對照表。通常別名檔的路徑檔名是：/etc/aliases 或 /etc/mail/aliases，你可以選擇是否繼續使用這項命名慣例。對 Postfix 而言，別名檔的位置並不重要，只要在 main.cf 中設定清楚即可。例如，為了管理上的一致性，若把別名檔移入 /etc/postfix 目錄，讓它和其他設定檔放在一起，也是不錯的作法。

別名檔（alias table，又稱為「別名表」）的作用是提供給管理者，為郵件帳號設定別名。凡是寄給別名的郵件，最後，都會自動轉寄到別名實際對應的帳號信箱。

常見的別名帳號有哪些呢？其實，在 RFC 2142 標準文件中，就有為各種伺服器服務定義了一組帳號，即對外的服務信箱，又稱為公關帳號，這些帳號主要是提供給外界，做為查詢和回報問題之用。各種伺服器的管理員，應按此標準，設妥這些服務帳號。

列舉部份常見的帳號如下：

郵件帳號名稱	伺服器服務種類
postmaster	SMTP
hostmaster	DNS
webmaster	HTTP
ftp	FTP

一旦這種帳號多了起來，管理上會十分不方便，因此，比較好的作法是把這些帳號設成別名，把外界寄給這些服務信箱的郵件，統一轉寄給一個專用的別名帳號來管理。設定方法，請參考 3.3 節，關於 alias_maps 的說明。

◉ 別名檔的維護方式

別名檔的維護方式如下：

1.　確定別名檔的存放位置（在 /etc 或在 /etc/mail、/etc/postfix，或是其他位置），然後在 main.cf 中，設定參數項 alias_maps 和 alias_database。

2.　修改別名檔，以符合需求。

3.　編譯別名檔。

4.　測試查詢。

請注意，由於別名檔是沿用 Sendmail 8 的格式，因此，不能使用 postmap 編繹（所以之前才會說，別名檔是一種特殊的對照表）。為此，Postfix 提供以下兩個工具來編譯別名檔：

1.　newaliases：相容於 Sendmail 的 newaliases。

其實，Postfix 真正提供的是另一個工具程式 sendmail。newaliases 其實只是 sendmail 的符號連結檔（softlink）而已。

```
root@demo:~# ls -la /usr/bin/newaliases
lrwxrwxrwx 1 root root 16  3 月 12  2013 /usr/bin/newaliases
-> ../sbin/sendmail
```

2. postalias。

編譯別名檔的方法有二，擇一使用即可：

1. 直接執行「newaliases」。

2. 執行「postalias 別名檔的路徑檔名」。

   用例：

   ```
   postalias /etc/aliases
   ```

◉ 別名檔的語法

別名檔的語法格式和對照表類似，但不完全相同。別名檔以列為識別單位，其格式如下：

```
別名: 目標
```

若有多個目標，彼此之間用‘,’分隔。用例如下：

```
postmaster: root
root: ols3, jack
```

上述用例第一列，是把別名 postmaster 指向 root；第二列是把 root 指向 ols3 和 jack。

目標和別名的對應關係，可以用「迭代」的方式設定，例如：

```
mailer-daemon: postmaster
postmaster: root
root: jack
```

上述設定的迭代過程如下：

首先，別名 mailer-daemon 指向 postmaster，其次，postmaster 指向 root，然後，root 指向 jack。最終，凡是寄給 mailer-daemon、postmaster、root 的信件，均會自動轉寄到 jack 的信箱。

若某列開頭第一個字元是「#」，則該列和空白列一樣，視為註解，不會有任何作用。除了放在第一個字元的位置之外，若「#」出現在其他地方，就沒有註解的效力。如果某設定列的開頭是空白字元（空白和 TAB），則該列視為接續前一列的設定。最後要注意的是：如果「別名」或「目標」本身含有空白字元或特殊字元，則要用雙引號含括，用例如下：

```
notice: "/var/spool/note it"
```

另外，要注意的是，左方的別名，也算是本機系統內部的帳號名稱，因此，不可以含有域名；不過，右方的目標帳號則不在此限。

目標帳號的語法，共有四種：

1. 其他別名、帳號或電子郵件位址：

   用例：

   ```
   jack: mary, jack@example.com
   ```

   凡是寄給 jack 的信件，會自動轉寄給本機的 mary，以及位於外部主機的郵件位址 jack@example.com。

2. 檔案：

   用例：

   ```
   jack: /var/spool/jack_is_here
   ```

   使用檔案當作別名的目標，等於是把寄給別名帳號的信件存成檔案。這裡是把寄給 jack 的信件，存成檔案 jack_is_here。請特別注意，如果使用檔案當作目標，那麼該檔寫入的權限就要開放給 postfix，否則 Postfix 會在郵件記錄檔中會留下錯誤的訊息。

3. 外部命令：

   語法：

   ```
   別名: "|外部命令列程式"
   ```

   用例：

   ```
   jack: "|/usr/local/bin/myfilter"
   ```

   這裡是把寄給 jack 的信件，透過管線（|）交給外部程式 myfilter 處理。

4. 引入檔：

語法：

```
別名： :include:引入檔的路徑檔名
```

引入檔的內容可以包含前面任何一種格式。

用例：

```
jack: :include:/home/adm/iwant
```

/home/adm/iwant 的內容用例：

```
mary@example.com
john
```

凡是寄給別名 jack 的信件，會根據引入檔 iwant 的內容，再分別寄給 mary@example.com 和本機帳號 john。

別名檔修改之後，記得要用 newaliases 或 postalias 再重新編譯一次，新的設定才會生效。

◉ 設定別名檔的路徑

在 main.cf 中設定別名檔，總共要處理兩個參數：alias_maps 和 alias_database；前者指出別名檔的來源，後者指出別名檔在編譯後，產生的索引檔要存放的位置。請參考 3.3 節的說明。

如果要把別名檔放在 /etc/postfix 集中管理，那麼 main.cf 的設定要修改如下：

```
alias_maps = hash:/etc/postfix/aliases
alias_database = hash:/etc/postfix/aliases
```

執行：

```
postalias /etc/postfix/aliases
```

最後，請重新載入 Postfix，修改才能生效。

◉ 測試別名檔

別名檔設妥之後，接著當然就要測試一下囉。

測試的方法是使用 postalias 這個指令，其語法如下：

```
postalias -q 鍵 格式:別名檔的路徑檔名
```

其中，「格式:」可以省略不寫，預設會使用 hash。

用例：

```
postalias -q jack /etc/aliases
```

這裡以關鍵字 jack 做為查詢的索引鍵，若有出現訊息，表示該鍵存在於別名檔中，若沒有任何訊息，表示該鍵不存在。利用這種方式，您就可以測試，別名檔的設定是否正確。

3.7　樣式表

◈ 關於樣式表

除了對照表、別名檔，Postfix 還有一種特殊的查表，稱為「樣式表」。樣式表可運用在過濾垃圾郵件，以及阻擋重複發送的病毒信通知。

樣式表也是純文字檔，以列為識別單位，每一列的格式如下：

```
/樣式/    對應值
```

「樣式」由正規表示式組成。正規表示式是一種描述樣式的語言。樣式表的運用方法，是以表中各列左方的樣式，和資料列進行比對，若有相符者，就傳回該列右方的對應值，而且，整個比對程序就到此結束。

假設 /etc/postfix/header_chk 的內容如下：

```
/For Sale/    REJECT
```

若資料列否含有「For Sale」的樣式，就傳回對應值 REJECT。

樣式表的維護方式

樣式表的維護方式如下：

1. 規劃哪項功能要使用樣式表？要使用哪一種正規表示式的格式？regexp 或 pcre。

2. 編輯樣式表。

3. 測試樣式表。

4. 在 main.cf 設定使用該樣式表的參數。

5. 重新載入 Postfix，使新的設定生效。

樣式表的設定方法

Postfix 的樣式表支援兩種正規表示式，一種是預設的 postfix 格式（稱為 regexp），一種是 pcre（和 Perl 相容的正規表示式）。不管是語法或者功能面，postfix 和 pcre 都有差異；pcre 的執行速度較快，支援的樣式語法較為豐富、比對功能也較為強大，因此，筆者推薦使用 pcre。

使用 pcre 之前，請先確定 pcre 模組是否存在，檢查的方法如下：

```
postconf -m | grep pcre
```

如果出現 pcre 的訊息，表示該模組已經載入；若無，請執行以下指令安裝：

```
sudo apt-get update
sudo apt-get install postfix-pcre
```

設定樣式表，除了要指定正規表示式的格式之外，也要指明樣式表的路徑檔名。語法如下：

```
參數 = 格式:樣式表的路徑檔名
```

用例 1：使用 postfix 格式

```
header_checks = regexp:/etc/postfix/header_chk
```

用例 2：使用 pcre 格式

```
header_checks = pcre:/etc/postfix/header_chk
```

◈ 測試樣式表

樣式表編輯完成後，無需編譯，只要以純文字檔的格式存在即可。

測試樣式表的方法：

```
postmap -q 字串 格式:樣式表的路徑檔名
```

用例：

```
postmap -q "This house is For Sale" regexp:/etc/postfix/header_chk
```

這裡把字串 "This house is For Sale" 餵給 postmap，由它開啟 header_chk 這個樣式表，然後使用樣式 /For Sale/ 比對前述字串。由於該字串含有此一樣式，因此比對成功，postmap 於是傳回對應的值 REJECT。

3.8　系統記錄檔

系統記錄檔對 Postfix 的維運非常重要。Postfix 從啟動、處理郵務、重新載入、到停止運作，均會在郵件記錄檔中留下訊息。觀察郵件記錄檔，也可以判斷 Postfix 發生錯誤的原因。

Postfix 運行時，由 syslogd/rsyslogd 伺服程式（daemon）負責留下記錄，郵件記錄檔的檔名通常是：/var/log/maillog、/var/log/mail 或 /var/log/mail.log，您可以執行以下指令來確認記錄檔的路徑：

```
root@demo:~# grep '^mail.\*' /etc/rsyslog.conf
mail.*                          -/var/log/mail.log
```

或者執行：

```
root@demo:~# grep '^mail.\*' /etc/syslog.conf
mail.*                          -/var/log/mail.log
```

若是 OpenBSD 等 BSD 平台請執行：

```
root@demo:~# grep '^mail.info' /etc/syslog.conf
mail.info               /var/log/maillog
```

rsyslog 的設定檔名是 /etc/rsyslog.conf；syslog 的設定檔名是 /etc/syslog.conf。關於郵件記錄檔的設定，不同的作業系統有不同的作法，如下表所示：

作業系統	設定法
RedHat/Fedora/CentOS Linux	mail.*　　　-/var/log/maillog
Debian Linux	mail.*　　　-/var/log/mail.log
FreeBSD/OpenBSD	mail.info　　/var/log/maillog

Linux 版的 syslog，預設會以同步寫入的方式儲存記錄檔，當郵件主機系統非常忙碌時，此法會加重系統的負擔。為了改善效能，因此，在記錄檔的檔名之前加上「-」，此字元是告知 syslogd/rsyslogd 改用非同步寫入的方式儲存系統訊息。非同步寫入是一種運用緩衝區的概念，它不是一筆訊息就寫入一次，而是先將訊息暫時儲存在記憶體的快取中，等到適當時機，再一次寫入系統記錄檔。由於不必反覆地開檔、寫入、關檔，效能當然比較佳。至於 BSD 版的 syslog，預設即是採用非同步寫入的方式，因此，無需再做任何調整。

修改 syslog.conf/rsyslog.conf 之後，請重新啟動 syslogd/rsyslogd，方法如下：

1. 使用 rc 檔的做法：

```
/etc/init.d/sysklogd restart   <-- syslogd 的做法
/etc/init.d/rsyslog restart    <-- rsyslogd 的做法
```

2. service 的做法（B2D、RedHat）：

```
service sysklogd restart    <-- syslogd 的做法
service rsyslog restart      <-- rsyslogd 的做法
```

3. 使用 kill/pkill 傳送重新啟動的信號：

```
kill -HUP syslogd 的 PID 編號
```

用例：

```
kill -HUP 14969
pkill -HUP syslogd
pkill -HUP rsyslogd
```

使用 grep/egrep 觀察郵件記錄檔。

```
egrep '(reject|warning|error|fatal|panic):' /var/log/mail.log
```

這道指令，使用 egrep 尋找錯誤或警告的系統訊息。只要觀察這些訊息，要判斷 Postfix 發生錯誤的原因，通常不會太困難。

若想要尋找某位寄件者的資訊，可如下操作：

```
grep -A 200 -e 'MAIL FROM:.*jack@pbook.ols3.net' /var/log/mail.log
```

這裡使用 grep 由 mail.log 中尋找關鍵字串 'MAIL FROM ...'，選項 -e 後接的是比對的樣式。選項 -A 的作用是：從比對符合的資料列開始，再往後顯示 200 列的訊息。這樣做是為了完整地顯示相關的訊息，對判別問題徵結助益較大。

若欲查看最新的記錄檔內容，可運用指令 tail。用例如下：

1. 預設只看最新的 10 列：

    ```
    tail /var/log/mail.log
    ```

2. 指定看最新的 200 列：

    ```
    tail -200 /var/log/mail.log | less
    ```

    由於 200 列超過一頁的顯示畫面，因此，把 tail 的輸出結果，透過管線交給 less 分頁顯示，往前往後翻頁觀看，都十分方便。

若要查看較舊的記錄檔，可使用指令 head。用例如下：

1. 查看最前面的 10 列：

    ```
    head /var/log/mail.log
    ```

2. 查看最前面的 100 列：

    ```
    head -100 /var/log/mail.log | less
    ```

3.9 簡易佇列管理

郵件佇列（mail queue）是 Postfix 運作的核心。Postfix 利用不同的佇列，管理郵件的進出。本節介紹佇列的基本操作；詳細的運作原理和管理方法，在第 13 章介紹。

Postfix 的佇列主要目錄，位在 /var/spool/postfix，部份內容如下：

```
root@b2dsvr:~# ls -la /var/spool/postfix/
總計 80
drwxr-xr-x 20 root    root    4096  5 月 17 17:23 .
drwxr-xr-x  9 root    root    4096  4 月 15 22:24 ..
drwx------  2 postfix root    4096  6 月 19 00:08 active
drwx------  2 postfix root    4096  5 月 15 19:46 bounce
drwx------  2 postfix root    4096  4 月 15 22:25 corrupt
drwx------  2 postfix root    4096  4 月 15 22:25 deferred
drwx------  2 postfix root    4096  4 月 15 22:25 hold
drwx------  2 postfix root    4096  6 月 19 00:08 incoming
```

佇列的用途說明：

佇列名稱	目錄位置	用途
incoming	/var/spool/postfix/incoming	新進郵件佇例
active	/var/spool/postfix/active	作業中的佇列
deferred	/var/spool/postfix/deferred	延遲郵件佇列
corrupt	/var/spool/postfix/corrupt	損壞郵件佇列
hold	/var/spool/postfix/hold	凍結郵件佇列
bounce	/var/spool/postfix/bounce	退信郵件佇列

哪些郵件該放入什麼佇列，完全由佇列管理程式（qmgr）決定，大部份情況下，我們並不需要介入操作。不過，有些時候，還是需要管理員出面動手清理，才能解決郵件佇列所遭遇的問題。

以下是佇列管理工具的基本用法。

■ 列出佇列中所有的郵件：

```
postqueue -p
```

■ 觀看佇列郵件的內容：

```
postcat -q 佇列編號
```

■ 刪除佇列郵件：

```
postsuper -d 佇列編號
```

用例：

```
root@mail:~# postsuper -d D7B322B416D
```

如果要刪除所有郵件，請執行：

```
postsuper -d ALL
```

■ 凍結佇列郵件：

```
postsuper -h 佇列編號
```

用例：

```
root@mail:~# postsuper -h D7B322B416D
```

■ 解除凍結郵件：

```
postsuper -H 佇列編號
```

用例：

```
root@mail:~# postsuper -H D7B322B416D
```

■ 重置佇列郵件：

```
postsuper -r ALL
```

■ 重新出清佇列郵件：

```
postqueue -f
```

3.10 自訂信件投遞狀態通知信

Postfix 的 bounce 伺服程式可以針對不同的「投遞狀態」發出通知信（delivery status notification，簡稱 DSN），例如：無法投遞、延遲投遞、投遞成功、以及驗證郵件位址等等。通知信的格式，預設由 Postfix 內建的樣版（templates）產生，系統管理者可以根據需求，自訂通知信樣版。通知信樣版，其實也算是 Postfix 的一種設定檔。

設定通知信樣版的步驟有三：

1. 編輯樣版檔的內容和格式。

2. 檢查樣版是否正確無誤。

3. 設定 main.cf，啟用樣版。

操作如下：

1.　編輯樣版檔：

    編譯 Postfix 的原始碼之後，在目錄中會產生一個通知信的範本檔，取得該檔的方法如下：

    ```
    wget ftp://ftp.porcupine.org/mirrors/postfix-release/experimental/
    postfix-2.12-20140907.tar.gz
    tar xvzf postfix-2.12-20140907.tar.gz
    cd postfix-2.12-20140907
    make
    cp conf/bounce.cf.default /etc/postfix/bounce.cf
    ```

    如果不想這麼費勁兒，也可由筆者的網站下載：

    ```
    wget http://postfix.ols3.net/DL/conf/bounce.cf.default
    ```

    請把範本檔拷貝到 /etc/postfix/bounce.cf 備用。

    接著，請編輯樣版檔 bounce.cf。bounce.cf 的內容共分成四個部份，每一部份代表一種投遞狀態通知信的格式。Postfix 使用四個樣版名稱，分別代表這四種投遞狀態通知，如下表：

樣版名稱	用途
failure_template	無法投遞信件的退信通知
delay_template	延遲投遞信件的通知
success_template	投遞信件成功的通知
verify_template	驗證郵址的通知

    通知信的格式語法：

    ```
    樣版名稱 = <<EOF
    信件表頭
                        <--- 空白列
    信件內容
    EOF
    ```

    由「樣版名稱 = <<EOF」到「EOF」夾住的區塊，即是通知信的內容。管理者可自訂這一個區塊。此區塊又分成兩大部份：一是信件表頭，一是信件內容，這兩者之間，至少要用一個空白列隔開。

信件表頭由四種欄位組成，各個欄位須自成單獨的一列，不能跨越多列：

- Charset: MIME 字元集

- From: 寄件者

- Subject: 信件主旨

- Postmaster-Subject: 管理員提示的信件主旨，用於無法投遞或延遲投遞的通知信中

請特別注意，表頭的文字只能使用 ASCII 字元。信件內容則可以用表頭欄位 Charset 指定 MIME 的字元集。

用例如下：

```
failure_template = <<EOF
Charset: big5
From: MAILER-DAEMON (Mail Delivery System)
Subject: Undelivered Mail Returned to Sender
Postmaster-Subject: Postmaster Copy: Undelivered Mail

這是來自 $myhostname 主機的郵件.

很抱歉必須通知您: 您的信件無法投遞. 原信附件如下.

若需協助, 請 email 聯絡管理員(postmaster), 來信時請附上
相關問題的描述.

                    郵件系統管理員敬上
EOF
```

信件內容可以使用 main.cf 設定項的參數值，例如在上述用例中，使用了 $myhostname。bounce 在產生通知信時，會替換這些變數。請注意，只有信件內容，才可以使用變數替換，信件表頭就不可以。

如果信件內容須使用「$」字元，請改寫為「$$」，不然，會被 bounce 誤認為是設定項的參數值。

2. 檢查樣版檔：

編輯檔版檔之後，請使用 postconf 檢查格式是否正確，方法如下：

```
postconf -b 樣版檔
```

用例：

```
postconf -b bounce.cf
```

postconf 會替換變數，然後在標準輸出中顯示樣版信件的內容，用例如下：

```
expanded_failure_text = <<EOF
這是來自 pbook.ols3.net 主機的郵件.


很抱歉必須通知您: 您的信件無法投遞. 原信附件如下.


若需協助, 請 email 聯絡管理員(postmaster), 來信時請附上
相關問題的描述.


                    郵件系統管理員敬上
EOF
```

請注意，原樣版名稱 failure_template 會被 postconf 改成 expanded_failure_text，代表這是變數值已經過替換的輸出內容，例如 $myhostname 已替換成 pbook.ols3.net。

3. 設定 main.cf，啟用樣版：

編輯 main.cf：

```
bounce_template_file = /etc/postfix/bounce.cf
```

接著，重新載入 Postfix 即可。

3.11 操控 Postfix 的方法

在 2.9 節已提過操控 Postfix 的方法，這裡做個複習：

作用	使用 rc 檔的操控方法	沒有 rc 檔的操控方法
啟動	/etc/init.d/postfix start	postfix start
重新啟動	/etc/init.d/postfix restart	postfix stop；postfix start
重新載入設定檔	/etc/init.d/postfix reload	postfix reload
停止	/etc/init.d/postfix stop	postfix stop

在 Debian 中，sysv-rc 套件裡頭的 invoke-rc.d，也可以用來操控 Postfix：

```
invoke-rc.d postfix reload
```

使用 service 指令也可以：

```
service postfix reload
```

另外，各種平台套件提供的 postfix 程式，大部份都有 restart 這個指令，不過，原始碼編譯的 postfix 則沒有。其實，restart 只是在 script 中，依序執行 postfix stop 和 postfix start 而已，你也可以自己執行這兩個指令來模擬。

上述操控動作，只是 postfix 的一部份。全部的操控動作，計有：check、start、stop、abort、flush、reload、status、set-permissions、upgrade-configuration，說明如下：

操控動作	作用
check	檢查目錄和檔案的擁有者以及權限設定是否正確，並自動建立必要的目錄。
start	啟動 Postfix 郵件系統，同時檢查設定檔是否正確。
stop	停止執行 Postfix 郵件系統。執行中的行程會按序停止執行。
abort	立即停止執行 Postfix。所有執行中的行程都會立刻接收到中止的信息。
flush	強制遞送所有在延遲佇列中的郵件。
reload	重新讀取設定檔。
status	檢查目前 Postfix 是否仍在執行，並顯示其行程編號（pid）。
set-permissions	設定相關檔案目錄的擁有者和執行權。
upgrade-configuration	更新 main.cf 的設定項或 master.cf 的服務項目，以滿足 Postfix 運作的需求。

用例：檢查 Postfix 的狀態

```
root@pbook:~# postfix status
postfix/postfix-script: the Postfix mail system is running: PID: 2992
```

postfix status 檢查 Postfix 是否仍在運行，若有，就顯示其行程編號。

在所有的操控動作中，最常用到的應該是「重新載入設定檔」。此一操作，請使用 postfix reload 來做，不要執行 postfix stop、postfix start。

請注意，某些操作並不需要重新載入設定檔，或重新啟動 Postfix。例如，修改別名檔 /etc/aliases，只要執行 newaliases 或 postalias 即可。重新編譯對照表，也無需重新啟動 Postfix。運行中的 daemon 行程，生命期結束後，再啟動時會重新讀取對照表。當然，若想讓變動快速生效，restart 還是最快的方法（即先 stop 再 start）。

不管使用哪一種操控方法，請記得，操作之後，務必要檢查郵件系統記錄檔，查看其中是否有產生異常的訊息。這部份的操作，請參考 3.8 節的說明。

Postfix 的服務設定檔：master.cf

4
CHAPTER

main.cf 是 Postfix 的組態設定檔，此檔控制整個郵件系統的運作。另外一個重要的設定檔是 master.cf，此檔用來定義各種伺服器的服務。

這兩個檔案的存放路徑，大多設在 /etc/postfix。若不想使用這個位置，只要設定 config_directory，即可變更為不同的存放路徑。

4.1 master.cf 的用途和格式

Postfix 郵件系統的工作，是由許多服務行程（services）在背景工作（background）中完成的。這些服務以 daemon 的型態運作，由 master 負責控制執行，而 master.cf 就是這個 master 服務器的控制檔。

master.cf 主要是設定 Client 端（即外部的連線端）要如何和本機各種 Postfix 伺服程式連接，連接這些伺服器時，Postfix 要叫用哪一個 daemon 來提供服務。簡單地說，master.cf 就是控制 Postfix 各 daemon 子系統如何運作的規範檔。Postfix 啟動時，master 會讀取 master.cf，做為管理各個 daemon 的工作準則。因此，若有修改過 master.cf，記得要重新載入 Postfix，這樣新的設定才會生效。

大多數 master 啟用的 daemon 行程，在負責的工作完成後，等待生命期結束，就會自動停止執行。這些 daemon 必須遵守兩項規定：

該 daemon 服務的 client 數目，不能超過 max_use 定義的最大連線數，預設值是100 個，但佇列管理程式（qmgr）和其他需要長時間工作的 Postfix 行程，則不在此限。

daemon 的閒置時間，不能超過 max_idle 的值（即等待 client 端連接的最大時間），預設值是 100 秒，同樣的，佇列管理程式和其他需要長時間工作的行程，也不在此限。

以上這兩個參數值 max_use 和 max_idle，均可在 main.cf 中調整其大小。

所有 Postfix 的 daemon 行程，彼此使用內建的方式運行，通常不會建立子行程、不會使用內部行程通訊、不會運用暫存檔，以保護系統的安全（這三個機制是駭客最喜歡攻擊的目標）。

若欲執行的程式，並非 Postfix 內建的 daemon，則應叫用 local、pipe、spawn 等服務來執行，或是改用 inetd 等類似的機制來處理。

master.cf 的格式

master.cf 的每一列可設定一種服務程式。每一列設定，以服務名稱和型態做為識別依據，若服務名稱和型態相同，則視為相同的設定列，並且以最後一列為有效；若設定列不同，該列的效用則和出現的先後順序無關。空白列和 # 開頭的非空白列均視為註解。每一列的第一個字元若不是「空白字元、TAB 和 #」，就視為「邏輯上的設定列」（就是打算要設定成某種服務程式啦，至於合不合設定列的語法，還要再檢查）。若設定列以「空白字元或 TAB 鍵」開頭，則該列視為延續上一列的設定。

以下是 master.cf 的內容樣本（不包括列號，列號為說明用）：

```
01.  #
=================================================================
02.  # service type   private unpriv  chroot  wakeup   maxproc command + args
03.  #                 (yes)  (yes)   (yes)   (never)  (100)
04.  #
=================================================================
05.  smtp       inet  n       -       y       -        -       smtpd -v
06.  #smtp      inet  n       -       n       -        1       postscreen
07.  #smtpd     pass  -       -       n       -        -       smtpd
08.  #dnsblog   unix  -       -       n       -        0       dnsblog
09.  #tlsproxy  unix  -       -       n       -        0       tlsproxy
10.  #submission inet n       -       n       -        -       smtpd
11.  10025      inet  n       -       n       -        -       smtpd
12.  qmgr       unix  n       -       n       300      1       qmgr
13.  tlsmgr     unix  -       -       y       1000?    1       tlsmgr
14.  bounce     unix  -       -       y       -        0       bounce
15.  defer      unix  -       -       y       -        0       bounce
```

```
16.   smtp      unix  -     -     y     -     -     smtp
17.   relay     unix  -     -     y     -     -     smtp
18.   my-relay  unix  -     -     y     -     -     smtp
19.   # for amavisd-new
20.   smtp-amavis unix -    -     n     -     2     smtp
21.       -o smtp_data_done_timeout=1200
22.       -o smtp_send_xforward_command=yes
23.       -o disable_dns_lookups=yes
```

前 4 列以及開頭第一個字元是 # 的均為註解，其他列則為有效的設定列。以第 5 列來說，該列定義了 smtp 服務，其服務型態為 inet，第 16 列也定義了 smtp 服務，但因為它的型態是 unix，因此，這兩列是不一樣的。

第 18 列自訂了一個名稱為 my-relay 的服務，型態為 unix。這種自訂的服務，在調整郵件路由時，經常會用到。

第 21～23 列開頭為空白字元，因此，這三列是延續第 20 列的設定，屬於第 20 列的一部份。其中，選項「-o」是指定命令列的選項；這三列分別設定三個設定項：smtp_data_done_timeout、smtp_send_xforward_command、disable_dns_lookups，參數值依序設為 1200、yes、yes。

另外，在 3.4 節曾提到，設定 postscreen 時，要把第 5 列註解掉（最左方加上 #），再把 6～9 列最左方的註解字元 # 刪除，其設定結果如下：

```
#smtp       inet  n     -     y     -     -     smtpd
smtp        inet  n     -     n     -     1     postscreen
smtpd       pass  -     -     n     -     -     smtpd
dnsblog     unix  -     -     n     -     0     dnsblog
tlsproxy    unix  -     -     n     -     0     tlsproxy
submission  inet  n     -     n     -     -     smtpd
... （以下節略）
```

由前述觀之，master.cf 的設定列共有 8 個欄位，各欄位名稱及用途如下表所示。其中，若有欄位寫成 '-'，則表示該欄位使用的是預設值。

欄位順序	欄位名稱	用途	預設值	選用值
1	Service name	服務名稱		
2	Service type	服務型態		inet、unix、fifo、pass
3	Private	是否限制外界取用	y（要限制）	y：限制，n：不限制
4	Unprivileged （unpriv）	是否要使用「非 root 權限」執行	y（一般權限）	y：一般，n：root 權限

欄位順序	欄位名稱	用途	預設值	選用值
5	Chroot	是否要使用 chroot 功能	y（要 chroot）	y：要 chroot，n：不 chroot
6	Wake up time（wakeup）	是否在若干時間後自動叫用該服務	0（不叫用）	秒數時間 n 依需求狀況而定
7	Process limit（maxproc）	同時執行的「行程數上限」	default_process_limit = 100	行程數上限依需求狀況而定
8	Command name + arguments	執行命令和參數		

說明如下：

1. Service name（服務名稱）

    服務名稱用來定義 client 端和 Postfix 連接的方式。服務名稱的格式，和服務型態的種類有關，請參考以下服務型態的說明。有些服務型態允許管理員自訂服務名稱，例如前述的 master.cf 樣本第 18 列 my-relay。

2. Service type（服務型態）

    服務型態共分成四種。

    *   inet

        inet 的服務型態，代表該服務是一種 TCP 連線通道（socket），可由網路連接本項服務。inet 型態的服務名稱格式如下：

        主機名稱:通訊埠號

        其中，主機名稱和通訊埠號可以用英文名稱或數字表示，例如 127.0.0.1:smtp 代表此一服務只能經由 loopback 裝置（127.0.0.1 稱為 loopback）連接本機，開放的連線通道是 smtp，即 25 埠。

        另外，主機名稱和 ':' 可以省略，例如前述 master.cf 樣本的第 11 列，服務名稱僅設成 10025，表示 client 端可經由參數 inet_interfaces 定義的「所有網路介面」連接到 10025 埠。同理，以前述 master.cf 樣本第 5 列來說，該列定義的服務名稱為 smtp，表示該服務對所有網路介面開放的連線通道是 25 埠。此 smtp 的服務名稱定義於 /etc/services。再例如第 10 列，服務名稱是 submission，該服務的連線通道由 /etc/services 可查知是定義在 587 埠；這個服務，主要是提供給域內使用者傳送郵件之

用，連線來源端多半是信件代理程式（MUA），例如 Thunderbird、Outlook 等收發郵件的工具。

- unix

  unix 的服務型態，用來定義該服務使用的 UNIX-domain 連線通道，而且僅限本機內部的 client 端才能取用。unix 型態的服務名稱為佇列主目錄中的相對路徑（也是目錄）。佇列主目錄的位置由參數 queue_directory 定義，通常是在 /var/spool/postfix。以前述 master.cf 樣本中的第 14 列為例，該列服務型態為 unix，服務名稱為 bounce，因此，此名稱的意義實際上是代表一個絕對路徑，也就是目錄位置：/var/spool/postfix/bounce。

- fifo

  fifo 的服務型態，定義該服務使用具名管線（named pipe）為連線通道，而且僅限本機內部的 client 端才能取用。fifo 型態的服務名稱為佇列主目錄中的相對路徑名（也是目錄）。

- pass

  pass 的服務型態，定義該服務使用 UNIX-domain 的連線通道，每一個連線要求只接受一個開檔連接（會傳遞一個檔案描述子），而且僅限本機內部的 client 端才能取用。pass 型態的服務名稱為佇列主目錄中的相對路徑名（也是目錄）。請注意，Postfix 2.5 版以後才有支援此一服務型態。

3. Private

Private 設定是否要限制外界取用 Postfix 的服務，預設值為 y（y 限制，n 不限制），表示該服務僅供 Postfix 系統內部使用。例如前述 master.cf 樣本第 15 列，defer 的 Private 欄位值為 '-'，表示使用預設值，意即限制連線、不開放外界使用。

請注意，如果服務型態是 inet，則本欄位值只能使用 n，也就是說 inet 的服務型態，本來就是要提供公開的服務，當然就必須開放給外界連接（這樣才合理嘛）。

4. Unprivileged

   Unprivileged 設定服務的執行身份是否使用「非 root 權限」（即一般權限）。預設值為 y（y：一般權限，n：root 權限），這表示執行本服務僅需使用和 Postfix 相同的執行身份即可（只有少許權限），不需動用到 root 的層級。

   大部份 Postfix 的服務執行時，並不需要使用 root 權限，但請特別注意，local、pipe、spawn、virtual 這四個 daemon 必須使用 root 權限。

5. Chroot

   Chroot 設定：執行本服務時是否要限制存取範圍。chroot 會把服務行程完全限制在 /var/spool/postfix 的目錄之中。預設值為 y，表示要使用 chroot 功能。

   請特別注意，local、pipe、spawn、virtual 這四個 daemon 不能使用 chroot 功能。

6. Wake up time

   Wake up time 設定每隔多少時間，就自動執行服務。Postfix 自動叫用服務的方式是先連接至該服務，然後送出一個喚起的信號。

   這裡的預設值 0，表示不自動叫用。如果在時間數字後面加上一個 '?'，表示該服務有需要時才會執行，而且只有在第一次執行之後，接著，才會周期性的送出喚起的信號。

   請特別注意，pickup、qmgr、flush 這三個 daemon 都需要設定自動叫用的時間。

7. Process limit

   Process limit 設定該服務可以同時執行的「行程數上限」。此預設值定義在 $default_process_limit，大多設為 100。若此欄位值為 0，表示「行程數上限」不做限制。

   請特別注意，某些 Postfix 的 daemon 只能使用單一行程（一次只能執行一個行程），例如 qmgr；另外，某些服務必須設成沒有行程數上限，例如 cleanup；這兩種限制，請勿改變。

8. Command name + arguments

這個欄位設定：叫用服務時要執行哪一支程式、選項和參數是什麼。執行程式時，對 shell 具有特殊意義的符號，在這裡都不會有任何作用，而且，不能使用雙引號含括有空白字元的字串。

這個欄位的程式名稱（即命令）為相對路徑，主目錄的位置定義在 $daemon_directory，通常是 /usr/lib/postfix。以前述 master.cf 樣本的第 5 列為例，執行程式 smtpd -v 代表絕對路徑為 /usr/lib/postfix/smtpd，選項是 -v。

請注意，不同的命令有不同的選項和參數，需視該命令支援的情況而定，並無固定的規則，不過，有三個選項是所有命令共通的：

1. -D：表示在 Postfix 規定的偵錯命令下執行。Postfix 的偵錯命令，定義在 debugger_command。

2. -o 設定項名稱=參數值

   -o 的意思是：使用命令列的參數值，蓋掉 main.cf 設定項原有的參數值。命令列的參數值設定，其效力等級比在 main.cf 中相同的設定項還高。請注意，'=' 的兩邊不可以有空白字元。

   例如前述 master.cf 樣本第 20～22 列，使用了三個命令列的參數設定值：

   ```
   -o smtp_data_done_timeout=1200
   -o smtp_send_xforward_command=yes
   -o disable_dns_lookups=yes
   ```

3. -v：增加系統記錄的詳細程度，越多個 '-v' 代表越詳細。

4.2 自訂 Postfix 的服務，以郵件閘道器為例

本節將以建立一個郵件閘道器為例，說明自訂 Postfix 服務的方法。此例，同時也是示範：管理員如何改變郵件路由。

◉ 建立郵件閘道器

環境說明：

筆者有一部以 Postfix 架設的 MTA 主機，置於 NAT 型態的防火牆內部，使用的是保留 IP 192.168.1.142，該主機的名稱是 debian.lxer.idv.tw，它和外部網路隔絕，沒有直接介接。

今欲由網路外部寄信給這台內部主機的使用者（ols3），因此，必須在 NAT 主機（mail.lxer.idv.tw）設置特別的 Postfix 服務，專門代為接收處理外部寄給 debian.lxer.idv.tw 的郵件。這裡，我們稱：這部 NAT 主機是一部「郵件閘道器」。

郵件閘道器至少要有兩個網路介面，一個介接外部網路，一個介接內部網路。在本例中，閘道器介接的內部網段，和 debian.lxer.idv.tw 所屬的網段相同，都是 192.168.1.0/24。

作法如下：

1. 為 debian.lxer.idv.tw 設置郵件交換器：

   由於 debian.lxer 這部主機並沒有和外部網路介接，因此，要設定一部代理的 mailhub 來幫它收信。其作法是在 DNS 的正解檔中加入一筆 MX 記錄，讓外界了解：凡是寄給 debian.lxer 的郵件，都要先轉遞到 mail.lxer 來。作法如下：

   修改 lxer.idv.tw 的正解檔，加入以下 MX 設定：

   ```
   debian.lxer.idv.tw. IN    MX    10    mail.lxer.idv.tw.
   ```

   mail.lxer.idv.tw 即為 NAT 閘道器的主機名稱。

重新啟動 bind9，讓上述設定生效：

```
service bind9 restart
或
pkill -HUP named
```

檢查 MX 設定：

```
dig debian.lxer.idv.tw MX
```

應該要出現以下訊息：

```
;; QUESTION SECTION:
;debian.lxer.idv.tw.              IN      MX

;; ANSWER SECTION:
debian.lxer.idv.tw.     86400    IN      MX       10 mail.lxer.idv.tw.
```

2. 設置專用的 Postfix 服務：

   修改 /etc/postfix/master.cf，加入以下設定：

   ```
   relay-nat  unix -     -      -      -      -        smtp
   ```

   這個設定的意思是說，在 master.cf 重新定義了一個名為 relay-nat 的服務、服務型態是 unix（即使用 UNIX-domain 連線通道）、本服務僅供 Postfix 內部使用、以「非 root 權限」執行、使用 chroot 功能、不會定時自動叫用、行程數上限在預設值以下、連接該服務時，實際執行的程式是 /usr/sbin/postfix/smtp。根據 5.4 節的說明，smtp 是 SMTP 的 client 端，由它負責將郵件往外遞送。

   修改 master.cf 之後，重新載入 Postfix，讓新的服務生效。

3. 設定傳輸路由表：

   由於我們要在 NAT 主機中，對寄給 debian.lxer.idv.tw 的郵件做特別的處理，因此，須編輯 Postfix 的傳輸路由表，即重新定義傳送郵件的路徑。簡單地來說，傳輸路由表的作用，是將特定的郵件位址，對應到某一個傳遞程式，或轉遞到某一部主機。

   編輯 /etc/postfix/transport：

   ```
   debian.lxer.idv.tw                     relay-nat:[192.168.1.142]
   ```

上述設定列的意思是說，只要是寄給 debian.lxer.idv.tw 的郵件，就啟用郵件閘道器的 relay-nat 服務，將郵件轉遞至 192.168.1.142。其中，在 192.168.1.142 的外圍加上中括號，表示不對 IP 位址做 DNS 查詢的意思，這樣可以加速郵件的傳輸。

接著，使用 postmap 編譯傳輸路由表：

```
postmap /etc/postfix/transport
```

它會在 /etc/postfix 目錄下，產生資料庫檔 transport.db。

然後，用 postmap 測試對應結果：

```
postmap -q debian.lxer.idv.tw /etc/postfix/transport
```

正常情況下，應會出現 relay-nat:[192.168.1.142]。

前述設定完成後，試寄一封測試信給 ols3@debian.lxer.idv.tw。

以下是 NAT 主機收到測試郵件後，在系統記錄檔留下的訊息：

```
June 25 07:36:45 dns postfix/smtp[30080]: 6A6D580055:
to=<ols3@debian.lxer.idv.tw>,
relay=192.168.1.142[192.168.1.142]:25, delay=0.4, delays=0.1/0.02/0.25/0.04,
dsn=2.0.0, status=sent (250 2.0.0 Ok: queued as BBF4AA66282)
```

請注意上述訊息中，relay 關鍵字所指的字串 192.168.1.142[192.168.1.142]:25，這是表示郵件閘道器的 Postfix 在收到郵件後，隨即進行 transport 查表，得到轉遞郵件的目的位址是指向 192.168.1.142 的 25 埠，即 debian.lxer.idv.tw 這部主機上的 smtpd 伺服器。

上述運作過程如圖 4-2-1 所示。

假設 jack@example.com 寄一封信給 ols3@debian.lxer.idv.tw（位於主機 D），此一郵件會先交給 MTA 主機 A 轉遞（步驟 1）。主機 A 於是向 DNS 主機 B 查詢（步驟 2）：誰是負責 debian.lxer.idv.tw 的郵件交換器，查詢的結果是 mail.lxer.idv.tw，於是，主機 A 便將郵件往 MTA 主機 C 傳遞（步驟 3）。MTA 主機 C 中的 Postfix 會查詢傳輸路由表 transport（步驟 4），發現 debian.lxer.idv.tw 列表於其中，而且對應的服務是 relay-nat:[192.168.1.142]，於是 MTA 主機 C 在收下郵件後，便將郵件交給 relay-nat 服務處理。由於在 master.cf 中，查詢到 relay-nat 服務對應的 daemon 程式是 smtp（步驟 5），因此，接著就由 smtp 連接

NAT 防火牆內部的 MTA 主機 D（步驟 6），最終，順利地將郵件傳送至目的地
主機 debian.lxer.idv.tw（主機 D）。

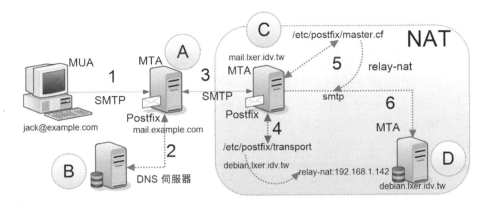

圖 4-2-1 ：自訂 Postfix 服務，將郵件轉遞給閘道器內部的 MTA 主機

4.3　執行外部程式、接收郵件資訊

本節將以 4.1 節為基礎，說明如何在 master.cf 中設定「執行外部程式」的方法，
並且，撰寫一支簡單的外部程式，示範如何接收郵件的資訊。如果能做到這一點，
日後只要不斷地擴充程式功能，那麼，一個郵件過濾程式的雛型就建立起來了。

狀況說明：

筆者欲將外界寄進來的郵件全部攔截下來，並將信件表頭和信件內容全部交給外
部程式 myfilter.sh 處理。假設欲接收的郵件位址是 jack@pbook.ols3.net。

作法如下：

1.　修改 master.cf，重新定義 smtpd 這支 daemon 的作用方式。

　　改法：

```
smtp      inet  n      -      -      -      -      smtpd
   -o content_filter=fff:
```

或者寫成以下亦可：

```
smtp        inet n    -    -    -    -    smtpd
  -o content_filter=fff:dummy
```

由於第 2 列開頭是空白字元，表示這列是延續上一列的設定。此設定的意思是說：凡是服務名稱是 smtp 且服務型態是 inet 者（表示外界 SMTP client 端要和這部主機的 SMTP Server 連接），在叫用 smtpd 服務時，加上參數設定「content_filter=fff:」。此參數設定的用意是：一旦 smtpd 收下郵件之後，就把信件內容交給自訂的過濾器 fff。

請特別注意：在 fff 的後面，務必要接上字元「:」，這表示它是一個 Postfix 的服務名稱；若沒加上「:」，就錯了喔！

fff: 也可以寫成 fff:dummy，後面這種寫法（格式為「傳輸服務名稱:傳輸目的地」），比較不會遺漏「:」。

2. 自訂一個 Postfix 的服務 fff。

fff 的作用方式是透過管線 pipe，將信件內容傳給外部程式「myfilter.sh」處理。

編輯 master.cf，加入以下設定（不計列號）：

```
01.   # my filter
02.   fff       unix -    n    n    -    -    pipe
03.     flags=Rq user=jack argv=/usr/local/bin/myfilter.sh
04.     -f ${sender} -- ${recipient}
```

說明：第 1 列為註解，第 2 列定義 fff 服務，第 3～4 列的開頭為空白字元，此兩列為延續上一列的設定，目的是為了設定 pipe 的執行參數。其中，flags 選項指定使用旗標 R 和 q。旗標 R 會將寄件者的位址用「Return-Path:」的格式，附加在信件的表頭；旗標 q 會用引號含括寄件者、收件者位址中的空白字元或特殊字元；user 用來指定外部程式執行時的身份，這裡是以帳號 jack 執行；argv 則指定外部程式的路徑檔名，而且傳送給外部程式的參數共有四項：「-f、寄件者位址、--、收件者位址」。

3. 外部程式 myfilter.sh（不計列號）：

範例 4-3-1：myfilter.sh
```
01.  #! /bin/bash
02.  # 取得所有的參數
03.  echo $@ >> /tmp/a.lst
04.
05.  # 空一列
06.  echo >> /tmp/a.lst
07.
08.  # 取得信件表頭和內容
09.  while read line
10.  do
11.       echo $line >> /tmp/a.lst
12.  done
```

程式說明：

列 1，叫用 bash shell。

列 3，將所有的參數值，以轉向附加的方式，寫入 /tmp/a.lst。

列 6，在 a.lst 中寫入一空白列。

列 9～12，使用 while 迴圈，由標準輸入取得信件內容，全數寫入檔案 a.lst。

設定程式的執行權：

```
cd /usr/local/bin
chmod +x myfilter.sh
```

4. 重新載入 Postfix，使設定生效：

```
postfix reload
```

5. 寄一封測試信：

由外界寄一封測試信給 jack@pbook.ols3.net。

系統記錄檔的訊息如下：

```
June 26 09:09:16 pbook postfix/pipe[3905]: B48E1DE2CD:
to=<jack@pbook.ols3.net>,
relay=fff, delay=0.8, delays=0.77/0.03/0/0, dsn=2.0.0, status=sent
(delivered via fff service)
```

請注意上述訊息中的關鍵字串：「realy=fff」，這表示 Postfix 已將寄進來的郵件，交給 fff 服務處理了。

6. 查看輸出結果：

Client 端將郵件傳遞給 Postfix 主機後，Postfix 接著叫用 fff 服務，並將信件內容餵給外部程式 myfilter.sh，輸出結果儲存在暫存檔 /tmp/a.lst 之中，內容如下（已經簡化）：

```
-f ols3er@gmail.com -- jack@pbook.ols3.net

Return-Path: <ols3er@gmail.com>
Received: from xxxx.google.com
by pbook.ols3.net (Postfix) with ESMTP id 4ED40DE2CD
for <jack@pbook.ols3.net>; Thur, 26 June 2014 09:09:16 +0800 (CST)
Received: by xxxx.google.com with SMTP id xxxx
Wed, 25 June 2014 01:09:16 -0800 (PST)
Date: Thur, 26 June 2014 09:09:16 +0800
Message-ID: <xxxx@xxxx.gmail.com>
Subject: test
From: OLS3 <ols3er@gmail.com>
To: jack@pbook.ols3.net
Content-Type: text/plain; charset=ISO-8859-1

test 123
```

果然,按照之前的規劃,經由 fff 服務傳出的四個參數,全都寫在 a.lst 的第一列,空白列之下,則是測試信件的內容。

4.4 pipe 用法詳解

pipe 是 Postfix 將郵件傳給外部程式的輸出介面,本節將詳細說明 pipe 的用法。另外一個和 pipe 相對的介面是 sendmail,sendmail 可以說是郵件傳送給 Postfix 的輸入介面。

關於 sendmail（輸入介面）和 pipe（輸出介面）的運作觀點,請參考 7.4 節的圖 7-4-3,這裡暫時不提。

◉ pipe 的運作過程

pipe 是經由佇列管理程式 qmgr 的要求，將郵件傳遞給外部程式（或稱外部命令）的介面。pipe 由 master 負責叫用執行。pipe 可將郵件資訊---例如寄件者位址、收件者位址、下一站的傳遞對象等等，放在命令列中餵給外部程式，以供外部程式後續處理。

pipe 執行後會更新佇列，將郵件標記為已處理；若有無法傳遞的郵件，則通知佇列管理程式（qmgr）處理，稍後再嘗試遞送。最後，pipe 會將郵遞狀態餵給 bounce、defer、trace 等 daemon 行程，以進行郵件投遞通知。

◉ pipe 命令的語法格式

如 4.1 節 master.cf 的格式說明所述，pipe 的命令位於 master.cf 設定列的最後一個欄位（即第 8 個欄位），用例如 4.2 節所述：

```
# my filter
fff      unix -      n      n      -      -      pipe
  flags=Rq user=ols3 argv=/usr/local/bin/myfilter.sh
  -f ${sender} -- ${recipient}
```

由於 pipe 命令會伴隨許多屬性，屬性長度都很長，所以通常會寫成許多列。如上述用例，第 3〜4 列的開頭使用空白字元，表示這兩列是接續上一列的設定，因此這兩列實際是 pipe 的屬性串列。

在上例中，共使用了三個 pipe 的屬性：flags、user、argv，而「-f ${sender} -- ${recipient}」則是屬性 argv 設定值的其中一部份。至於 ${sender} 和 ${recipient} 則是郵件資訊的巨集（marco），這是一種變數替換的機制，執行外部程式時，這兩個巨集會分別替換為寄件者和收件者的郵件位址。

「pipe 命令」的基本語法格式如下：

```
pipe 屬性串列
```

「屬性串列」是由「屬性名稱=設定值」的格式組成，彼此之間用空白字元隔開，如前述用例。

pipe 支援的屬性名稱和設定值，如下表所示：

格式	屬性用途	設定值	必要性	用例
chroot=路徑	chroot 用來改變行程執行時的根目錄和工作目錄的位置	特定的路徑位置（目錄）	選用	chroot=/var/spool/postfix
directory=路徑	外部命令執行前先切換到此一目錄	特定的路徑位置（目錄），預設是在佇列主目錄（$queue_directory）	選用	directory=/var/spool/postfix
eol=分隔符號	設定輸出記錄分隔符號	預設值 \n	選用	eol=\t
flags=旗標	處理郵件的旗標	可選用的值有 BDFORXhqu.>	選用	flags=Rq
null_sender=寄件者位址	設定 null sender 郵址，通常用在投遞狀態通知信中	預設值 MAILER-DAEMON	選用	null_sender=
size=限制大小	設定郵件的檔案大小上限，若超過上限，則不投遞郵件	數字，以 byte 為單位	選用	size=10240000
user=使用者名稱	設定外部程式執行時的擁有者權限	帳號名稱。Postfix 禁止使用 root 和 Postfix 擁有者的身份權限來執行外部程式	必用	user=ols3
user=使用者名稱:群組名稱	同上，但也指定執行時的群組權限	帳號名稱:群組名稱	選用	user=ols3:ols3
argv=路徑檔名	設定外部命令的路徑檔名	argv 的路徑檔名必須放在所有屬性的最後面	必用	argv=/usr/local/bin/myfilter.sh -f ${sender} -- ${recipient}

上述屬性中，由於 flags 和 argv 這兩項都支援眾多的旗標和屬性，因此底下特別加以說明。這些旗標屬性，讀者不必強記，瀏覽之後，他日備查即可。

flags 屬性補充說明

■ 旗標 B

在每一封信件最後面都加上一個空白列。

■ 旗標 D

在信件表頭之前，附加信封收件者的位址，格式為：「Delivered-To: 收件者郵址」。

旗標 D 會強制檢查是否發生郵件迴圈。如果信件已在表頭加上欄位「Delivered-To:」，而且收件者位址也相同，那麼，這封信就會回報為無法投遞。這是一種保護的作用。

■ 旗標 F

在信件內容前附加上「From 寄件者 時間戳記」的信封表頭。

■ 旗標 O

從前面附加一個「X-Original-To: 收件者郵址」的表頭欄位。

■ 旗標 R

從前面附加一個「Return-Path: 寄件者郵件」的表頭欄位。

■ 旗標 X

指定外部命令為最後的投遞程式。

■ 旗標 h

將命令列裡的 $original_recipient、$recipient、$domain、$nexthop 等位址或主機名稱的域名部份轉換成小寫。

■ 旗標 q

將命令列裡的 $sender、$original_recipient、$recipient 等位址的人名部份用引號含括，此舉主要是讓空白字元和特殊字元的格式能夠合法使用。

■ 旗標 u

將命令列裡的 $original_recipient、$recipient 等位址的人名部份轉換成小寫。

- 旗標 .

  若信件的資料列以字元「.」開頭，則在其最左方再加上「.」，這是因為後續處理時（POP3）系統會把最左方的「.」刪除，此舉可避免信件內容前後不一致。

- 旗標 >

  若信件的資料列以「From 」開頭，則在最左方加上「>」字元。

◈ argv 的屬性補充說明

argv 的屬性指向欲執行的外部命令。此屬性必須放在所有的 pipe 屬性最後面。

argv 指定的外部命令，其執行方式是由 pipe 直接執行，不經過 shell 解譯，也不轉換 shell 的特殊字元，換言之，各種字元皆是所見即所得，不具有特殊的意義。

argv 指向的外部命令可以帶有若干個參數列，在參數列中可以使用各種巨集。當佇列管理程式餵給外部程式郵件時，這些巨集會展開成對應的郵件資訊，例如 ${sender} 會展開成寄件者位址，${recipient} 會展開成收件者位址。

argv 巨集的寫法，以下三種方式均可：

- ${sender}
- $(sender)
- $sender

如果在參數列中，欲使用「$」符號，必須改用「$$」表示。

以下是 argv 支援的巨集列表：

巨集名稱	用途	支援該巨集的 Postfix 版本
${client_address}	展開成外部 client 端的網路位址	2.2 版之後
${client_helo}	展開成外部 client 端 HELO 的命令參數	2.2 版之後
${client_hostname}	展開成外部 client 端的主機名稱	2.2 版之後
${client_port}	展開成外部 client 端的 TCP 埠號	2.5 版之後
${client_protocol}	展開成外部 client 端的協定	2.2 版之後
${domain}	展開成收件者位址的域名部份	2.5 版之後

巨集名稱	用途	支援該巨集的 Postfix 版本
${extension}	展開成收件者位址的人名擴充部份，例如，若收件者位址是 user+foo@domain，則擴充部份為 foo	
${mailbox}	展開成收件者位址的人名部份，例如，若收件者位址是 user+foo@domain，則人名部份為 user+foo	
${nexthop}	展開成下一站的主機名稱	
${original_recipient}	展開成收件者原始位址（在位址改寫之前或別名替換之前的原始位址）	2.5 版之後
${recipient}	展開成收件者的位址	
${sasl_method}	展開成在 AUTH 命令中 SASL 的認證機制	2.2 版之後
${sasl_sender}	展開成在 'MAIL FROM' 命令中 SASL 的傳送者名稱	2.2 版之後
${sasl_username}	展開成在 AUTH 命令中 SASL 的使用者名稱	2.2 版之後
${sender}	展開成信封中的傳送者位址	
${size}	展開成郵件的檔案大小	
${user}	展開成收件者位址的使用者名稱，例如，若收件者位址是 user+foo@domain，則使用者名稱為 user	

郵件系統基礎概念

前面幾章已介紹了 Postfix 的安裝以及入門的操作設定，接下來兩章，將說明郵件系統的基本知識。有了這些概念，讀者將來才能深入地了解 Postfix 的架構原理，以及各種郵件系統的進階技巧，因此，請務必耐住性子，好好地瞭解這兩章的內容。第五章介紹的是「郵件系統基礎概念」；第六章介紹「郵件系統和 DNS 的關係」；這些，對日後管理郵件系統而言，都有極大的助益。

5.1 郵件系統的基本組成

電子郵件系統（Email）主要由四個部份組成，列示如下：

1. 郵件：包含信封和信件。
2. MTA：郵遞伺服器。
3. MDA：郵件投遞程式。
4. MUA：使用者郵件代理程式。

以下說明這四個元件。

◉ 郵件

郵件包括兩個部分：信封（envolpe）和信件（message）。

信封用以載明寄件者和收件者，MTA 即根據信封上的收件者位址傳遞郵件。不過，一般使用者看不到信封，只能看到信件。

信件即寄件者欲和收件者溝通的訊息內容。信件又分成兩個部份：信件表頭（header）和信件內容（body），兩者之間用一空白列隔開。其中，表頭記載的是該信件的相關資訊，而信件內容則是書信者要傳達給對方的訊息內容。

上述「信封」、「信件」的觀念,其實,和生活中郵差送信的過程是一樣的;郵差根據信封上的資訊,將郵件送達給收件者,一旦拆開「信封」之後,收件者便可以看到「信件」內容;而前述提到的 MTA,就好像是郵差的角色一樣。

以下是「信封」的樣本:

```
-Queue ID- --Size-- ----Arrival Time----    -Sender/Recipient-------
06C31414193        94 Fri June 20 09:36:28  jack@pbook.ols3.net
                                            mary@example.com
```

請注意「Sender/Recipient」這個欄位:第二列末的 jack@pbook.ols3.net 是信封上的寄件者,第三列末的 mary@example.com 是信封上的收件者。MTA 會根據信封上的資訊轉遞郵件,俟到達目的地之後,在郵件存入收件者信箱之前,會先移去信封上的資訊,只將信件存入信箱,因此,收件者看到郵件時,只有「信件」而沒有「信封」。

以下是「信件」的樣本:

```
From: jack@pbook.ols3.net
To: mary@example.com
Subject: test mail
Date: Fri, 20 June 2014 09:36:28 +0800
             <--- 空白列
Hello World!
```

信件表頭和信件內容會使用一個空白列隔開。這裡的表頭,有四項關於信件的基本資訊,分別是來源(From)---即寄件者、目的地(To)---即收件者、主旨(Subject)---即信件的主題,以及寄件的時間(Date)---即信件儲存寄出的時間。

請注意,「信件」表頭中的寄件者和收件者,未必要和「信封」上的寄件者、收件者一樣,而且這四者,只有「信封」上的收件者是必須真實存在的(否則收件者就收不到郵件了),其他三者都是可以偽造的,因此,不要太信任「信件」上的寄件者和收件者,若看到信件上的收件者不是你,也不必太驚訝。

◉ MTA

MTA 是 Mail Transfer Agent 的簡稱,即郵遞伺服器。MTA 負責轉送郵件,它會將郵件由這部主機傳遞到另一部主機。

MTA 根據郵件上的「信封資訊」,先向 DNS 伺服器查詢傳送郵件的路由,然後將郵件轉送出去,直到送達收件者的目的主機為止;若無法傳送(原因很多,可

能是收件者不存在，或網路暫時中斷），就像郵局一樣，也會有退信通知，若經過再三投遞之後仍無法送達，最後 MTA 會將原信放在通知信的附件中，退回給寄件者。

常見的 MTA 有 Postfix、Sendmail、Exim 和 qmail。

◉ MDA

MDA 是 Mail Delivery Agent 的簡稱，即郵件投遞程式。當 MTA 將郵件轉遞到目的地主機後，剩下的工作就交給 MDA，由 MDA 將郵件存入使用者的信箱。此時，「信封」資訊會被移除，因此，最終收件者看到的只有「信件」內容。

◉ MUA

MUA 是 Mail User Agent 的簡稱。MUA 是使用者讀寫信件、收送信件的代理程式。

MUA 的介面有三種：文字介面，例如 mutt、elmo；圖型介面，例如 Outlook、Thunderbird；Web 介面，例如 OpenWebMail、SquirrelMail、Google 的 Gmail 服務等等。

◉ 其他郵件系統元件

除了上述元件之外，一套完整的郵件系統，還需要搭配其他的系統元件才行，例如：可供使用者下載信包的 POP3 服務，可直接在線上觀看郵件的 IMAP 服務。這些元件，並不是一開始就有的，隨著時間的演進，為提升郵件的便利性和安全性，才慢慢發展出各式各樣的服務。

早期的 MUA 大多和郵件伺服器存在於同一部主機中，在收發郵件前，使用者必須先登入主機（因此，稱為在線模式）。可以想見，這種方式一定非常不方便。現今，大部份的郵件主機，除了 MTA/MDA 之外，多半還會再架設 POP3 或 IMAP Server。這種元件藉由 Client-Server 的架構，分離 MUA 和郵件主機，因此，兩者就可以存在於不同的機器之中。如此一來，往後收送郵件時，就不必再登入主機了（因此，稱為離線模式），只要運用自己 PC 上的 MUA，隨時都可以用離線的方式寄送信件，既方便又有彈性。

POP3 是「Post Office Protocol - Version 3」的簡稱,這個協定讓使用者可以把整個信包下載回去;而 IMAP 協定則是把信件儲存在郵件伺服器的檔案系統中,使用者不管在什麼地方,都可以利用 MUA 直接在遠端觀看。

除了 POP3/IMAP 之外,由於對資安問題的重視,現代的郵件系統還引入了加密認證的機制,例如 SASL/TLS(Simple Authentication and Security Layer/Transport Layer Security)。另外,為了應付日益嚴重的垃圾郵件和電腦病毒,郵件系統也開始加入了過濾信件的機制。關於這些元件的運用方式,在本書後面的章節中都會一一加以介紹。

◈ 組合郵件系統的元件

拜現代自由軟體蓬勃發展之賜,整個郵件系統,可用各種自由軟體組合而成。從 MTA、MDA、MUA、POP3/IMAP Server、加密認證、過濾郵件,等等,都有自由軟體的解決方案,而且,軟體品質精良,自由、免費。

除了自由軟體的貢獻之外,能夠自由地組合郵件系統元件,主要的原因是:整個郵件系統奠基在一組「標準」(standards)「協定」(protocols)之上,只要軟體能夠遵守標準協定,就能拿來當作系統的元件,搭配運用的自由度非常地高。(就樣堆積木一樣,可拆可裝可換)

目前這些標準協定,定義在一種稱為 RFC(Request For Comments)的文件中。了解 RFC 文件,是郵件系統開發者以及系統管理者最重要的基礎功課。

下一節將介紹 RFC 文件的基本觀念,以及若干重要的郵件服務所依循的 RFC 標準。

5.2 RFC 標準

為什麼要了解 RFC 標準?標準文件不是很枯燥嗎?讀懂標準文件有什麼好處?

沒錯,是很枯燥,但很有用,非常有用!(或許只有曾經深歷其境的人,才能體會這句話。)

如果你想了解某項機制真正的內幕，就應該讀 RFC 文件；或者你是位系統架構師，又或者你是位程式設計師，都應該讀 RFC 文件，這樣才能了解運作的原理、細節，也才能設計出符合標準規範的軟體，和其他系統連接時，才能正確地溝通。

管理郵件系統當然也是如此。一位稱職的郵件系統管理員，讀懂 RFC 文件是必備的基礎功課。

要讀懂 RFC 很難嗎？其實不會，只要懂得竅門（例如底下介紹的 ABNF），肯花時間、有耐心，必能看懂你需要的 RFC 文件。

◉ RFC 是什麼？

RFC 是 Request For Comments 的簡稱。RFC 是一種技術標準的文件，由 IETF（Internet Engineering Task Force/網際網路工程任務組）負責設計、制定。IETF 是 ISOC（Internet Society/網際網路協會）下設的任務單位，隸屬於 IBA（Internet Architecture Board/網際網路架構委員會）。ISOC 是一個非營利的國際組織，其目的在提供網際網路相關的標準、教育、以及政策。其下設 IBA，負責監督標準的制定和出版。

RFC 定義網際網路相關的架構、格式、和協定的標準規格，旨在使設計、運用、管理網際網路時有標準可以依循，最終目的是要讓網際網路能運作得更好。RFC 以純文字檔的格式發佈，以單一的編號命名，例如「RFC 3935」、「RFC 5321」；RFC 3935 用以規範 IETF 的工作任務，「RFC 5321」則是規範最新版的「SMTP 簡易郵件傳輸協定」。

RFC 的開發進展，依其設計規格的成熟度，可分成三種狀態（RFC 2026 第 11～13 頁）：

成熟度	說明
Proposed Standard 提案標準	規格已穩定，但仍不夠成熟。
Draft Standard 草案標準	可視為最終規格，若有修改，僅是為了解決遭遇到的特殊問題。可做為產品的規格。
Internet Standard 網際網路標準	已獲得成功的規格，視為對整個網際網路有重大助益的標準。

每一項 RFC 標準的形成，都必須經過上述這三個階段，而且會賦予一個必要狀態的說明，列表如下：

協定狀態	說明
Required	系統必須完成此一協定。
Recommended	系統應完成此一協定。
Elective	系統可選擇不完成此一協定。
Limited Use	協定在某種限制環境下使用，可能是實驗性質或歷史因素。
Not Recommended	不推薦在一般情況下使用，可能是實驗性質或歷史因素。

RFC 制定之後，並非萬年不變，經過各方長期的實證，多半會有修正版本或取代版本出現。例如，在 2008 年 10 月，IETF 推出了 SMTP 最新的協定規格 RFC 5321，取代 2001 年制定的 RFC 2821。因此，讀者在參考 RFC 文件時，須特別留意 RFC 的「版本狀態」。

以下是版本狀態制式的標示法（以 RFC 5321 為例）：

標示用例	說明
Network Working Group J. Klensin	制定單位 / 作者
Request for Comments: 5321 October 2008	RFC 編號 / 制定日期
Obsoletes: 2821	取代: 2821
Updates: 1123	修正: 1123
Category: Standards Track	類別: 標準追蹤程序

常用的關鍵字：

1. Obsoletes：取代

    用例：

    ```
    Obsoletes: 2821
    ```

    這個 RFC 取代了 RFC 2821。

2. Obsoleted by：被取代

    用例：

    ```
    Obsoleted by: 5321
    ```

    這個 RFC 被 RFC 5321 取代；即 RFC 5321 是較新的版本。

3. Updates：修正

用例：

```
Updates: 1123
```

這個 RFC 也順便修正了 RFC 1123。

4. Updated by：被修正

用例：

```
Updated by: 1349, 2181, 5321
```

這個 RFC 被 RFC 1349、2181、5321 所修正。

欲查詢 RFC 相關資訊，可連至 http://www.ietf.org/rfc.html。另外，IETF 也有提供 HTML 版本的 RFC 文件，請參考：http://tools.ietf.org/html/。

http://www.rfc-editor.org/search/rfc_search.php 是一個很好的工具，對查找 RFC 文件十分有幫忙。

◉ 郵件系統相關的 RFC

本書各章和郵件系統有關的 RFC 標準列表如下，讀者應在您的 IT 生涯中，儘量讀懂這些文件：

協定規格名稱	RFC 版本演進	最終標準	最後制定日期	相關修正
SMTP（簡易郵件傳輸協定）	（SMTP 的前身 772 -> 780 -> 788）821 -> 2821 -> 5321	5321	2008 年 10 月	
Internet Message Format（網際網路信件格式）	822 -> 2822 -> 5322	5322	2008 年 10 月	6854（2013 年 03 月）修正了 5322
SMTP Service Extensions（擴充 SMTP 服務）	1425 -> 1651 -> 1869 -> 2821 -> 5321	5321	2008 年 10 月	
Post Office Protocol - Version 3（POP3）	1081 -> 1225 -> 1460 -> 1725 -> 1939	1939	1996 年 5 月	1957，2449，6186

協定規格名稱	RFC 版本演進	最終標準	最後制定日期	相關修正
INTERNET MESSAGE ACCESS PROTOCOL - VERSION 4（IMAP）	1730 -> 2060 -> 3501	3501	2003 年 3 月	4466，4469，4551，5032，5182，5738，6186，6858
MAILBOX NAMES FOR COMMON SERVICES, ROLES AND FUNCTIONS（公共郵件別名）	2142	2142	1997 年 5 月	
SMTP Service Extension for Authentication（擴充 SMTP 服務的認證功能）	2554 -> 4954	4954	2007 年 7 月	5248
Message Submission for Mail（信件提交服務）	2476 -> 4409 -> 6409	6409	2011 年 11 月	
Multipurpose Internet Mail Extensions（MIME）	2045～2049	Part1～5	1996 年 11 月	2184，2231，5335，6532
Domain-Based Email Authentication Using Public Keys Advertised in the DNS (DomainKeys)	4870	4870	2007 年 5 月	
DomainKeys Identified Mail (DKIM) Signatures	4780 -> 4781 -> 6376	6376	2011 年 9 月	4781，5672
Sender Policy Framework (SPF) for Authorizing Use of Domains in Email, Version 1	4408 -> 7208	7208	2014 年 4 月	4408，7208
The Transport Layer Security (TLS) Protocol	2246 -> 4346 -> 5246	5246	2008 年 8 月	5746，5878，6176

在這些 RFC 文件中，最重要的是 RFC 5321 和 RFC 5322，建議優先讀懂這兩個文件。

另外一點，請讀者留意：由於 MTA 的開發甚早，著名的 MTA，例如 Postfix、Sendmail、Exim、qmail 等等，大多以 RFC 2821/2822 為設計標準，太新的 RFC 版本（例如 2008 年才制定的 RFC 5321/5322），郵件系統開發者未必會馬上實作。

◉ 如何讀懂 RFC 文件

欲讀懂 RFC 文件，除了相關的技術背景知識之外（這是主要的），其餘關鍵便在於：讀者是否能夠了解 ABNF 的語法。

ABNF 是 Augmented BNF 的簡稱，這是在標準文件中，用來描述規格結構的一種語法（Augmented BNF for Syntax Specifications）。

ABNF 是 BNF（Backus-Naur Form）的修改版，BNF 原是用於描述電腦程式語言和指令集的語法結構。ABNF 和 BNF 不同的地方，在於：ABNF 的語法較為簡潔（易於瞭解），另外亦提供了一些規則定義和語法，其特性比較適合拿來描述 RFC 文件規格。

早期一些 RFC 文件使用 BNF，後來許多關於 email 的 RFC 文件開始改用 ABNF。為了改善 RFC 文件重複解說 ABNF 語法的現象，IETF 把 ABNF 的用法說明，統括在一個文件裡，也就是最初的 RFC 2234，後來 RFC 2234 更新為 RFC 4234，最後，在 2008 年 1 月，RFC 5234 取代了 RFC 4234，變成最新的 ABNF 標準。

◉ ABNF 語法的基本組成

ABNF 由許多規則列組成，各個規則列用來描述某一種資料串（data stream）的結構，其基本語法如下：

```
規則名稱 = 元素群 CRLF
```

規則名稱，使用英數字和連字符'-'組成，不區分大小寫。和 BNF 不同的是，ABNF 的規則名稱'不需要'使用一對角括號（＜＞）來含括。

元素群，則是由其他規則名稱、運算子、單獨的字元、字串所組成。CRLF 代表列的終止符號（回首字元和換列字元）。

單獨的字元以 % 開頭，後接數字系統基底（d：十進位、b：二進位、x：十六進位）和數字大小本身，例如：%d32 為十進位，值是 32；%b1010 是二進位，值是 10；%x2A 是十六進位，值是 42。

連續的字元範圍，可用連字符'-'串接，例如：%x30-39 代表字元 0 到 9。另外，使用'.'可串接字元，例如：%x6f.6c.73.33 代表小寫的'ols3'；CRLF 可表示為 %d13.10。

至於字串，則以雙引號含括，亦不區分大小寫，因此，"Debian" 和 "deBian" 是一樣的。若要區分大小寫，則字元需以空白隔開，或使用'.'隔開；例如：「%d97 %d98 %d99」或「%d97.98.99」。

如果要在規則列中加註說明，可把註解寫在‘;’之後，例如：

```
name = jack ; 註解說明寫在這裡。
```

串接規則

ABNF 的規則列經常串接其他規則。

用例：

```
r1 = %x61  ; r1 = a
r2 = %x62  ; r2 = b
rf = r1 r2 r1
```

rf 等於是小寫的「aba」。

替換（/）

替換是在幾種元素名稱中做選擇。

用例：

```
rf = r1 / r2
```

這表示 rf 可選用 r1 或 r2。‘/’可解釋為「或」。

遞增替換（=/）

遞增替換是指增加了選項，擴大可替換的範圍。

用例：

```
rf = r1 / r2
rf =/ r3
rf =/ r4 / r5
```

第二列，rf 遞增了選項 r3；第三列又遞增了選項 r4 和 r5。最終，rf 可選用的有 r1
～ r5，也就是說 rf 變成：

```
rf = r1 / r2 / r3 / r4 / r5
```

值的範圍

用例：

```
DIGIT = %x30-39
```

以下意思是一樣的：

```
DIGIT = "0" / "1" / "2" / "3" / "4" / "5" /
        "6" / "7" / "8" / "9"
```

序列群集（Sequence Group）

序列群集的意思是把一群元素視為單一元素看待。（以下簡稱「群集」）

用例：

```
r1 (r2 / r3) r4
```

和「r1 r2 r4」或「r1 r3 r4」相符。

若不使用群集，那麼，以下的意思就和上面不一樣了：

```
r1 r2 / r3 r4
```

這代表：「r1 r2」或「r3 r4」。

不過，這種寫法不好，最好改成：(r1 r2) / (r3 r4)，比較不會造成語意上的誤解。

可變重複（*）

可變重複的意思是說，指定元素在某一段範圍中重複出現若干次。

用法：

用例	意義
*elt	元素 elt 可以出現 0 或 0 次以上，也就是意任的長度。
1*elt	elt 出現 1 次以上。
<n>*<m>elt	elt 至少出現 n 次，至多 m 次。角括號是說明用，實際上不寫出來。
2*8elt	elt 至少出現 2 次，最多 8 次。
*1elt	elt 出現 0 或 1 次。
3*3elt	elt 恰好出現 3 次。

固定重複

固定重複的意思是說，元素出現的次數是固定的。

格式如下：

```
<n>elt    ; 角括號是說明用，實際上不寫出來。
```

例如：3elt 表示 elt 恰好出現 3 次，和 3*3elt 是相同的意思。

選用（[ ]）

選用的意思是，可用也可以不用。可選用的元素，統一放在‘[ ]’之中。

用例：

```
[r1 r2]
```

這表示可選用 r1 和 r2，或者都不使用 r1 和 r2。其義同於：*1(r1 r2)，也就是說「r1 和 r2」可出現 0 次或 1 次。

註解（;）

用例：

```
name = jack ; 註解說明寫在這裡。
```

附表：核心規則

所謂核心規則，就是指預先定義好的變數符號啦！例如：空白字元用 SP 表示，新列字元用 CRLF 代表，英文字母用 ALPHA 代表等等。就是把標準文件中常用的規則，用特定的符號來表示；因為常用，所以稱為「核心」規則。

ABNF 的核心規則名稱必須使用大寫字母，如下所示：

```
ALPHA       =  %x41-5A / %x61-7A   ; A-Z / a-z
BIT         =  "0" / "1"
CHAR        =  %x01-7F ; 7 bit 的 US-ASCII 字元，不包括 NUL 字元。
CR          =  %x0D     ; 回首字元。
CRLF        =  CR LF    ; 網際網路標準的新列字元（newline）
CTL         =  %x00-1F / %x7F ; 控制字元
DIGIT       =  %x30-39 ; 0-9
DQUOTE      =  %x22     ; " 雙引號
```

```
HEXDIG    = DIGIT / "A" / "B" / "C" / "D" / "E" / "F"
HTAB      = %x09     ; TAB 字元
LF        = %x0A     ; 換列字元
LWSP      = *(WSP / CRLF WSP)   ; 列空白字元
OCTET     = %x00-FF       ; 8 bit 的資料
SP        = %x20        ; 空白字元
VCHAR     = %x21-7E      ; 可視字元 (可列印字元)
WSP       = SP / HTAB    ; 空白：包括空白字元和 TAB。
```

以上就是 ABNF 的語法，只要熟悉這些就夠了。要讀懂 RFC 文件，剩下的，可能就只有「耐心」而已。請記住：一步一腳印，培養技術、紮根工夫，無法憑空而降，這些都是需要經過長時間磨練的。

5.3　SMTP 簡易郵件傳輸協定

◈ SMTP 的演進

SMTP 是「Simple Mail Transfer Protocol」的簡稱。SMTP 是現今用來「傳遞」電子郵件的標準協定。這裡所謂「傳遞」的意思是說：將電子郵件由一部主機傳遞到另一部主機的使用者信箱。

早期（1970 年代）用來傳遞電子郵件的協定是 FTP（很難想像，對不？）。一直到 1980 年，傳遞郵件的功能才由 FTP 移出，自成一獨立的協定，這項成果便是 RFC 772，當時稱為「Mail Transfer Protocol」。這是第一個專為傳遞郵件所設計的協定。這個時期剛好是 ARPANET 轉換到網際網路的階段。1981 年，RFC 780 修正了 RFC 772，仍然稱為「Mail Transfer Protocol」。同一年，RFC 788 簡化 RFC 722，移去一些不常用的功能，改稱為「Simple Mail Transfor Protocol」。

1982 年，RFC 821「Simple Mail Transfor Protocol」推出，取代了 RFC 788。RFC 821 是一個非常重要的協定。這個協定一用多年，成為 SMTP 主要的規格。1989 年，RFC 1123 中有部份內容對 RFC 821 做了若干修正。

SMTP 經過長期運用，功能上已逐漸顯露其疲態，實在是有加強的必要。但是，SMTP 協定已在各個層面廣為流行，許多應用方面都有實作，不可能從頭去除，全部翻新，因此，有擴充框架之議提出。使用擴充的方式，不但能相容於舊有的 SMTP 服務，又能為 SMTP 增添新的功能，因此，是比較可行的方法。1993 年，

RFC 1425 提出 SMTP 服務的「擴充版本」（SMTP Service Extensions）。1994 年，RFC 1651 推出，取代了 RFC 1425，最後在 1995 年，被 RFC 1869 取代。2001 年，RFC 2821 整合了 SMTP 和 SMTP Service Extensions（簡稱為 ESMTP），成為 SMTP 最重要的標準，許多 MTA 均以 RFC 2821 為規格範本進行修正。2008 年，RFC 5321 推出，取代了 RFC 2821，成為最新的 SMTP/ESMTP 的標準。

◉ SMTP 的運作模式

從最簡單的觀點來看，SMTP 採用 Client-Server 架構，在兩部主機之間傳遞郵件，Client-Server 架構，如圖 5-3-1 所示。

圖 5-3-1：SMTP 採 Client-Server 架構

凡是要求連線的一方，稱為 Client 端；接受連線的一方，則稱為 Server 端。如圖 5-3-2，寄件者使用 MUA 寄出一封信，交由主機 A 轉遞郵件，此時，寄件者的 MUA 為 SMTP 的 Client 端，而主機 A 為 SMTP 的 Server 端。當主機 A 將郵件傳遞給主機 B 時，由於主機 A 是要求連線的一方，此時，主機 A 變成是 SMTP Client 端，而主機 B 則成了 Server 端。圖 5-3-2 是最簡單的 SMTP 運作模式，當主機 B 收下郵件後，會將郵件存入收件者的信箱（通常在同一部主機中的檔案系統）。

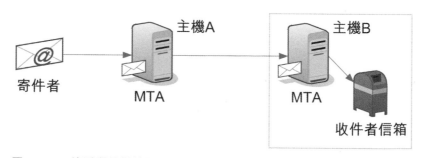

圖 5-3-2：傳遞郵件最簡單的情況

更進一步來看，SMTP 其實是一種「儲存轉送」（store-and-forward）的協定。MTA 會先決定是否收下 Client 端送來的郵件，若同意收下，會先將郵件儲存在「郵件佇列」（queue）中，等待進一步的處理，如圖 5-3-3。如果收件者是本機使用者，則將郵件存入使用者信箱；如果收件者是位於其他郵件主機，則在查詢取

得郵件路由（route）之後，會將郵件傳給下一個 MTA；如果無法寄達，會再嘗試寄送若干時間，若超過一定時限之後，若仍無法寄達，則 MTA 會產生退信通知，連同原信以附件的型式，寄回給原寄件者。

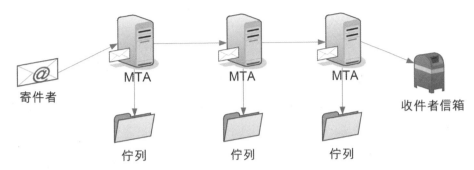

圖 5-3-3：「SMTP 儲存轉送」的運作模式

換言之，SMTP 是一個「負責任」的協定，一旦 MTA 決定收下郵件，不管能否寄達，對於傳送的結果一定會有妥適的處理，不但收件的當下會告知寄件方，將來若不幸須退回信件時亦然。如圖 5-3-4，MTA（pbook.ols3.net）已決定收下郵件（250 2.0.0 Ok：），而且立即告知寄件方（dns.lxer.idv.tw）：已將該郵件存入佇列目錄（queued as ...），郵件的佇列編號為「6808A10006F」。

圖 5-3-4：MTA pbook.ols3.net 收下郵件之後的記錄訊息

另外，要特別補充一點：MTA 在傳送郵件時，會使用「封裝」（encapsulate）的方法，將「信件」和「信封」包成一個「郵遞物件」（mail object）。信封之中載有寄件者來源位址和收件者的目的位址，MTA 即據此信封上的收件人資訊傳遞郵件。這就好像是實體郵件一般，郵差也是根據信封上的收件人地址將信件送至目的地。

如 5.1 節所述，「信件」之內包含有表頭，表頭中有 From 和 To 欄位標明寄件人和收件人的郵件位址，乍看之下，再使用「信封」上的寄件者和收件者資訊，好像有點多餘。其實不然！MTA 並不會讀取「信件」的表頭，MTA 在傳送郵件時，僅只讀取信封上的資訊而已，就好像是真實世界中的郵差，只能根據信封上的寄件人和收件人送信，不會也不可以拆信觀看郵件內容，是一樣的道理。

當然,這種做法,有利也有弊。好處是:「信封」與「信件表頭」上的寄件者和收件者不必相同;壞處是:許多垃圾郵件業者,會利用這一點,偽造信件表頭的 From、To 欄位,讓收件者誤以為是合法的使用者所寄出的郵件。這點,筆者在 5.1 節中曾強調過:"不要太信任「信件」上的寄件者和收件者,若看到信件上的收件者不是你,也不必太驚訝",因為,只有「信封」上的收件人為真,其他欄位皆可造假。

◈ SMTP 的命令和回應格式

使用 SMTP 協定傳輸郵件的過程,即是 SMTP Client 端和 Server 端交談的過程,我們稱之為「SMTP Session」。

在交談過程中,Client 端會發出特定的 SMTP 命令(Commands),而 Server 端則會視 Client 端發出命令,而予以不同的回應(Replies)。這些命令和回應以列(稱為 line)為單位,每一命令列和回應列最後都以 CRLF 字元結尾(CR 即 ASCII 13,LF 即 ASCII 10)。命令列和回應列最大的長度是 512 個字元(含 CRLF),而純文字列(信件內容)最大的長度則是 1000 個字元(含 CRLF)。

在 SMTP Session 對話(dialog)過程中,命令和回應是有「鎖步驟」的(lock-step),而且一次只能發出一個命令或一個回應(one-at-a-time),當然回應可以多列,但仍應遵守一次一列的原則。

所謂「鎖步驟」的意思是說:Client 端發出 SMTP 命令之後,一定要等 Server 端回應,Client 端才能繼續和 Server 端進行下一階段的交談,而且命令和回應之間有「先後順序」和「特定語法的對應關係」,不能亂了套。

行為正常的郵件主機,除非某個命令實作有缺陷,否則大多數都會規規矩矩地和 SMTP Server 完成對話;而垃圾郵件主機常常為了急於完成 SMTP Session 而不按標準程序對答,我們稱此種現象為「Pregreet」(提早打招呼的意思)。如 3.4 節所述,Postfix 的第一層防護 postscreen 會偵測連線端是否具有 Pregreet 的行為,若有,便會將這種過早回應的惡意主機阻擋下來。

SMTP 命令的格式

SMTP 命令的格式以列為單位,命令在左,參數列在右,兩者之間用空白字元隔開,如下所示:

```
命令 參數列
```

有些命令不需要參數；某些命令則可能要多個參數。

用例：

```
EHLO mail.example.com
```

EHLO 是 SMTP 命令，mail.example.com 則是參數。這個 SMTP 命令在 SMTP Session 的 helo 階段，由 Client 端對 Server 端發出，以表明自己的主機來源。其中，EHLO 是新版 ESMTP 訂定的命令，若 Server 端不支援，Client 端可改用 SMTP 舊版的命令 HELO，再重新交談。

常用的 SMTP 命令，列表如下，所有的命令使用時皆不計大小寫。

SMTP 命令	意義	參數	用例
HELO	Client 端向 Server 端發起 session 的要求，使用舊式 SMTP 協定	Client 端的主機名稱或 IP	HELO mail.example.com
EHLO	Client 端向 Server 端發起 session 的要求，新式 ESMTP 協定	Client 端的主機名稱或 IP	EHLO mail.example.com
MAIL	在傳遞郵件前，由 Client 端指定寄件者的位址	FROM:<email 位址>	MAIL FROM:<mary@example.com>
RCPT	在傳遞郵件前，由 Client 端指定收件者的位址	TO:<email 位址>	RCPT TO:<jack@pbook.ols3.net>
DATA	開始傳送信件內容		DATA
RESET	重置 SMTP session		RESET
QUIT	結束 SMTP session		QUIT
VRFY	驗證某一帳號或 email 位址是否存在	帳號名稱或 email 位址	VERF
EXPN	將某一別名展開	別名	EXPN admin-list
NOOP	不做任何動作		NOOP
HELP	查看 SMTP 命令的說明	SMTP 命令	HELP VRFY

Server 回應的格式

Server 回應時也是以列為單位，不過其格式和 Client 端不同，列的左方為回應代碼，右方為訊息字串，兩者之間用空白字元隔開，如下所示：

```
回應代碼 訊息字串
```

回應代碼是一組三位數,主要是傳送給 Client 端程式接收,不同的回應代碼,代表 SMTP 命令不同的執行結果,表現正常的 Client 端應遵守 Server 回應代碼的指示,表現下一步合宜的行為;而回應代碼右方的訊息字串,則是提供給管理人員偵錯判讀之用,視狀況而定,並沒有固定的訊息內容。

Server 的回應代碼各有特別的意義,說明如下:

圖 5-3-5:回應代碼

回應代碼的第一個數字特別重要,因為它代表 SMTP 命令執行的結果是成功或失敗。

第一個數字	意義
1	Client 端的命令初步成功,Server 端要求 Client 做額外的確認。
2	Client 端的命令完全成功,Server 也不需要額外的確認。
3	Client 端的命令成功一半,Server 端提示 Client 端再提供必要的資料。
4	暫時失敗,Client 端等待若干時段後,可再重試,或許可以成功。
5	永久失敗,Client 端不應再嘗試連線,再試的話,也不能期待命令會成功。

用例 1:

```
250 ok
```

若回應代碼第一個數字是 2,代表成功,例如這裡的 250,即表示 Client 端送出的 SMTP 命令執行成功。回應碼 250 之後的'ok'訊息,則是給人看的。

用例 2:

```
421 Temporary local problem - please try late
```

若回應代碼第一個數字是 4,代表系統暫時發生錯誤,稍後 Client 端可再嘗試連線,或許可以成功。

用例 3：

```
550 Relaying Denied
```

若回應代碼第一個數字是 5，代表出現嚴重的錯誤，Client 端不可再嘗試連線，就算再來連線，也不會成功。

回應代碼第二個數字，代表回應的「類別」（category），第二個數字只有四種：

第二個數字	意義	適用時機
0	關於命令的語法。	發生永久錯誤時。
1	對要求額外資訊的回應。	回應 HELP 命令時。
2	關於連線通道。	Client 連通時 Server 的回應、對 QUIT 的回應、Server 關閉連線時。
5	關於郵件系統。	和郵件系統相關的命令，和 12 個命令有關。

例如：當 SMTP Server 端無法由 DNS 反查到 Client 端的主機名稱時，可關閉連線，此時 Server 的回應代碼即可設為 550。第一個數字 5 代表永久錯誤，第二個數字 5 代表這是和郵件系統有關的錯誤（即連線時反查主機名稱，但卻查不到）。

回應代碼第三個數字，用來結合前面兩個代碼，以呈現同一狀態（代碼第一個數字）、同一類別（代碼第二個數字）之下不同的狀況，換言之，就是用來代表不同的訊息細項，例如下表，第三個數字由 0 到 4，分別代表命令錯誤的五種狀況：

500	命令語法錯誤，屬未知的命令，或命令過長。
501	命令語法錯誤，參數不足。
502	該項命令尚未實作完成。
503	命令順序有誤。
504	該項命令的參數，尚未實作完成。

要特別注意的是：代碼第三個數字並沒有共通的規則，也就是說該數字在其他類別未必代表一樣的訊息。

常用的回應代碼

這裡筆者整理 3 種常用的回應代碼，分別是代表操作成功的 2xx，代表暫時不成功的 4xx，以及發生嚴重錯誤的 5xx。

2xx 常用的回應代碼：

211	系統狀態，或回應系統說明訊息。
214	說明訊息。
220	服務備妥了。
221	服務正在關閉傳輸通道
250	要求的郵件操作沒問題，已經完成。
251	使用者非本機真實用戶，將改用轉信的方式遞送。
252	無法驗證（VRFY）使用者，但仍可接受郵件，並且會嘗試遞送。

4xx 常用的回應代碼：

421	服務無法使用，正在關閉傳輸通道。
450	信箱發生問題，要求的郵件操作動作無法執行。
451	本地端發生錯誤，要求的動作中止。
452	系統儲存空間不足，要求的動作無法執行。
455	伺服器無法提供參數。

5xx 常用的回應代碼：

550	找不到使用者信箱，無取用權，或管理政策的因素拒絕執行命令。
551	使用者非本機真實帳戶，須改用轉信（forwarding）的方式。
552	超過儲存上限。
553	信箱名稱不合法。
554	傳輸失敗，或沒有 SMTP 服務。
555	MAIL FROM 或 RCPT TO 參數未完成或無法使用。

其他關於 SMTP Server 回應代碼的細節，可參考 RFC 5321 文件第 4.2 節的說明。

◉ SMTP 的運作過程（SMTP Procedures）

SMTP 的運作過程至少包括以下幾個動作：

1. 建立 SMTP Session。

2. SMTP Client 初始化。

3. 傳輸郵件。

4. 處理郵件轉址。

5. 檢查收件者信箱。

6. 處理郵遞列表（mailling lists）。

7. 結束 SMTP Session。

這裡，只介紹四項基本的運作過程（即上述項次 1、2、3、7）。

建立 SMTP Session

當 SMTP Client 端要將郵件傳遞給 SMTP Server 之前，會先由 Client 連接至 Server 端，Server 回應此連接後，雙方便建立起一個 SMTP Session。如果 Client 連接成功，SMTP Server 會回應給 Client 端以下訊息格式：

```
220 「SMTP Server 的主機名稱、軟體種類和版本資訊」
```

其中，回應代碼 220 表示連接成功，至於「主機名稱、軟體種類和版本資訊」要不要顯示，或者要揭露到什麼程度，則由 MTA 來決定（可由 MTA 的設定檔下手）。有時為了主機安全考量，會故意顯示最少的資訊。

用例：

```
220 pbook.ols3.net ESMTP Postfix (Debian/GNU)
```

這裡，顯示了 MTA 的主機名稱、支援的 SMTP 協定（採用擴充版的 SMTP）、使用的 MTA 軟體、以及作業系統的平台種類。以 Postfix 來說，SMTP Server 的回應訊息，可由 main.cf 的設定項 smtpd_banner 來修改，請參閱 3.3 節的說明。

SMTP server 也可以拒絕 Client 端的連線要求，例如，Server 端可回應 554 的代碼和拒絕的訊息：

```
554 No SMTP service here
```

SMTP client 初始化

一旦 SMTP Server 回應 220 予 Client 端之後，接下來，Client 端應送出 EHLO 命令，以便雙方進行 SMTP 傳輸初始化的溝通。EHLO 命令，一方面讓 Client 端自己表明使用的是擴充版的 SMTP 服務，一方面要求 Server 列出支援的 SMTP 擴充服務。如果 MTA 系統老舊，不支援 ESMTP，則 SMTP Server 會回應「500

command not recognized」，表示 MTA 不認得 EHLO 這個命令，此時，Client 端會改送 HELO 命令，重新和 SMTP Server 進行溝通。

Client 端送出 EHLO 命令的格式如下：

```
EHLO 「Client 端的完整主機網域名稱」
```

就語意上來說，EHLO 的意思是告訴 SMTP Server 說：「Hello，我是某某主機，我請求您提供 ESMTP 的擴充服務」。

用例（不計列號）：

```
01.   EHLO
02.   501 Syntax: EHLO hostname
03.   EHLO mail.example.com
04.   250-pbook.ols3.net
05.   250-PIPELINING
06.   250-SIZE 10240000
07.   250-VRFY
08.   250-ETRN
09.   250-STARTTLS
10.   250-ENHANCEDSTATUSCODES
11.   250-8BITMIME
12.   250 DSN
```

說明：

列 1，Client 端不按規定，只送出 EHLO 命令。

列 2，SMTP Server 回應代碼 501，要求 Client 端應改用合乎語法的 EHLO 命令，即在 EHLO 之後要接上主機名稱。

列 3，Client 端修正 EHLO 命令，重新送出 EHLO mail.example.com。

列 4~12，SMTP Server 向 Client 端列出 Server 這端的主機名稱以及支援的 ESMTP 擴充服務，回應代碼皆為 250，表示這些都是和郵件系統相關的有效資訊。

傳輸郵件

Client 端初始化成功後，接下來，就可以準備進入傳輸郵件的程序了。

傳輸郵件有三個步驟：

1. Client 端送出 MAIL FROM 的命令。

2. Client 端送出 RCPT TO 的命令。

3. Client 端使用 DATA 指令傳送信件。

這三個步驟完成後，SMTP Server 會使用 Client 端在「步驟 1 和步驟 2」所提供的資訊，建立郵件的「信封」（envolpe）；而由 Client 端在第 3 個步驟傳送的資料，建立「信件」的表頭(header)和「信件」的內容（body）。

各步驟說明如下：

1. Client 端送出「MAIL FROM」的命令：

   Client 端在傳送郵件之前，首先要指明寄件者是誰，若將來有問題，SMTP Server 才能將信件退回。其格式如下：

   ```
   MAIL FROM:<寄件者郵件位址>
   ```

   注意，用「<>」含括郵件位址是標準規定。

   用例：

   ```
   MAIL FROM:<mary@example.com>
   ```

   SMTP Server 若接受此命令，會出現以下回應訊息：

   ```
   250 2.1.0 Ok
   ```

   如果對方是垃圾郵件主機，在 MAIL FROM 中的郵件位址通常是隨機的、假造的，或是隨意惡植別人的。

2. Client 端送出「RCPT TO」的命令：

   接著，Client 端要指明收件者是誰，其格式如下：

   ```
   RCPT TO:<收件者郵件位址>
   ```

   注意，用「<>」含括郵件位址是標準規定。

   用例：

   ```
   RCPT TO:<jack@pbook.ols3.net>
   ```

   SMTP Server 若接受此命令，會出現以下回應訊息：

   ```
   250 2.1.5 Ok
   ```

收件人位址必須是真實的，這封信才能送達給收件人，因此，RCPT TO 的欄位通常沒有偽造的必要。

3. Client 端使用「DATA 命令」傳送信件內容：

如果前述兩個步驟，SMTP Server 都成功接受了，那麼，Client 端就可以開始準備傳送信件了。信件的格式分成兩個部份，一個是信件表頭（header），接著一個空白列，再接下來就是信件內容（body）。

用例如下：

```
DATA
```

若 SMTP Server 接受此命令，會回應以下訊息：

```
354 End data with <CR><LF>.<CR><LF>
```

也就是說，Server 提示 Client 端：若欲結束傳遞信件內容，應在結尾列的開頭放置一個「.」的符號，再按 CRLF。

接著，Client 端開始傳送信件，用例如下（不計列號）：

```
01.   From: mary@example.com
02.   To: jack@pbook.ols3.net
03.   Subject: test mail
04.   Date: Fri, 27 June 2014 15:18:30 +0800
05.
06.   Hello World!
07.   .
```

列 1，在信件表頭中標示寄件者的電子郵件位址。這裡的寄件者和第 1 個步驟中的 MAIL FROM 所標示的寄件者郵址，可以不一樣（可以偽造）。

列 2，在信件表頭中標示收件者的電子郵件位址。同樣地，和第 2 個步驟中的 RCPT TO 所標示的收件者郵址，也可以不一樣（可以偽造）。

列 3 是信件的主旨。

列 4 是信件的日期。

列 5，空一列，用以分隔信件表頭和信件內容。

列 6 是信件的內容。

列 7，告知 SMTP Server 信件內容到此結束。

若 SMTP Server 接收成功，會回應以下類似的訊息：

```
250 2.0.0 Ok: queued as 7EA7EDE2C4
```

這個訊息是說：SMTP Server 已收下該郵件，並且將它存入郵件系統的佇列目錄中，佇列編號是 7EA7EDE2C4。

結束 SMTP session

郵件傳輸結束後，Client 端送出 QUIT 的命令，要求結束連線，SMTP Server 回應以下訊息：

```
01.   QUIT
02.   221 2.0.0 Bye
03.   Connection closed by foreign host.
```

列 1，Client 端發出的命令 QUIT，目的是要求結束 SMTP Session。

列 2～3，SMTP Server 回應 221 的訊息。根據前述 2xx 回應代碼列表，可知，SMTP Server 正在關閉連線通道。

◉ 實驗 SMTP 的運作過程

接下來實驗一下前述 SMTP Session 的運作過程。

以下 Client 端為 mail.example.com，Server 端為 pbook.ols3.net。

實驗步驟：

1. 使用 telnet 指令，連接至 SMTP Server 端的 25 port：

   ```
   telnet pbook.ols3.net 25
   ```

   回應如下：

   ```
   Trying 220.130.228.194...
   Connected to pbook.ols3.net.
   Escape character is '^]'.
   220 pbook.ols3.net ESMTP Postfix (Debian/GNU)
   ```

2. 執行 EHLO 命令，回應如下：

   ```
   EHLO mail.example.com
   250-pbook.ols3.net
   ```

```
250-PIPELINING
250-SIZE 10240000
250-VRFY
250-ETRN
250-STARTTLS
250-ENHANCEDSTATUSCODES
250-8BITMIME
250 DSN
```

3. 先執行「MAIL FROM」，再執行「RCPT TO」命令，回應如下：

```
MAIL FROM:<mary@example.com>
250 2.1.0 Ok
RCPT TO:<jack@pbook.ols3.net>
250 2.1.5 Ok
```

4. 執行 DATA 命令，告知伺服端，準備要送出信件內容：

```
DATA          <-- 鍵入 DATA 按 ENTER 鍵
354 End data with <CR><LF>.<CR><LF>
```

接著輸入四列欄位：Form、To、Subject、Date（日期太長懶得打的話，可在終端機中執行「date -R」取得）。每個欄位名稱之後要加上字元「:」，空一格之後再輸入欄位內容，接著再按 ENTER 鍵。

四列欄位之後，按 ENTER 鍵空一列，之後，輸入信件內容的主體，最後，輸入「.」，再按一次 ENTER 鍵，即可傳輸出去。

如下所示：

```
From: mary@example.com
To: jack@pbook.ols3.net
Subject: test mail
Date: Fri, 27 June 2014 15:18:30 +0800
                <-- 空一列
Hello World!
.
250 2.0.0 Ok: queued as 18525DE2C4
```

伺服端回應 250，並告知我方，此信的佇列編號為 18525DE2C4。

5. 執行 QUIT 命令結束 Session，其回應如下：

```
QUIT
221 2.0.0 Bye
Connection closed by foreign host.
```

請按組合鍵 Ctrl+]，再按 ENTER 鍵，輸入 quit，再按 ENTER 鍵，即可中斷 telnet 連線。

前述整個實驗的執行過程，如圖 5-3-6 所示：

```
終端機
ols3@tm:~$ telnet pbook.ols3.net 25
Trying 220.130.228.194...
Connected to pbook.ols3.net.
Escape character is '^]'.
220 ***************************
EHLO mail.example.com
250-pbook.ols3.net
250-PIPELINING
250-SIZE 10240000
250-VRFY
250-ETRN
250-ENHANCEDSTATUSCODES
250-8BITMIME
250 DSN
MAIL FROM:<mary@example.com>
250 2.1.0 Ok
RCPT TO:<jack@pbook.ols3.net>
250 2.1.5 Ok
DATA
354 End data with <CR><LF>.<CR><LF>
From: mary@example.com
To: jack@pbook.ols3.net
Subject: test mail
Date: Fri, 27 June 2014 15:18:30 +0800

Hello World!
.
250 2.0.0 Ok: queued as 5274710006F
QUIT
221 2.0.0 Bye
```

圖 5-3-6：實驗 SMTP Session 的運作過程

5.4　網際網路信件格式

網際網路信件格式（Internet Message Format，簡稱 IMF）的標準定義在 RFC 5322，其前身是 RFC 2822 和更早的 RFC 822。2013 年 3 月，RFC 6854 修正了 RFC 5322 部份內容，主要是放寬限制，允許「From:」和「Sender:」 這兩個欄位可以使用群組語法（在這之前，只有某些欄位才可以，例如：「To:」和「CC:」）。

本節將以這些 RFC 文件為基礎，說明「網際網路信件」的基本規格。（以下簡稱「信件」）

郵件結構

之前已提到郵件是一個資料實體，由兩大部份組成：「信封」（envolpe）和「信件」（message）。信封是傳送郵件（決定郵件路徑）以及退回信件（回報問題）的依據；而信件則是寫信人欲和收信人溝通的訊息內容。根據 RFC 822/2822/5322 的規定，信件是由表頭（header）和信件內容（body）組成，這兩者之間以一空白列隔開。

關於「郵件」、「信封」、「信件」、「表頭」、「信件內容」的結構關係，請參考圖 5-4-1 和圖 5-4-2。

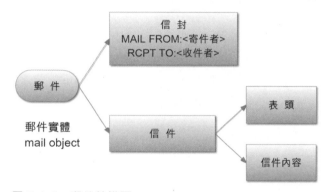

圖 5-4-1：郵件結構圖

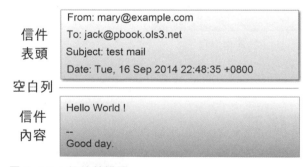

圖 5-4-2：信件結構圖

信件的組成格式

網際網路信件以列為單位，每一列使用 CRLF 結尾。信件中各列的字元，由 US-ASCII 字元組成（即 ASCII 1~127）。RFC 標準建議：每列最大長度不超過 1000 個字元，而且每列的長度最好是在 80 個字元以內較佳（含 CRLF）。

網際網路信件的格式，其實是模仿自辦公室的聯絡便籤（memorandum）。便籤（就是便條紙啦）上常會記著是誰留的訊息，要留給誰，何時留的，主旨要做什麼，確切要進行的事項等等。因此，網際網路信件便分成兩個部份，一個是表頭，中間用一空白列分隔，接下來就是信件內容。

表頭用來記錄這封信的相關資訊，例如：誰寫了這封信，要寫給誰，主旨是什麼，寫信日期時間等等。除此之外，信件的表頭還有其他欄位可供 MTA、MDA、MUA 留下相關的註記，以供後續追蹤。

信件內容則是寫信人要傳達給收信人的訊息內容。信件內容並沒有特別規定的格式，雖說 RFC 規定每列最大的長度和建議的長度，不過現今的 MUA，應該都有能力可以處理超過標準長度的問題。

至於信件表頭的格式，則是有規定的。表頭由許多欄位列組成（仍以 CRLF 做結尾），欄位列的格式如下所示：

```
欄位名稱: 欄位內容
```

例如寫信人的電子郵件位址，可記為：

```
From: mary@example.com
```

其中，From 為欄位名稱，而「mary@example.com」則為欄位內容。

欄位名稱的組成必須是 US-ASCII 的可見字元，即在 ASCII 33～126 這段範圍中的字元，大小寫均可。欄位列也是用 CRLF 這兩個字元做結尾。最大長度和建議長度同前面所述。

以下是常見的信件表頭欄位：

欄位名稱	欄位說明
From	寫信者的電子郵件位址
Sender	寄件者的電子郵件位址
To	收信者
Bcc	密件副本收件者
Cc	信件副本收件者
Reply-To	回信時預設的收件者
Subject	信件主旨
Date	郵件日期時間
Message-ID	郵件的唯一識別 ID

欄位名稱	欄位說明
Return-Path	郵件的寄件者來源，由最後投遞的 MTA 寫入信件表頭。等於是 MAIL FROM 階段取得的郵址。
Received	郵件收信所經過的伺服器都會加註的訊息
Mime-Version	MIME 使用的版本
Content-Type	內容格式
X-*	擴充的欄位，大部份是由 MUA 或過濾信件的軟體所加註的訊息

在一封信件的表頭中，必要的欄位有以下四項：

- From

- To

- Date

- Received

除了幾個欄位是 MUA 建立的之外（From、To、Subject、Date），其他欄位則是在傳輸郵件過程中 MTA 及郵件過濾程式加註的。MTA 及郵件過濾程式，甚至會修改某些欄位，例如在 Subject 加註「***SPAM***」，表示這封信已被過濾程式列為垃圾郵件。

圖 5-4-3 為信件表頭的樣本，分析如下：

欄位名稱	欄位說明
From	寫信人：mary@example.com
Sender	寄件者：mary@example.com
To	收信者：jack@pbook.ols3.net
Bcc	密件副本：未設
Cc	信件副本：未設
Reply-To	回信時預設的收件者：未設
Subject	信件主旨：test mail
Date	郵件日期時間：2009/10/30 09:52:26
Message-ID	郵件識別 ID：20091108045021.18525DE2C4@pbook.ols3.net
Return-Path	寄件者來源位址：mary@example.com，來源域名是 example.com
Received	伺服器加註如圖所示
Mime-Version	MIME 使用的版本：未設
Content-Type	內容格式：未設
X-*	擴充的欄位：X-Virus-Scanned，X-Spam-*

讀者應特別注意所有標示 Received 的欄位，這個欄位用來追蹤郵件的傳遞過程。
解析 Received 欄位，要由最下方的 Received 開始，然後依序倒推回到最上方。
由這個過程，可以了解這封郵件是由哪一部機器寄出來的，中間經過了哪些
MTA，哪些服務曾處理過這封郵件。舉例來說，圖 5-4-3 第三個 Received 指出郵
件由 pbook.ols3.net 轉遞給了 dns.lxer.idv.tw；第二個 Received 指出 dns.lxer.idv.tw
收下郵件後，隨即轉給了 10024 port 的 amavisd-new，這個服務把郵件再轉給垃
圾郵件過濾程式以及電腦病毒掃瞄程式；處理完畢之後，再交回給本機通道
（127.0.0.1）的 smtpd，最後完成投遞郵件的工作；此即最上方第一個 Received 的
意思。

能正確解析 Received 欄位，了解郵件的傳遞路徑，是郵件系統管理者必備的基本
功，請務必多多練習喔！

```
Return-Path: <mary@example.com>
X-Original-To: ols3@lxer.idv.tw
Delivered-To: ols3@lxer.idv.tw
Received: from localhost (dns [127.0.0.1])
    by dns.lxer.idv.tw (Postfix) with ESMTP id 580B58FF66
    for <ols3@lxer.idv.tw>; Sun, 8 Nov 2009 12:52:17 +0800 (CST)
Received: from dns.lxer.idv.tw ([127.0.0.1])
    by localhost (dns.lxer.idv.tw [127.0.0.1]) (amavisd-new, port 10024)
    with ESMTP id 04785-09 for <ols3@lxer.idv.tw>;
    Sun, 8 Nov 2009 12:52:13 +0800 (CST)
Received: from pbook.ols3.net (pbook.ols3.net [220.130.228.194])
    by dns.lxer.idv.tw (Postfix) with ESMTP id ED2F28FF54
    for <ols3@lxer.idv.tw>; Sun, 8 Nov 2009 12:52:11 +0800 (CST)
Received: by pbook.ols3.net (Postfix)
    id 773AADE2CE; Sun, 8 Nov 2009 12:52:06 +0800 (CST)
Delivered-To: jack@pbook.ols3.net
Received: from mail.example.com (mail.tnc.edu.tw [203.68.102.1])
    by pbook.ols3.net (Postfix) with ESMTP id 18525DE2C4
    for <jack@pbook.ols3.net>; Sun, 8 Nov 2009 12:48:54 +0800 (CST)
From: mary@example.com
To: jack@pbook.ols3.net
Subject: ***SPAM*** test mail
Date: Fri, 30 Oct 2009 09:52:26 +0800
Message-Id: <20091108045021.18525DE2C4@pbook.ols3.net>
X-Virus-Scanned: by amavisd-new-20030616-p10 (Debian) at lxer.idv.tw
X-Spam-Status: Yes, hits=7.9 tagged_above=4.0 required=6.3 tests=BAYES_05,
    DATE_IN_PAST_96_XX, DNS_FROM_RFC_ABUSE, DNS_FROM_RFC_DSN,
    DNS_FROM_RFC_POST, FORGED_RCVD_HELO, MSGID_FROM_MTA_ID, NO_REAL_NAME
X-Spam-Level: *******
X-Spam-Flag: YES
```

圖 5-4-3：信件表頭樣本

至於信件內容，根據前述，信件文字的組成必須使用 US-ASCII 字元才行，也就
是說信件基本上是以 7 bits 以下的字元所組成的純文字檔。那麼，問題來了，如

果信件含有多國語言（超過 7 bits），又或者，信件帶有文件檔、網頁檔、影音圖檔、程式碼、壓縮檔等二進位檔，那該怎麼辦呢？

解決的方法是：把超過 7 bits 的信件內容、附檔加以編碼，讓它全部變成字元是 US-ASCII 範圍內的純文字檔，並在郵件中標示解碼的協議規則（例如：MIME）；當收件人收到信件時，再根據協議規則將編碼符號所代表的文字內容解碼回來，如此，即可繞過 7 bits 字元的限制，順利地傳輸內含多國語言的信件內容和二進位檔的郵件了。

例如：以下是某封帶檔信件的片段內容，在信件表頭中，使用 Content-Type 標註內容型態（multipart/mixed）以及指定的「分隔列」（boundary）名稱，而在信件內容中，則用在表頭定義的分隔列「3262801c56fc2b32e754b4c13994629f」夾住附檔的檔案型態（application/x-zip-compressed）、檔案名稱（i.zip）、編碼方式（base64）等欄位、以及附檔編碼的結果（UEsDBA～AAAAAA）。

```
From: mary@example.com
To: jack@pbook.ols3.net
Reply-To: mary@example.com
Subject: test mail
Content-Type: multipart/mixed; boundary="3262801c56fc2b32e754b4c13994629f"
Message-Id: <20140629003050.F36783FE72@debian.ols3.net>
Date: Sun, 29 Jun 2014 08:30:50 +0800 (CST)

--3262801c56fc2b32e754b4c13994629f
Content-Type: application/x-zip-compressed; name="i.zip"
Content-Transfer-Encoding: base64
Content-Disposition: attachment; filename="i.zip"


UEsDBAoAAAAAAH1D3UTGNbk7BQAAAAUAAAAIABwAdGVzdC50eHRVVAkAA45d
r1PBXa9TdXgLAAEE6AMAAAToAwAAdGVzdApQSwECHgMKAAAAAAB9Q91ExjW5
OwUAAAAFAAAACAAYAAAAAAABAAAApIEAAAAAdGVzdC50eHRVVAUAA45dr1N1
eAsAAQToAwAABOgDAABQSwUGAAAAAAEAAQBOAAAARwAAAAA

--3262801c56fc2b32e754b4c13994629f--
```

MTA 和 DNS 的關係

MTA 一旦收下 MUA/MTA 傳輸過來的郵件之後，下一步，便是要設法將郵件傳遞到含有收件者信箱的目的地主機。也就是說，接下來，MTA 要做的事情是：「判斷郵件要傳遞給誰？」（給哪一部主機？）。像這種決定 MTA 要把郵件傳遞到哪裡去的問題，稱為「郵件路由」（mail route）。簡單地來說，就是判斷郵件的傳遞路徑。

如何決定郵件的傳遞路徑，這個問題，乍看之下，好像很簡單。許多人可能會認為：「不就是：把郵件傳遞到收件者郵件位址在 '@' 右手邊的域名位址去嗎？例如，若收件者是 jack@ms1.example.com，就只要把郵件直接傳遞給 ms1.exmaple.com 這部主機就可以了」。其實不然！且看以下分解。

網際網路是由許多網路組成的，各個網路的型態可能不同；而且，為了資訊安全的緣故，許多單位會使用防火牆或 PROXY 等閘道器，隔絕外部網路，而把郵件主機擺放在私有網段內部，因此，如果直接把郵件往郵址中的域名主機傳遞，恐怕無法寄達。

再者，各種性質不同的網路，使用的郵件傳輸協定也可能不一樣，例如早期的 USENET 使用的是 UUCP 協定，因此，直接遞送也可能無法跨越屬性不同的網段。

另外，收件者所屬的 MTA 主機，也不是 24 小時全天候皆可連通，總是會有因故斷線的時候，例如：網路中斷、主機故障、或者部份時段才開機等等。有鑑於此，為了容錯，網域管理者通常會替該網域，設計多部不同的 MTA 主機來負責收信，其運作方式如下：當 主機 A 無法服務時，就由主機 B 暫時收下郵件，等主機 A 恢復連線時，再將郵件轉遞給主機 A。

這樣看來，MTA 傳遞郵件的路徑，要面臨的狀況，其實是十分複雜的。那麼，MTA 要如何決定郵件路由呢？究竟是要把郵件直接傳遞到收件者郵件位址的域名主機，或者，把郵件傳遞到該網段的郵件閘道器，或者傳遞到備援的某部 MTA 主機？又，MTA 要如何事先知道這些主機的位址呢？

MTA 決定郵件路由的解決之道，其實得靠其他系統的幫忙，網域名稱系統（DNS）正是此一問題的最佳解答。在標準文件 RFC 974 中，規範了郵件路由和網域名稱系統的關係。這個標準沿用多年（1986~2001），後來，RFC 974 被 RFC 2821 取代，最終整合在 RFC 5321。

由於 MTA 的功能是雙向的（寄信收信），既要負責轉遞郵件出去，也要負責收下郵件，因此，關於 MTA 和 DNS 的運作，請牢記兩個重要觀念：

1. MTA 須藉由一部能正常運作的 DNS 主機，查詢收信者的目的地主機（也是一部 MTA）。（即：寄信出去）

2. 在 MTA 所屬網段中的 DNS 主機，須提供資源記錄，以供外界的 MTA 查詢，如此，對方才能找到我方收信的 MTA 主機。（即：收信進來）

本章將介紹 DNS 的基本概念、架設 DNS Server 的方法、DNS Server 的基本維護操作，以及 MTA 和 DNS 的關係（如何決定郵件路由）。將來不論是佈署郵件系統，或者進行故障排除，DNS 的觀念都是非常重要的，請務必細心了解才行。不懂 DNS 的話，管理郵件系統可是會很吃力喔！

6.1 DNS 基本概念

◉ 何謂 DNS

在進行連線要求時，通常都是使用主機網域名稱，例如我們會在瀏覽器的網址列中輸入：http://www.tnc.edu.tw，雖然使用 IP 也是可以的，但是因為 IP 很難記（本身沒啥意義），所以，還是以主機網域名稱連線居多。

像這種具有完整主機及網域名稱的表示法，稱為 FQDN（Fully-Qualified Domain Name），以 www.tnc.edu.tw 來說，它其實省略了最後的「.」，所以，完整的寫法應為「www.tnc.edu.tw.」。

不過，實際上電腦並不認得 www.tnc.edu.tw，它只認得 IP 位址，因此，必須有一部機器，能夠將我們要求連線的主機網域名稱，轉換成對應的 IP 位址，才能順利的連線。像這樣的轉換過程，我們稱為「正向解析」（forward mapping），簡稱「正解」。

反之，由特定的 IP 查出對應的主機網域名稱，稱為「反向解析」（reverse mapping），簡稱「反解」。

提供這種服務機制的系統，我們稱之為：網域名稱系統（Domain Name System），簡稱為 DNS，而提供這個服務的機器，我們就說它是一部網域名稱伺服器（Domain Name Server）。

⬡ DNS 的架構

DNS 採用階層式的架構，這個架構和 Linux 的檔案系統很像。例如 /usr/local/bin/rkhunter，由左而右來看，分別是：根目錄 /、usr、local、bin、以及檔案 rkhunter。而「www.tnc.edu.tw.」，由右而左來看，分別是：根網域「.」，頂層網域 tw，第二層網域 edu，第三層 tnc，以及主機名稱 www。

如圖 6-1-1，如果由上而下來看，就差不多了，兩者皆呈現樹狀目錄的結構，由根目錄一直到 rkhunter 的路徑串連起來，就是 rkhunter 的絕對路徑；同樣地，由根網域一直到 www 主機名稱串連起來，就是一個完整的主機網域名稱(FQDN)。我們稱：這樣的一個網域樹狀目錄，形成了一個網域名稱空間。

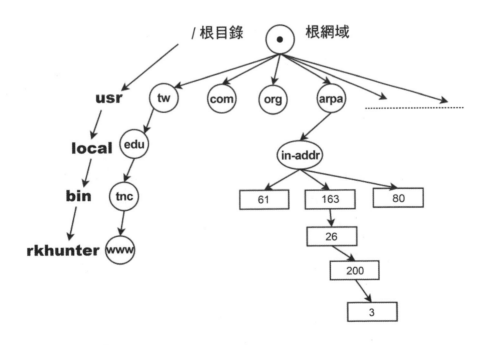

圖 6-1-1：網域名稱空間和目錄一樣，採階層式的架構

另外，在檔案系統中，目錄 bin 內含其負責管理的檔案；同樣地，在 tnc 這個網域，也有其負責的主機在其中，像 tnc 這種實際擔負管理責任的網域（Domain），我們就稱之為一個 Zone。

在整個網域名稱空間中，每個 Zone 都有獨立的 DNS 主機負責管理各個節點，而且分層授權下去，因此，我們也稱 DNS 是一個階層式分散管理的系統。簡單地說，DNS 就是包含所有網域名稱和 IP 的一種分散式管理的資料庫。

Resolver

前面曾提到 DNS 是一個網域名稱和 IP 的資料庫，負責查詢資料庫的程式或函式庫，就稱為 Resolver，它不但可以幫應用程式向 DNS 伺服器發出查詢的問題，也可以解釋伺服器的回應，並將結果回傳給應用程式。像這樣的程式或函式庫，我們就說它是一個 DNS 解析器，簡單地說，它就是一個 DNS Client。

委任

DNS 是一個階層式分散管理的系統，各個節點可以再分層授權下去，例如 .tw 可以再授權 edu.tw. 管理 edu 這個網域。同理，.edu.tw. 可以再授權給 tnc.edu.tw. 管理 tnc 網域。像這樣把 DNS 管理權授予下層單位的過程，我們稱之為「委任」。

換言之，正式的網域名稱伺服器，是需要經過正式的委任程序的，如果上層沒有授權給下層，那麼下層的這個網域就不是合法的網域，也就是說，它在整個網域名稱空間中並不存在。若用資料庫的觀點來看，我們可以說，這個網域在整個網域名稱資料庫中找不到。

不過，非正式的網域名稱伺服器，別人雖然無法由上層根網域一路查下來的過程中查得到這台 DNS，但對架設這台 DNS 的單位來說，也是有幫助的，因為這種自行架設的非正式 DNS Server，仍然可以幫助單位內部的主機查詢 DNS 問題，由於這台 DNS Server 就在單位內部，可加速查詢的速度，節省頻寬。

對 MTA 和郵件系統來說，至少需要一部以上正式被委任的 DNS Server 才行，這樣別人才能將信件寄達我們的 MTA 主機。

◎ 網域名稱伺服器和 Zone transfer

經由上層適當的委任過程之後，一個網域可以變成一個實際負責管理 DNS 的單位，也就是 Zone。一個 Zone 至少需要兩部（含）以上的 DNS 伺服器。這兩部 DNS 伺服器，就管理單位來看，通常會有一部是 Master，也就是主要的 DNS 伺服器，另一部則是 Slave，也就是次要的伺服器。

為了管理上的方便，以及資料的一致性，通常我們在設定 DNS 伺服器時，會把設定的重心擺在 Master，一旦設定畢，Master 會主動通知 Slave 過來取得關於該 Zone 的網域名稱和 IP 資料的設定檔，這些設定檔我們就稱之為 Zone files。一旦 Slave 取得和 Master 相同的資料後，兩部 DNS 主機對外都可以擔負起回答 DNS 查詢的工作，並且資料都是一致的。像這種把 Slave 和 Master 的資料同步的動作，我們稱之為 Zone transfer。

由於 Zone transfer 是特殊的管理行為，因此，請務必記得要做好限制，只有經過管理者設定允許的 IP，才能對 Master 進行 Zone transfer 的動作。

另外，要特別注意一點，雖然在管理單位內部有 Master 和 Slave 之分，但以外界查詢這個單位 DNS 伺服器的觀點來看，並沒有哪一部是 Master、哪一部是 Slave 的分別，也就是說，外界無從判斷哪一部是 Master、哪一部是 Slave。維護兩部 DNS Server 使其 Zone 的資料保持一致，對 MTA 的正常運作來說，尤其重要。後面提到 DNS MX 記錄時，再來說明。

◎ Zone files

前述提及 Zone files，一般而言，Zone files 至少包括兩個檔案，一個是正解檔，一個是反解檔。除此之外，DNS 的設定檔通常還包括 localhost 的設定檔，和一個內含 13 部根網域 DNS 主機的 IP 設定檔。

Zone files 中，不管是正解檔或反解檔的內容，所設定的資料都是自己這個 Zone 本身負責的主機網域名稱和 IP 的對照，像這種 Zone 內部負責的資料，稱為是「授權的」（Authoritative）；而不屬於這個 Zone 的資料，就稱為是「非授權的」（Non-authoritative）。

⬣ DNS 伺服器接受查詢的種類

查詢 DNS 的命令，分為兩種：

- 反覆式查詢（Iterative）

- 遞迴式查詢（Recursive）

所謂反覆式的查詢，是指查詢命令沒有強制性。通常用於 DNS 伺服器之間的對話，例如 A 向 B 詢問「www.tnc.edu.tw」的 IP 是多少？ B 不一定要幫 A 把完全正確的答案找出來回答給 A。B 只會把可能的答案或尋找路徑指引給 A，例如說：「我不知道 www.tnc.edu.tw 的 IP 是多少，不如你去問 C 吧」，這時 A 改向 C 使用反覆查詢的方式來詢問 www.tnc.edu.tw 的 IP。

至於遞迴式的查詢，通常由 DNS Client 端向 DNS 伺服器發出，帶有強制性。這個強制性的意思是說：「不管三七二十一，DNS 伺服器你就是一定要幫我找到答案為止，就算找不到，也要有個錯誤回應」。

DNS 伺服器可以設定成只接受反覆式的查詢，或可接受遞迴式的查詢。如果某一部 DNS 伺服器不管 DNS Client 端的來源是誰，都接受遞迴式的查詢，那我們就稱這部 DNS 主機為 Open DNS Server。

Open DNS Server 比較容易遭受 DNS 的 DoS 攻擊。如果您對此有疑慮，可考慮把 DNS 伺服器的 Recursive 查詢關閉，只開放列表的 IP 使用。

⬣ 解析 DNS 查詢的過程

解析 DNS 查詢的過程，如圖 6-1-2 所示。說明如下：

- 假設使用者操作個人電腦（以下簡稱 A）的瀏覽器，欲連接的網頁位址是 http://www.tnc.edu.tw。首先 A 向其預設的 DNS 伺服器（以下簡稱 B）發出遞迴查詢。

- 此時，我們稱 A 為 DNS client 端。MTA 主機在查詢傳送目的地主機的 IP 時，MTA 主機的角色也暫時變成了 DNS client 端。

- B 判斷 www.tnc.edu.tw 是否是它自己負責的 Zone 內的資料，假設不是，接著 B 便在自己的快取區（Cache）中尋找是否有關於 www.tnc.edu.tw 的 IP 記錄，而且這個記錄沒有超過有效期限，如果條件滿足，就把答案回應給 A，A 便能連往 www。

- 續上，若快取區沒有關於 www 的資料或關於 www 的資料已超過有效期限，那麼，B 便由根網域這 13 部 DNS 主機中，挑選回應速度最快的一部主機（以下簡稱 C）發出查詢，根網域 C 告訴 B：.tw 的 IP 是多少，不妨試著往 tw. 去問。

- B 接著由 tw. 回應速度最快的一部 DNS 主機發出查詢，tw. 告訴 B：edu.tw. 的 IP 是多少，不妨試著去問 edu.tw.。

- 同樣的 edu.tw. 也告訴 B 說：不妨去問 tnc.edu.tw.。

- 最後問到 tnc.edu.tw. 時，tnc 告訴 B 說：沒錯！這是我被授權維護的資料，我告訴你：www.tnc.edu.tw. 的 IP 是 163.26.200.3。

- B 得到答案時，便把答案存入快取區中，以備往後再供人查詢。接著，B 把答案告訴 A。

- A 得知 www 的 IP 後，便直接往 www 連接。

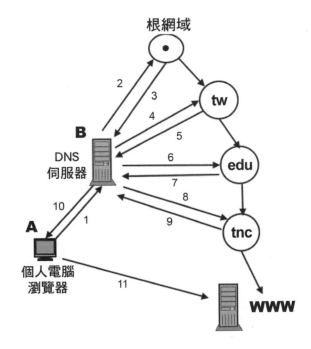

圖 6-1-2：解析 DNS 查詢的過程

或許有人會質疑，難道每次查詢，都得要往最上層的根網域問去？

其實，並不是每次都得向最上層根網域詢問，由於在整個 DNS 階層架構中，每一部 DNS 主機都有快取（Cache）的機制，只要有問到 DNS 的資源記錄，它都會儲存一份在記憶體的快取區中，因此，下次若有人問相同的問題，DNS 主機都會先在快取區中尋找是否有尚未過期的記錄，若有，便直接回答它，不必再往最上層去問，因此，查詢的效率並不會打折。

◉ 架設 DNS 伺服器所需的軟體

大部份郵件主機所屬的網段，應該都會架設一部以上的 DNS 伺服器（建議至少要有兩部正式授權的 DNS Server）。許多 MTA 主機本身，也同時也有架設 DNS 服務，但這並非必要，MTA 和 DNS Server 可以分開在不同主機。不過，維護管理郵件主機者，通常也要熟悉 DNS Server 的架設管理才行，因為這兩件事經常是息息相關的。

目前架設 DNS 伺服器佔有率最高的軟體，當屬由 Internet Sytems Consortium（簡稱 ISC）所維護的 BIND。BIND 是 Berkeley Internet Name Domain 的簡稱，以紀念此一軟體的來源。BIND 最初是由加州柏克萊大學的學生在美國 DARPA 的認可下所發展的一個軟體專案。

經過長久的發展，BIND 的版本共分三種 4.x、8.x 以及 9.x 系列，目前的主力是 9.x；而 4.x 及 8.x 都已過期了，不建議使用。

BIND 採用 BSD 自由軟體授權，任何人都可以自由地免費下載使用。

ISC BIND 的網址： http://www.isc.org/

在 DNS 伺服器中，只要經過適當的設定，再執行以下的指令，即可啟用 DNS 服務 (視不同的平台系統而定)：

```
service bind9 start
```

或

```
/etc/init.d/bind9 start
```

或

```
/usr/local/sbin/named -c /etc/bind/named.conf
```

bind9 啟動後，總共會開啟三種通訊埠（port）：

協定	port	用途
UDP	53	接受 DNS 查詢
TCP	53	接受 DNS 查詢
TCP	953	控制 DNS 伺服器的命令通道

bind9 的設定檔及 Zone files 目錄，通常位於 /var/named 或 /etc/bind，不同的作業系統位置可能不一樣，請讀者特別留意。

架設 DNS Server 的輔助工具

前述提到維護 MTA 主機時，多半會同時維護 DNS Server，也就是說，管理 MTA 主機的工作範圍，必然包括 DNS Server。本章 6.2～6.5 節，將介紹在各種平台快速架設 DNS Server 的方法。

架設 DNS 系統，對新手來說，並不容易，就算是老手，也會覺得挺複雜的。最主要的原因是，DNS 的設定項和資源記錄（Resource Record，簡稱 RR）相當地多，語法各有不同，設定時容易出錯，而且，偵錯困難。因此，若能有個自動化的工具，來幫我們完成第一步的工作，剩下的就只要做適當的維護即可，這種方式，會是最輕鬆、最容易的。

「OLS3 DNS 自動產生器」是筆者所寫的一支小程式，能幫我們自動建立 DNS 設定檔，而且支援中英文環境（有 eng/big5/utf8 三種編碼），安裝方法很簡單。

首先由筆者的網站下載：

```
wget http://www.ols3.net/shares/dns/ols3dns-1.08.tgz
```

然後切換成 root，以 root 的權限進行解壓、安裝：

```
su -
tar xvzf ols3dns-1.08.tgz
cd ols3dns-1.08
make install
```

安裝程式會將工具放入相關目錄中，並設妥執行權，安裝訊息如下：

```
cp -f ols3dns /usr/local/bin
cp -f ols3dns-big5-msg.pl /usr/local/bin
cp -f ols3dns-utf8-msg.pl /usr/local/bin
```

```
cp -f ols3dns-eng-msg.pl /usr/local/bin
chmod +x /usr/local/bin/ols3dns*
```

如果您是使用 OB2D/Debian Linux，也可以由筆者的 deb 主機，使用 apt-get 指令安裝，作法如下：

```
wget ftp://deb.ols3.net/ob2d/setup-ob2d-deb.sh
chmod +x setup-ob2d-deb.sh
./setup-ob2d-deb.sh
sudo apt-get update
sudo apt-get install ols3dns
```

DNS 自動產生器的簡易說明，可用以下指令得到：

```
ols3dns --help
```

說明訊息：

```
使用法： ols3dns --dir BIND 主目錄位置
若不指定 BIND 主目錄位置，則預設使用 /etc/bind
若加上 --no-recursive 選項，則會產生限制遞迴式查詢的設定檔
```

請注意，在執行 ols3dns 時，若加上選項 --no-recursive，那麼架好的 DNS Server 就可以限制只有同一網段的主機才能做遞迴式查詢，這樣會比較安全。強烈建議各位採用此一方式。

接下來，我們就可以在各種 Linux/BSD 平台開始來架設 DNS 了。有了這支工具的幫忙，從此，架設 DNS Server 不再是一件苦差事，整個過程簡直可以說是：易如反掌，輕鬆愉快！

6.2 在 OB2D/Debian Linux 安裝 BIND

在 OB2D/Debian Linux 中，安裝 BIND 的方法如下：

```
apt-get update
apt-get install bind9 chkconfig sysv-rc-conf
```

bind9 是 BIND 9.x 版的套件，chkconfig 和 sysv-rc-conf 是開機時管理服務是否啟用的輔助工具。

安裝好了之後，bind9 的設定檔及 Zone files 的目錄，預設是在 /etc/bind，主要設定檔檔名為 /etc/bind/named.conf，服務程式執行檔目錄在 /usr/sbin。

了解 bind9 的主要目錄及設定檔之後，接著，設定一開機就啟用 bind9：

```
chkconfig bind9 on
```

在啟用 bind9 之前，先使用「DNS 自動產生器」建立主要設定檔以及 Zone files。這裡以筆者自家的網域名稱為例，主機 IP 是 192.168.1.188。

1. 先切換至 Zone files 目錄：

```
cd /etc/bind
```

等一下自動產生器執行完畢之後，會在此目錄中產生相關的設定檔。

2. 執行 ols3dns 以產生需要的設定檔：

```
ols3dns
```

執行過程如圖 6-2-1：

圖 6-2-1：在 OB2D/Debian Linux 執行 ols3dns 的過程

第一個問題，回答這部主機所屬的網域名稱，這裡以 example.com 為例。第二個問題，回答這部主機 IP 前三個數字。第三個問題，回答這部主機 IP 的第四個數字。最後一個問題，回答暫時不建立第二部 DNS 的資料。

執行結果，在 /etc/bind 目錄中會產生以下檔案：

項次	檔名	用途
1	named.conf	主要設定檔
2	db.example.com	正解檔
3	db.192.168.1	反解檔
4	localhost	本機正解檔
5	rev-127.0.0	本機反解檔
6	named.ca	最上層根網域主機 IP 列表檔

啟用 bind9。有兩種啟用的方法，請擇一執行：

- /etc/init.d/bind9 start

- service bind9 start

接著檢查系統訊息，請執行：

```
grep named /var/log/daemon.log
```

若是要重新啟動 bind9，可執行以下其中一個指令：

- /etc/init.d/bind9 restart

- service bind9 restart

停止 bind9，請擇一執行：

- /etc/init.d/bind9 stop

- service bind9 stop

bind9 啟用之後，系統應該會開啟以下通訊埠：

協定	IP	通訊埠	用途
TCP	網路介面的 IP	53	接受 DNS 查詢
TCP	127.0.0.1	53	接受 DNS 查詢
UDP	網路介面的 IP	53	接受 DNS 查詢
UDP	127.0.0.1	53	接受 DNS 查詢
TCP	127.0.0.1	953	命令通道，用來控制 bind9 的運作

上述通訊埠開啟的狀態，可用以下指令查看：

```
netstat -aunt
```

接著測試一下，看看架好的 DNS Server 能否正常運作：

```
dig @192.168.1.188 www.edu.tw
```

這裡，使用 dig 向自己（192.168.1.188）發出查詢的指令：「請問 www.edu.tw 的 IP 是多少？」，若能得到 www.edu.tw 的 IP，表示這部 DNS Server 初步運作無誤。

6.3 在 Fedora 安裝 BIND

這裡以 Fedora 20 為例。

先安裝 wget 和 perl：

```
yum wget perl
```

再按 6.1 節的說明，安裝 OLS3 DNS 自動產生器，接著安裝 BIND。

如果在安裝 Fedora 時有選擇伺服器套件組，那麼，BIND 預設就有安裝了；若沒有選伺服器套件，可使用以下方法加裝 BIND：

```
yum install bind
```

bind 的設定檔目錄預設在 /etc，主要設定檔為 /etc/named.conf，Zone files 的目錄預設在 /var/named，執行檔目錄預設在 /usr/sbin。

由於 Fedora 中的 bind，其 Zone files 目錄在 /var/named，因此，執行 ols3dns 時要指定該目錄位置，方法是在執行時加上選項 --dir 指定 /var/named 目錄，如下所示：

```
cd /var/named
ols3dns --dir /var/named
```

回答 ols3dns 的問題，方式同圖 6-2-1。

這樣，便會在 /var/named 產生 named.conf 以及相關的 Zone files。接著把 named.conf、rndc.key 拷貝到 /etc 目錄下：

```
cp named.conf /etc
cp rndc.key /etc
```

然後，就可以啟動 bind 了：

```
systemctl enable named.service
systemctl start named.service
```

檢查系統記錄檔訊息。由於 Fedora 20 預設使用 systemd，不再使用傳統的 rsyslog 機制，/var/log/messages 消失不見了，因此，欲查詢記錄檔，應改用以下方式：

```
journalctl | grep named
```

這裡，使用 journalctl 列出記錄檔內容，再經由管線，餵給 grep 尋找含 named 的關鍵字，如此，即可查出包含 named 的記錄訊息。

至於檢查已開啟的通訊埠、測試 DNS server 能否正常運作，方法皆和 6.2 介紹的一樣，這裡，就不再贅述了。

6.4 在 FreeBSD 安裝 BIND

以 FreeBSD 10 release 為例，這裡假定您已安裝 ports tree 了。

首先，設定要抓取套件的 FTP 站台列表。這裡指向國內的站台，這樣，下載檔案的速度，就會比國外快很多。

修改 /etc/make.conf，加入：

```
MASTER_SITE_BACKUP?= \
ftp://ftp.tw.freebsd.org/pub/FreeBSD/distfiles/${DIST_SUBDIR}/\
ftp://ftp2.tw.freebsd.org/pub/FreeBSD/distfiles/${DIST_SUBDIR}/\
ftp://ftp3.tw.freebsd.org/pub/FreeBSD/distfiles/${DIST_SUBDIR}/
MASTER_SITE_OVERRIDE?= ${MASTER_SITE_BACKUP}
```

接著編譯安裝 bind9（版本 9.9.x），方法如下：

```
cd /usr/ports/dns/bind99
make install clean
```

執行 rehash 更新執行檔的路徑,然後建立 rndc.key:

```
rehash
rndc-confgen -a -c /usr/local/etc/rndc.key
```

接著要記得修改 rndc.key 的權限,讓 bind 能夠寫入。

```
cd /usr/local/etc/
chown bind:wheel rndc.key
cd /usr/local/etc/namedb
ln -sf /usr/local/etc/rndc.key
```

建立我們自己的 bind9 的設定目錄(即工作目錄),不和系統預設目錄共用:

```
mkdir /etc/bind
chown bind:wheel /etc/bind
```

編輯 /etc/rc.conf.local,設定開機就啟用 named,請加入以下設定:

```
named_enable="YES"
named_program="/usr/local/sbin/named"
named_flags="-c /etc/bind/named.conf"
named_pidfile="/var/run/named/pid"
named_chrootdir=""
```

請按 6.1 節所述安裝 OLS3 DNS 自動產生器,接著,建立 DNS Zone files:

```
cd /etc/bind
ols3dns
```

立即啟用 bind9:

```
/usr/local/sbin/named -c /etc/bind/named.conf -u bind
```

檢查 bind9 開啟的通訊埠:

```
netstat -na | grep LISTEN
```

檢查系統訊息:

```
tail /var/log/messages
```

測試一下:

```
dig @192.168.1.188 www.edu.tw
```

6.5 在 OpenBSD 安裝 BIND

這裡以 OpenBSD 5.5 為例。OpenBSD 預設即內建有 bind9 了，只要設妥 Zone files，即可運作。不過，OpenBSD 的 bind9 強制使用 chroot 的機制，主要的工作目錄是 /var/named，也就是說在 bind9 看起來，根目錄'/'實際上是 /var/named。因此，在設定 DNS 時，也要以此觀念為根據，來指定 Zone files 的設定檔目錄才行。

請按 6.1 節的方式安裝 OLS3 DNS 產生器。

接著切換到 /var/named/etc，我們準備在這個目錄下產生所需的 Zone files。請執行：

```
ols3dns --dir /etc
```

這裡指定 bind9 的設定檔目錄為 /etc，但因為是在 chroot 機制下運作，所以，這裡的「/etc」，實際指的目錄是「/var/named/etc」。

設定開機就啟用 named。請編輯 /etc/rc.conf.local，加入：

```
named_flags=""
```

若要立即啟用 bind9，請執行：

```
named
```

檢查系統訊息：

```
grep named /var/log/messages
```

檢查通訊埠：

```
netstat -na | grep LISTEN
```

測試：

```
dig @192.168.1.188 www.edu.tw
```

6.6　使用原始碼自行編譯 BIND

若想要使用最新版的 BIND，那麼，最好的方法就是自己抓原始碼回來編譯安裝。
請注意，在編譯 BIND 之前，要先編譯安裝 OpenSSL。

這裡以 BIND 9.10.0-P2 為例，OpenSSL 的版本則是 1.0.1h，請至以下位址下載：

BIND 的網址：https://www.isc.org/software/bind。

OpenSSL 的網址：http://www.openssl.org。

安裝過程如下：

1.　下載 BIND 和 OpenSSL 的原始碼

```
wget http://www.isc.org/downloads/file/bind-9-10-0b1-2/\?version=tar.gz
-O bind-9.10.0-P2.tar.gz
wget http://www.openssl.org/source/openssl-1.0.1h.tar.gz
```

2.　編譯安裝 OpenSSL：

```
tar xvzf openssl-1.0.1h.tar.gz
cd openssl-1.0.1h
./config
make
make test
sudo make install
```

　　若一切無誤，新版的 OpenSSL 會安裝在 /usr/local/ssl 目錄。

3.　編譯安裝 BIND：

```
tar xvzf bind-9.10.0-P2.tar.gz
cd bind-9.10.0-P2
./configure --with-openssl=/usr/local/ssl
make
sudo make install
```

　　請注意：在執行 configure 時，要使用長選項 --with-openssl 來指定 OpenSSL
的安裝路徑。

　　若一切無誤，新版的 bind9 會安裝在 /usr/local/sbin 目錄。

BIND 安裝完成後，接下來就可以用 DNS 自動產生器來建立 Zone files 了，這部
份的操作，請參考前面各節的說明。

啟用新版 bind9 的方法：

1. 首先要停止舊有的 bind9，以下任一方法均可：

```
/etc/init.d/bind9 stop
kill -KILL `cat /var/run/bind/run/named.pid`
rndc stop
pkill named
```

2. 執行新版的 bind9：

這裡假設 bind9 的主要設定檔位於 /etc/named.conf。

```
/usr/local/sbin/named -c /etc/named.conf
```

至於檢查 bind9 啟用的系統訊息、已開啟的通訊埠、測試是否正常運作等等，請參考前面幾節的說明。

6.7 DNS 的 Zone files 簡介

使用自動產生器快速架好 DNS 之後，管理員應開始培養自主維護 DNS 的能力，而這就要從了解 Zone files 的組成以及內部的各種設定開始。

主要設定檔目錄內容

bind9 的主要目錄位置在 /etc/bind。

/etc/bind 的內容如下：

```
root@b2dsvr:~# ls -la /etc/bind
總計 76
drwxr-sr-x    2 root bind 4096 8 月 30 21:59 .
drwxr-xr-x  173 root root 8192 8 月 30 22:10 ..
-rw-r--r--    1 root bind  413 8 月 30 21:59 db.192.168.1
-rw-r--r--    1 root bind  601 8 月 30 21:59 db.1xer.idv.tw
-rw-r--r--    1 root bind  240 8 月 30 21:59 localhost
-rw-r--r--    1 root bind 2519 8 月 30 21:59 named.ca
-rw-r--r--    1 root bind  455 8 月 30 21:59 named.conf
-rw-r--r--    1 root bind  237 8 月 30 21:59 rev-127.0.0
-rw-r--r--    1 root bind   78 8 月 30 21:59 rndc.key
```

這些檔案是由 DNS 自動產生器幫您產生的，各檔案的用途說明如下表：

檔名	用途
named.conf	bind9 主要設定檔
db.lxer.idv.tw	正解檔
db.192.168.1	反解檔
localhost	localhost 的正解檔
rev-127.0.0	localhost 的反解檔
rndc.key	rndc 密碼設定檔
named.ca	13 部根網域 DNS 主機的 IP 列表

其中，named.conf 是 bind9 的主要設定檔。某些平台系統，例如 OB2D/Debian Linux，這個設定檔和 Zone files 置於相同的目錄內；有別於 OB2D/Debian，在 RedHat base 的系統中（例如 Fedora），named.conf 是放在 /etc 目錄，而 Zone files 則放在 /var/named 目錄。

如果檔案名稱以 "db.網域名稱" 命名，表示這個檔案是該網域的正解檔。正解檔定義：在該網域內，各個完整主機網域名稱的 IP。

如果檔案名稱以 "db.IP" 命名，表示這個檔案是該網域的反解檔。反解檔定義：在該網域內，IP 對應回去的主機網域名稱是什麼。

上面提及的正反解檔是維護 DNS 最重要的兩個檔案，等一下我們會做詳細的內容說明。

至於 localhost 和 rev-127.0.0 是固定的設法，沒有變動的必要，可不必理會。

rndc.key 內含控管 rndc 的編碼，這個檔案存在，才能維持 bind 9 的命令通道暢通，bind9 才會接受管理員下達諸如 restart、stop、start 等管理命令。

named.ca 這個檔案比較特殊，這個檔案記錄最上層根網域那 13 部 DNS 伺服主機的 IP。這個檔案的來源，主要根據 InterNic 發佈的根網域伺服器的初始化設定檔，位址如下：

ftp://ftp.internic.net/domain/named.cache

這個檔案最後修正的日期是 2014/06/02（版本 2014060201），如果您的 named.ca 不是這個日期的版本，請更新它。

bind9 主要設定檔 named.conf

接下來，說明 /etc/bind/named.conf 的內容。

named.conf 的內容如下，其中的 IP 和正反解檔名只是特例，您的 named.conf 檔未必要和這裡一樣。

```
options {
        directory "/etc/bind";
        allow-transfer {
            192.168.1.189; // Secondary DNS
        };
        // 打開對 IPv6 的支援
        listen-on-v6 { any; };
};

logging {
        category lame-servers{null;};
};

zone "." {
        type hint;
        file "named.ca";
};

zone "localhost" {
        type master;
        file "localhost";
};

zone "0.0.127.in-addr.arpa" {
        type master;
        file "rev-127.0.0";
};

zone "lxer.idv.tw" {
        type master;
        file "db.lxer.idv.tw";
};

zone "1.168.192.in-addr.arpa" {
        type master;
        file "db.192.168.1";
};

// 如果主機有支援 IPv6，反解檔的設定用例如下：
zone "9.8.a.0.5.0.f.1.0.7.4.0.1.0.0.2.ip6.arpa." {
        type master;
```

```
        file "db.2001.470.1f05.a89";
};

// localhost 的反解檔
zone
"1.0.0.0.0.0.0.0.0.0.0.0.0.0.0.0.0.0.0.0.0.0.0.0.0.0.0.0.0.0.0.0.ip6.arpa."
{
        type master;
        file "rev.local6";
};
```

先來介紹 named.conf 內各個項目的語法格式。

named.conf 中的每一項設定，類似 C 程式語言的語法，格式如下：

```
項目 設定值 {....};
```

常見的項目（clause）語法結構有：

- options {....};

- logging {....};

- zone "網域" {....};

例如以下 options 項目，在 { } 中包含有 directory、allow-transfer、listen-on-v6 等三個設定：

```
options {  <--- options 開始
        directory "/etc/bind";
        allow-transfer {
                192.168.1.188; // Secondary DNS
        };
        listen-on-v6 { any; };
}; <--- options 結束
```

請注意，每一個設定項目必須以「;」這個符號結尾，否則會被視為語法錯誤，造成 bind9 無法正常運作。

項目（clause） { } 內的設定，稱為描述（statement），格式如下：

```
描述 設定值;
描述 {設定值;....;};
```

例如 options 內的描述項 allow-transfer，可容納多個 IP 設定，因此又以 { } 含括：

```
allow-transfer {
        192.168.1.188; // Secondary DNS
};
```

不管是項目或描述，括號 { } 都可以放在不同列，只要最後以「;」結束即可。另外，named.conf 中可以使用多種註解符號，以下的例子都算是註解，bind9 會自動予以忽略：

```
/* 傳統 C 語言的註解
   可跨越多列。   */

/* 當然單列也可以 */

// 也可以用 C++ 的註解格式

# 也可以用 shell 和 Perl 的註解格式
```

接下來說明 named.conf 內各項目的意義：

```
options {
        directory "/etc/bind";
        allow-transfer {
                192.168.1.189; // Secondary DNS
    };
};
```

options 是 "選項" 設定的意思。

directory "/etc/bind"; 用來設定：主要設定檔目錄位置在 /etc/bind

```
allow-transfer {
                192.168.1.189; // Secondary DNS
};
```

allow-transfer 主要是一種安全限制，通常這裡放入第二部 DNS Server 的 IP。只有列於此處的 IP，才能對這台 DNS 主機做 Zone transfer 的動作。

```
listen-on-v6 { any; };
```

listen-on-v6 是指揮 bind，讓它打開對 IPv6 的支援，any 是指 IPv4 及 IPv6 的網路介面。自 BIND 9.10 版之後，此項設定已變成預設值。

```
// 登錄記錄檔的行為
logging {
```

```
        //種類      沒設好的跛腳伺服器 {忽略其錯誤訊息;};
        category lame-servers{null;};
};
```

上述設定是對記錄檔的調整,由於某些單位的 DNS 主機可能沒有設好,會造成
在查詢這些 Zone 的資料時,出現大量的錯誤訊息,因此,這裡設成 null,表示
不在記錄檔中留下這些訊息,以免造成 DNS 主機本身管理上的困擾。

```
zone "." {
      type hint;
      file "named.ca";
};
```

以上是針對根網域 "." 的設定,它的型態(type)是 hint,設定檔名為 named.ca。

```
zone "localhost" {
      type master;
      file "localhost";
};
```

以上是針對 localhost 的正解設定,它的型態(type)是 master,設定檔名為
localhost。master 表示這是主要 DNS 伺服器的設定檔。

```
zone "0.0.127.in-addr.arpa" {
      type master;
      file "rev-127.0.0";
};
```

以上是針對 127.0.0 的反解設定,它的型態(type)是 master,設定檔名為
rev-127.0.0。

```
zone "lxer.idv.tw" {
      type master;
      file "db.lxer.idv.tw";
};
```

以上是針對網域「lxer.idv.tw」的正解設定,它的型態(type)是 master,設定檔
名為 db.lxer.idv.tw。

```
zone "1.168.192.in-addr.arpa" {
      type master;
      file "db.192.168.1";
};
```

以上是針對 192.168.1 的反解設定，它的型態（type）是 master，設定檔名為 db.192.168.1。

```
zone "9.8.a.0.5.0.f.1.0.7.4.0.1.0.0.2.ip6.arpa." {
        type master;
        file "db.2001.470.1f05.a89";
};
```

以上是針對 9.8.a.0.5.0.f.1.0.7.4.0.1.0.0.2.ip6.arpa 這個 zone 的反解設定，它的型態（type）是 master，設定檔名為 db.2001.470.1f05.a89。master 表示這是主要 DNS 伺服器的設定檔。

DNS 的資源記錄

DNS 的資源記錄，是組成正反解設定檔的基本元素。資源記錄（Resource Record），我們簡稱為 RR。

常用的 RR 有以下這些：

RR	英文名稱	意義
SOA	Start Of Authority	標記一個 Zone 授權的開始
NS	authoritative Name Server	授權的 DNS 伺服器
A	Address record	主機網域名稱對應到 IPv4 位址
CNAME	Canonical Name for a DNS alias	別名
PTR	DNS pointer	IP 位址對應到主機網域名稱
MX	Mail eXchanger	郵件交換器
TXT	Text record	字串記錄。除了訊息說明之外，亦可用於驗證簽署的郵件、驗證寄件者政策。
AAAA	IPv6 address record	主機網域名稱對應到 IPv6 的位址。

以上 RR，會分別在正解檔和反解檔中，再加以說明。

正解檔說明

db.lxer.idv.tw

```
$TTL 86400
@     IN      SOA     dns.lxer.idv.tw.    admin.dns.lxer.idv.tw. (
                      2014090100     ; serial
                      86400          ; refresh
                      1800           ; retry
```

```
                        1728000           ; expire
                        1200              ; Negative Caching
                        )
        IN      NS      dns.lxer.idv.tw.
dns             IN      A       192.168.1.188
@               IN      MX      0       mail.lxer.idv.tw.
lxer.idv.tw.    IN      A       192.168.1.188
;
s1      IN      CNAME   dns.lxer.idv.tw.
www     IN      CNAME   dns.lxer.idv.tw.
ftp     IN      CNAME   dns.lxer.idv.tw.
proxy IN        CNAME   dns.lxer.idv.tw.
;
mail    IN      A       192.168.1.188
s2      IN      A       192.168.1.189
nt      IN      A       192.168.1.190
;
```

$TTL

$TTL 86400： TTL 是 Time To Live 的簡稱，它是用來設定 RR 的有效期限，當其他 DNS 主機查詢到關於本 Zone 的 RR 記錄時，除了會告知它的 DNS Client 端答案之外，也會儲存一份在快取區中，往後若又被問到相同問題，就不必再往外問，直接以快取區的答案答覆其他 DNS Client 端。

但如果在快取區中的 RR，已超過這裡設定的有效期限，則該 DNS 會再重新詢問一次。

$TTL 以秒計，86400 是一天的秒數，因此，$TTL 86400 的意思是：設定被快取的 RR 記錄其新鮮度只有一天。

SOA

```
@   IN      SOA     dns.lxer.idv.tw.        admin.dns.lxer.idv.tw. (
                    2014090100      ; serial
                    86400           ; refresh
                    1800            ; retry
                    1728000         ; expire
                    1200            ; Negative Caching
                    )
```

@ 代表這個 Zone 本身。這裡的 @ 等同於：

```
$ORIGIN lxer.idv.tw.
```

IN 是 INternet 類別，現在 DNS 大多只使用這一種類別。

SOA 代表 Zone 授權的開始，後接 DNS 主機網域名稱和 DNS 管理員的電子郵件位址，例如這裡的主機是「dns.lxer.idv.tw.」，管理員的電子郵件位址是設成「admin.dns.lxer.idv.tw.」。

慢著！「admin.dns.lxer.idv.tw.」這個電子郵件位址的格式好像不對哩！沒錯，是有一點奇怪，少了一個 @ 符號。原本是應該寫成「admin@dns.lxer.idv.tw」，不過 @ 這個符號在 Zone files 中已用來代表 Zone 本身的網域了，因此，不能再使用它來代表電子郵件，因此才寫成「admin.dns.lxer.idv.tw」，不過這並無妨礙，因為 bind9 程式本身自己會去分辨。

另外，SOA 還有幾個參數設定原本應放置在同一列，但為了易於閱讀起見，因此用'( )'含括，讓它們分散成好幾列，並且在各列的後方，用註解符號「;」加上說明，這樣一來，往後在維護時 SOA 時，就會更容易了解。

```
2014090100       ; serial
```

設定這個 Zone file 的版本序號，以做為 Master 和 Slave 之間比較彼此資料的新舊程度。通常我們以日期時間來記錄序號，而且，每次只要修改了 Zone file，一定要養成良好的習慣，把這裡的序號加 1，以表示這個 Zone file 已經更新過了。

```
86400 ; refresh
```

設定 Slave DNS 伺服器多久要更新資料一次？ 這裡是設成 86400 秒 = 一天。

```
1800  ; retry
```

設定 Slave DNS 伺服器連到 Master DNS 更新資料時，若沒有連上，間隔多久要再重試一次？ 這裡是設成 1800 秒 = 半小時。

```
1728000 ; expire
```

以上這列用來設定 Slave DNS 伺服器連到 Master DNS 更新資料時，若沒有連上，經過多久之後就視為逾期失效，不再嘗試連接？ 這裡是設成 1728000 秒 = 二天。

```
1200 ; Negative Caching
```

設定若有錯誤的回應（例如：找不到這部主機），要把這種錯誤的訊息快取多久？這裡是設成 1200 秒 = 20 分鐘。

NS

```
        IN      NS      dns.lxer.idv.tw.
```

這一列通常接在 SOA 之後，最左邊第一個欄位以空白省略，表示第一個欄位會接續上一列的第一個欄位，也就是 @。換言之，這一列設定，其實和以下設定是一樣的：

```
@       IN      NS      dns.lxer.idv.tw.
```

這列共有四個欄位，由左而右分別是：

- @： Zone 本身的網域

- IN： INternet 類別

- NS： 網域名稱伺服器

- dns.lxer.idv.tw.： 負責此 Zone 的網域名稱伺服器。

這裡要特別注意兩點：

1. NS 的主機網域名稱要使用 FQDN，也就說，要和「dns.lxer.idv.tw.」一樣，域名的最後面要以「.」結束。

2. NS 後接的主機網域名稱，不可以使用別名 CNAME。

A 和 AAAA

A 是 Address 的意思，就是用來把主機網域名稱對應到 IP。

```
dns         IN      A       192.168.1.188
```

設定 dns 的 IP 為 192.168.1.188。由於 dns 省略了網域名稱，所以它實際上等同於：

```
dns.lxer.idv.tw.    IN      A       192.168.1.188
```

在設定 A 這種 RR 時，省略網域名稱不寫，是一種簡便的記法。

要特別注意的是，若改成完整主機網域名稱的寫法，請務必記得要在最後面加上「.」。也就是說，「dns.lxer.idv.tw」的記法是錯誤的，要寫成「dns.lxer.idv.tw.」才對。這是 DNS 新手管理員最常犯的錯誤，請務必小心，以免 DNS 無法運作。

至於 AAAA 則是用來把主機網域名稱對應到 IPv6 的位址,用例如下:

```
dns.lxer.idv.tw.    IN       AAAA     2001:470:1f05:a89::1
dns2.lxer.idv.tw.   IN       AAAA     2001:470:1f05:a89::2
```

MX

MX 是設定郵件交換器,每一個網域至少要有一部負責轉遞信件的郵件交換器。

```
@               IN    MX    10      mail.lxer.idv.tw.
```

上述設定是說:這個網域本身(@)的郵件交換器是「mail.lxer.idv.tw.」,而且其優先權值設為 10。

優先權值的大小無所謂,重點在於「相互比較」。若只有一個 MX 設定,那麼,其權值要設成多少皆可;但若有多個 MX 設定,則大小關係就很重要了,其值越小者,優先權就越高。因此,只要觀察權值的大小關係,就可以知道哪一部 MX 主機才是主要的郵件交換器。

一個網域可以設定多部郵件交換器(MX),例如,以下即是為網域 lxer.idv.tw 設定了兩部:

```
@               IN    MX    10      mail.lxer.idv.tw.
                IN    MX    20      mail2.lxer.idv.tw.
```

第二列設定,省略了「@」不寫,表示沿續前一列,因此,一樣是針對網域本身進行設定。

上述設定中,mail 優先權值為 10,比 20 小,因此 mail 為主要的郵件交換器,它會被外界優先當成 lxer.idv.tw 網域的郵件交換器;而 mail2 則稱為次要的、備用的郵件交換器。換言之,若有人寄信給 jack@lxer.idv.tw,則此郵件會先送到 mail 來處理,若 mail 無法連通,才會往 mail2 遞送。

另外,MX 也可以用來指定:某些收件者的郵件位址,要使用哪一部主機來處理。

例如:

```
nana.lxer.idv.tw. IN MX 10 mail3.lxer.idv.tw.
nana.lxer.idv.tw. IN MX 20 mail4.lxer.idv.tw.
```

這表示,凡是寄給 marry@nana.lxer.idv.tw 的郵件,都會優先送到 mail3,其次才是 mail4。

最後，請特別注意，和 NS 一樣，MX 也不可以使用 CNAME 來設定。

再舉一例。如果您打算使用網域郵件代管服務，例如 Google App for Business/Education/Government，那麼，其中一個重要的設定步驟便是：要在 DNS 正解檔中加入 MX 記錄。以 Google App 為例，其寫法如下：

```
@        3600                 IN     MX     1      ASPMX.L.GOOGLE.COM.
         3600                 IN     MX     5      ALT1.ASPMX.L.GOOGLE.COM.
         3600                 IN     MX     5      ALT2.ASPMX.L.GOOGLE.COM.
         3600                 IN     MX     10     ALT3.ASPMX.L.GOOGLE.COM.
         3600                 IN     MX     10     ALT4.ASPMX.L.GOOGLE.COM.
;以下把舊的 MX 記錄註解掉
;@                   IN     MX     10     mail-a.example.com.
;                    IN     MX     20     mail-b.example.com.
```

在上述設定中，'@' 代表網域名稱。設定後，此一網域就會有 5 筆指向 Google App 的 MX 記錄。末 2 列是把原本舊的 MX 記錄用 ';' 註解掉，或許日後還會再用到，因此這裡先予以註解保留。

指定 IP 給網域名稱

用例：

```
lxer.idv.tw.   IN     A      192.168.1.188
```

設定 lxer.idv.tw 的 IP 位址為 192.168.1.188。這麼做，可以縮短位址的長度，例如原本的郵件位址 jack@mail.lxer.idv.tw，可以改寫成 jack@lxer.idv.tw。

CNAME

CNAME 用來設定主機別名。

用例：

```
www     IN     CNAME    dns.lxer.idv.tw.
```

設定 www 是 dns.lxer.idv.tw. 的別名。因此，連接 http://www.lxer.idv.tw 等於連接 http://dns.lxer.idv.tw。

TXT

TXT 用來設定「說明用途」的文字記錄，可用於張貼公鑰，供外界驗證本機簽署的郵件是否正確（請參考 11.2 節），也可以用於宣告 SPF 政策（11.3 節）。

用例：

```
lxer.idv.tw. IN TXT "v=spf1 ip4:192.168.1.188 ~all"
```

設定 lxer.idv.tw 的 SPF 政策為雙引號中的字串內容。

◉ 反解檔說明

IPv4 反解檔：db.192.168.1

```
$TTL 86400
@       IN      SOA     dns.lxer.idv.tw.        admin.dns.lxer.idv.tw. (
                        2014090100      ; serial
                        86400           ; refresh
                        1800            ; retry
                        1728000         ; expire
                        1200            ; Negative Caching
                        )
        IN      NS      dns.lxer.idv.tw.
;
188     IN      PTR     dns.lxer.idv.tw.
189     IN      PTR     s2.lxer.idv.tw.
190     IN      PTR     nt.lxer.idv.tw.
191     IN      PTR     s4.lxer.idv.tw.
192     IN      PTR     s5.lxer.idv.tw.
```

反解檔裡面的 $TTL、SOA、NS 等三列設定和正解檔完全一樣，不再贅述。

PTR

在反解檔中，PTR 是重點。

PTR 是 DNS pointer 的簡稱，它是用來把 IP 對應到主機網域名稱。

例如：

```
188     IN      PTR     dns.lxer.idv.tw.
```

這一列，指定 192.168.1.188 對應到「dns.lxer.idv.tw.」，因此，當有人查詢 192.168.1.188 的反解時，DNS 伺服器就會回覆答案為「dns.lxer.idv.tw.」。

IPv6 的反解檔：db.2001.470.1f05.a89

以下，凡是用'.'間隔的數字皆佔用 4 個位元的長度。zone 有 16 個數字，PTR 佔 16 個數字，總共 32 個數字，以每個數字 4 個位元計算，因此總共是 32x4=128 個位元，此即為 IPv6 標準位址的長度。

```
$TTL 86400
$ORIGIN 9.8.a.0.5.0.f.1.0.7.4.0.1.0.0.2.ip6.arpa.
@ IN    SOA dns.lxer.idv.tw. admin.dns.lxer.idv.tw. (2014090100 15m 5m 30d 1h)
        IN    NS dns.lxer.idv.tw.
        IN    NS dns2.lxer.idv.tw.
;;
1.0.0.0.0.0.0.0.0.0.0.0.0.0.0.0 IN PTR dns.lxer.idv.tw.
2.0.0.0.0.0.0.0.0.0.0.0.0.0.0.0 IN PTR dns2.lxer.idv.tw.
3.0.0.0.0.0.0.0.0.0.0.0.0.0.0.0 IN PTR www.lxer.idv.tw.
```

這是 IPv6 的反解用例，表示 2001:470:1f05:a89::1 指到 dns.lxer.idv.tw，2001:470:1f05:a89::2 指到 dns2.lxer.idv.tw，2001:470:1f05:a89::3 指到 www.lxer.idv.tw。

以下是 IPv6 本機位址 ::1 指向 localhost 的設定：

```
$TTL 86400
@ IN    SOA dns.lxer.idv.tw. admin.dns.lxer.idv.tw. (2014090100 15m 5m 30d 1h)
        IN    NS dns.lxer.idv.tw.
        IN    NS dns2.lxer.idv.tw.
;;
1.0.0.0.0.0.0.0.0.0.0.0.0.0.0.0.0.0.0.0.0.0.0.0.0.0.0.0.0.0.0.0.ip6.arpa. IN
PTR localhost.
```

檢查 named.conf 和 Zone files 的正確性

named-checkconf 可用來檢查 DNS 主要設定檔 named.conf 的語法正確與否。

用例：

```
root@demo:~# named-checkconf /etc/bind/named.conf
```

執行之後，若沒有產生任何訊息，表示語法正確，沒有問題。

以下，筆者故意把 named.conf 某一列中的 ";" 去掉，再用 named-checkconf 來檢查：

```
root@demo:~# named-checkconf /etc/bind/named.conf
/etc/bind/named.conf:38: missing ';' before end of file
```

它立即指出：在第 38 列出錯了，該列少寫了「;」這個符號。

另外一支檢查的工具是 named-checkzone。

named-checkzone 可以檢查 Zone file 的格式語法，它執行的檢查項目，和 bind9 在載入一個 Zone file 時的檢查過程是一樣的。使用 named-checkzone 預先檢查，可確保 bind9 能正確地執行。

用法：

```
named-checkzone 網域 正反解設定檔
```

用例如下：

1. 檢查正解檔：

```
root@demo:~# named-checkzone lxer.idv.tw /etc/bind/db.lxer.idv.tw
zone lxer.idv.tw/IN: loaded serial 2014090100
OK
```

2. 檢查 IPv4 的反解檔：

```
root@demo:~# named-checkzone 192.168.1 /etc/bind/db.192.168.1
zone 192.168.1/IN: loaded serial 2014090100
OK
```

3. 檢查 IPv6 的反解檔：

```
root@demo:~# named-checkzone 9.8.a.0.5.0.f.1.0.7.4.0.1.0.0.2.ip6.arpa
db.2001.470.1f05.a89
zone 9.8.a.0.5.0.f.1.0.7.4.0.1.0.0.2.ip6.arpa/IN: loaded serial 2014090100
OK
```

6.8 維護 Zone files

DNS 架好之後，有許多時機需要維護修改 Zone files，這些操作包括新增、刪除、修改各種 RR(DNS 資源記錄)。

◉ 新增主機網域名稱

假設要新增一部主機 myblog.lxer.idv.tw，並指定 IPv4 的位址為 192.168.1.180、IPv6 的位址為 2001:470:1f05:a89::8 。那麼，我們要分別要修改的是正解檔和反解檔。當然，如果您沒有 IPv6 的位址，相關部份就請略過。

編輯 /etc/bind/db.lxer.idv.tw，新增兩列：

```
myblog IN     A       192.168.1.180
       IN    AAAA   2001:470:1f05:a89::8
```

結果如下：

```
$TTL 86400
@     IN     SOA    dns.lxer.idv.tw.       admin.dns.lxer.idv.tw. (
                    2014090101   ; serial    <--- 序號加 1
                    86400        ; refresh
                    1800         ; retry
                    1728000      ; expire
                    1200         ; Negative Caching
                    )
      IN     NS     dns.lxer.idv.tw.
dns          IN     A      192.168.1.188
@            IN     MX     0      mail.lxer.idv.tw.
lxer.idv.tw. IN     A      192.168.1.188
;
mail IN     A       192.168.1.188
;
myblog IN    A       192.168.1.180   <--- 新增這一列
       IN   AAAA   2001:470:1f05:a89::8 <--- 新增這一列
```

接著修改 /etc/bind/db.192.168.1

新增一列：

```
180           IN      PTR myblog.lxer.idv.tw.
```

如下所示：

```
$TTL 86400
@     IN    SOA    dns.lxer.idv.tw.        admin.dns.lxer.idv.tw. (
                   2014090101      ; serial    <--- 序號加 1
                   86400           ; refresh
                   1800            ; retry
                   1728000         ; expire
                   1200            ; Negative Caching
                   )
      IN    NS     dns.lxer.idv.tw.
;
188   IN    PTR    dns.lxer.idv.tw.
180         IN     PTR myblog.lxer.idv.tw.    <--- 新增這一列
```

編輯：db.2001.470.1f05.a89

```
$TTL 86400
$ORIGIN 9.8.a.0.5.0.f.1.0.7.4.0.1.0.0.2.ip6.arpa.
@ IN    SOA dns.lxer.idv.tw. admin.dns.lxer.idv.tw. (
                   2014090101      ; serial    <--- 序號加 1
                   86400           ; refresh
                   1800            ; retry
                   1728000         ; expire
                   1200            ; Negative Caching
                   )
      IN    NS dns.lxer.idv.tw.
      IN    NS dns2.lxer.idv.tw.
;;
8.0.0.0.0.0.0.0.0.0.0.0.0.0.0.0 IN PTR myblog.lxer.idv.tw.    <--- 新增這一列
```

檔案修改完成後，使用 named-checkzone 檢查一下：

```
root@demo:~# named-checkzone lxer.idv.tw /etc/bind/db.lxer.idv.tw
zone lxer.idv.tw/IN: loaded serial 2014090101
OK
```

檢查 IPv4：

```
root@demo:~# named-checkzone 192.168.1 /etc/bind/db.192.168.1
zone 192.168.1/IN: loaded serial 2014090101
OK
```

檢查 IPv6：

```
named-checkzone 9.8.a.0.5.0.f.1.0.7.4.0.1.0.0.2.ip6.arpa
2001.470.1f05.a89.rev
zone 9.8.a.0.5.0.f.1.0.7.4.0.1.0.0.2.ip6.arpa/IN: loaded serial 2014090101
OK
```

以上檢查結果，表示一切正常。

如果出現以下狀況：

```
root@demo:~# named-checkzone 192.168.1 /etc/bind/db.192.168.1
dns_master_load: /etc/bind/db.192.168.1:16: unknown RR type 'PTRR'
zone 192.168.1/IN: loading master file /etc/bind/db.192.168.1: unknown
class/type
```

這表示 named-checkzone 已幫您找出設定上的錯誤，請修正之。

若一切沒問題，就可以重新啟動 bind9 了：

```
root@demo:~# service bind9 restart
```

或使用 pkill 指令：

```
root@demo:~# pkill -HUP named
```

bind9 重新啟動的訊息，記錄在 /var/log/syslog：

```
Sep  2 16:01:46 dns named[3639]: reloading configuration succeeded
Sep  2 16:01:46 dns named[3639]: reloading zones succeeded
Sep  2 16:01:46 dns named[3639]: all zones loaded
Sep  2 16:01:46 dns named[3639]: running
```

觀察開放的通道是否正常：udp 及 tcp 都要有 port 53，而 tcp 還要有命令通道 port 953；如果主機支援 IPv6，還會出現 tcp6/udp6 的通道，如下所示。

```
root@demo:~# netstat -aunt | grep 53
tcp        0        0 192.168.1.188:53        0.0.0.0:*               LISTEN
tcp        0        0 127.0.0.1:53            0.0.0.0:*               LISTEN
tcp        0        0 127.0.0.1:953           0.0.0.0:*               LISTEN
tcp6       0        0 :::53                   :::*                    LISTEN
tcp6       0        0 ::1:953                 :::*                    LISTEN
udp        0        0 192.168.1.188:53        0.0.0.0:*
udp        0        0 127.0.0.1:53            0.0.0.0:*
udp6       0        0 :::53                   :::*
```

接下來，要測試一下，新增的主機名稱是否可以正常查詢。請注意，在本例中，/etc/resolv.conf 預設指向的 DNS Server 是 192.168.1.188。

正解測試：

```
root@demo:~# nslookup myblog.lxer.idv.tw
Server:         192.168.1.188
Address:        192.168.1.188#53
```

```
Name:    myblog.lxer.idv.tw
Address: 192.168.1.180
```

也可以使用 dig 來做：

```
dig myblog.lxer.idv.tw
```

加上 AAAA 可查詢 IPv6 的位址：

```
root@demo:~# dig myblog.lxer.idv.tw AAAA
```

反解測試：

```
root@demo:~# nslookup 192.168.1.180
Server:         192.168.1.188
Address:        192.168.1.188#53

180.1.168.192.in-addr.arpa      name = myblog.lxer.idv.tw.
```

也可以使用 dig 來做：

```
root@demo:~# dig -x 192.168.1.180
```

反解 IPv6 的位址：

```
root@demo:~# dig -x 2001:470:1f05:a89::8
8.0.0.0.0.0.0.0.0.0.0.0.0.0.0.0.9.8.a.0.5.0.f.1.0.7.4.0.1.0.0.2.ip6.arpa.
86400 IN PTR myblog.lxer.idv.tw.
```

如果出現以上類似訊息，代表正反解的功能都是正確的。

至於修改其他 RR 的方法，和上述示範的操作過程大同小異，請自行套用。

◉ 新增 MX 主機

MX 是屬郵件交換器的 RR，維護 MX 的目的，通常是想要改變郵件的送信路徑。

在前述例子中，lxer.idv.tw 這個網域只有一個 MX 設定：

```
@            IN    MX    10    mail.lxer.idv.tw.
```

假設，我們打算要把寄給 jack@myblog.lxer.idv.tw 的信件，改由 mail2.lxer.idv.tw
負責處理，要怎麼設定呢？

首先編輯 /etc/bind/db.lxer.idv.tw，在原本的 MX 記錄之下，新增一列設定如下：

```
@                IN       MX      10       mail.lxer.idv.tw.
myblog.lxer.idv.tw. IN       MX 10 mail2.lxer.idv.tw.
```

記得要把序號的值加 1。mail2 的位址也要在正反解檔裡設妥。

結果如下：

```
$TTL 86400
@     IN      SOA       dns.lxer.idv.tw.      admin.dns.lxer.idv.tw. (
                        2014090102      ; serial    <--- 序號加 1
                        86400           ; refresh
                        1800            ; retry
                        1728000         ; expire
                        1200            ; Negative Caching
                        )
      IN      NS        dns.lxer.idv.tw.
dns       IN      A      192.168.1.188
@         IN      MX      10       mail.lxer.idv.tw.
myblog.lxer.idv.tw. IN MX  10  mail2.lxer.idv.tw. <--- 新增這一列
;
lxer.idv.tw. IN       A      192.168.1.188
;
mail  IN      A       192.168.1.188
mail2 IN      A       192.168.1.193   <--- 新增這一列
;
myblog IN     A       192.168.1.180
```

若檢查無誤，請重新啟動 bind9。

接下來測試新的 MX 是否生效：

```
root@demo:~# dig @192.168.1.188 myblog.lxer.idv.tw MX
```

回應結果：

```
;; QUESTION SECTION: (這裡是提出的問題)
;myblog.lxer.idv.tw.            IN      MX

;; ANSWER SECTION: (這裡是答案)
myblog.lxer.idv.tw.    86400   IN      MX      10  mail2.lxer.idv.tw.
```

由上述訊息來看，MX 的設定正確無誤。往後凡是寄給 jack@myblog.lxer.idv.tw 的郵件，就會先往 mail2 這部主機遞送。

當然，也要跟著修改 mail2 主機的 main.cf 的設定，即：在 mydestination 增加 myblog.lxer.idv.tw，這樣 mail2 才會收下 myblog.lxer.idv.tw 的郵件。

◉ 新增虛擬主機

這裡所謂的虛擬主機，是指同一部伺服器，有兩個或兩個以上的主機網域名稱，各自對應到不同的網頁目錄或虛擬信箱，而且，在外界看起來，這些站台好像是獨立的主機一樣。

其實，新增虛擬主機對 DNS 而言，不過是增加主機名稱而已，操作非常簡單。在 DNS 的設定中，「增加主機名稱」可以採用 A 或 CNAME 兩種 RR，不過，以 CNAME 在維護上較具直覺，因此，大多使用 CNAME，而且增加 CNAME，只要維護正解檔即可，不必修改反解檔。

假設 myblog.lxer.idv.tw 這一台主機，要新增一個 CNAME：foodtest。

編輯 /etc/bind/db.lxer.idv.tw，在 myblog 的下方新增 CNAME 的設定。

```
myblog   IN    A        192.168.1.180
foodtest IN    CNAME myblog.lxer.idv.tw.    <--- 新增這一列
```

結果如下：

```
$TTL 86400
@      IN     SOA    dns.lxer.idv.tw.        admin.dns.lxer.idv.tw. (
                     2014090103    ; serial    <--- 序號加 1
                     86400         ; refresh
                     1800          ; retry
                     1728000       ; expire
                     1200          ; Negative Caching
                     )
       IN     NS     dns.lxer.idv.tw.
dns          IN     A      192.168.1.188
@            IN     MX     10      mail.lxer.idv.tw.
lxer.idv.tw. IN     A      192.168.1.188
;
mail   IN     A      192.168.1.188
;
myblog IN     A      192.168.1.180
foodtest IN   CNAME  myblog.lxer.idv.tw.    <--- 新增這一列
```

測試：

```
root@demo:~# nslookup foodtest
Server:        192.168.1.188
Address:       192.168.1.188#53

foodtest.lxer.idv.tw   canonical name = myblog.lxer.idv.tw.
Name:  myblog.lxer.idv.tw
Address: 192.168.1.180
```

由倒數第三列，可知：設定 foodtest 別名，正確無誤。

再以 Googld App 的設定為例，在正解檔中，需做如下 4 筆 CNAME 的設定：

```
mail           IN     CNAME    ghs.googlehosted.com.
calendar       IN     CNAME    ghs.googlehosted.com.
docs           IN     CNAME    ghs.googlehosted.com.
sites          IN     CNAME    ghs.googlehosted.com.
```

如此一來，就能以專屬的虛擬主機位址，連接到 Google 提供的各項網路服務。
例如：連接 calendar.lxer.idv.tw，就等於是連接到 Google 的行事曆。

6.9 DNS 工具簡介

架好 DNS 伺服器之後，接下來要測試是否能正常運作。首先，將這台主機查詢
DNS Server 的對象指向自己。

修改 /etc/resolv.conf 如下：

```
search lxer.idv.tw
nameserver 192.168.1.188   <-- 指向自己。
nameserver 168.95.1.1
```

由於我們把 192.168.1.188 擺在前面，因此，查詢 DNS 時，會優先詢問它；若它
沒有反應，接著才會向第二部 DNS Server（168.95.1.1）查詢。

測試：

```
root@b2dsvr:~# nslookup www.edu.tw
Server:        192.168.1.188   <-- 幫忙查詢的 DNS 伺服器
Address:       192.168.1.188#53
```

```
Non-authoritative answer:（以下是答案）
Name:   www.edu.tw
Address: 140.111.34.60
Name:   www.edu.tw
Address: 140.111.34.61
Name:   www.edu.tw
Address: 140.111.34.62
```

「Non-authoritative answer:」，這一句是怎麼回事？

在查詢 DNS 之時，由於在本機的 DNS 快取中沒有答案，因此，它會按照 6.1 節「DNS 解析過程」所述的方法，往外詢問其他 DNS Server，結果查到 www.edu.tw 的三個 IP 位址，本機 DNS Server 會將答案快取起來。不過，由於 edu.tw 並非本機 DNS Server 被上層委任授權的 Zone，因此才會標示「Non-authoritative answer:」（非授權的答案），也就是說，這些 IP 位址其實是由別的 Zone 負責的。

請注意，若再查詢相同的問題，這部 DNS 主機就不會再往外問了，它會直接由快取區中，把這個尚未過期的 DNS 記錄告訴查詢者。

接下來，介紹 DNS 查詢工具的用法。這裡以 /etc/resolv.conf 設定的 DNS 伺服器，做為預設的查詢對象。

host

- host 指令很簡單，用來查看某一部主機的 IP 位址，也很好用。

```
root@b2dsvr:~# host www.edu.tw
www.edu.tw              A       140.111.34.60
www.edu.tw              A       140.111.34.61
www.edu.tw              A       140.111.34.62
```

使用 nslookup

- nslookup 後接要查詢的問題，功能和 host 差不多：

正解：（由 Domain 查 IP）

```
root@b2dsvr:~# nslookup www.edu.tw
Server:         192.168.1.188      <-- 幫忙查詢的 DNS 伺服器
Address:        192.168.1.188#53

Non-authoritative answer: <-- 以下是答案
Name:   www.edu.tw
```

```
Address: 140.111.34.61
Name:    www.edu.tw
Address: 140.111.34.62
Name:    www.edu.tw
Address: 140.111.34.60
```

反解：（由 IP 查 Domain）

```
root@b2dsvr:~# nslookup 163.26.200.3
Server:          192.168.1.188      <-- 幫忙查詢的 DNS 伺服器
Address:         192.168.1.188#53

Non-authoritative answer: <-- 以下是答案
3.200.26.163.in-addr.arpa        name = s3.tnc.edu.tw.

Authoritative answers can be found from:
200.26.163.in-addr.arpa nameserver = mrtg.tnc.edu.tw.
200.26.163.in-addr.arpa nameserver = dns.tnc.edu.tw.
```

■ 如果 nslookup 後面沒有任何選項，則會進入交談模式。

正解：

```
root@b2dsvr:~# nslookup
> www.hinet.net <--- 在此輸入主機網域名稱
Server:          192.168.1.188      <--- 幫忙查詢的 DNS 伺服器
Address:         192.168.1.188#53

Non-authoritative answer:  <--- 快取資料，非授權的答案
Name:  www.hinet.net
Address: 203.66.88.89  <--答案
Name:  www.hinet.net
Address: 61.219.38.89  <--答案
>
```

■ 欲離開交談模式，請執行 exit。

反解：

```
root@b2dsvr:~# nslookup
> 61.219.38.89 <--- 在此輸入 IP
Server:          192.168.1.188      <--- 幫忙查詢的 DNS 伺服器
Address:         192.168.1.188#53

Non-authoritative answer:  <--- 快取資料，非授權的答案
89.38.219.61.in-addr.arpa        name = www.hinet.net. <--答案

Authoritative answers can be found from:<--授權的答案由以下的 DNS 伺服器負責
38.219.61.in-addr.arpa  nameserver = vns1.hinet.net.
```

```
38.219.61.in-addr.arpa  nameserver = vns2.hinet.net.
vns1.hinet.net  internet address = 168.95.192.3
```

■ 查負責某一網域的 DNS Server 為何？

```
> set type=ns <--- 設定查詢的型態為 ns (Name Server)
> edu.tw        <--- 要查 edu.tw 這個網域負責的 DNS Server
Server:         192.168.1.188
Address:        192.168.1.188#53

Non-authoritative answer:
edu.tw nameserver = c.twnic.net.tw. <--- 以下這些都是負責 edu.tw. 網域的 DNS
Server。
edu.tw  nameserver = d.twnic.net.tw.
edu.tw  nameserver = moevax.edu.tw.
edu.tw  nameserver = moemoon.edu.tw.
edu.tw  nameserver = moestar.edu.tw.
edu.tw  nameserver = a.twnic.net.tw.
edu.tw  nameserver = b.twnic.net.tw.

Authoritative answers can be found from:
a.twnic.net.tw  internet address = 192.83.166.9
a.twnic.net.tw  has AAAA address 2001:288:1:1002:2e0:18ff:fe77:f174
b.twnic.net.tw  internet address = 192.72.81.200
c.twnic.net.tw  internet address = 168.95.192.10
d.twnic.net.tw  internet address = 210.17.9.229
d.twnic.net.tw  has AAAA address 2001:c50:ffff:1:2e0:18ff:fe95:b22f
moevax.edu.tw   internet address = 140.111.1.2
moemoon.edu.tw  internet address = 192.83.166.17
moemoon.edu.tw  has AAAA address 2001:288:1:1002::a611
moestar.edu.tw  internet address = 163.28.6.21
```

■ 查某一部 DNS 主機是否可以正常回答問題？

```
> lserver 163.26.197.1 <-- 把詢問的對象，切換到 163.26.197.1 這部 DNS Server
> www.tnc.edu.tw <--- 詢問 www.tnc.edu.tw 的 IP 為何？
Server:         163.26.197.1
Address:        163.26.197.1#53

Non-authoritative answer: <-- 這表示 163.26.197.1 可以正常地回覆 DNS 查詢
www.tnc.edu.tw  canonical name = s3.tnc.edu.tw.
Name:   s3.tnc.edu.tw
Address: 163.26.200.3
>
```

使用 dig

dig 這支工具比 host 和 nslookup 好用，而且它回覆的資訊更為詳細。

- 正解：

  dig 若未指定要向哪一部 DNS 查詢，則預設會以 /etc/resolv.conf 設定的 nameserver 為預設的查詢對象。

  ```
  root@b2dsvr:~# dig www.edu.tw

  ;; QUESTION SECTION: (這裡是問題)
  ;www.edu.tw.                    IN      A

  ;; ANSWER SECTION: (這裡是答案)
  www.edu.tw.             600     IN      A       140.111.34.62
  www.edu.tw.             600     IN      A       140.111.34.60
  www.edu.tw.             600     IN      A       140.111.34.61
  ```

- 也可以指定查詢時，要指向的 DNS Server：

  ```
  root@b2dsvr:~# dig @163.26.200.1 www.edu.tw

  ;; QUESTION SECTION:
  ;www.edu.tw.                    IN      A (這裡是問題)

  ;; ANSWER SECTION: (這裡是答案)
  www.edu.tw.             600     IN      A       140.111.34.60
  www.edu.tw.             600     IN      A       140.111.34.61
  www.edu.tw.             600     IN      A       140.111.34.62
  ```

  dig @163.26.200.1 www.edu.tw 可以解釋為： @ 就是 at，「在～地方」的意思。因此，整句命令的意思是說："在 163.26.200.1 這台 DNS Server 上，查 www.edu.tw 的 IP 是多少？"

- 反解：

  在欲查詢的 163.26.200.3 之前放置 -x 選項，表示要對這個 IP 進行反解。

  ```
  root@b2dsvr:~# dig @163.26.200.1 -x 163.26.200.3

  ;; QUESTION SECTION:
  ;3.200.26.163.in-addr.arpa.     IN      PTR (這裡是問題)

  ;; ANSWER SECTION: (這裡是答案)
  3.200.26.163.in-addr.arpa. 86400 IN     PTR     s3.tnc.edu.tw.
  ```

■　查某一網域負責的 DNS Server

```
root@b2dsvr:~# dig @163.26.200.1 edu.tw NS

;; QUESTION SECTION: (這裡是問題)
;edu.tw.                                 IN      NS

;; ANSWER SECTION:  (這裡是答案)
edu.tw.                 28639   IN      NS      b.twnic.net.tw.
edu.tw.                 28639   IN      NS      c.twnic.net.tw.
edu.tw.                 28639   IN      NS      d.twnic.net.tw.
edu.tw.                 28639   IN      NS      moevax.edu.tw.
edu.tw.                 28639   IN      NS      moemoon.edu.tw.
edu.tw.                 28639   IN      NS      moestar.edu.tw.
edu.tw.                 28639   IN      NS      a.twnic.net.tw.
```

■　查某一網域的郵件交換器（MX）

```
root@b2dsvr:~# dig @163.26.200.1 tnc.edu.tw MX

;; QUESTION SECTION: (這裡是問題)
;tnc.edu.tw.                             IN      MX

;; ANSWER SECTION:  (這裡是答案)
tnc.edu.tw.             86400   IN      MX      10 mail.tnc.edu.tw.
```

■　進行查詢追蹤

+trace 這個選項，指揮 dig 把從最上層根網域一路查詢下來的過程，清清楚楚地呈現出來。這對 DNS 故障排除而言，非常具有參考價值。請回想一下 6.1 節 DNS 的查詢過程，然後和這裡的示範比對，您的觀念會更清楚。

```
root@b2dsvr:~# dig @168.95.192.1 www.tnc.edu.tw +trace

; <<>> DiG 9.2.4 <<>> @168.95.192.1 www.tnc.edu.tw +trace
;; global options:  printcmd
.                       141500  IN      NS      b.root-servers.net.
.                       141500  IN      NS      j.root-servers.net.
.                       141500  IN      NS      k.root-servers.net.
.                       141500  IN      NS      l.root-servers.net.
.                       141500  IN      NS      m.root-servers.net.
.                       141500  IN      NS      i.root-servers.net.
.                       141500  IN      NS      e.root-servers.net.
.                       141500  IN      NS      d.root-servers.net.
.                       141500  IN      NS      a.root-servers.net.
.                       141500  IN      NS      h.root-servers.net.
.                       141500  IN      NS      c.root-servers.net.
.                       141500  IN      NS      g.root-servers.net.
```

```
.                              141500  IN      NS      f.root-servers.net.
;; Received 436 bytes from 168.95.192.1#53(168.95.192.1) in 54 ms
(13 部根網域 DNS 伺服器收到來自 168.95.192.1#53 的查詢)


tw.                            172800  IN      NS      NS.TWNIC.NET.
tw.                            172800  IN      NS      B.DNS.tw.
tw.                            172800  IN      NS      A.DNS.tw.
tw.                            172800  IN      NS      C.DNS.tw.
tw.                            172800  IN      NS      D.DNS.tw.
tw.                            172800  IN      NS      F.DNS.tw.
tw.                            172800  IN      NS      E.DNS.tw.
;; Received 354 bytes from 192.228.79.201#53(b.root-servers.net) in 189 ms
(168.95.192.1 挑中 13 部根伺服器反應最快的一部來查詢,也就是
b.root-servers.net,而且 b.root-servers.net 說,請改向 tw. 查詢。)


edu.tw.                        86400   IN      NS      moevax.edu.tw.
edu.tw.                        86400   IN      NS      moemoon.edu.tw.
edu.tw.                        86400   IN      NS      moestar.edu.tw.
edu.tw.                        86400   IN      NS      a.twnic.net.tw.
edu.tw.                        86400   IN      NS      b.twnic.net.tw.
edu.tw.                        86400   IN      NS      c.twnic.net.tw.
edu.tw.                        86400   IN      NS      d.twnic.net.tw.
;; Received 367 bytes from 192.83.166.11#53(NS.TWNIC.NET) in 53 ms
(168.95.192.1 挑中 NS.TWNIC.NET 來查詢 edu.tw.)


tnc.edu.tw.                    86400   IN      NS      dns.tnc.edu.tw.
tnc.edu.tw.                    86400   IN      NS      mrtg.tnc.edu.tw.
;; Received 101 bytes from 140.111.1.2#53(moevax.edu.tw) in 12139 ms
(168.95.192.1 挑中 moevax.edu.tw 來查詢 tnc.edu.tw.)


www.tnc.edu.tw.                86400   IN      CNAME   s3.tnc.edu.tw.
s3.tnc.edu.tw.                 86400   IN      A       163.26.200.3
tnc.edu.tw.                    86400   IN      NS      mrtg.tnc.edu.tw.
tnc.edu.tw.                    86400   IN      NS      dns.tnc.edu.tw.
;; Received 134 bytes from 163.26.200.1#53(dns.tnc.edu.tw) in 124 ms
(最後 dns.tnc.edu.tw 告訴 168.95.192.1: www.tnc.edu.tw 的 IP 是
163.26.200.3)
```

以上這三支 DNS 工具,以 dig 的功能最為強大。筆者建議,請務必要練熟 dig 的
用法,這可是網路管理員必備的基本功喔!

6.10 決定郵件路由的方法

MTA 在傳送郵件時需要 DNS 系統的輔助，整個傳遞郵件的過程，如圖 6-10-1 所示。此圖是修改自圖 1-2-1，其中加入了 DNS 系統扮演的角色。

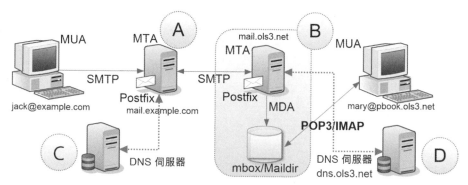

圖 6-10-1：真正的郵件傳遞過程

這裡，我們把加入 DNS 系統後的郵件傳遞過程，再重新說明一次。

如圖 6-10-1，假設寄件者 jack@example.com 寄出一封電子郵件，要給收件者 mary@pbook.ols3.net。jack 使用的寫信軟體，會把這封信傳遞到預先指定的郵遞伺服器 mail.example.com（以主機 A 稱之）。這部伺服器在進行一些必要的檢查之後，若願意代轉來自 jack 的信件，便會收下信件，然後，MTA 主機 A 會向 DNS 伺服器（以主機 C 稱之）發出 DNS 查詢：「請問負責 pbook.ols3.net 這個域名的郵件交換器（MX）是誰？」。DNS 主機 C 便透過 DNS 分層授權的機制，向負責 ols3.net 的 DNS 主機 D（即 dns.ols3.net）查出負責該域名的郵遞交換器，然後將答案（即 MTA B 的主機名稱 mail.ols3.net 以及其 IP）回報給 MTA A。MTA 主機 A 於是將信件傳遞給 MTA B。MTA B（mail.ols3.net）收下信件後，便將信件交給主機內部的投遞程式，由投遞程式放入收件者的信箱。

一般來說，郵件目的地主機 mail.ols3.net 會再架設一套可供使用者下載信包的伺服程式，例如 POP3 Server 或 IMAP Server，收件者 mary 便可不定時地使用讀寫信程式，由 mail.ols3.net 下載信包，取得 jack 寄來的信件。

在前述過程中，決定郵件路由的方法便是藉由 DNS 系統的輔助，在傳遞郵件之前，會設法查出負責收件者域名的郵件交換器（包括主機名稱以及 IP 位址）。如果在 ols3.net 的 DNS 伺服器中，域名 pbook.ols3.net 並沒有設置負責的郵件交換

器，則 MTA 主機 A 會改為查詢 pbook.ols3.net 的 IP 位址，然後將郵件直接往此
IP 位址的主機遞送。

以 DNS 的設定檔來看，有設置郵件交換器的寫法如下：

```
pbook.ols3.net.          IN          MX          10          mail.ols3.net.
mail.ols3.net.           IN          A                       192.168.1.188
```

列 1，表示 pbook.ols3.net 的郵件交換器是 mail.ols3.net，其優先權值為 10。

列 2，指定這部郵件交換器的 IP 位址是 192.168.1.188。

若沒有設置郵件交換器，通常該域名只有設定 IP 位址而已。例如，以下正解檔，
pbook.ols3.net 只對應到一個 IP 位址：

```
pbook.ols3.net.          IN          A                       192.168.1.198
```

查詢域名有無設置郵件交換器的方法如下：

```
dig 域名 MX
```

例如：

```
dig pbook.ols3.net MX
```

如果出現以下類似訊息，就表示該域名有專用的郵件交換器：

```
;; QUESTION SECTION:
;pbook.ols3.net.             IN   MX   <--- 這裡是查詢的問題

;; ANSWER SECTION:
pbook.ols3.net.   86400   IN   MX   10 mail.ols3.net.   <--- 這裡是答案：有設 MX
```

網域管理員為了保險起見，通常會設置多部郵件交換器。這樣做的好處是，萬一
主要的 MX 主機故障，其他 MX 主機便可做為備援、代收郵件。一旦主要的 MX
主機恢復上線，備援的 MX 主機便可以將郵件轉遞回去。

以前述域名 pbook.ols3.net 為例，網域管理員可在 DNS 主機上做如下設定：

```
pbook.ols3.net.          IN          MX          10          mail.ols3.net.
pbook.ols3.net.          IN          MX          20          mail2.ols3.net.
pbook.ols3.net.          IN          MX          30          mail3.ols3.net.
```

這裡，共設置了三部 MX 主機，優先權值分別是 10、20、30。由於權值越小者，優先權越高，因此，遞送郵件的優先順序是：先傳送給 mail，如果 mail 故障，再依序往備援的 mail2 或 mail3 遞送。

為了避免發生郵件路由迴圈（mail loop），MTA 主機會先把自己以及優先權低於自己的 MX 主機從 MX 列表中刪除。舉例來說：假設 mail 這部主機故障了，外界把郵件往 mail2 遞送，此時 mail2 會把自己以及 mail3 由 MX 列表中移除，於是，MX 列表就只剩下 mail，這表示，一旦 mail 恢復上線，mail2 就很清楚地知道，要把暫時收下的郵件往 mail 遞送。

另外，請讀者特別注意，最好不要把 MX 主機設成 CNAME。若把 MX 設成 CNAME，可能會造成郵件路由迴圈。

例如，以下是不好的設法：

```
pbook.ols3.net.    IN   MX      10       mail.ols3.net.
pbook.ols3.net.    IN   MX      20       mail2.ols3.net.
;;
mail.ols3.net.     IN   CNAME        ms1.ols3.net. <--- MX 主機設成 CNAME 不妥！
mail2.ols3.net.    IN   CNAME        ms2.ols3.net. <--- MX 主機設成 CNAME 不妥！
```

由於第二部 MX 主機，其主機名稱是設定為 ms2.ols3.net，因此，在計算 MX 清單時，它自己就無法從列表中刪除。

假設 mail 故障了，此時 MX 清單的狀態如下：

```
mail    <-- 故障中，不能收信
mail2   <-- 可收信
```

由於 CNAME 對應的關係，外界會把郵件傳送到 ms2。ms2 接收到郵件之後（因 ms2 的 relay_domains 有包含 mail.ols3.net，因此 ms2 願意轉遞 mail.ols3.net 的郵件），根據 MX 清單，ms2 認為應該把郵件再往 mail2 遞送才對，於是郵件迴圈就出現了。

另外一種情況，如果 ms2 沒有擔任 MX，也可能會因為主機名稱不一致，造成 ms2 主機拒收郵件。例如：在 ms2 中，mydestination 列表的主機名稱只有 ms2.ols3.net，而沒有 mail2.ols3.net，因此，凡是 @mail2.ols3.net 的郵件轉遞給 ms2 時，都將遭到 ms2 拒收。

以上都是 MTA 主機不適合在 DNS 中使用 CNAME 的原因。

6.11　爲網域設定多部郵件交換器

在 6.7 節提到 MX 資源記錄時，即已初步把設定多部郵件交換器的方法說明過了，這裡，特別獨立出來，加強說明設定的方法以及應注意的事項。底下以 example.com 這個網域名稱為例。

◉ 為網域（domain）設立多部郵件交換器

1.　設定方法：

為網域設置郵件交換器，主要的目的，是要接收這種格式的郵件：「使用者名稱@網域名稱」。

這裡假設要設定三部郵件交換器，優先順序及各主機的 IP 分配，如下表：

優先權次序高底	優先權值大小	完整主機名稱	分配 IP
1	10	ms.example.com	192.168.1.201
2	20	ms2.example.com	192.168.1.202
3	30	ms3.example.com	192.168.1.203

由此表可知：ms 被規劃為網域主要的 MTA，而 ms2 和 ms3 則是備援的 MTA，其中，ms2 的優先權比 ms3 高。

設定步驟如下：

1.　首先編輯正解檔 db.example.com，加入以下設定：

```
;; 序號加 1
$TTL 86400
@      IN    SOA   dns.example.com.           admin.dns.example.com. (
                   2006030802    ; serial    <--- 序號加 1
                   86400         ; refresh
                   1800          ; retry
                   1728000       ; expire
                   1200          ; Negative Caching
                   )
       IN    NS    dns.example.com.
          IN NS    dns2.example.com.
;;
;; 修改 MX RR
@          IN      MX      10        ms.example.com.
           IN      MX      20        ms2.example.com.
```

```
       IN              MX           30              ms3.example.com.
;; 設定 MX 主機 IP
ms             IN              A              192.168.1.201
ms2            IN              A              192.168.1.202
ms3            IN              A              192.168.1.203
```

當然，在設定 MX 主機 IP 位址時，也可以使用完整主機網域名稱的寫法，如下所示：

```
ms.example.com.         IN          A          192.168.1.201
ms2.example.com.        IN          A          192.168.1.202
ms3.example.com.        IN          A          192.168.1.203
```

2. 如果反解的權限也是由這個網域負責的話，請編輯反解檔 db.192.168.1，否則，請和負責反解的管理員聯絡。

```
;; 序號加 1
$TTL 86400
@      IN     SOA    dns.example.com.          admin.dns.example.com. (
                     2006030802      ; serial    <--- 序號加 1
                     86400           ; refresh
                     1800            ; retry
                     1728000         ; expire
                     1200            ; Negative Caching
                     )
       IN     NS     dns.example.com.
          IN  NS     dns2.example.com.
;;
;; 設定 IP 反解
201    IN     PTR    ms.example.com.
202    IN     PTR    ms2.example.com.
203    IN     PTR    ms3.example.com.
```

3. 重新啟動 bind9：

```
/etc/init.d/bind9 restart
```

4. 檢查：

```
dig example.com MX
```

結果：

```
;; QUESTION SECTION:
;example.com.                    IN       MX

;; ANSWER SECTION:      <--- 已查到負責 example.com 的郵件交換器在此一列表中
example.com.            86400    IN       MX       10 ms.example.com.
```

```
example.com.             86400    IN      MX      20 ms2.example.com.
example.com.             86400    IN      MX      30 ms3.example.com.
;; ms.example.com 這一部 MX 的優先權值最小，所以，ms 為該網域主要的 MX
```

其他的檢查項目，例如正解、反解，請參考 6.9 節的說明。

2. 注意事項：

有幾個地方要特別注意：

1. 正式的網域，應至少設定一個以上的郵件交換器。

2. MX 記錄不可以設成 CNAME。

3. MX 主機名稱寫成「完整主機網域名稱」時，最右邊記得要加上「.」，例如：「ms.example.com.」為正例，而「ms.example.com」則為誤例。

4. MX 主機名稱一定要設定正解 IP 位址，例如：

```
;; 設定 MX 主機 IP
ms       IN     A        192.168.1.201
ms2      IN     A        192.168.1.202
ms3      IN     A        192.168.1.203
```

為特定域名設立郵件交換器

這裡所稱的「域名」是指郵件位址「@」右手邊的完整主機名稱。為特定域名設立郵件交換器，主要是要接收這種格式的郵件：「使用者名稱@完整主機名稱」。

假設要為域名 mail.example.com 設立兩部郵件交換器，規劃如下：

優先權次序高底	優先權值大小	完整主機名稱	分配 IP
1	10	mail.example.com	192.168.1.211
2	20	mail2.example.com	192.168.1.212

請修改正解檔，將序號加 1，並加入以下設定：

```
;; 修改 MX RR
mail.example.com.              IN      MX      10       mail.example.com.
mail.example.com.              IN      MX      20       mail2.example.com.
;; 設定 MX 主機 IP
mail      IN     A        192.168.1.211
mail2     IN     A        192.168.1.212
```

測試方法如下：

```
dig mail.example.com MX
```

這裡，利用 dig 命令，向 DNS 主機查詢「是誰負責 mail.exmaple.com 的郵件交換工作？」，測試結果：

```
;; QUESTION SECTION:
;mail.example.com.                IN      MX

;; ANSWER SECTION:    <--- 已查到負責 mail.example.com 的郵件交換器在此一列表中
mail.example.com.        86400   IN      MX      20 mail2.example.com.
mail.example.com.        86400   IN      MX      10 mail.example.com.
;; mail.example.com 這一部 MX 的優先權值較小，所以，mail 為該域名主要的 MX
```

其他注意事項，和本節前述的說明相同。

Postfix 的發展理念和系統架構

前面兩章介紹完郵件系統的基本觀念之後,接下來要開始深入瞭解 Postfix 了。

欲瞭解 Postfix,不能不先提到 Postfix 的發展理念和目標,一旦清楚了其理念目標,很自然地就可以理解為何 Postfix 的架構要如此設計,各個系統元件會如此安排。

理念目標弄清楚了之後,接下來,讀者務必要深入了解各個系統元件之間的運作方式,唯有如此,將來您才有能力因應 Postfix 所發生的各種問題。

7.1 Postfix 的發展理念和目標

Postfix 起源於 Wietse Venema 發展的郵件系統,主要目標是要取代 Sendmail。其發展理念是想要成為一個「執行快速(fast)、易於管理(easy to administer)、運作安全(secure)」的郵件傳遞系統,而且能夠與 Sendmail 保持高度相容。緣此,系統管理者在不必全盤推翻現存郵件系統的前提下,就可以輕輕鬆鬆地把 Sendmail 換掉。我們可以發現:從 Postfix 外在運作的功能來看,Postfix 是十足的「Sendmail 化」,但就其內部的設計和運作方式來看,卻是和 Sendmail 截然不同。

在這種發展理念目標之下,Postfix 具有幾個特徵:

1. 架構具有彈性:

    Postfix 將 MTA 的功能切割成各自獨立的子系統,然後以模組的方式組合,共同完成 MTA 的任務。各子系統的功能,可透過設定檔調整,若某項元件不再需要,也可以予以停用。這樣彈性的架構,不但易於維護,而且安全。

2. 執行快速：

    和其他 MTA 比較起來，Postfix 的執行效能是相當不錯的（請參考表 1-1-1），而且，在處理郵件時，Postfix 可限制子系統行程數量的上限，也能限制存取檔案系統的次數，如此，可確保在提升執行速度的同時，不致於搞垮其他子系統，甚至影響了整個系統的效能。

3. 安全：

    Postfix 的作者是資安程式的專家，在設計 Postfix 時是以「系統安全」為主要的考量，因此，很自然地可以避免掉一些常見的攻擊手法，例如：緩衝區溢位（buffer overflow）、阻斷服務（DoS：Denial of Service）、利用信號或共享記憶體進行內部行程通訊（IPC）攻擊等等。

    Postfix 的子系統行程，均以最低必要的身份權限執行，倘若不幸被駭客攻破了，造成的傷害也不大。再者，Postfix 採行模組化架構，非必要的系統元件均可停用，以降低被攻擊的風險。另外，Postfix 支援一種稱為「chroot」的安全防護機制（運用法請參閱 2.8 節），可將行程的存取範圍完全限縮在某一個目錄之中（例如：/var/spool/postfix），即使 Postfix 的子系統遭到入侵，也無法跨出 chroot 目錄之外，因此，主機中其他檔案系統的安全仍可獲得保障。

4. 運作可靠：

    Postfix 能偵測各種系統狀況，不管是來自於軟體或硬體的問題（例如記憶體不足），均能事先採取防護措施，使系統不致於垮台。

5. 易於管理：

    有別於 Sendmail 使用艱深難懂的規則集（rule set），Postfix 的設定檔就簡單明瞭多了，不但直覺易懂，而且管理者要維護的設定檔很少，通常只要設妥了主要設定檔（main.cf），Postfix 就可以運作得很好。另外，Postfix 也提供許多好用的命令列工具，讓管理 Postfix 的工作變得更輕鬆。

6. 和 Sendmail 相容，但沒有 Sendmail 的缺點：

    為了取代難用的 Sendmail，解救管理人員於苦海之中，Postfix 提供和 Sendmail 幾乎相容的功能，而且保留 Sendmail 的若干作法，例如「aliases」、「.forward」、「sendmail 命令列程式」等等，這讓原本使用 Sendmail 的人，在無需全盤推翻現有郵件系統的情況下，就可以無痛地轉移至 Postfix。

當然，取代 Sendmail 只是 Postfix 初步的目標，提供易用安全的郵件傳遞系統才是真正的目的，例如：Postfix 改善了 Sendmail 的諸多缺點、採用模組化架構、加強安全機制、提供直覺易用的設定檔以及豐富彈性的設定項、注重系統運作效能、多層次防護機制、可有效阻擋垃圾郵件和惡意主機的攻擊等等。

所以啦，這麼棒的系統，您還在等什麼？快加入 Postfix 的行列吧！

7.2　Postfix 的系統架構簡介

Postfix 是由「子系統程式」、「郵件佇列」、以及「命令列工具程式」所組成的一個模組化的系統。其中，「命令列工具程式」用來管理 Postfix 的設定檔、郵件佇列，以及各個 daemon 伺服器；而 Postfix 轉遞郵件的工作，則是各種 daemon 伺服器和郵件佇列交互作用的結果。其組成如圖 7-2-1 所示。了解這三者之間，如何協力地共同運作，是 Postfix 系統管理者必備的基礎知能。

圖 7-2-1：Postfix 的系統組成

底下，以表格的方式，列出這三項基本元件。

請注意，剛接觸 Postfix 的人，對這些基本組成，可能會覺得陌生複雜，但請務必耐住性子把它看完，一回生二回熟，不必害怕磨練，時間久了，自然會扎下根基。

1.　Postfix 的子系統：

　　Postfix 的子系統程式是以伺服器行程的方式運作（稱為 daemon），其名稱及用途如下表：

子系統程式名稱	用途
anvil	對「client 端的連接數」以及「要求連接的頻率」，進行控制和統計的伺服器程式
bounce	投遞狀態報告程式，bounce 負責「投遞失敗」的郵件
defer	投遞狀態報告程式，defer 負責「延遲投遞」的郵件
trace	投遞狀態報告程式，trace 負責「投遞成功」的郵件
cleanup	將收進來的郵件正規化，放入 incoming 佇列，並通知佇列管理程式有新郵件進來
discard	處理欲丟棄的郵件
error	處理投遞錯誤的郵件
flush	快速的 ETRN 服務（註 7-2-1）
local	本機投遞程式
master	控管 daemon 的主要伺服器程式
oqmgr	舊的佇列管理程式
pickup	處理來自本機內部的郵件
pipe	將郵件轉遞給「非 Postfix 內建的」命令列程式處理
proxymap	查表代理伺服器程式，可協助行程存取 chroot 環境以外的資源
qmgr	佇列管理程式
qmqpd	支援「QMQP 協定」的伺服器程式
scache	管理「smtp 連接快取」的伺服器程式
showq	報告「佇列狀態」的伺服器程式
smtp	SMTP client 端程式
lmtp	LMTP client 端程式
smtpd	SMTP 伺服器程式
spawn	「非 Postfix 內建程式」的代理執行總管，具有類似 inetd 的功能
tlsmgr	「TLS 快取」和「虛擬隨機亂數產生器」的維護管理程式
trivial-rewrite	改寫郵件位址的伺服器程式
verify	檢驗郵件位址的伺服器程式
virtual	處理「虛擬信箱網域郵件」的投遞程式
postscreen	阻擋僵屍主機、垃圾郵件主機的防護程式

以 **pbook.ols3.net** 為例，執行以下指令可查看平常 Postfix 執行的行程有哪些？

```
root@pbook:~# ps auxw | grep postfix
root      3050  0.0  0.1  15268  1820 ?   Ss   7 月 05 0:00
/usr/local/libexec/postfix/master -w
postfix   3053  0.0  0.1  15448  3028 ?   S    7 月 05 0:00 qmgr -l -t
unix -u
```

```
postfix   3385  0.0  0.1  15400  2876 ?    S    13:27  0:00 pickup -1 -t
unix -u -c
```

由輸出結果可看出：常態執行中的行程有 master、qmgr、pickup。其中，
master 為主控，qmgr 為佇列管理程式，而 pickup 隨時處理由「本機」（這
台主機內部）發出的信件。

注意
7-2-1

SMTP ETRN 服務是專門設計給偶爾連接網際網路的 SMTP 主機用的協定。例
如：私人單位主機一天之中可能只有開機一個小時，主機管理員可以使用
ETRN，告知其 ISP 的郵件伺服器，把屬於它的郵件全部遞送過來。ISP 的郵
件伺服器在接到 ESTN 的命令之後，會搜尋佇列中所有屬於客戶端的郵件，然
後主動連接至客戶端送信。關於 ETRN 的詳細用法，請參閱 9.11 節。

2. Postfix 的佇列：

佇列（queue）是用來「暫時存放郵件」的系統目錄。目錄的名稱和佇列程
式的名稱相同，通常置放於 /var/spool/postfix 目錄之下。

各佇列的用途如下表：

佇列名稱	用途
maildrop	來自本機的郵件，經 sendmail/postdrop 程式處理後，放入 maildrop 佇列。
incoming	新進郵件佇列。
active	準備進行投遞的郵件佇列（作業佇列）。
deferred	延遲郵件佇列。因故暫時無法投遞的郵件，會放置在此佇列中。
corrupt	故障的郵件佇列。
hold	扣押郵件佇列，等待管理者處理。

這其中，最重要的兩個佇列是 incoming 和 active。incoming 佇列儲存「接
收郵件的伺服器程式」（例如：smtpd、qmqpd、sendmail、postdrop）放入
的新郵件，新郵件的來源可能是來自網路（即別的 MTA 轉遞過來的），或
是來自本機內部；接著佇列管理程式 qmgr 會按照演算法，一次拉進一定數
量的郵件，放置在 active 佇列中進行投遞，也會由 deferred 佇列放入些許
郵件，重新配送。

3. Postfix 內建的命令列工具程式:

Postfix 內建的命令列工具程式,名稱和用途如下表:

程式名稱	用途
postalias	「建立/更新/查詢」別名表。
postcat	查看佇列檔案。
postconf	Postfix 的設定檔工具。
postdrop	供 sendmail 叫用,將本機郵件存入 maildrop 佇列。
postfix	Postfix 的主控程式。
postkick	開放某些 Postfix 內部的聯絡通道,可運用在 shell script 中。
postlock	提供和 Postfix 相容的信箱檔鎖定機制,可運用在 shell script 中。
postlog	提供和 Postfix 相容的記錄檔機制,可運用在 shell script 中。
postmap	維護對照表的編譯程式,亦可用於查表測試。
postmulti	容許多個 Postfix 行程共存的管理程式。
postqueue	佇列控制程式,可供 sendmail 和 mailq 叫用,可「出清」(flush)佇列或列出佇列中的檔案。
postsuper	佇列維護程式,具 root 權限才能操作。
mailq	列出佇列郵件(和 Sendmail 相容的程式介面)。
newaliases	建立別名表資料庫(和 Sendmail 相容的程式介面)。
sendmail	模擬 Sendmail 版的 sendmail 程式(和 Sendmail 相容的程式介面)。

這裡補充說明 postalias 的用法,其他和維護佇列有關的指令,第 13 章再來介紹。

之前筆者曾提到:若把別名表和其他 postfix 的設定檔放在一起,也是不錯的安排;底下示範此一作法:

首先,把原本位於 /etc/aliases 的別名表,搬移到 postfix 的設定檔目錄:

```
mv /etc/aliases /etc/postfix
或者
mv /etc/aliases /usr/local/etc/postfix
```

接著,使用 postalias 編譯別名檔:

```
postalias /etc/postfix/aliases
或者
postalias /usr/local/etc/postfix
```

它會在 postfix 的設定檔目錄中產生 aliases.db。

最後，修改 main.cf 重新指定別名檔的位置：

```
alias_maps = hash:/etc/postfix/aliases
alias_database = hash:/etc/postfix/aliases
或者
alias_maps = hash:/usr/local/etc/postfix
alias_database = hash:/usr/local/etc/postfix
```

請注意：alias_map 指的是 aliases 這個純文字檔的路徑位置，而 alias_database 則是指編譯過後的資料庫檔案 aliases.db，因此，這兩個設定項都要設定才行。

分割 Postfix 的系統架構

Postfix 是 MTA 系統的一種，其主要任務是轉遞郵件。轉遞郵件的工作，可細分為二：一是接收郵件進來，一是傳遞郵件出去。

以下各節，將採功能導向的方式解說 Postfix 的系統架構，其要點如下：

1.　Postfix 如何接收郵件。

2.　Postfix 如何傳遞郵件。

3.　Postfix 的運作主體。

4.　Postfix 背後運作的其他細節。

在解釋上述這四個要點的過程中，筆者都會附上 Postfix 子系統的運作流程圖，請讀者務必費心理解，因為，瞭解子系統的流程、看懂系統架構圖，是掌握 Postfix 精髓的不二法門。

7.3 Postfix 如何接收郵件

郵件進入 Postfix 系統之後，第一站會停留在 incoming 佇列，然後靜待 qmgr 佇列管理程式處理。在郵件放入 incoming 佇列之前，Postfix 有四個前端程式負責處理，分別是：smtpd、qmqpd 以及 sendmail、postdrop。

其中，smtpd 和 qmqpd 負責接收來自外部的郵件，例如：由外部主機傳遞過來的信包，或是，使用者以 MUA 寄過來的郵件；而 sendmail 和 postdrop，則是負責接收來自本機內部的郵件。

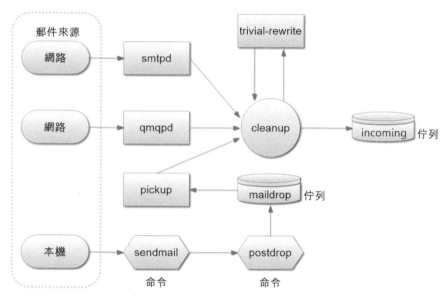

圖 7-3-1：Postfix 接收郵件的處理流程

圖 7-3-1 是 Postfix 接收郵件的處理流程，依據郵件的來源，以下分成三種情況加以說明。

1. 郵件來自主機外部，使用 SMTP/ESMTP 協定：

   來自主機外部的郵件，大部份均以 SMTP/ESMTP 協定和 Postfix 溝通，這一部份的工作，由 smtpd 伺服器負責。smtpd 處理外部 Client 端的連接要求時，會根據管理者制定的政策（即「轉遞存取控制」，請參考第 10 章的說明），決定接受連線或是予以拒絕。若 smtpd 決定接受連線，便會在之後雙方建立的 SMTP/ESMTP session 過程中，進行一次或多次的傳輸。

smtpd 在收下對方傳遞過來的郵件之後，首先，會移除 SMTP 協定的封裝（encapsulation），接著，進行安全檢查（稱為 sanity check），然後，透過管線（pipe）將寄件者、收件者以及信件內容傳給 cleanup 伺服器。

cleanup 接手後之後，主要工作有兩個：一是將新郵件放入 incoming 佇列中；一是對新郵件進行「正規化」處理。換言之，在郵件進入第一個 incoming 佇列之前，最後的處理階段就是落在 cleanup 身上。

cleanup 會先將新郵件的檔案權限設為 0600，然後進行前述提到的「正規化」處理：cleanup 會檢查郵件表頭必要的欄位是否齊全，例如：From、To、Message-Id、Date，若有不足，則由 cleanup 加以補齊，此動作稱為清理郵件。另外，cleanup 會將郵件的信封位址和表頭位址轉換成標準型式，以利其他 Postfix 子系統運用。郵件位址正規化的標準型式，是在收件者@之後，加上完整的主機域名（稱為 FQDN），其格式為「收件者@FQDN 域名」，例如：jack@mail.example.com。這部份位址改寫的工作，如果比較複雜，cleanup 就交給 trivial-rewrite 伺服程式處理。

郵件正規化的動作完成後，cleanup 便把郵件的檔案權限改成 0700，並通知佇列管理程式 qmgr：「有新郵件進來了！」。後續的工作，就交給 qmgr 處理。qmgr 只會讀取 incoming 佇列中檔案權限是 0700 的郵件，至於檔案權限是 0600 的則予以跳過，因為 0600 正表示 cleanup 尚未完成清理工作。

2. 郵件來自外部，使用 QMQP 協定：

QMQP 是「Quick Mail Queuing Protocol」的簡稱。QMQP 是另一個 MTA 系統 qmail 所創立的協定。QMQP 的特色是它不檢視進來的郵件，只負責把郵件放入佇列中，然後轉遞出去。

既然有了 SMTP 協定，為何還要再另外創造一個新的協定呢？其實，QMQP 設計的主要目的，是要建立集中式的郵件佇列系統（centralized mail queue）。其想法是，只要架設一部跑 QMQP 協定的 MTA，其他域內的主機就不必擁有自己的佇列系統，新的郵件傳遞到這部集中式的 MTA 之後，再由 MTA 主機轉遞出去。

使用 QMQP 協定另外有一個好處：對於低速連線的網路環境來說（例如撥接數據機），SMTP 實在太慢了，QMQP 不但比 SMTP 快很多，而且更易於實作，因此可節省相當多的時間、金錢。根據 qmail 官方提供的資料，

以 28.8k 的撥接速度來說，QMQP 傳遞一封普通的郵件給 1000 個收件者，
只需花費 10 秒鐘的時間。

如圖 7-3-1 所示，當外部主機使用 QMQP 協定傳遞郵件時，Postfix 會指揮
qmqpd 伺服器負責處理。和 smtpd 一樣，qmqpd 也會先移去協定的封裝，
然後，透過管線將郵件交給 cleanup 清理，接下來後續的動作，就和前一小
節提到的一樣。

3. 郵件來自本機內部

如果郵件是來自 MTA 主機內部，例如使用者在 MTA 有一個郵件帳號，透
過主機內部的 MUA 或 shell script 寄信，此時郵件就會傳給 sendmail 處理。
sendmail 的運作方式和 Sendmail 版的 sendmail 相容。sendmail 會將郵件傳
給具有「設定群組權限」（setgid helper）的 postdrop，由 postdrop 將郵件
放入 maildrop 佇列，並通知 pickup 新的郵件到達。請注意，處理本機內部
郵件的過程，不必仰賴 Postfix 的 daemon，也就是說，即便 Postfix 系統停
止運作了，這個插入本機郵件到 maildrop 佇列的程序仍然可以進行。

除了接到 postdrop 的新郵件通知之外，pickup 伺服程式也會定期掃瞄
maildrop 佇列，一旦發現有新郵件，pickup 會由 maildorp 佇列取出，然後
針對新郵件強制進行完整性檢查，以保護 Postfix 的安全。之後，pickup 會
把寄件者、收件者以及信件內容傳給 cleanup，接下來的處理方式和前述狀
況一相同。

補充說明：

■ 在圖 7-3-1 中，還有一些郵件來源的處理程序沒有展示出來，主要是處理源
自 Postfix 內部的郵件，項目包括以下三種：

  • 由 bounce 伺服程式處理過要退回給原寄件者的郵件。

  • 由 local 投遞程式轉寄（forward）過來的郵件；例如：原收件者只是一
    個別名，經查別名表之後，發現真正的收件者位址是在外部其他郵件主
    機。

  • 系統發生問題時，Postfix 寄給 postmaster 的通知信。

以上這三種來自系統內部的郵件，均會交給 cleanup 處理，目的是要確保郵
件格式正確，如此，後續接手的 Postfix 子系統才能順利地處理下去。

- 另外，在圖 7-3-1 中關於 smtpd 的處理階段須特別留意。這裡，我們可以設定多種「轉遞存取控制」規則，阻擋不遵守規定的 SMTP 連線端。這個地方是管理 Postfix 的精要之處，若設定得好，就可以擋下不少垃圾郵件。關於這部份的詳細介紹，留待第 10 章再來說明。

- cleanup 是郵件放入 incoming 佇列之前最後的接收者，它會執行清理郵件的工作，包括：補上缺漏的「From:」或其他表頭欄位、根據改寫規則轉換郵件位址、過濾表頭和信件內容。cleanup 處理完成後，會把結果寫成單一檔案，放入 incoming 佇列，並通知 qmgr 佇列管理程式有新的郵件到達。

以上便是 cleanup 的運作方式。至於管理層面，在 cleanup 階段有兩個地方我們可以介入設定：

1. 改寫郵件位址：

   具體應用：將寄件者的「郵件位址」格式統一。

   像 jack@example.com、mary@example.com，這種寫法對商業公司來說，看起來不太正式，若能在使用者名稱部份，加入單位部門，讓收件者在看到郵件時就立刻了解聯絡窗口的業務特性，對公司的形象而言，肯定會有加分的效果。例如，把前述兩個郵址分別改寫成：jack.it@example.com 和 mary.hr@example.com，收信者一看就知道：原來 jack 隸屬於 IT 部份，而 mary 則是隸屬人資部門。

   關於改寫郵件位址的說明請參考第 8 章。

2. 輕量型的郵件過濾功能：

   cleanup 支援正規表示式，可設定規則樣式，過濾信件表頭（header）和信件內容（body）。這部份的說明，請參考第 11 章。

7.4 Postfix 如何傳遞郵件

承前一節的說明，郵件的第一站是 incoming 佇列。一旦郵件進入佇列，下一步，便是考量 Postfix 如何傳遞佇列裡的郵件。圖 7-4-1 是 Postfix 傳遞郵件的組織圖，整個傳遞的機制，以佇列管理程式 qmgr 為核心。qmgr 的工作是：管理 3 個主要的佇列、7 個投遞程式、1 個位址改寫程式。

3 個主要的佇列分別是：incoming－新進郵件佇列、active－投遞中的佇列、deferred－存放「延遲無法投遞的郵件」的佇列。

7 個投遞程式是：smtp、lmtp、local、virtual、pipe、discard、error。

在圖 7-4-1 中，還有兩個投遞程式 discard 和 error 沒有畫出來。discard 和 error 的工作是應 qmgr 的要求，分別處理「丟棄郵件」和「退回郵信」的工作。至於，解析收件者郵件位址以決定投遞方法、查詢傳輸路由表（transport）以決定郵件的傳遞方式、以及判斷收件者位址是否已經遷移等等工作，則固定交給 trivial-rewrite 這個位址改寫程式負責。

Postfix 投遞郵件的目的地，可能是在外部的主機（圖 7-4-1 中標示為「網路」者），也可能是本機使用者信箱（標示為「檔案」者），也可能是透過管線（pipe）來處理郵件的其他工具程式（標示為「命令」者）。

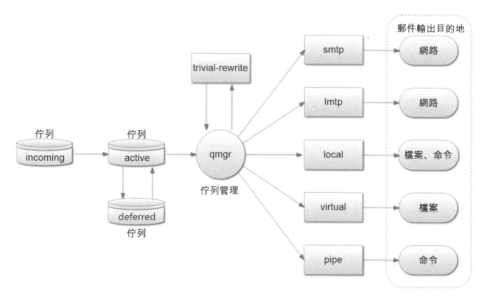

圖 7-4-1：Postfix 傳遞郵件的流程

當 cleanup 將新郵件置入 incoming 佇列後，會通知 qmgr 接手，qmgr 檢查 incoming 佇列中郵件的數量，只取少量的郵件放入 active 佇列中處理。這種作法，好像用一個有限的拉窗（limited window）來看廣大的世界一樣，一次只看一小部份。這樣做可避免在佇列中（可能是 incoming 或 deferred 佇列）等待處理的郵件數量過於龐大，造成系統超過負載。因為，若一次開啟太多郵件，可能會耗盡記憶體資源，最後把主機都給搞垮了。因此，Postfix 採取少量佇列的策略是明智的。在 7.1

節，我們曾提到：Postfix 的特徵之一是「運作可靠」，其原因就在於 Postfix 能採取各種預防措施，使系統不致於垮台。Postfix 設計卓越之處，由此可見一斑。

除了 active 佇列，qmgr 也會另外維護一個稱為 deferred 的佇列，凡是因故無法投遞的郵件，都會暫時移入於此。這樣，縱使有大量積壓的郵件，也不會減慢存取佇列的速度，因此，可保障 Postfix 的處理效能。

底下，將按郵件輸出的目的地，分成幾種情況說明 Postfix 投遞郵件的方法：

1. 將郵件投遞到其他 SMTP 主機

   如果郵件的目的地是外部 MTA 主機，qmgr 會指揮 smtp 伺服程式處理。站在 SMTP 協定運作模式的觀點（請參考 5.3 節），此時，smtp 是扮演 SMTP Client 端的角色，由 smtp 負責和外部其他 SMTP Server 連線溝通。其作法如下：

   首先，smtp 根據收件者的域名位址，尋找負責的郵件交換器（MX），換言之，此時，DNS 系統協助的角色就進來了，其決定郵件路由的方法和過程，請參考 6.10 節的說明。

   smtp 會建立一份連線主機列表，然後一一嘗試和這些 MTA 主機連接，直到某一部主機有連線回應為止。接著，smtp 便把寄件者、收件者以及信件內容，用 SMTP 協定封裝（包括把 8 bits 的信件內容轉換成 7 bits 的編碼格式），然後將郵件傳遞給對方的 MTA 主機。至此，smtp 的任務就算完成了。

   倘若郵件因故無法投遞，那麼，這份郵件會被標上註記，暫時放入 deferred 佇列，等待後續處理。Postfix 自己有一套處理延遲郵件的演算法，關於這部份我們後面再來介紹，詳情請參考 12.1 節。

2. 將郵件投遞到 Cyrus IMAP/POP 郵件主機

   Cyrus IMAP/POP 郵件系統是由美國卡內基梅隆大學（Carnegie Mellon）所開發的，專案位址在 http://cyrusimap.web.cmu.edu/。

   Cyrus 的系統採封閉的格式，其使用者資料庫和信箱目錄，無法與一般的 UNIX-like 帳號系統和郵件信箱共通。因此，需要使用特殊的方法，才能將郵件投遞給 Cyrus IMAP/POP 主機。其方法有二：一是使用 LMTP 協定；一是使用 Cyrus 的投遞程式。

Postfix 內建有提供給 Cyrus 系統專用的投遞介面，這個介面便是 lmtp。lmtp 跑 LMTP 協定，此協定和 SMTP 協定類似。使用 LMTP 的好處是：只要架妥一部 Postfix 主機，便可將郵件一次餵給多部跑 Cyrus 的主機；反之亦然：一部 Cyrus 主機，也可以利用 LMTP，將郵件交給多部 Postfix 主機傳送。

3. 將郵件投遞到本機信箱

如果郵件的收件者是本機帳號或別名，那麼，qmgr 會將郵件交給 local 程式處理。local 支援：常見的 UNIX-like 信箱、和 qmail 相容的 maildir 郵件目錄、和 Sendmail 相容的 aliases 別名檔機制、以及置於帳號家目錄下的 .forward 轉信機制。

UNIX-like 信箱通常位於 /var/spool/mail 或 /var/mail；而 maildir 格式，則可集中放置在某一目錄下，或者分別放在使用者的家目錄中，端視管理者在 main.cf 中如何設定。至於 aliases 別名檔資料庫，請參考 3.3 節第 8 點 alias_maps 的說明。

Postfix 允許多個 local 行程同時運作（平行執行；run in parallel），不過，若投遞的對象相同，則平行運作會受到限制。

Postfix 也可以設定：把 local 的投遞工作委由其他 MDA 程式代勞，例如著名的 procmail（procmail 自成一套過濾郵件的語言，有不錯的過濾功能，若您想改用 procmail，可在 main.cf 中設定。請參考 3.3 節關於 mailbox_command 設定項的說明）。

總的來說，投遞郵件到本機信箱，作法有許多變化組合，管理者和使用者各自有不同的權限可介入設定。

補充說明一點：如果 local 程式在投遞郵件時，發現收件者其實是個別名，在由別名表查出對應關係之後，如果真正的收件者是在外部主機，那麼，local 會將郵件交回給 cleanup 程序，最後，再由 qmgr 指揮不同的投遞程式處理，通常是由 smtp 接手，將郵件傳遞給外部的 SMTP Server，這時的處理方式，同前述狀況 1。舉例來說，如圖 7-4-2，假設郵件是寄給本機 mary，local 程式查詢別名表之後，發現 mary 對應到的位址其實是 mary@pbook.ols3.net，因此，local 便把郵件再交回給 cleanup 處理，經正規化程序後，置入 incoming 佇列，然後，按佇列演算法拉入 active，最後由 qmgr 指揮 smtp 將郵件傳遞給負責「pbook.ols3.net」域名的郵件交換器「mail.ols3.net」接收。

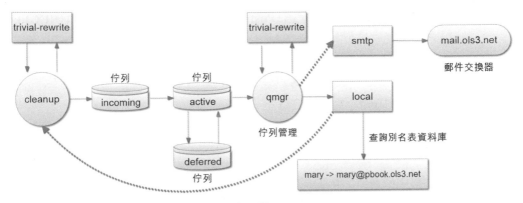

圖 7-4-2：local 查詢別名表之後，將郵件交回給 cleanup

4.　將郵件投遞到虛擬網域

如果在同一部主機中架設有多個不同的網域，我們稱此系統為一虛擬網域主機。Postfix 可以設定不同的「虛擬信箱網域」（virtual mailbox domains），每個收信位址（recipient address）都可以對應到不同的郵件信箱（mailbox）。

如果主機架設有虛擬信箱網域，當 Postfix 收到這些虛擬網域的郵件時，qmgr 便會呼叫 virtual 處理投遞郵件的工作，如圖 7-4-1 所示，qmgr 叫用 virtual，virtual 投遞郵件存成檔案。

virtual 其實只是一個很簡單的投遞程式，在查出虛擬網域對應的信箱位置後，便將郵件放入其中，而信箱的格式有兩種：傳統的 UNIX-like 信箱以及 maildir 郵件目錄。

關於虛擬信箱網域的說明，請參考第 17.1 節。

5.　將郵件透過管線傳給其他程式

管理者可在 Postfix 的 master.cf 中設定，在某種狀況下，將郵件傳給外部程式處理。如圖 7-4-1，qmgr 叫用 pipe 負責處理這一部份的工作。

pipe 作法是將郵件的資訊，透過管線放到命令列來，變成外部程式的標準輸入。這種方式和 UNIX-like 的傳統作法是相容的，也就是說，外部程式執行後，會傳回結束狀態值，以供 Postfix 判斷執行結果是否成功（0 值代表成功，非 0 值代表失敗）。

請回顧 7.3 節提到的 sendamil。如果把 senmail 和這裡提到的 pipe 工作角色整合一下，我們可以發現，其實 sendmail 是外部程式將郵件餵給 Postfix 的輸入介面，而 pipe 則是 Postfix 將郵件傳給外部程式的輸出介面。這麼一

來,輸入輸出(I/O)都有了管道,Postfix 自然能順利地融入傳統的 UNIX-like 環境之中。此一觀點,如圖 7-4-3 所示。

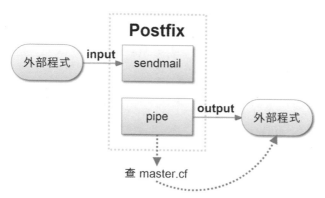

圖 7-4-3:sendmail 和 pipe 是 Postfix 的輸入輸出介面

7.5 Postfix 的運作主體

前面兩節說明了 Postfix 如何接收郵件和傳遞郵件的流程。事實上,在這兩道流程的背後,另有 Postfix 的運作主體在支撐,其背後也有許多運作的細節。也就是說,Postfix 自有一套運作流程在管理著整個系統。本節將說明 Postfix 的運作主體,下一節將說明 Postfix 背後運作的細節。

MTA 主機開機時,大多由 script 檔「/etc/init.d/postfix」自動啟用 Postfix。這支 script 會叫用二進位執行檔 /usr/sbin/postfix(即執行 postfix start),接著,postfix 再叫用 script 檔「/etc/postfix/postfix-script」,postfix-script 接著啟動 master 伺服程式,至此完成 Postfix 的啟動流程。(註 7-5-1)

註解
7-5-1

如果是使用原始碼編譯安裝的,開機時大多是在 /etc/rc.local 中直接執行 /usr/local/sbin/postfix start,再由二進位執行檔 postfix 叫用 /usr/local/libexec/postfix/postfix-script 或是 /usr/libexec/postfix/postfix-script(視編譯原始碼當時指定的安裝目錄位置而定)。

master 可說是 Postfix 系統的中樞控制神經,master 啟動後,一直到 Postfix 結束,master 行程才會停止。master 的工作,就是負責啟動指揮 Postfix 的各個伺服器行程來接收郵件和遞送郵件。master 會監看控管 Postfix 各個子系統行程,若有子系統行程因故過早結束,master 會負責再重新啟動它。另外,master.cf 檔規定了各

子系統行程數目的上限，master 會根據 master.cf 的設定，強制控管各子系統行程的數量不超過 master.cf 規定的上限。

圖 7-5-1 是 Postfix 的運作主體組織圖，工具程式和子系統伺服程式只有畫出一部份做代表。

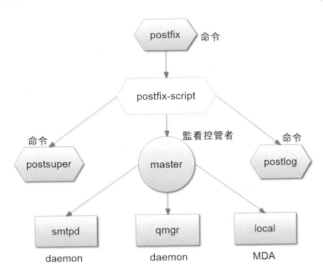

圖 7-5-1：Postfix 的運作主體

圖 7-5-1 的意思可歸納為以下三點：

1. 操控 postfix 的方法有：

啟動	postfix start
停止	postfix stop
重新啟動	postfix restart (套件安裝者)
重新啟動	postfix stop && postfix start (原始碼編譯安裝者)
重新載入設定檔	postfix reload

以上操作，是由二進位檔 postfix 叫用 postfix-script 完成的。以 postfix start 這道指令來說，postfix-script 會啟動 master 行程，再由 master 行程根據接收和傳遞郵件工作的需求，分別叫用不同的子系統行程，例如，叫用 smtpd 負責接收 SMTP Client 端傳送過來的郵件、叫用 qmgr 處理郵件佇列、叫用 local 投遞郵件到本機信箱等等。

2. 在 Postfix 啟動及重新載入時，都會經由 postfix-script 執行一次 postsuper，目的是檢視及維護郵件佇列，確定各個佇列都能正常運作。另外，

postfix-script 在各種 Postfix 的操作階段（例如 start、stop、reload），都會叫用 postlog 在系統記錄檔中留下訊息，日後可供管理員維護偵錯之用。

3. master 是各子系統行程的監看控管者，各子系統 daemon 由 mater 負責叫用執行，因此，整個 Postfix 系統運作是否正常，和 master 行程密不可分。

7.6 Postfix 背後運作的細節

這一節介紹 Postfix 其他子系統行程的運作方式，包括：anvil、bounce、defer、trace、flush、proxymap、scache、showq、spawn、tlsmgr、verify 以及 postscreen 等等。

⬡ anvil

anvil 伺服器的位置接在 smtpd 之後，其作用是統計和調節 SMTP Client 端連線的流量，避免外部同時湧入的 session 數量過多、或者接續連入的連線數過多，造成 MTA 主機遭受巨大流量攻擊的影響。

在 master 的控制之下，anvil 的運作流程如圖 7-6-1。

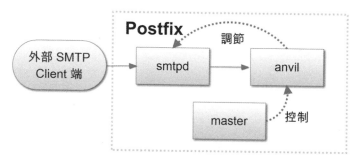

圖 7-6-1：avail 的運作流程

以下訊息是在郵件系統記錄檔中（/var/log/mail.log），anvil 留下的三種連線統計結果：

```
Jul 10 03:49:07 pbook postfix/anvil[3678]: statistics: max connection rate 1/60s
for (smtpd:10.1.1.2) at Jul 10 03:45:46
Jul 10 03:49:07 pbook postfix/anvil[3678]: statistics: max connection count 1
for (smtpd:10.1.1.2) at Jul 10 03:45:46
Jul 10 03:49:07 pbook postfix/anvil[3678]: statistics: max cache size 1 at Jul
10 03:45:46
```

anvil 在預設的「時段區間」內，計算最大的連線頻率、連線總數、以及保留在快取區的總數。以前述記錄訊息為例，第一列表示 60 秒內最大的連線頻率是 1 次，連線端來源 IP 是 10.1.1.2，第二列表示最大的連線總數是 1 次，此記錄也是由 10.1.1.2 保持，第三列表示最大的快取計數是 1 次。觀察這些數字，可判斷這部主機在「時段區間」內繁忙的程度，可做為管理者「校調」 Postfix 的參考。

前述「時段區間」的設定是在設定項 anvil_rate_time_unit，預設值是 60 秒，一般而言，不必調整其大小。

以下是和 anvil 相關的設定項，用以調整 smtpd 接受外界連線的頻率和數量限制。設定項名稱中有 rate 關鍵字者，是在 $anvil_rate_time_unit 的時段區間內計算其頻率大小；而沒有 rate 者，則是計算連線總數量。

設定項名稱	釋義	預設值
anvil_status_update_time	anvil 每隔多久將統計資料寫入郵件記錄檔	600s（10m）
smtpd_client_connection_count_limit	同一個 SMTP Client 端可同時連線的最大數量	50
smtpd_client_connection_rate_limit	在「時段區間」內，同一個 SMTP Client 端可連線的最大頻率次數	無限制
smtpd_client_message_rate_limit	在「時段區間」內，同一個 SMTP Client 端可要求遞送郵件的最大數量	無限制
smtpd_client_recipient_rate_limit	在「時段區間」內，同一個 SMTP Client 端指定收件者人數的最大數量	無限制
smtpd_client_new_tls_session_rate_limit	在「時段區間」內，同一個 SMTP Client 端可和 smtpd 進行 TLS 協議（negotiate）的最大次數（不使用快取，指全新的協議）	無限制
smtpd_client_event_limit_exceptions	哪些 Client 端來源可以免受頻率次數的限制？	$mynetworks （即域內的主機不受限制啦！）

⬡ bounce、defer、trace

bounce、defer、trace 這三個伺服器程式各自維護同名的佇列目錄，以每封信為單位，在佇列中留下相關的記錄。Postfix 利用這些記錄，可分別寄出「失敗」、「延遲」、「成功」三種遞送狀態的通知信給寄件者。其中，trace 伺服器支援兩個 Postfix 指令：「sendmail -bv」（模擬但未實際遞送）和「sendmail -v」（實際遞送的結果），可產出「Postfix 遞送郵件的過程」的報告，這對偵錯 Postfix 內部流程而言，有極大的幫助。

圖 7-6-2 是這三個伺服器程式的運作流程。投遞程式會將郵件的佇列編號、收件者以及投遞狀態告知 bounce、defer、trace，這三支程式會分別在同名的佇列中留下遞送記錄，然後產生通知信，此通知信和其他郵件一樣也要交給 cleanup 處理，以進行清理郵件的程序。

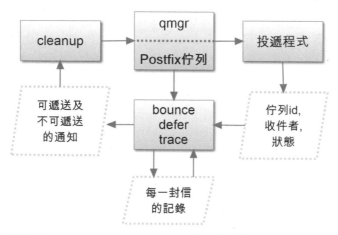

圖 7-6-2：bounce、defer、trace 的運作流程

flush

flush 伺服器會針對每一封郵件的目的地維護一份記錄；不管是第一次經由 smtpd、sendmail、postqueue 進來的郵件，或是經投遞程式處理過暫時無法投遞的郵件，flush 都會留下郵件目的地的記錄。

由於 flush 支援 ETRN 以及「sendmail -qR 目的站台」的指令，根據前述維護的記錄，flush 就可以把儲存於佇列中、所有屬於該目的站台的郵件，一次性地全部傳遞出去；它的作法是，由延遲佇列（deferred）裡把屬於該目的站台的郵件移入 incoming 佇列，並要求 Postfix 的子系統進行遞送。

flush 的運作流程如圖 7-6-3。

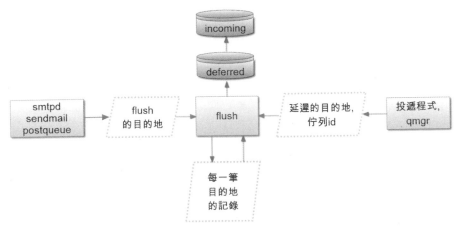

圖 7-6-3：flush 的運作流程

proxymap

proxymap 提供「唯讀」（例如查表於 SQL 資料庫）和「可讀寫」的查表服務（例如 hash 格式的對照表）予其他 Postfix 的行程。如此可克服 chroot 環境下大多數行程無法在主目錄外查表的困難，proxymap 即是這些查表需求的服務代理者，而且，此法可以減少開啟對照表的數量，只要開啟一次，即可供應給許多行程分享，並且，可以一次性地完成所有對照表的更新動作。

scache

scache 伺服器提供 Postfix 的「smtp」client 端（向外連接其他 MTA）連線快取的服務。若對外遞送郵件的目的地存在於連線快取之中，那麼，smtp client 端在郵件遞送完成後並不會馬上斷線，而是把這份連線轉移給 scache 維護（如圖 7-6-4 上方的 smtp 單元以箭線指向 scache），當其他 smtp client 端遞送郵件的目的地也和此次連線相同時，scache 就把快取的連線轉交給它（如圖 7-6-4，scache 箭線指向中央的 smtp 單元）；除此之外，若上一次 smtp 對外連線的主機因故暫時沒有回應，無法連接，scache 也會記錄此一狀態，下次其他 smtp 要往外遞送郵件之前，會先查詢 scache 的快取狀態，若發現同一目的地無法連通，smtp 就直接跳過故障的主機，不必浪費時間遞送，如此，可顯著地提升 Postfix 的遞送效能。當然，為了安全計，上述連線快取的狀態都只在一定的時限之內才有效。

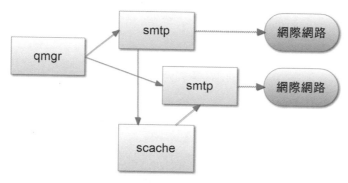

圖 7-6-4：scache 的運作流程

showq

showq 伺服器是 mailq 和 postqueue 兩個命令的代理服務者，它會幫忙查詢 Postfix 的佇列狀態，再交給 mailq、postqueue 輸出查詢的結果，其作用流程如圖 7-6-5。

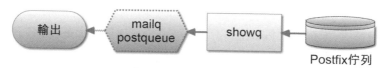

圖 7-6-5：showq 的運作流程

spawn

spawn 伺服器執行「非 Postfix 內建的」命令列程式，透過 socket 檔或 FIFO，client 端可和此命令列程式的「標準輸入、標準輸出以及標準錯誤」等三個 I/O 串流（stream）連接。

tlsmgr

當 Postfix 的 smtp client 端或 smtpd 端啟用 TLS 的功能時，tlsmgr 伺服器便會開始執行起來。TLS 是「Transport Layer Security」的簡稱，其前身是 SSL，這是在連線的雙方之間建立安全傳輸管道的一種加密協定。

Postfix 建立加密管道的工作有二：

1. 維護虛擬隨機亂數生成器（pseudo-random number generator，簡稱 PRNG）。這個產生器會隨機生成一個數字做為加密的種子（seed），這個種子供應 smtp

client 端以及 smtpd 伺服端在建立加密 session 時運用。虛擬隨機亂數產生器的狀態會定時儲存在一個檔案中，當 tlsmgr 啟動時便會讀取這個檔案。

2. 將 smtp client 端以及 smtpd 伺服端在 TLS session 過程中所建立的金鑰存成快取，只要在有效期限內，新發起的 TLS session 不必重新計算金鑰，只要沿用快取中的金鑰即可，如此，可加速建立新連線的效能。

tlsmgr 的運作流程如圖 7-6-6。

圖 7-6-6：tlsmgr 的運作流程

⬢ verify

verify 伺服器是在 smtpd 接受郵件之前，用來檢驗寄件者或收件者位址是否有效的一種機制。首先，verify 會查詢檢驗結果的快取記錄，若不在快取中，verify 會產生一封偵測信件，置入 Postfix 的佇列中，此偵測信就如同一般的信件一樣，進入 Postfix 的投遞流程，投遞程式會將偵測結果回報給 verify，verify 一方面把投遞狀態快取起來，一方面告知 smtpd，smtpd 便可依照偵測的結果決定要不要收下 Client 端要遞送進來的郵件。

verify 的運作流程如圖 7-6-7。

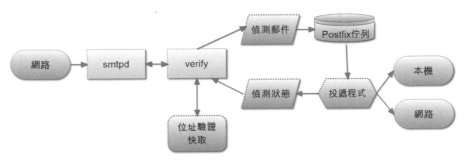

圖 7-6-7：verify 的運作流程

postscreen

postscreen 在本書第 3.4 節已經介紹過了。postscreen 是放在 smtpd 前端的行程，主要目的是用來判斷外部的 SMTP Client 端能否和本機的 Postfix 連接。postscreen 可以把大部份惡意的連線排除掉，保留連線資源給合法的客戶端。

為了避免衝擊合法客戶端的連線效能，列表於白名單的主機，postscreen 不予以檢查，而已經過檢驗的客戶端則存放在快取列表中，在一定的有效期限內，存在於快取中的客戶端下次再來連線時，直接跳過檢查程序，直接依快取記錄決定准予連線與否。另外，為求簡化工作，對於 DNS 黑白名單列表的判斷，postscreen 委由 dnsblog 伺服器行程處理；而關於 TLS session 的加解密程序，則委由 tlsproxy 伺服器行程代勞。

如圖 7-6-8 所示，外部 5 個 SMTP Client 端，經 postscreen 過濾之後，最終只有兩個「正常網路」能和本機的 smtpd 連接。

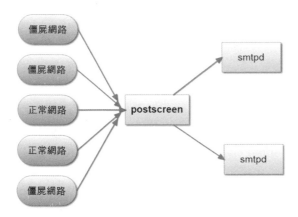

圖 7-6-8：postscreen 的運作流程

改寫郵件位址

「改寫郵件位址」是管理 Postfix 的重要核心能力。本章，將介紹 Postfix 的位址分類，以及改寫郵件位址的過程、方法。

8.1 Postfix 改寫郵件位址的目的

不管是來自外部或本機，Postfix 在接收郵件之後，都會將郵件送進 cleanup 清理程序。此程序的目的，是將寄件者和收件者的郵件位址改寫成符合 RFC 2822/5322 的標準格式。

郵件在進入 cleanup 程序之後，較複雜的改寫工作，會委由 trivial-rewrite 處理。這部份的運作，如圖 8-1-1 所示（已簡化部份流程）。改寫位址的工作完成後，若 main.cf 有設定轉換位址對照表，則 cleanup 會查詢該對照表，然後執行位址轉換，最後將郵件存入佇列。

一旦郵件進入佇列，接下來，就由 qmgr 接手。qmgr 會指揮 trivial-rewrite 解析郵件位址，以決定投遞郵件的方法，同時也會參考 transport 對照表，檢視此郵件是否需要使用不同的傳送路徑（往後稱之為「郵件路由」），此外，trivial-rewrite 也會參考 relocated 對照表，檢查使用者的郵址是否已經遷移，若有，則進行處置，並回信告知寄件者該使用者已不存在於本機。

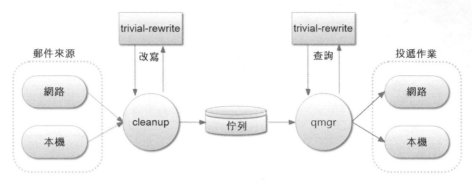

圖 8-1-1：郵件送進 cleanup 之後的運作流程

Postfix 改寫郵件位址的目的，少數原因是為了整齊美觀（例如：郵件位址的人名部份加上部門名稱）；最主要的目的則是為了讓郵件位址的格式正確（符合標準型式），如此才能選用合適的投遞方法，將郵件傳送至正確的目的地。

Postfix 改寫郵件位址的時機，列舉如下：

1. 郵件位址只有人名部份，沒有域名部份。例如：收件人只有「jack」而已。

   此時，Postfix 會在人名之後，加上 $myorigin 的值，做為郵件位址的完整域名。假設 $myorigin 的值為 pbook.ols3.net，則改寫後的郵件位址變成：「jack@pbook.ols3.net」。

2. 郵件域名不完整，例如：只有「jack@wbook1」。

   此時，Postfix 會在不完整的位址之後加上 $mydomain 的值，做為郵件位址的完整主機域名（FQDN）。假設 $mydomain 的值設為「ols3.net」，那麼，改寫後的郵件位址就變成：「jack@wbook1.ols3.net」。

3. 將郵件位址轉換成比較正式的樣子。

   例如：把 mary@example.com 改成「mary.it@example.com」，或者反過來，在收到「mary.it@example.com」的郵件時，將它改寫回去，變成原本真實的位址「mary@example.com」。

4. 將內部的郵件位址改寫成外界可以識別的合法位址。

   例如：家用撥接網路的主機，通常沒有正式的網域名稱，Postfix 可將非正式的域名轉換成 ISP 提供的郵址，例如：把「jack@localdomain.local」轉換成「jack@my-isp.example.com」。

5. 將單一位址轉換成多個郵件位址。

例如，將一個「別名」轉換成多個對應的郵件位址，用例如下：

```
# /etc/aliases 別名檔
it-service:  mary, joy@example.com, john@some-isp.example.com
```

這裡把別名 it-service 對應到本機的 mary、在 example.com 主機的 joy、以及在 some-isp.example.com 主機的 john。

6. 對某一特殊郵件位址，決定投遞郵件的方法以及投遞的目的地。

例如：使用 smtp 傳遞郵件給「jack@example.com」時，查詢 DNS Server 之後，發現是「mail.example.com」負責接收 example.com 網域的郵件，因此，將郵件改送到「mail.example.com」。

Postfix 改寫郵件位址並沒有提供專屬的語法（不使用規則集），而是採取對照表的做法。管理員可在對照表中，設定哪些郵件位址要改寫成什麼樣子，一樣可以發揮強大的功效，而且維護起來更為輕鬆。

在 Postfix 中，和改寫郵件位址有關的對照表如下：

表 8-1-1：和改寫郵件位址有關的對照表

對照表名稱	用途	適用時機	負責處理的 daemon 伺服器
canonical	改寫傳入郵件的位址	接收郵件時	cleanup
virtual	虛擬別名對照表	接收郵件時	cleanup
transport	郵件傳輸路由對照表	投遞郵件時	trivial-rewrite
relocated	已遷移之使用者的對照表	投遞郵件時	trivial-rewrite
generic	改寫傳出郵件的位址	smtp 外寄郵件時	trivial-rewrite

這五個對照表，在 8.3 節介紹 canonical 和 virtual；在 8.4 節則介紹 transport、relocated、以及 generic 對照表。不過，在 8.2 節，我們要先介紹 Postfix 的郵件位址分類，這是學習改寫郵件位址之前必備的基礎觀念。

8.2 Postfix 的郵件位址分類

在說明 Postfix 如何改寫位址之前，必須先瞭解 Postfix 位址分類的方法。

所謂「位址分類」是說：依據「投遞郵件給收件者」所使用的「投遞方法」，將收件者的位址分成不同的「類別」（address classes），而 Postfix 即是利用這些類別來決定：什麼樣的郵件要接收下來，以及要如何遞送這些郵件；「位址分類」對於 Postfix 的運作而言，非常的重要。

我們可以這樣說：「改寫郵件位址」和「位址分類」的關係是必要的；「改寫郵件位址」是為了方便判斷「位址類別」，一旦「位址分類」做好了，Postfix 即可"正確又快速地判斷"要如何收送郵件。

Postfix 使用三種資料定義郵件的「位址類別」：

- 域名列表。

  以域名做為分類的依據。

  例如，所有的本機域名（local domains）為一類，所有的轉遞域名（relay domains）為一類。

- 預設的投遞方法。

  例如，以基本的投遞方法 local、virtual、relay，做為分類的依據。

  這三個內建的投遞方法，就定義在 master.cf 之中，因此，不必另外建立投遞郵件傳輸表。

- 有效的收件者位址列表。

  以有效的收件者位址，做為分類的依據。

  這樣做有個好處，凡是收件者位址不在有效的列表之中，Postfix 就可以用「收件人無效」的理由拒收郵件，如此一來，郵件佇列才不會堆積一大堆無法遞送的回報信件（即關鍵字是 MAILER-DAEMON 的信件）。

根據上述資料，Postfix 對收件者的郵件位址產生以下五種類別，各種類別均有目的地範圍，以及預設的投遞方法。

表 8-2-1：郵件位址的分類

序號	分類名稱	作用	郵件目的網域的涵蓋範圍（郵件的目的地）	預設的投遞方法
1	local 域名類別（即本機域名類別）	郵件最後的投遞對象是本機系統中的帳號或別名	定義在 $mydestination, $inet_interfaces, $proxy_interfaces 等三個參數值中的域名、介面名稱或 IP，均視為本機域名類別的目的地	$local_transport，預設值是 local:$myhostname，也就是說預設的投遞方法是 local，下一站的目標是參數值 $myhostname 定義的主機
2	virtual alias domain 虛擬別名網域	投遞對象是系統帳號的別名，或位於外部主機的帳號別名	定義在參數值 $virtual_alias_domains 中的域名，均視為虛擬別名網域類別的目的地	無，所有投遞對象都是別名，均須使用別名的處理程序
3	virtual mailbox domain 虛擬信箱網域	每個虛擬域名的收件者都有專屬的信箱	定義在參數值 $virtual_mailbox_domains 中的域名，均視為虛擬信箱網域類別的目的地	$virtual_transport，預設值是 virtual
4	relay 轉遞	本機為主要的或備援的郵件交換器，替某域名下的主機轉遞郵件	定義在參數值 $relay_domains 中的域名，均視為 relay 類別的目的地	$relay_transport，預設值是 relay。（註 8-2-1）
5	其他	若不是上述四種類別，則使用預設的投遞方法	沒有特定的目的地，需視收件者的位址而定	$default_transport，預設值是 smtp，即預設使用 smtp 將郵件傳遞到外部主機

郵件位址分類，可說是 Postfix 的重要特色。一旦收件者的郵件位址，經過位址改寫的清理程序之後，郵件位址即可符合標準的型式，接著，Postfix 便拿此標準型式的位址，和郵件類別的目的域名進行比對（上表中第 4 個欄位），如此，Postfix 便可迅速判斷：收件者位址所屬的類別是什麼，從而快速地找出：投遞這份郵件最適合的方法。

例如：若目的域名判斷出來是屬於 local 類別，就使用 local 方法投遞屬於本機的郵件；若是 virtual 類別，就使用 virtual 方法投遞「虛擬信箱網域」；若是 relay 類別，就使用 relay 方法轉遞郵件，relay 會指揮 smtp 行程，將郵件遞送至外部的主機；如此，判斷投遞郵件路由的效能，即可大大地提升。（以類別尋找路由速度很快，效能好；若無分類、雜亂無章，可能得費勁地找個老半天，那效能當然就很差）

註解 8-2-1　relay 是 smtp daemon 的複製版，功能和 smtp 相同。relay 定義在 master.cf，請參考 4.1 節 master.cf 樣本內容的第 16、17 列。

8.3 接收郵件時的位址改寫工作

Postfix 接收郵件的來源有三：

- 由外部主機傳入的郵件。

- 本機帳號寄出的郵件。

- 系統內部產生的郵件，例如：「別名轉送」的郵件（註 8-3-1）、退信通知、系統發生問題時的通知信等等。

註解 8-3-1　這裡的「別名轉送」指的是 forward 的意思。forward 的來源，包括：利用查詢 aliases 別名表、個人家目錄下的 .forward 檔等機制，重新將別名郵件送入清理程序。請參考圖 7-4-2。

Postfix 接收郵件之後，會把郵件送進清理程序，此程序由 cleanup 負責。cleanup 主要的工作，是將寄件者、收件者以及信件內容等資訊改寫成標準格式，然後，將郵件存入佇列。這部份的工作流程，請參考圖 7-3-1。

本節，將就 Postfix 接收郵件時，運用 cleanup 進行位址轉換的部份，加以說明。首先來瞭解 cleanup 做的事情有哪些。

cleanup 大致上做的事情有：

- 清理信封（envelope）和信件表頭（message header）中的寄件者和收件者位址。

- 補足信件表頭缺少的必要欄位。例如：「From:」和「Date:」的欄位資訊。

- 移除不需要的信件表頭欄位。例如：移除「Bcc:」欄位。

- 改寫郵件位址變成標準型式。

- 處理 $canonical_maps 定義的對照表（即 canonical 表）。

- 處理郵件位址偽裝（address masquerading）。

- 自動產生信件副本（automatic BCC recipients）

- 處理虛擬別名（virtual aliasing）對照表（即 virtual 表）。

cleanup 改寫郵件位址時，較複雜的工作會委由 trivial-rewrite 處理，例如：寄件者位址只有「jack」並不完整，於是 trivial-rewrite 使用設定項 $myorigin 的值予以補上。

總的來說，cleanup 的運用，共分成三大步驟：

1. 先將郵件位址改寫成標準型式。

2. 查詢對照表，執行位址轉換。

3. 將郵件存入 incoming 目錄，等待遞送。

◉ 改寫郵件位址為標準型式

cleanup 在處理 canonical、virtual 等對照表之前，須先將郵件位址改寫成標準型式，這項工作會傳送給 trivial-rewrite 處理，如圖 8-3-1 所示。

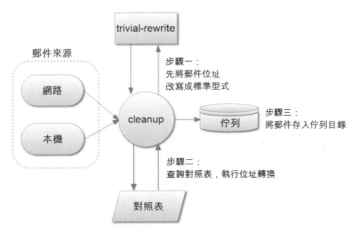

圖 8-3-1：cleanup 處理對照表之前，先改寫郵址為標準型式

改寫成標準型式的意思是說：將郵件位址改成「使用者名稱@完整主機網域名稱」的樣子，例如「jack@pbook.ols3.net」。改寫的目的，是為了在查詢對照表時能更為精簡。

trivial-rewrite 改寫位址的作法，分成以下幾種情況：

序號	改寫前的型式	改寫後的型式	備註
1	@主機 A,@主機 B:使用者名稱@站台名稱	使用者名稱@站台名稱	將路由資訊 @hosta,@hostb 移除，此種記法已不再使用了
2	站台!使用者名稱	使用者名稱@站台名稱	UUCP 環境適用
3	使用者名稱%網域名稱	使用者名稱@網域名稱	例如：jack%example.com 改寫成 jack@example.com
4	使用者名稱	使用者名稱@$myorigin	例如：jack 改寫成 jack@pbook.ols3.net（假設 myorigin＝pbook.ols3.net）

一旦把郵件位址改寫成標準型式之後，接下來，cleanup 會固定查詢一些對照表，然後進行位址轉換。這些對照表，包括：

1. 使用 canonical 對照表。

2. 處理郵件位址偽裝。

3. 自動產生信件副本。

4. 處理虛擬別名。

最後將郵件放入佇列，等待遞送。其流程順序如圖 8-3-2 所示。

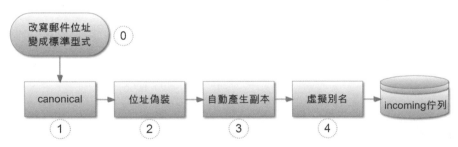

圖 8-3-2：cleanup 處理位址轉換的順序

以下，將按圖 8-3-2 所示的順序（編號 1～4），分別說明 cleanup 處理各種位址轉換的方法。

◉ 圖 8-3-2 編號 1，轉換正式位址：使用 canonical 對照表

canonical 對照表的作用是轉換位址，主要有兩種適用時機：

1.　將郵件位址改寫成比較正式的樣子。例如前述已提到的格式：「使用者名稱.部門縮寫@完整主機網域名稱」。這樣做的好處是，收到郵件的客戶一眼就可以看出，這位員工隸屬的服務部門。

2.　老舊的郵件系統，其郵件位址含有無效的網域名稱，但已無法修改（可能是硬體式的、寫死在裡頭）。使用 canonical，可清理這一類的郵件位址。

請注意，canonical 對照表，預設只對 local 本機的信件才有改寫的作用，此一預設的作用範圍，是由設定項 local_header_rewrite_clients 來控制，其預設值如下：

```
local_header_rewrite_clients = permit_inet_interfaces
```

也就是說，只有本機帳號寄出的郵件，才會被 canonical 改寫，因此，如果使用者是透過 MUA 來寄信（例如：Thunderbird），由 SMTP 往外遞送，那就不會受到預設值的影響，也就是說，它不會被 canonical 改寫。解決的方法是設定 local_header_rewrite_clients，如下所示：

```
local_header_rewrite_clients = permit_mynetworks,
        permit_sasl_authenticated
```

這項設定的意思是說：凡是在 mynetworks 範圍內的來源端，以及通過 SMTP 授權認證的用戶端（SASL），其郵件均納入 local 表頭改寫的範圍。如此，即可把 canonical 對照表預設的效力，擴大到本機和非本機的郵件統統適用。

另外，local_header_rewrite_clients 還可以加入自訂的本機改寫範圍，方法是運用 check_address_map，作法如下：

```
local_header_rewrite_clients = permit_mynetworks,
        permit_sasl_authenticated
        check_address_map hash:/etc/postfix/pop-before-smtp
```

check_address_map 會檢查對照表 pop-before-smtp，如果 Client 端和對照表的內容相符，則此 Client 端就視為本機範圍，canonical 改寫的效力就可以套用到比對符合的 Client 端之上。

canonical 對照表的路徑檔名，定義在 canonical_maps。由於 Postfix 預設沒有啟用 canonical 的功能，因此，$canonical_maps 的預設值為空值。

若欲啟用 canonical，其步驟有五：

1. 開啟 canonical 功能：

   修改 main.cf，加入以下設定：

   ```
   canonical_maps = hash:/etc/postfix/canonical
   ```

2. 接著編輯 canonical 表，加入轉換位址的對應關係。

3. 然後，使用以下指令，將純文字檔的 canonical 編譯成 db 資料檔，以加速查詢速度：

   ```
   postmap /etc/postfix/canonical
   ```

4. 測試對應關係是否正確：

   ```
   postmap -q 索引關鍵字串 /etc/postfix/canonical
   ```

5. 重新載入 Postfix：

   ```
   postfix reload
   ```

/etc/postfix/canonical 的用例（不含列號）：

```
01.  # 使郵件位址整齊劃一
02.  jack@pbook.ols3.net            jack.it@ols3.net
03.  joy@pbook.ols3.net             joy.it@ols3.net
04.  john@pbook.ols3.net            john.hr@ols3.net
05.
06.  # 轉換仍在服務但因故無法修改的郵件系統
07.  mary@lxer.idv.tw               mary.new@pbook.ols3.net
```

說明：

列 1 為註解，沒有作用。

列 2~3，將郵址的人名部份，附加 IT 部門的縮寫代號「it」；域名的部份，由 pbook.ols3.net 轉換成 ols3.net。

列 4，將郵件的人名部份，附加人力資源部門的縮寫代碼「hr」；域名的部份，轉換方式同上。這樣一來，不管哪一個部門發出的電子郵件，格式均能整齊劃一，可讓外界對此單位留下良好的觀感。

列 5 為空白列，列 6 為註解，均無作用。

列 6，轉換舊郵件系統所發出的電子郵件位址。舊址為 mary@lxer.idv.tw，新址為 mary.new@pbook.ols3.net。

利用 canonical 轉換郵件位址，會產生一個問題：當外界回覆郵件給轉換後新的位址，Postfix 要如何接收這類的郵件？如何把郵件傳遞給收件人原本的郵件位址呢？例如：回信寄給 jack.it@ols3.net 的郵件，要如何轉遞給 jack@pbook.ols3.net？

解決方法有兩個：一是利用別名檔；一是利用 virtual 對照表。後面我們再來補充說明。

利用 canonical 改寫位址時，只要是比對符合的位址，cleanup 預設會將信封（envelope）和信件表頭（message header）中的寄件者和收件者位址「全部改寫」，寫改的範圍，共計有四項：

序號	郵件位址	Postfix 的類別名稱
1	信封中的寄件者位址	envelope_sender
2	信封中的收件者位址	envelope_recipient
3	信件表頭中的寄件者位址	header_sender
4	信件表頭中的收件者位址	header_recipient

要不要針對這四項全部改寫，可使用設定項 canonical_classes 來控制。$canonical_classes 的預設值是：envelope_sender, envelope_recipient, header_sender, header_recipient，也就是說，cleanup 預設會全部改寫。

若只想針對信封的位址改寫，可將 canonical_classes 設定如下：

```
canonical_classes = envelope_sender, envelope_recipient
```

除了 canonical 之外，還可以設定：將寄件者和收件者的位址分開改寫，而且其優先順序比 canonical 高。

只改寫寄件者的位址：

```
# 在 main.cf 設定：
sender_canonical_maps = hash:/etc/postfix/sender_canonical
```

只改寫收件者的位址：

```
# 在 main.cf 設定：
recipient_canonical_maps = hash:/etc/postfix/recipient_canonical
```

啟用這兩個檔案的方法和設定方法，皆和 canonical 的作法相同。

另外，接收郵件的行程（例如 smtpd、qmqpd、pickup）也可以選擇性地關掉 canonical。

以 smtpd 為例，關閉 canonical 的方法如下：

編輯 master.cf，在 smtpd 的設定列之下，加入 receive_override_options 選項值 「no_address_mappings」（表示要關閉轉換位址的功能）。

```
smtp      inet  n    -    n    -    -    smtpd
          -o receive_override_options=no_address_mappings
```

請注意！在設定 -o 選項之時，在「=」的兩旁，不可以含有空白字元。

◉ 圖 8-3-2 編號 2，處理郵件位址偽裝

所謂「郵件位址偽裝」（address masquerading）是指：郵件主機隱藏在閘道器（gateway）的後面，從郵件位址來看，郵件就好像是從這部閘道器遞送出去的一樣，其運作流程如圖 8-3-2 所示。

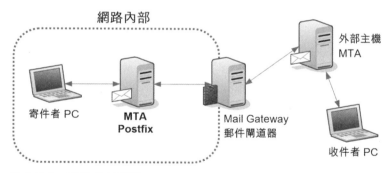

圖 8-3-3：郵件位址偽裝

郵件位址偽裝的功能，和 canonical 一樣，Postfix 預設都是關閉的；若啟用，也都是由 cleanup 負責完成。

欲開啟郵件位址偽裝的功能，其操作方法如下：

1. 規劃欲偽裝的域名列表，例如 qoo.ols3.net 和 ols3.net 打算要做位址偽裝。

2. 修改 main.cf，設定 masquerade_domains，加入欲偽裝的網域名稱：

    ```
    masquerade_domains = qoo.ols3.net ols3.net
    ```

這裡設定：凡是在郵件閘道器內部的主機所寄出去的郵件，其郵件位址和上述域名比對時只要有「部份符合」，便修改成欲偽裝的位址。

比對的順序是先由左而右，先符合者先停止。

舉例來說，假設內部主機寄出的郵件位址是「jack@int222.qoo.ols3.net」，此位址和「qoo.ols3.net」比對有部份符合，此時，cleanup 會去掉 int222，而將位址改寫成「jack@qoo.ols3.net」。再舉一例，假設郵件位址是「jack@int333.ols3.net」，由於此位址只和「ols3.net」部份符合，因此，cleanup 便去掉 int333，將位址改寫成「jack@ols3.net」。

3. 重新載入 Postfix：

```
postfix reload
```

在設定 masquerade_domains 時，也可以在域名位址前加上「!」，這表示和該域名位址，只有部份相符者，不做偽裝；也就是說，「!」是代表否定的意思，可用來排除某些域名不做偽裝。

舉例如下：

```
masquerade_domains = !qoo.ols3.net ols3.net
```

此一設定是說「username@xxxx.qoo.ols3.net」不會改寫成「username@qoo.ols3.net」，但「username@yyyy.ols3.net」仍會被改寫成「username@ols3.net」，因為它和「ols3.net」仍有部份相符。

除了可設定排除某些域名不做偽裝之外，也可以設定：含有某些帳號的位址不做偽裝，如下所示：

```
# 修改 main.cf，加入以下設定：
masquerade_exceptions = jack
```

它的意思是：在 main.cf 中，設定 masquerade_exceptions，將 jack 的郵件排除，不做位址偽裝。

請注意：cleanup 在處理 masquerade_domains 時，預設會比對並改寫「信封」（envelope）裡的寄件者位址，以及「信件表頭」（message header）裡的寄件者位址和收件者位址，只有保留「信封裡的收件者位址」不改寫。（為什麼？請讀者思考一下喔！）

這裡筆者把 cleanup 在處理 masquerade_domains 時，會不會改寫位址的情況，整理成下表：

序號	郵件位址	Postfix 的類別名稱	偽裝位址時，cleanup 預設是否會比對改寫
1	信封中的寄件者位址	envelope_sender	會
2	信封中的收件者位址	envelope_recipient	不會 <-- *注意*
3	信件表頭中的寄件者位址	header_sender	會
4	信件表頭中的收件者位址	header_recipient	會

保留信封中的收件者位址，不改寫的原因，是為了讓閘道器可以將外界寄進來的郵件，轉遞給隱藏在閘道器內部的主機；如果連收件者的位址都改寫掉了，那這封信要寄到哪裡去呢？

如果因故需要把四種位址，全數列入郵址偽裝的範圍，可在 main.cf 中調整 masquerade_classes 的參數值，設定方法如下：

```
masquerade_classes = envelope_sender, envelope_recipient,
                                    header_sender, header_recipient
```

除了前述的做法，接收郵件的行程（smtpd、qmqpd、pickup）也可以選擇性地關掉位址偽裝的功能，以 smtpd 為例，關閉的方法如下：

一樣要編輯 master.cf，在 smtpd 的設定列之下，加入 receive_override_options 的選項值「no_address_mappings」（表示關閉轉換位址的功能）。

```
smtp    inet n    -    n    -    -    smtpd
        -o receive_override_options=no_address_mappings
```

圖 8-3-2 編號 3，自動產生信件副本（Automatic BCC recipients）

所謂的 BCC，是指「blind carbon-copy」的簡稱，這是一種隱藏式的郵件副本，此副本對於收發信件的雙方來說，完全都不知情。

這項功能涉及郵件管理人員的道德問題，請務必謹慎使用。因為一旦開啟了這項功能，所有進出的郵件，都會產生一份副本給指定的收件者，而且原寄件者和收件者，任何一方，都不會察覺郵件被人複製了一份。

因此，通常必須要有正常的理由才會啟用此一功能，例如：為了短暫地偵錯郵件系統問題，或者是為了資訊安全上的考量，或者是高科技業者對機密信件有管理政策上的需求等等。

BCC 進行的順序，是在 cleanup 完成 canonical 查表和位址偽裝之後，啟用的方法很簡單：

1. 規劃副本寄送的對象。

    假設副本要寄給「jack@example.com」。

2. 修改 main.cf，加入以下設定：

    ```
    always_bcc = jack@example.com
    ```

3. 重新載入 Postfix：

    ```
    postfix reload
    ```

如此一來，任何進出的信件，jack@example.com 都會得到一份。

BCC 的原理，是在郵件的「信封」裡頭，新增一個副本的收件者位址，因此，一旦這封郵件進入投遞程序時，自然地，就會多寄一份給這位新增的收件人；至於「信封寄件者」、「信件表頭寄件者」和「信件表頭收件者」的位址，都是保持不變的，當原收件者收到信件之時，不會、也沒有機會知道，這封郵件被複製出去了。

另外，此項功能只適用於新的郵件，凡是內部轉寄的郵件，或是 Postfix 本身產生的系統信件，都不會列入自動信件副本的作用範圍，如此可避免形成郵件迴圈（mail loop）。

自動 BCC 功能是雙向適用的，不管是寄信流程或是收信流程都可以運用。當然，我們也可以控制它，讓它僅限於單一方向才能適用，例如：限制寄件者的郵件才可以執行 BCC。

設定來自特定「寄件者」位址的郵件自動產生副本

假設要對寄件者 joy@pbook.ols3.net，自動建立郵件副本給 jack@example.com，其設定方法如下：

1. 修改 main.cf，加入以下對照表：

```
sender_bcc_maps = hash:/etc/postfix/sender_bcc
```

2. 編輯 /etc/postfix/sender_bcc：

```
joy@pbook.ols3.net              jack@example.com
```

3. 編譯對照表原始檔：

```
postmap /etc/postfix/sender_bcc
```

4. 測試查詢結果：

```
postmap -q joy@pbook.ols3.net /etc/postfix/sender_bcc
```

若測試結果顯示 jack@example.com，表示設定 OK。

5. 重新載入 Postfix：

```
postfix reload
```

同樣地，也可以針對收件者設定自動信件副本。

設定寄給特定「收件者」位址的郵件自動產生副本

假設要對收件者 joy@pbook.ols3.net，自動建立郵件副本給 jack@example.com，
設定方法如下：

1. 修改 main.cf，加入以下對照表：

```
recipient_bcc_maps = hash:/etc/postfix/recipient_bcc
```

2. 編輯 /etc/postfix/recipient_bcc：

```
joy@pbook.ols3.net              jack@example.com
```

剩下的設定操作方法，同前述。

另外，自動 BCC 的功能，也可以針對 smtpd、qmqpd、pickup 等 daemon 各別關
閉，設定方法同前一節所述（加上選項 -o receive_override_options=no_address_
mappings）。

⬡ 圖 8-3-2 編號 4，處理虛擬別名（virtual aliasing）

處理虛擬別名是郵件存入佇列之前，最後一個查表動作，cleanup 會查詢虛擬別名對照表（virtual alias table），對郵件位址進行轉換。

利用虛擬別名的機制，管理者可以設定虛擬網域主機的域名（domain），並把此域名對應到特定的郵件信箱（mailbox），也可以把域名不存在的信件，轉遞到指定的位址處理。

虛擬別名也可以把前述經 canonical 轉址過的郵件再轉換回來，例如：

```
# 編輯 /etc/postfix/virtual
jack.it                 jack
```

這裡把郵件的人名部份由「jack.it」轉換回來給「jack」，使用者便可用真實的「jack 帳號」來收取信件。

請注意，虛擬別名改寫的是「信封」中的收件者位址，其他三種位址（envelope_sender、header_sender、header_recipient）均不觸及。

和之前提到的三種功能一樣，Postfix 預設關閉虛擬別名，若欲啟用，方法如下：

1. 編輯 main.cf，設定 virtual_alias_maps 參數：

   ```
   virtual_alias_maps = hash:/etc/postfix/virtual
   ```

2. 編輯 virtual 虛擬別名表，加入要轉址的對應關係：

   ```
   jack.it                 jack
   ```

3. 編譯虛擬別名：

   ```
   postmap /etc/postfix/virtual
   ```

4. 測試：

   ```
   postmap -q jack.it /etc/postfix/virtual
   ```

   結果應顯示：jack。

5. 重新載入 Postfix：

   ```
   postfix reload
   ```

同樣地，接收郵件的行程（smtpd、qmqpd、pickup），可視需要關閉虛擬別名，做法請參考 canonical 的說明。

補充說明一點：除了虛擬別名之外，運用 3.6 節介紹的別名檔（/etc/alilases），也可以把 canonical 轉址過的郵件再轉換回來，而且，運用別名檔來做，可能更合適，這也是筆者推薦的方式。

作法如下：

1.　編輯 /etc/aliases：

```
jack.it                 jack
```

2.　執行 newaliases 或 postalias /etc/aliases。

◉ cleanup 完成虛擬別名查表之後

一旦完成虛擬別名的查別動作之後，cleanup 便把郵件存入 incoming 佇列，接著就把後續遞送郵件的工作交給 qmgr 處理。換言之，「虛擬別名」是郵件進入佇列之前，cleanup 最後的一個處理動作。

8.4　投遞郵件時的位址改寫工作

郵件進入佇列目錄之後，就由 qmgr 接手。qmgr 會按郵件位址的目的地排序郵件，然後將郵件交給合適的投遞程式，例如：smtp、lmtp、local、virtual、pipe 等等。此一運作過程請參考圖 7-4-1。

投遞郵件時的位址改寫工作，牽涉到 transport、relocated、generic 這三個對照表，其中，transport、relocated 是由 trivial-rewrite 負責查詢，而 generic 則是由對外送信的 smtp 負責。除此之外，local 投遞程式會查詢別名檔以及 .forward 檔，也有改寫郵件位址的時機。

本節將先介紹 trivial-rewrite 的運作方式，接著介紹 smtp 外寄郵件時的位址轉換，最後說明 local 投遞郵件時的位址轉換。

◉ trivial-rewrite 的運作方式

和 cleanup 的做法一樣，在 qmgr 決定目的地、將郵件交給投遞程式之前，會委由 trivial-rewrite 處理複雜的位址操作。不過，不同的是，在這個階段，trivial-rewrite 的角色是擔任 qmgr 查詢（resolve）工作的服務者（trivial-rewrite 幫 qmgr 找答案），如圖 8-1-1 所示。

此時，trivial-rewrite 的工作有三：

1. 解析郵件位址，決定投遞方法。

2. 查詢 transport 對照表，檢視是否要改變郵件路由和投遞方式。

3. 查詢 relocated 對照表，檢查使用者的郵件位址，是否已遷移到其他域名位址。若已遷移，則加註說明，並將原信退回。

底下，依次說明此三項工作。

工作一，解析郵件位址，決定投遞方法：

qmgr 先由兩種佇列目錄，取出少量的郵件放入 active 作業區。這兩個佇列分別是存放新進郵件的 incoming 佇列，以及暫時無法投遞郵件的延遲佇列 deferred。（deferred 裡頭的郵件，在延遲一段時間之後，qmgr 會再嘗試予以投遞）。

接下來，qmgr 會要求 trivial-rewrite 提供查詢服務，以決定郵件的目的地和投遞方法。

下表是 trivial-rewrite 決定郵件的目的地和投遞方法的觀點：

目的網域列表	預設的投遞方法
$mydestination、$inet_interfaces、$proxy_interfaces	$local_transport（即 local）
$virtual_mailbox_domains	$virtual_transport（即 virtual）
$relay_domains	$relay_transport（即 relay）
其他	$default_transport（即 smtp）

此表的意思是說：凡是郵件的目的位址，列於第一個欄位者，即按該類別預設的方法投遞郵件。我們在前面 8.2 節，已介紹過這樣的觀念了。

工作二，查詢 transport 對照表：

一旦決定了投遞郵件的方法之後，接下來，trivial-rewrite 會查詢「transport 對照表」，看看管理者是否有設定不同的郵件路由，若有，trivial-rewrite 會傳回新的目的地以及新的投遞方法。

transport 是 postfix 內建的對照表，其適用時機有二：

1. 將郵件傳遞給和網際網路沒有實際連接的郵件主機。

   例如，在郵件閘道器或防火牆後面的主機。

2. 郵件的目的地主機有特別的要求，因此 smtp 端需做特殊的設定。

   例如 UUCP 環境。

舉例來說：

```
# /etc/postfix/transport 傳輸路由表
debian.lxer.idv.tw                    relay-nat:[192.168.1.142]
```

這個 transport 傳輸路由表，設定：凡是寄給 debian.lxer.idv.tw 的郵件，皆改用 relay-nat 的投遞方法（定義在 master.cf 中），而且，投遞郵件的目的地，改成 IP 位址是 192.168.1.142 的主機。（註 8-4-1）

關於 transport 的實際用例，請參考 4.2 節的說明。

註解
8-4-1

這部主機，是筆者家中位於 NAT 防火牆後面的郵件主機，和外界隔絕，沒有直接連接網際網路。

工作三，查詢 relocated 對照表：

接下來，trivial-rewrite 會以收件者的位址為關鍵字，查詢 relocated 對照表。若此位址在 relocated 中有定義，代表這個郵件位址已經遷移，Postfix 會將郵件原信退回，並告知相關訊息（例如遷移後的新郵址）。

relocated 對照表預設是關閉的，啟用的方法如下：

1. 編輯 /etc/postfix/main.cf，加入以下設定：

   ```
   relocated_maps = hash:/etc/postfix/relocated
   ```

2. 編輯 relocated，假設 deb.lxer.idv.tw 已遷移到 deb.ols3.net：

```
jack@deb.lxer.idv.tw                    jack.new@deb.ols3.net
```

3. 編譯 /etc/postfix/relocated：

```
postmap /etc/postfix/relocated
```

4. 測試：

```
postmap -q jack@deb.lxer.idv.tw /etc/postfix/relocated
```

結果應出現：jack.new@deb.ols3.net

5. 重新載入 Postfix：

```
postfix reload
```

除了單一位址之外，也可以遷移（拒收）整個網域的郵件，設定方法如下：

```
# 編輯 /etc/postfix/relocated
@deb.lxer.idv.tw                        deb.ols3.net
```

這裡設定：只要是寄給 deb.lxer.idv.tw 的郵件，均予退回，並告知該網域已經遷移到 deb.ols3.net 的訊息。

◉ smtp 外寄郵件時的位址轉換

一旦 trivial-rewrite 決定投遞方法之後，投遞程式會根據傳輸協定，將寄件者位址、收件者位址、信件內容按照傳輸協定的需求進行封裝，然後，嘗試將郵件往目的主機遞送。如果郵件因故無法傳遞，投遞程式會將郵件放入延遲佇列，經過一段時間之後，Postfix 會再重新嘗試遞送，若都無法投遞成功，最後 Postfix 會將郵件退回給原寄件者。

在 Postfix 2.0 版之後，smtp 投遞程式新增了一項功能，稱為 generic 對照表。此項功能，讓沒有正式域名的主機仍也能傳遞郵件，對方收到郵件時會發現：寄件者是使用正式的域名郵件（通常是由 IPS 提供的郵件位址）。

generic 的作法是將無效的域名位址，轉換成正式的域名位址，不過，generic 僅適用於 SMTP 協定，而且只對「往外寄送」的郵件才有效；對於本機之中，在帳號之間互傳的郵件則無效。

假設某部主機的域名為 mymach.local，此域名很明顯的是一個無效域名，今欲把此域名轉換成 ISP 提供的郵址 my-isp.example.com，genertic 對照表的設定方法如下：

1. 編輯 main.cf，指定 genertic 的位置：

   ```
   smtp_generic_maps = hash:/etc/postfix/generic
   ```

2. 編輯 generic 表，寫入位址的對應方式：

   ```
   jack@mymach.local                          jack@my-isp.example.com
   ```

3. 編譯及測試對照表的方法同前。

4. 重新載入 Postfix。

這樣一來，只要 jack 由這部主機寄出郵件，寄件者的位址就會變成 ISP 提供的正式位址，對方收到信件時，也能正常地回信給 jack@my-isp.example.com。至於 jack 要如何取得回信，是叫使用者自己用 MUA 連到 ISP 的信箱去取信呢，或者，由主機 mymach.local 連至 ISP 代為接信回來（一樣要經過改寫郵址的程序），就看郵件管理員要如何佈署了。

◉ 使用 local 投遞程式時的位址轉換

如果郵件的目的地是本機，則這封郵件會交給 local 程式，投遞到使用者的信箱（mbox 或 maildir）。在郵件存成信箱格式之前，local 會查詢別名檔（/etc/aliases），以及個人化的轉信控制檔（即位於帳號家目錄下的 .forward 檔）。如果收信者列表於別名檔或「.forward 檔」之中，那麼，Postfix 會將郵件重新放入清理程序（cleanup），最後將郵件轉寄給真正的收件者。這部份的運作過程，請參考 7.4 第 3 點的說明以及圖 7-4-2。

別名檔的用途，有以下幾種：

1. 主要是為了和 Sendmail 的運作相容，方便管理者把郵件系統移植到 Postfix。

2. 供管理者建立郵件列表（Mailing List）。

3. 把提供給外界連絡的公關位址（例比 postmaster），轉換成真正的收件者（例如 jack）。

4. 把 canonical 對照表轉換過的位址再轉換回去（例如 jack.it 轉換成 jack）。

使用別名檔轉換位址，原「信件表頭」的位址並不會改變，只有「信封」位址受到影響。

關於別名檔的運用法，請參考 3.6 節的說明。

至於個人化的轉信控制檔「.forward」，也是和 Sendmail 相容的機制，放在個人家目錄下。local 投遞程式，會檢查收件者帳號家目錄下，是否有這個檔案，若有，會根據其中的對應關係，將郵件轉寄給這些對應的人。

.forward 的格式，和別名檔的設法相同，但只有別名檔設定列的右手部份（RHS），即略去「別名:」的部份，用到的，只有對應的「目標」。

用例如下：

```
# 檔案路徑為 /home/jack/.forward
joy
john@mail.example.com
```

這個設定是說：凡是寄給 jack 的信件，會自動轉寄給本機信箱 joy，以及外部主機的郵件位址 john@mail.example.com。

另外，使用 local 投遞郵件時，管理者也可以設定：若收件者不存在，則一律把信件轉寄到某一個特定的郵址，這項功能稱為「local catch-all address」。使用這個功能時，要特別小心，除非另有目的（例如：故意要接收垃圾郵件，做為研究之用），否則最好不要啟用，以免垃圾郵件塞爆你的主機。

啟用 catch-all 的方法：

1. 編輯 main.cf：

   ```
   local_recipient_maps =
   ```

   這裡把 local_recipient_maps 設為空值的意思是說：就算收件者帳號不存在，Postfix 也不會拒收。（local 對於不存在的使用者，預設的處理方式是將郵件退回給寄件者）

2. 編輯 main.cf，加入 catch-all 的收件者：

   ```
   luser_relay = jack
   ```

   這裡設定 luser_relay 的收件者是本機帳號 jack。這樣一來，只要是收件者不存在的郵件，都會轉寄給 jack。當然，也可以把 catch-all 的收件者設到其他

主機，不過你應該確定：該主機是在你的管轄範圍，不然這種設法，只會讓你的主機變成垃圾郵件轉運站喔！這種行為，可是會被列入黑名單的。

3. 重新載入 Postfix。

舉例來說，以下是外界寄件給 mary333@mail.example.com 的郵件記錄，而 mary333 這個收件者並不存在。

```
Jun 12 07:53:48 pbook postfix/local[6563]: 94FD6DE2CD:
to=<jack@mail.example.com>,
orig_to=<mary333@mail.example.com>, relay=local, delay=1.8,
delays=0.77/0.01/0/1,
dsn=2.0.0, status=sent (delivered to command: procmail -a "$EXTENSION")
```

上述訊息中，我們可以發現：這封郵件使用的投遞程式是 local（請注意關鍵字 relay=local），而且，這封信原是寄給 mary333 的（orig_to=<mary333@mail. example.com>），但由於 jack 是 catch-all 的收件者，Postfix 並沒有拒收（status=sent），最後信件轉寄給了 jack（to=<jack@mail.example.com>）。由此可見：catch-all 的設定（luser_relay = jack）的確發揮功效了。

郵件轉遞與收信控制

網路世界，到處充斥著垃圾郵件和電腦病毒，Postfix 架設好了之後，馬上就會面臨各種威脅，因此，郵件管理員應儘速採取有效的防護措施。

筆者在 3.4 節曾提過，Postfix 提供四層防護機制，可對抗惡意主機，阻擋我們不想要的垃圾郵件和電腦病毒。本章將介紹第二層的防護機制：郵件轉遞與收信控制。這是一種對郵件進出採取限制條件的保護措施，可幫助管理者決定：哪些郵件要收取下來，哪些郵件則予以排除。這也是「過濾郵件」的一種方法，而且非常有效！

9.1 Postfix 的轉遞控制

◉ Postfix 轉信的預設政策

轉遞郵件，我們稱之為「relay」。網際網路早期，人們以善意連接主機，因此，以前的郵件主機都會儘量幫忙轉信。不過，後來這項善舉被誤用了，垃圾郵件四處泛濫，逼得後來郵件主機管理員不再毫無條件地幫忙轉信，深怕自己變成垃圾郵件轉運站，最後被「反垃圾郵件團體」列入黑名單。

Postfix 的想法也是如此。Postfix 使用預設政策控制郵件轉遞，這個政策是：除非經過「授權」，否則 Postfix 不會幫忙轉信。

這裡的「授權」，是指明確地列出郵件的兩個方向：一是郵件的來源，一是郵件的目的地。

- 郵件來源：

  Postfix 的作法是：凡是要求轉遞郵件的主機，必須經過管理員核可（因此稱為「授權」），其 IP 位址要設定在 mynetworks 之中。（或者屬於 mynetworks_style 的一員，請參考 3.1 節）

  已授權的主機，Postfix 即視為域內信任的主機，Postfix 就不會再限制郵件轉遞的目的地，它要寄往任何地方都可以。

- 郵件的目的地：

  要求轉遞郵件時，欲寄達的位址，必須經過管理員核可；也就是說，收件人位址中的域名，必須設定在 mydestination。

  要求轉遞郵件的來源主機，若其 IP 未在授權之列，除非它要寄達的位址是屬於 $mydestination 中列表的域名，不然 Postfix 會拒收郵件。只有寄給域名列表在 $mydestination 之中的郵件，Postfix 才會接收下來。

◉ 實際設定 Postfix 控制轉信

了解 Postfix 的預設政策之後，接下來說明：設定 Postfix 控制轉信的方法。

狀況說明：

假設管理員要開放 192.168.2.0/24 這個網域，以及 172.16.1.10 這部主機，可以經由 Postfix 轉遞郵件；另外，屬於 lxer.idv.tw 這個域名的郵件，也要委由 Postfix 遞送過去。

設定方法如下：

1. 編輯 main.cf：

```
# 授權的來源 IP 視為同一網域內的主機
mynetworks = 127.0.0.0/8, 192.168.2.0/24, 172.16.1.10
# 授權的目的地，視為合法的送達地點
mydestination = $myhostname, localhost.$mydomain, localhost, lxer.idv.tw
```

2. 重新載入 Postfix：

```
postfix reload
```

往後，若要開放轉遞，來源主機的 IP 位址或目的地的域名，都可以按照以上的方式設定，它的做法就是這麼簡單。

接下來，我們要來了解 Postfix 控制轉信的運作內涵。

◉ Postfix 如何控制轉信

Postfix 對「轉遞郵件」（轉信，稱為 SMTP relay），有預設的保護措施，對於每一部剛安裝好的 Postfix 而言，都是一體適用的。

Postfix 為了避免郵件主機，被當作是垃圾郵件的轉寄跳板，預設會限制郵件可以轉遞的「來去」範圍（從哪裡來的，要寄到哪裡去，都要做限制）。此項限制的內容，定義在設定項 smtpd_relay_restrictions：

```
# 執行 postconf -d smtpd_relay_restrictions 可得到：
smtpd_relay_restrictions = permit_mynetworks, permit_sasl_authenticated,
defer_unauth_destination
```

這個設定項的內容有三：

1. permit_mynetworks

2. permit_sasl_authenticated

3. defer_unauth_destination

它的意思是：（1）$mynetworks 的「來」源主機不限制。（2）經密碼驗證 OK 者的「來」源主機不限制。（3）只有經過允許的目的地，郵件才可以寄送過「去」。（此即筆者前面提到的，「來去」範圍都要做限制。）

底下，分別說明這三個設定值。

首先，permit_mynetworks 代表 Postfix 只替管理者信任的 Client 端轉遞郵件，也就是說：凡是 IP 列表於 $mynetworks 者，皆視為同一網域內受信任的主機，Postfix 預設會接受其委託，將郵件轉遞到任何一個它要求的目的地。像這種明確指定「開放轉遞」的主機列表，稱為「白名單」（whitelist）。

permit_sasl_authenticated 的意思是說，透過 SASL 協定驗證密碼過關的 Client 端，雖不是域內的主機，但 Postfix 一樣視為信任主機，也會接受其委託轉送信件。（SASL 協定對那些在網域外，使用行動設備寄送郵件的人，特別有用）

最後，defer_unauth_destination 的意思是說：若 SMTP Client 端的 IP，不在 $mynetworks 的範圍，也沒有通過（或沒有要求）SASL 密碼驗證，且該郵件的

收件者位址並不在「授權的目的地」之列,則 Postfix 會「暫時」拒絕連線(回應給 Client 端 4xx 的回應代碼)。

什麼是「授權的目的地」?

其實很簡單。Postfix 預設授權的目的地有兩個:

1. 目的地一:$relay_domains 中列表的域名。

    若郵件「信封」中的收件者位址,其域名(domain)列表於 $relay_domains 之中,則此時,Postfix 會以轉遞者的角色,將郵件遞送到負責該網域的 MTA 主機(即 MX 主機)。

    那麼 relay_domains 的預設值為何呢?

    ```
    # 執行 postconf -d relay_domains 可得到:
    relay_domains = $mydestination
    ```

    由此可以發現,凡是 $mydestination 中列表的域名,都是 relay_domains 授權可以寄達的目的地。換言之,若要幫忙轉遞某些域名的郵件,只要把該域名,設定在 mydestination 或是設定在 relay_domains 即可。(請參考 9.8/9.9 節的說明)

    例如以下設定,除了幫自己($myhostname, localhost.$mydomain, localhost)轉遞郵件之外,也幫 mail.ols3.net、ols3.net、ols3.com 這三個域名代收郵件(不代轉):

    ```
    # 編輯 main.cf:
    mydestination = $myhostname, localhost.$mydomain, localhost, root.tw,
    mail.ols3.net,ols3.net, ols3.com
    ```

2. 目的地二:若收件者位址的域名,屬於下列設定項的內容值之一,則郵件的目的地即視為「本機」,Postfix 也會收下郵件。

    ```
    $mydestination、$inet_interfaces、$proxy_interfaces、
    $virtual_alias_domains、$virtual_mailbox_domains
    ```

簡單地來說,Postfix 預設只替管理者信任的來源主機轉信;另外,只有明確列表於「允許轉遞」的域名,Postfix 才會幫忙把郵件遞送過去。這便是 Postfix 控制「轉遞郵件」的作法。

9.2 Postfix 的收信限制

Postfix 轉遞郵件的預設政策，終究只能提供「基本的防護」。也就是說：Postfix 主機本身，不會被當成垃圾郵件轉寄跳板，只能不害人，但對於日益嚴重泛濫成災的垃圾郵件，卻無法讓自己免於受害。換言之，若不做任何限制，主機本身也會被一大堆垃圾郵件塞滿。為此，Postfix 提供若干接收郵信的限制政策，可用於阻擋垃圾郵件。

Postfix 的限制做法，有三個方向：

1. 要求 SMTP Client 端的行為，必須符合 SMTP 協定的標準。

   大多數垃圾郵件業者，使用的發信程式總是「不按牌理出牌」，極盡鑽洞之能事，為求加快投遞垃圾郵件的速度，經常會省略若干步驟，而且會故意使用一些造假的資料，例如：寄件者位址不完整、發信域名不存在、冒用本機 IP 或本機名稱等等。

   針對垃圾郵件主機的這種特性，如果我方能夠嚴格地要求 Client 端，一定要符合 SMTP 會談的標準，並且，提供正確的資料，那麼，很容易就可以判斷連線端，是不是垃圾郵件主機。

   根據筆者實戰經驗，利用此一方法，可擋下為數不少的垃圾郵件。不過，這個方法也是有弱點的：一旦發信程式設計者，開始研讀標準的 RFC 文件，調整發信端的行為模式，此法的效果，就會隨之降低。（可喜的是，目前還沒有碰到這麼用功的垃圾郵件程式開發者，此法的效果，「暫時」還是不錯的！）

2. 利用黑名單，阻擋垃圾郵件主機：

   許多濫發垃圾郵件的主機，會被垃圾郵件防治團體列入黑名單（blacklist）之中。利用這項資源，Postfix 在對方要求連線時，可立即查詢黑名單資料庫（通常是使用 Client 端的 IP 查詢），一旦查詢結果為真，則 Postfix 立即拒絕連線。

   當然，此法的阻擋效果，完全取決於黑名單的完整度，因此，只能做為一種輔助防禦的措施，若要完全控制垃圾郵件，必須再搭配其他方法才行。

3. 加高 SMTP Client 端的工作門檻，排除惡意主機：

垃圾郵件主機的行為模式，通常是「打了就跑」，也就是說，若傳送郵件遭到拒絕，或者傳送郵件耗時過久，這類主機，通常沒有耐性再嘗試寄送。

因此，我們可以利用這個特性，加高 SMTP Client 端的工作門檻，讓它在我方願意收下郵件之前，多跑一趟，或者，要先通過寄件者的身份驗證。前者稱為「灰名單」（greylisting），後者稱為「寄件者/收件者位址驗證」（sender/recipient address verification）。

這兩種作法，Postfix 採用的是「委任授權」的方式，也就是說，Postfix 把這些工作，委由外部程式負責，外部程式處理完了之後，回報查驗結果。Postfix 根據查驗結果，決定是否要收下 Client 端的郵件。

當然，Postfix 本身，也有提供驗證寄收件者身份的機制（http://www.postfix.org/ADDRESS_VERIFICATION_README.html），不過，只適合流量不高的郵件主機，而且，在使用時必須謹慎小心，因為，如果測試過度，對方可能會誤會我方是惡意主機，反而被對方列入黑名單之中。因此，筆者建議以本書第 11 章的做法（DKIM/SPF/DMARC），來替代 Postfix 的驗證機制，效果會比較好。

不過，沒有一種做法是完美無缺的。上述這三種做法，都有副作用。也就是說，這些做法可能會造成誤判。例如，許多家庭用戶使用舊式的 MUA，這些 MUA 不按標準的 SMTP 協定傳送郵件，再者，家庭用戶傳送郵件時，郵件來源位址可能不存在或不標準，因此，若拉高 Client 端的行為標準，可能會誤擋了這些正常的郵件。

再者，每個人對垃圾郵件的定義和接受度，都不太一樣。對某些人而言，電子郵件可有可無；但對某些人而言，要是漏了一封信，可能會出人命（例如：失去商機、延誤時程、丟了工作）。

為此，Postfix 允許管理者，可針對各別的使用者，制訂不同的限制類別，不同的使用者，可以適用不同的限制條件，如此一來，前述機制就更有彈性，也更為周延。（這個部份在 9.5 節加以說明）

除了上述這三種限制之外，Postfix 還提供了幾個作法，對所有轉遞的郵件都適用：

1. Postfix 內建過濾郵件的功能，可針對「信件表頭」、「信件內容」，濾除包含特定關鍵字的郵件。

2. Postfix 可要求 SMTP Client 端：在送出「MAIL FROM」或「ETRN」命令之前，須先用「EHLO/HELO」打招呼，介紹自己支援 SMTP 服務的程度。（這是符合 SMTP/ESMTP 協定標準的做法）

   鑑於某些舊式的 MUA 未必能符合標準，此項要求，Postfix 預設是關閉的。若要開啟此一功能，可修改 smtpd_helo_required 設定項：

   ```
   # 編輯 main.cf
   smtpd_helo_required = yes
   ```

3. 在 SMTP 連線階段，Postfix 可拒絕「MAIL FROM」或「RCPT TO」語法格式不正確的郵件。

   此一功能 Postfix 預設是關閉。啟用的方法是修改 strict_rfc821_envelopes 設定項：

   ```
   # 編輯 main.cf
   strict_rfc821_envelopes = yes
   ```

   啟用之後，「MAIL FROM」和「RCPT TO」後接的郵件位址，就要使用嚴格的語法格式，也就是說，要用一對角括號「< >」含括電子郵件位址，而郵件位址的格式也要正確，否則 Postfix 會拒收郵件。

   正例如下：

   ```
   MAIL FROM:<mary@example.com>
   RCPT TO:<jack@pbook.ols3.net>
   ```

   誤例如下：

   ```
   MAIL FROM: The Foo <mary@example.com>  (在括號之外，還有其他字串"The Foo"，
   這樣就不合格)
   RCPT TO: jack@pbook.ols3.net  (缺少 <>)
   ```

4. Postfix 可拒絕「寄件者不存在」的郵件。和前面的理由相同，Postfix 預設關閉此一功能。開啟的方法是：

   ```
   smtpd_reject_unlisted_sender = yes
   ```

5. Postfix 可拒絕「收件者不存在」的郵件。請注意，這個功能，預設是開啟的，請切勿更動！

   ```
   smtpd_reject_unlisted_recipient = yes
   ```

以上這五個限制條件，搭配之前的三個方向的做法，其實，就可擋下不少的垃圾郵件（註 9-2-1）。不過，筆者要提醒您，若限制條件過於嚴格，可能會誤擋某些正常的郵件。因此，如何平衡取捨，管理者應審慎評估；最好是一邊觀察一邊調整，以符合管理政策的需求。

註解
9-2-1

根據筆者實戰觀察，光是運用些限制，大約能擋下 90% 的垃圾郵件。平時，幾乎見不到垃圾郵件的蹤影，若有，也僅是少數幾封。

9.3 SMTP 傳入限制列表

前一節提到的郵件限制，其具體的實現方法，是在 SMTP 連線會談的過程，設立各種「傳入限制列表」，藉此達到控制郵件傳輸的目的。本節，將介紹此一限制列表的觀念。如果讀者對於 SMTP 的運作過程還不清楚，請先回頭參考 5.3 節的說明。

◉ 傳入郵件的檢查點

Postfix 可在 SMTP 連線交談的各個階段，設置檢查點，供管理者設定傳入郵件的限制規則。在各個檢查點所設置的「限制條件組合」，我們稱為「SMTP 傳入限制列表」（SMTP access restriction lists）。（以下簡稱：「限制條件列表」或「限制列表」）

在說明 Postfix 的檢查點之前，必須先了解 SMTP 連線交談的各個階段。圖 9-3-1 是使用 telnet 程式模擬 Client 端，連線到 SMTP Server 的交談過程。（關於模擬 SMTP 連線的方法、過程，請參考 5.3 節，在此，筆者不再贅述。）

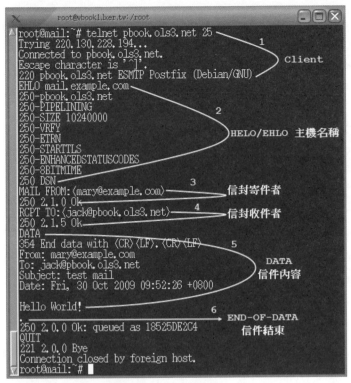

圖 9-3-1：SMTP 連線交談的各個階段

如圖 9-3-1，SMTP 連線交談過程，共標示六個階段：

次序	連線階段名稱	作用
1	client	Client 端和 SMTP Server 連線階段。
2	helo	Client 端使用「EHLO 主機名稱」表明自己的識別身份。
3	sender	Client 端使用「MAIL FROM:<寄件者@域名>」出示郵件信封的寄件者位址。
4	recipient	Client 端使用「RCPT TO:<收件者@域名>」出示郵件信封的收件者位址。
5	data	Client 端使用 DATA 指令開始傳送信件內容。
6	end_of_data	Client 端使用「.」告知 Server 端結束傳送信件。

這六個連線階段，就是 Postfix 設置檢查點的地方。Postfix 總共提供 7 個傳入限制的設定項（註 9-3-1）。

註解
9-3-1

其實總數應該是 8 個，還有一個是 smtpd_etrn_restrictions，其適用時機是當 Client 端送出 ETRN 命令時，對它做傳入限制的設定。ETRN 命令是用來請求 SMTP Sever 端，將屬於 Client 端的郵件全部傳送給 Client 端。

傳入限制的設定項，以階段名稱命名，其格式為：「smtpd_階段名稱_restrictions」（smtpd_relay_restrictions 除外），如下表所示：

次序	階段名稱	設定項名稱	必要性
1	client	smtpd_client_restrictions	選用
2	helo	smtpd_helo_restrictions	選用
3	sender	smtpd_sender_restrictions	選用
4	recipient	smtpd_relay_restrictions	Postfix 2.10 版以後「必要」
5	recipient	smtpd_recipient_restrictions	2.10 版以前「必要」，2.10 版之後為「選用」
6	data	smtpd_data_restrictions	選用
7	end_of_data	smtpd_end_of_data_restrictions	選用

smtpd_relay_restrictions 位在 smtpd_recipient_restrictions 之前，這兩個檢查點都是設置在 recipient（即 RCPT TO）階段，其他階段都只有一個檢查點。

請注意，smtpd_relay_restrictions 在 Postfix 2.10 版以後才有支援。據此，Debian Linux 7.x Wheezy 版使用的是 Postfix 2.9.6 版，就沒有支援這個設定項。

除了 smtpd_relay_restrictions 必須設定之外（其意義及預設值，請參考 9.1 節的說明）；其他設定項皆為選用，因此預設值皆為空值，讀者可用 postconf -d 查看，做法如下：

```
# Postfix 2.10 版以後
# 執行 postconf -d smtpd_recipient_restrictions 可得到以下回應，證實其預設值的確是空值：
smtpd_recipient_restrictions =
```

請特別注意：smtpd_relay_restrictions 和 smtpd_recipient_restriction 這兩個之中，一定要有一個有設置 relay 的預設政策才行（未經授權，不得轉信）；換言之，若 smtpd_relay_restrictions 設為「選用」（空值），那麼 smtpd_recipient_restriction 就須改為「必要」。

至於 Postfix 2.10 版以前，smtpd_recipient_restrictions 的預設值如下：

```
smtpd_recipient_restrictions = permit_mynetworks, reject_unauth_destination
```

檢查點的設定方法

各階段檢查點的設定語法是：「階段名稱＝限制條件列表」，其中，限制條件列表由若干「判斷命令」組合而成。判斷命令的格式，有以下三種：

命令語法結構	條件成立時傳回處置動作
permit_ 待測項目	允許
reject_ 待測項目	拒絕
check_ 待測的查表	依查詢結果而定

例如：permit_mynetworks，若待測項目 mynetworks 成立，那麼它會傳回 permit 的結果，此稱為白名單。

又例如：reject_unknown_helo_hostname，若待測項目 unknown_helo_hostname 成立，則它會傳回 reject 的結果，此稱為黑名單。

也就是說：限制條件列表的命令本身，含有判斷的作用，它會傳回一個允許或拒絕的處置動作。為了保險起見，所有白名單之後，通常要接上否定的動作（reject 或 defer），以免有漏網之魚。

以下是在各個檢查點，設置「限制條件列表」的用例。"="左邊為各檢查點的設定項名稱，"="右邊是限制條件列表的令命組合；設定列的語法格式，須符合 main.cf 的規定，詳情請參考 3.2 節。

```
# 編輯 main.cf：

# 次序 1
# 只限管理者信任的網段 IP，才能和 Postfix 連接。
smtpd_client_restrictions = permit_mynetworks, reject

# 次序 2
# 若 ehlo 後接的主機名稱，在 DNS 中查不到 A 或 MX 記錄，則予以拒絕。
# 若 Postfix 版本在 2.3 版之前，請改用「reject_unknown_hostname」。
smtpd_helo_restrictions = reject_unknown_helo_hostname

# 次序 3
# 若信封寄件者位址的域名不存在，則予以拒絕。
smtpd_sender_restrictions = reject_unknown_sender_domain

# 次序 4
# 此為白名單的列表方式：先允許，不符合的話就拒絕。
```

```
# 因此，允許本地網段的 Client 端，可寄信到任何地方，但拒絕幫其他 Client 端轉遞郵件到未
授權的目的地。
smtpd_relay_restrictions = permit_mynetworks, permit_sasl_authenticated,
defer_unauth_destination

# 次序 5
# 如果 smtpd_relay_restrictions 已有做上述的設定，那麼在
smtpd_recipient_restrictions 的設定中 reject_unauth_destination 就可以省略。
smtpd_recipient_restrictions =  permit_mynetworks,
        permit_sasl_authenticated,
        reject_unauth_destination,
        reject_rbl_client zen.spamhaus.org,
        reject_rhsbl_reverse_client dbl.spamhaus.org,
        reject_rhsbl_helo dbl.spamhaus.org,
        reject_rhsbl_sender dbl.spamhaus.org

# reject_rbl* 和 reject_rhsbl* 等限制項，是利用黑名單阻擋垃圾郵件主機的語法。

# 次序 6
# 若 Client 端傳送 SMTP 命令過早回應，即不按 SMTP 各連線階段一問一答的方式傳送命令，
則予以拒絕。
smtpd_data_restrictions = reject_unauth_pipelining

# 次序 7
# 傳送信件內容時，使用 check_policy_service 委託外部程式，檢查是否可收下郵件，例如檢
查郵件的磁碟用量是否超過配額。
smtpd_end_of_data_restrictions = check_policy_service unix:private/policy
```

Postfix 會依序由第一個檢查點到最後一個檢查點，由左至右地，解析各連線階段的限制列表，若某一個命令得到評估的結果是 permit，則 Postfix 會再繼續評估下去，直到某一個限制條件，傳回 reject 或 defer 的處置動作為止。如果所有的條件評估完了之後，都沒有得到 reject 或 defer，那麼最後的評估結果就是 permit。

上述這三種處置動作列表，整理如下：

名稱	意義
reject	拒絕。
defer	暫時拒絕，請 Client 端稍後再嘗試連線。
permit	允許。此為預設值（沒有 reject 或 defer 就是允許）。

這三種動作，可按實際需要，安排在限制列表的最後面。例如，第一個限制列表「permit_mynetworks, reject」是針對 Client 端的 IP 位址做判斷，若它不是

mynetworks 列表的 IP，那麼此項評估沒有成立，因此，其後接的動作 reject，即是這個限制列表的結果。

如果第一個限制列表只有 「permit_mynetworks」，由於它是白名單的性質，而且後面沒有任何處置動作，因此，不管此條件是否成立，此限制列表的結果就是 permit。前面筆者曾提到，白名單的後面，務必要加上否定的動作，否則，限制列表可能會有邏輯上漏洞，而讓垃圾郵件有可趁之機。

除了上述這 6 個檢查點之外，Postfix 還支援一個特殊的檢查點 smtpd_etrn_restrictions，它的適用時機是：當 Client 端對 SMTP Server 端提出 ETRN 的命令時。當然，此設定項也是選用的。

說明至此，筆者整理一下，各連線階段進行的順序，以加強讀者的印象。

Postfix 按以下兩種方式，依序檢查各連線階段的限制條件列表：

1. client->helo->sender->recipient->data->end_of_data。

2. client->helo->etrn。

大部份 SMTP 傳輸採用方式 1，而方式 2 則較少使用。

最後，補充說明 client->helo->etrn。

ETRN 主要用於：未固定連接網際網路的 MTA 主機，例如，某些單位的郵件主機並沒有 24 小時開機，平時該主機的郵件是由 ISP 代收代轉。當此種 MTA 主機向 Postfix 發出 ETRN 命令時，它的意思是說：「請把屬於我的郵件，一次整批地出清傳給我」。接著，就由 Postfix 主動連線至 Client 端，把屬於 Client 端 MTA 主機的郵件整批傳送過去。

使用 ETRN 要求傳送郵件，收件目的地可是有限制的，Postfix 預設只允許屬於特定的收件域名（$relay_domains）的郵件，才能使用 ETRN 出清，這是為了責任隸屬所必須做的限制。道理很簡單，你叫我幫你代收代轉郵件，當然只有寫給你的信件，才能傳送給你囉！除此之外，最好連可以使用 ETRN 命令的主機，也要一併限制其連線來源，這便是使用 smtpd_etrn_restrictions 的目的。

設定用例如下：

```
# 編輯 main.cf:
fast_flush_domains = $relay_domains
smtpd_etrn_restrictions = permit_mynetworks, reject
```

第二列的意思是說，能夠做 ETRN 快速出清郵件的收件者目的地，僅限列表於 $relay_domains 之中的域名。假設，$relay_domains 的值為 「example.com、pbook.ols3.net」，則只有收信人位址屬於這兩個網域的郵件，才能由 Postfix 整批出清，主動傳送給要求執行 ETRN 的 MTA。

第三列的意思是說，能夠向 SMTP Server 發出 ETRN 命令的，只有本機網域 $mynetworks 所信任的 IP 主機，除此之外，其他主機會被 Postfix 拒絕（reject）。

代轉郵件的設定方法，請參考 9.8/9.9 節。

◎ 各檢查點的評估時機

早期的 Postfix 版本，各檢查點的評估時機，都是儘早檢查，例如：對 client 的評估，提早在 Server 回應「220 $myhostname」的命令之前；對 helo 的評估，提早在對 EHLO 的回應之前；對 sender 的評估，提早在對 MAIL FROM 的回應之前等等。

這種評估方式，讓 Postfix 對郵件傳入限制很難伸展，主要原因是：提早評估，能掌握到的 Client 端資訊很少，而且，各組限制條件互相孤立，無法發揮整合的作用。

後來的版本，Postfix 都故意把前面三個階段，延後到 RCPT TO（recipient）或 ETRN 命令階段，才執行評估，但順序不變，仍然是按「client->helo->sender->recipient->data->end_of_data」或「client->helo->etrn」的次序。若檢查過程中，得到 reject 或 defer 的處置結果，未完成的檢查點，就不再繼續下去。

這樣做的好處有三：

- 某些 SMTP 軟體，不理會 Server 端初始階段的負面回應。將評估時機延後，這類的 Client 端，會以為傳送目的完成了，自己結束連線，如此，可避免這類 Client，一直重複要求和 Server 連線，最後，演變成無窮迴圈。

- 延後評估，可讓 Postfix 收集到更多 Client 端的資訊（記錄在 log 檔中），例如：Client 端的主機名稱、IP 位址、寄件者和收件者位址，這對分析控制垃圾郵件，十分有幫助，也可以得知郵件被拒收的原因。

- 延後評估，可讓各個連線階段的限制條件，混合運用，在撰寫限制條件列表時，更有彈性，能應付更複雜的設定目標。最常見的做法，是把限制條件集中寫在 smtpd_recipient_restrictions 這一區。

當然，管理者可以決定，要不要延後評估時機。預設值是「延後」：

```
smtpd_delay_reject = yes
```

筆者強烈建議：這個請勿修改，除非，你自己知道在做什麼。

◉ 測試限制條件的方法

限制條件列表，並不是一次就可以搞定的，通常，要經過多次測試才會合用，而且，限制條件的順序，影響甚大，稍有不慎，可能會誤擋了重要的郵件。為了避免錯誤，Postfix 提供三個機制，可用來測試限制條件是否正確。

第一個是 soft_bounce，若打開此一選項，Postfix 不會永久拒絕郵件；第二個是 warn_if_reject，它只在記錄檔留下警告訊息，但不會真的把郵件檔下來；第三個是使用 XCLIENT 命令，模擬特定的主機來源。

設定方法如下：

1. 修改 main.cf，加入：

   ```
   soft_bounce = yes
   ```

   此設定是把 Postfix 永久性的拒絕行為（即 reject）改成 defer，也就是說，暫時改成「請稍後再嘗試連線」。這樣一來，若有重要的郵件不小心被誤擋了，我方仍可適時修正限制條件，俟對方再次嘗試寄送時，原先延誤的郵件便有機會再接收下來。

2. 在某一個限制條件之前，加上 warn_if_reject。

   若該條件的評估結果是拒絕，Postfix 只會在系統記錄檔，留下相關訊息，但不會真的拒收。

   以 smtpd_helo_restrictions 為例，筆者在限制條件 check_helo_access 之前，擺放 warn_if_reject，若 SMTP Client 端在 helo 階段，出示的主機名稱是筆者禁用的名稱，則 Postfix 還是會收下郵件，然後在 mail.log 留下拒絕的訊息。

   warn_if_reject 的用例如下：

   ```
   smtpd_helo_restrictions =
           permit_mynetworks
           warn_if_reject check_helo_access hash:/etc/postfix/check_helo
   ```

用例訊息：

以下是某 Client 端，在 helo 階段，偽稱它是 pbook.ols3.net，記錄檔 mail.log
產生以下 reject_warning 的警示訊息：

```
Feb 17 21:33:52 pbook postfix/smtpd[5948]: NOQUEUE: reject_warning: RCPT
from b2d.lxer.idv.tw[220.130.228.195]: 554 5.7.1 <pbook.ols3.net>: Helo
command rejected: Access denied; from=<test@test.com> to=<ols3>
proto=ESMTP helo=<pbook.ols3.net>
```

一旦測試完成後，請記得關閉上述「假拒絕」的機制，即把 soft_bounce 重
設為 no、刪除 warn_if_reject，以免限制列表開了後門，沒有發揮防制作用。

3. 使用 XCLIENT 命令，模擬特定的主機來源。

XCLIENT 的原理，是在 SMTP session 初期，Client 端向 Server 端發出
XCLIENT 指令，Server 端重置 SMTP 的對話，接著 Client 端送出模擬的主
機名稱和 IP 位址，如此，便可測試出 Server 端的限制條件，是否能發揮預
期的效果。

基於安全考量，XCLIENT 的功能預設是關閉的，因此，欲啟用 XCLIENT 命
令，必須是 Postfix 授權的來源主機才行。

啟用 XCLIENT 的方法如下：

1. 編輯 main.cf，加入：可以使用 XCLIENT 的 IP 位址。

```
smtpd_authorized_xclient_hosts = 192.168.1.18, 192.168.1.28
```

2. 重新載入 Postfix：

```
postfix reload
```

測試的過程如下：

```
01.   ols3@r400:~$ telnet pbook.ols3.net 25
02.   Connected to pbook.ols3.net.
03.   Escape character is '^]'.
04.   220 pbook.ols3.net ESMTP Postfix
05.   EHLO mail.example.com
06.   250-pbook.ols3.net
07.   250-PIPELINING
08.   250-SIZE 10240000
09.   250-ETRN
10.   250-AUTH DIGEST-MD5 NTLM CRAM-MD5 LOGIN PLAIN
11.   250-AUTH=DIGEST-MD5 NTLM CRAM-MD5 LOGIN PLAIN
12.   250-XCLIENT NAME ADDR PROTO HELO REVERSE_NAME PORT LOGIN
```

```
13.   250-ENHANCEDSTATUSCODES
14.   250-8BITMIME
15.   250 DSN
16.   XCLIENT NAME=r400.ols3.net ADDR=172.16.8.33
17.   220 pbook.ols3.net ESMTP Postfix
18.   EHLO r400.ols3.net
19.   250-pbook.ols3.net
20.   250-PIPELINING
21.   250-SIZE 10240000
22.   250-ETRN
23.   250-AUTH DIGEST-MD5 NTLM CRAM-MD5 LOGIN PLAIN
24.   250-AUTH=DIGEST-MD5 NTLM CRAM-MD5 LOGIN PLAIN
25.   250-ENHANCEDSTATUSCODES
26.   250-8BITMIME
27.   250 DSN
28.   MAIL FROM:<ols3@pbook.ols3.net>
29.   250 2.1.0 Ok
30.   RCPT TO:<ols3@lxer.idv.tw>
31. 554 5.7.1 <r400.ols3.net[172.16.8.33]>: Client host rejected: Access
denied
```

說明：

列 5，Client 端發出命令「EHLO mail.example.com」

列 6～15 為 Server 端的回應內容。

請注意列 12「250-XCLIENT NAME ADDR PROTO HELO REVERSE_NAME PORT LOGIN」，這表示 Server 告知 Client 端：Server 有支援 XCLIENT 命令，其語法格式如列 12 所示。

列 16，Client 端發出模擬主機的資訊：主機名稱偽裝成 r400.ols3.net，IP 位址偽裝成 172.16.8.33。

列 17，此時，Postfix 會檢查 Client 端的真實 IP，是否可以使用 XCLIENT 命令，若允許，就重置 SMTP session，並回應「220 pbook.ols3.net ESMTP Postfix」予 Client 端。

列 28~29，Client 端對 Server 發出 MAIL FROM 和 RCPT TO 的命令。

列 31，由於模擬的 IP 位址「172.16.8.33」是在 /etc/postfix/client_access 禁止之列（請參考 9.4 節 Client 階段的說明），於是 Server 回應代碼 554，拒絕了 Client 端的連接。

9.4 限制條件列表的設定示範

這一節,筆者將示範,在各階段設置限制列表的作法。

請注意,以下設定示範的大前提是:啟用「延後評估」(smtpd_delay_reject = yes),也就是說,在 client、helo、sender 等階段的限制條件,都將延後到 recipient 階段(即 RCPT TO),才一併執行。

◉ client 階段

檢查點名稱:smtpd_client_restrictions。

此階段 SMTP Client 向 Postfix 要求連線,若 Postfix 同意,回應給 Client 端的代碼是 220,其格式為:「220 SMTP Server 的主機名稱、軟體種類、版本資訊」(可在 smtpd_banner 設定回應資訊)。

在預設情況下,Postfix 允許任何主機連接。

Postfix 在此 SMTP session 過程中,可收集到 Client 的主機名稱以及 IP 位址,因此,管理者可針對這兩種資訊,設置限制條件。

由於 MTA 主要工作是負責轉遞郵件,如果像上一節的用例,只限管理者信任的 IP 主機才能連接,實用性實在太低,因此,應該擴大服務範圍,開放其他主機,也可以連接 Postfix,不過,能否繼續進行到下個階段,就要看 Client 端,能否通過此一階段的檢驗。

筆者建議的設定如下(不含說明列號):

```
01.  # 編輯 main.cf,加入 client 階段的限制條件組
02.  smtpd_client_restrictions =
03.      permit_mynetworks
04.      permit_sasl_authenticated
05.      check_client_access hash:/etc/postfix/client_access
06.      reject_rbl_client bl.spamcop.net
07.      reject_rbl_client dnsbl.sorbs.net
08.      reject_rbl_client cbl.abuseat.org
09.      reject_rhsbl_client rhsbl.sorbs.net
```

這裡共設置了 7 個限制條件。

由於有些命令較長，為了方便維護，筆者採用接續列的寫法，即每一列只寫一個限制條件，並在下方列的左方，加上適當的空白字元，如此，即可視為接續上一列的設定。

各列命令的意義說明如下：

列 3，permit_mynetworks 是說：管理者信任的網段主機，皆允許連接，後續檢查可跳過，免驗。

列 4，permit_sasl_authenticated 是指：已通過 SASL 授權（SMTP AUTH）的 Client 端允許連接，後續不必再做檢查。

列 5，check_client_access 會對 /etc/postfix/client_access 查表。此 access 對照表是 hash 格式，需經過 postmap 編譯才可以使用（postmap /etc/postfix/client_access）。由於檢驗時是使用索引檔的格式，因此，原文字檔 client_access 各列的前後順序沒有關係（索引檔會先自行排序），也不會計較大小寫。

Client 端的 IP 經查表之後，Postfix 會按查表的結果處置。

client_access 的內容示例如下：

```
172.16.6          REJECT
172.16.6.1        OK
172.16.8          REJECT
```

這個對照表的意思是說，IP 前三個數字和 172.16.6 或 172.16.8 相符者（即 C class 段），得到 REJECT 的結果，但 172.16.6.1 則排除在外，得到 OK。

假設 Client 端的 IP 位址是 172.16.8.119，此 IP 比對符合上表第三列，查表結果會傳回 REJECT，Postfix 因此拒絕這台主機連接。

client_access 的內容，原本是筆者自訂的黑名單，其中各列資料是垃圾郵件主機的 IP，此為筆者長期觀察所得，因此，規劃在此階段直接予以封殺。不過，為顧及隱私，上表改以私有 IP 位址示例，讀者應修改成您自己研判所得的 IP。

第 6~9，使用 reject_rbl_client 和 reject_rhsbl_client 檢查 Client 端的 IP 是否列表於黑名單，若是，則拒絕連接。

reject_rbl_client 可設置多個，並沒有數量的限制，唯須注意的是：提供黑名單服務的站台，是否有定期更新維護，黑名單的精確度和完整度是否足夠，是否有公

信力，是否需要收費，或者有其他使用限制等等。（RBL 是「Real-time Blackhole List」的簡稱，此名單用於聯合封鎖垃圾郵件主機。）

補充說明：

由於 Postfix 查詢黑名單比較耗時，因此，在 reject_rbl_client 之前，放置 permit_mynetworks 和 permit_sasl_authenticated，讓信任網段主機和通過 SASL 授權的主機直接跳過 RBL 的檢查，如此可加快連接速度。

還要注意一點，查詢黑名單會讓 Client 端的連線延遲，因此，reject_rbl_client 的數量不宜過多，以免影響接收郵件的效能。

若非信任主機在此階段遭拒，Postfix 回應對方 554 的代碼（預設在 maps_rbl_reject_code），而回應訊息可在 default_rbl_reply 設定。另外，若要根據不同的 RBL 服務站台，回應 Client 端不同的拒絕訊息，可在 rbl_reply_maps 設定。

以下是前述 172.16.8.119 連線結果的訊息片段，最左方的數字 554，即是告知對方：你的連線遭拒，請不要再來了。

```
554 5.7.1 <mail.example.com[172.16.8.119]>: Client host rejected: Access denied
```

另外，client_access 各列的處置動作的後面，也可以自訂回應訊息，例如：

```
mail.example.com          REJECT Hi, Do not bother me!
```

處置動作也可以使用用回應代碼，例如：

```
mail.example.com          550 Hi, Dot not bother me!
```

其中，回應代碼 550 表示是永久性的拒絕，效果和 REJECT 相同。

關於 access 對照表請參考 3.5 節的說明。

◉ helo 階段

檢查點名稱：smtpd_helo_restrictions。

helo 階段是 Client 端和 Postfix 連線初始化的過程。此階段，Client 端應先送出 EHLO 命令。EHLO 命令的目的，一方面讓 Client 端表明是否能使用擴充的 SMTP 服務，一方面讓 Server 端回應支援哪些 SMTP 擴充服務。如果 Server 端的系統老舊，不支援 ESMTP 協定，則 SMTP Server 會回應「command not recognized」，

表示這個 MTA 不認得 EHLO 命令，此時，Client 端會重新使用 HELO 命令和 SMTP Server 溝通，雙方於是改用舊式的 SMTP 協定做為運作的基礎。

EHLO 命令的格式如下：

```
EHLO 「Client 端的完整主機網域名稱」
```

在這個階段，限制條件的設置重點有三個：

1. 要求 Client 端在傳送郵件之前，一定要先送出 EHLO/HELO 命令。

2. EHLO 後接的主機名稱，必須是完整主機網域名稱（FQDN），主機名稱必須有效，而且該主機名稱在 DNS Server 中，必須查得到一筆 A 記錄或 MX 記錄。

3. 拒絕 Client 端冒用我方的主機名稱或 IP 位址。

據此，筆者建議的設定如下：

```
01.    # SMTP Client 一定要先送出 EHLO/HELO 命令才行
02.    smtpd_helo_required = yes
03.
04.    # helo 階段的限制條件組
05.    smtpd_helo_restrictions =
06.        permit_mynetworks
07.        reject_invalid_helo_hostname
08.        reject_non_fqdn_helo_hostname
09.        reject_unknown_helo_hostname
10.        check_helo_access hash:/etc/postfix/check_helo
```

說明：

列 2，smtpd_helo_required = yes 表示 Client 端一定要先送出 EHLO/HELO 命令才行，否則拒絕連接。

列 5～10，smtpd_helo_restrictions 共設置了 5 個限制條件。

列 6，permit_mynetworks 的意思是說：管理者信任的網段主機不必檢查。

列 7，reject_invalid_helo_hostname 的意思是說：若 Client 端送出「EHLO 主機名稱」時，其中的「主機名稱」不是有效的主機名稱，則拒絕連接。此時，Postfix 會回應 invalid_hostname_reject_code 定義的回應代碼，預設是 501。請注意，若是 Postfix 2.3 之前的版本，這裡請改用 reject_invalid_hostname。

列 8，reject_non_fqdn_helo_hostname 的意思是說：EHLO 後接的主機名稱必須是完整主機網域名稱（FQDN），否則拒絕連接。Postfix 的回應代碼定義在 non_fqdn_reject_code，預設是 504。若是 Postfix 2.3 之前的版本，這裡請改用 reject_non_fqdn_hostname。

列 9，reject_unknown_helo_hostname 的意思是說：EHLO 後接的主機名稱在 DNS Server 中必須存在有一筆 A 記錄或 MX 記錄，否則拒絕連接。Postfix 的回應代碼定義在 unknown_hostname_reject_code，預設是 450。若是 Postfix 2.3 之前的版本，這裡請改用 reject_unknown_hostname。

列 10，check_helo_access 是 指：使 用 EHLO 後接的主機名稱查表 /etc/postfix/check_helo，判斷是否為我方所允許的名稱。此舉可避免 Client 端冒用我方的主機名稱或 IP 位址。

對照表 /etc/postfix/check_helo 的內容示例如下：

```
mail.example.com        REJECT
192.168.1.188           REJECT
```

這個對照表的意思是說：若 Client 端送出 EHLO 命令時，後接的主機名稱是 mail.example.com，或後接的主機 IP 是 192.168.1.188（這是我的主機 IP 位址），則拒絕連接。

main.cf 設定好了之後，請編譯對照表（postmap /etc/postfix/check_helo），並重新載入 Postfix，讓新的設定生效。

⬡ sender 階段

檢查點名稱：smtpd_sender_restrictions。

sender 階段，由 SMTP Client 端對 Postfix 發出 MAIL FROM 命令開始。

MAIL FROM 命令的格式如下：

```
MAIL FROM:<寄件者郵件位址>
```

MAIL FROM 後接的是郵件信封（envelope）上的寄件者位址。指定這個位址的目的是，若將來轉遞郵件有問題，SMTP Server 才有對象可以退回信件。

在這個階段，限制條件的設置重點有三：

1.　寄件者位址中的域名，應使用完整主機網域名稱。

2.　寄件者位址中的域名，在 DNS 系統中應有正式的記錄。

3.　防止 Client 端冒用我方寄件者位址。

據此，筆者建議的設定如下：

```
01.   smtpd_sender_restrictions =
02.       permit_mynetworks,
03.       reject_non_fqdn_sender
04.       reject_unknown_sender_domain
05.       check_sender_access hash:/etc/postfix/check_sender
06.       check_sender_mx_access cidr:/etc/postfix/check_bad_mx
```

列 1～6 共設置了 5 個限制條件。

列 2，permit_mynetworks 的意思是說：管理者信任的網段主機不必檢查。

列 3，reject_non_fqdn_sender 的意思是說：若 MAIL FROM 後接的寄件者位址，其域名並非完整主機網域名稱，則拒絕連接。Postfix 的回應代碼定義在 non_fqdn_reject_code，預設是 504。

列 4，reject_unknown_sender_domain 的意思是說：若 MAIL FROM 後接的寄件者位址，其域名在 DNS 系統中並不存在（即沒有一筆 A 記錄或 MX 記錄），則拒絕連接。Postfix 的回應代碼定義在 unknown_address_reject_code，預設是 450。

列 5，check_sender_access 後接對照表，可判斷：MAIL FROM 後接的寄件者位址，其域名、上層域名或寄件者人名部份，是否冒用我方的主機名稱或郵件資訊，若有冒用，則拒絕連接。

列 6，check_sender_mx_access 後接對照表，可判斷：MAIL FROM 後接的寄件者位址，其 MX 主機是否在我方禁用的黑名單之列，若是，則拒絕連接。

對照表 /etc/postfix/check_sender 的內容如下：

```
example.com              REJECT
```

check_sender 使用 hash 格式，要先用 postmap 編譯過。

對照表 /etc/postfix/check_bad_mx 的內容如下：

```
10.12.0.0/16     550 Bad mx
192.168.2.0/24   550 Bad mx
```

check_bad_max 使用 cidr 格式，無需用 postmap 編譯，只要直接使用即可。關於 cidr 格式，請參考 3.5 節。

◉ recipient 階段

這個階段（RCPT TO）的檢查點比較特殊，有兩種限制列表的名稱，首先是 smtpd_relay_restrictions 的作用在前，其後接 smtpd_recipient_restrictions。請特別注意，smtpd_relay_restrictions 是 Postfix 2.10 以後的版本才新增的，若您的 Postfix 版本較舊，這裡只能設定 smtpd_recipient_restrictions。

recipient 階段，由 SMTP Client 端對 Postfix 發出 RCPT TO 命令開始。

RCPT TO 命令的格式如下：

```
RCPT TO:<收件者郵件位址>
```

RCPT TO 後接郵件信封（envelope）上的收件者位址，SMTP Server 會根據這個位址，解析郵件的目的地或轉遞郵件的路徑。

對防制垃圾郵件而言，recipient 階段可說是最重要的防護核心，須注意的要點有三：

其一，Postfix 要求在 smtpd_relay_restrictions 或 smtpd_recipient_restrictions 的限制條件列表中，至少要存在以下限制條件其中一個，否則 Postfix 會拒收郵件：

```
reject, reject_unauth_destination
defer, defer_if_permit, defer_unauth_destination
```

此舉最主要的目的，是為了避免 SMTP Server 遭到濫用，被人當成垃圾郵件轉運站；這是一種自我安全防護的預設政策。

其二，若 smtpd_delay_reject 設為 yes，則前面三個階段的限制條件列表，會延後到這個階段才一起執行評估。

其三，Postfix 允許各階段的限制條件混合使用，最常見的做法，是把限制條件集中寫在 smtpd_recipient_restrictions 之下。

recipient 階段設置的重點有三：

1. 檢查收件者位址的域名是否存在。

2. 只有管理者信任的網域主機，或已通過 SASL 授權的 Client 端，Postfix 才允許轉遞其郵件。

3. 除了目的地是本機類別的郵件位址之外，不允許 Client 端寄信到其他位址。

據此，筆者建議的限制條件如下：

```
01.  smtpd_relay_restrictions =
02.      permit_mynetworks
03.      permit_sasl_authenticated
04.      reject_unauth_destination
05.
06.  smtpd_recipient_restrictions =
07.      permit_mynetworks
08.      permit_sasl_authenticated
09.      reject_unknown_recipient_domain
10.      reject_unauth_destination
11.      check_recipient_access hash:/etc/postfix/ch_r_access
```

列 1～4，屬於 smtpd_relay_restrictions 的限制條件設置了 3 個。

列 6～11，屬於 smtpd_recipient_restrictions 的限制條件設置了 5 個。

列 2、7，permit_mynetworks 的意思是說：允許管理者信任的網段主機連接。

列 3、8，permit_sasl_authenticated 的意思是說，允許已通過 SMTP 授權的 Client 端連接。

列 4、10，reject_unauth_destination 的意思是說，若 Client 端未經授權，拒絕轉遞其郵件到任意位址，除非收件者位址是本機或 relay_domains 定義的網域。其實，若 smtpd_relay_restrictions 已有 reject_unauth_destination 的設定，smtpd_recipient_restrictions 就可以省略列 10。

列 9，reject_unknown_recipient_domain 的意思是說：若收件者位址中的域名在 DNS 系統中不存在（即沒有一筆 A 記錄或 MX 記錄），則拒絕連接。Postfix 的回應代碼定義在 unknown_address_reject_code，預設是 450。

列 11，使用 check_recipient_access 查表，以決定是否收下此收件者的郵件。這個限制條件為選用，視實際需要而定。

對照表 /etc/postfix/ch_r_access 的內容如下：

```
mmm@mail.example.com          permit_mynetworks,reject
```

這個對照表的意思是說，只有管理者信任的網段主機（permit_mynetworks），才能寄信給 mmm@mail.example.com，其他來源主機全部拒絕。

雖然 Postfix 可讓您把不同階段的限制條件，集中寫在 smtpd_recipient_restrictions 之下，不過，筆者並不建議這樣做，主要的原因是：命令的順序安排牽涉思考邏輯，混用在一起很難釐清思緒，對新手而言不易入門，偵錯維護都比較困難。

舉例來說：（此例來自 Postfix 的線上文件 SMTPD_ACCESS_README.html）

```
smtpd_recipient_restrictions =
    permit_mynetworks
    check_helo_access hash:/etc/postfix/helo_access
    reject_unknown_helo_hostname
    reject_unauth_destination
```

其中，對照表 /etc/postfix/helo_access 的內容如下：

```
localhost.localdomain PERMIT
```

試問：上述的設置有什麼問題？

原來，SMTP Client 端只要在 helo 階段，偽稱其主機名稱是 localhost.localdomain，就可以得到 permit 的處置結果，因此，垃圾郵件就成了漏網之魚轉遞出去了。（註 9-4-1）

其實，要把不同階段的限制條件統統寫在 smtpd_recipient_restrictions 之下，也是可以的，不過，請把握住一個原則：非屬 recipient 階段的限制條件，請放置在 reject_unauth_destination 的後面。例如前面的設定，若改寫如下，就不會有問題了。

```
smtpd_recipient_restrictions =
    permit_mynetworks
    reject_unauth_destination
    reject_unknown_helo_hostname
    check_helo_access hash:/etc/postfix/helo_access
```

不過，筆者還是強烈建議：各階段的限制條件，各自分開設定（一如本節的設置示範），才是最容易維護，最不容易造成傷害的作法！

註解
9-4-1

Postfix 的作者為了避免發生這樣的問題，在 Postfix 2.10 版之後，增加了 smtpd_relay_restrictions 這個限制條件列表，因此，若您使用的是 2.10 之後（含）版本，此問題就不會發生，因為一旦 Postfix 發現 Client 端違反 relay 政策，還是會拒絕連接。不過，若您使用的是 2.10 之前的舊版本，仍要特別小心。

◉ data 和 end_of_data 階段

data 檢查點名稱：smtpd_data_restrictions

end_of_data 檢查點名稱：smtpd_end_of_data_restrictions。

data 階段由 SMTP Client 端發出 DATA 命令開始，表示 Client 端要開始傳送信件內容。end_of_data 階段則是 Client 端結束傳送信件時。

這兩個階段可以運用的限制條件有兩大類：

1. 在 9.6 節列舉的一般性限制條件。

2. 前面四個階段所有可用的限制條件。也就是說：smtpd_client_restrictions、smtpd_helo_restrictions、smtpd_sender_restrictions、smtpd_relay_restrictions、smtpd_recipient_restrictions 之下的限制條件都可以使用。

不過，一般而言，較少在這兩個階段設置限制條件。最常見的安排如下：

- 要求 SMTP Client 端，發出 SMTP 命令不可以回應過早，以防止 Client 濫用 ESMTP 協定，只為了提高投遞郵件的速度。

- 防範 Client 端假藉 MAILER-DAEMON 的名義（即寄件者名稱為空字 "<>"），大量發信給不同的收件者。

據此，筆者只示範這兩個防制重點：

```
smtpd_data_restrictions =
    reject_unauth_pipelining
    reject_multi_recipient_bounce
```

reject_unauth_pipelining 即是指 Client 端不可以過早回應，不遵守 SMTP session 的對話規則。

reject_multi_recipient_bounce 是說：若郵件信封的寄者件位址是 "<>"（空值），
而信封的收件者卻是多個不同的位址，則拒絕連接，如此，可避免 Client 端假藉
MAILER-DAEMON 的名義，寄出大量的垃圾郵件。

◈ 總整理

以下是本節示範的設置方法，整理如下：

- client 階段：

```
smtpd_client_restrictions =
    permit_mynetworks
    permit_sasl_authenticated
    check_client_access hash:/etc/postfix/client_access
    reject_rbl_client bl.spamcop.net
    reject_rbl_client dnsbl.sorbs.net
    reject_rbl_client cbl.abuseat.org

    reject_rhsbl_client rhsbl.sorbs.net
```

/etc/postfix/client_access 的內容：

```
172.16.6        REJECT
172.16.6.1      OK
172.16.8        REJECT
```

- helo 階段：

```
# SMTP Client 一定要先送出 EHLO/HELO 命令才行
smtpd_helo_required = yes

# helo 階段的限制條件組
smtpd_helo_restrictions =
    permit_mynetworks
    reject_invalid_helo_hostname
    reject_non_fqdn_helo_hostname
    reject_unknown_helo_hostname
    check_helo_access hash:/etc/postfix/check_helo
```

/etc/postfix/check_helo 的內容：

```
mail.example.com        REJECT
192.168.1.188                   REJECT
```

- sender 階段：

```
smtpd_sender_restrictions =
    permit_mynetworks
    reject_non_fqdn_sender
    reject_unknown_sender_domain
    check_sender_access hash:/etc/postfix/check_sender
    check_sender_mx_access cidr:/etc/postfix/check_bad_mx
```

/etc/postfix/check_sender 的內容：

```
example.com              REJECT
```

/etc/postfix/check_bad_mx 的內容：

```
10.12.0.0/16     550 Bad mx
192.168.2.0/24   550 Bad mx
```

- recipient 階段：

```
# Postfix 2.10 以後的版本適用，若是 2.10 以前的版本，
# 請把 smtpd_relay_restrictions 的設定列刪除
smtpd_relay_restrictions =
    permit_mynetworks
    permit_sasl_authenticated
    reject_unauth_destination

# 不限 Postfix 版本均可使用
smtpd_recipient_restrictions =
    permit_mynetworks
    permit_sasl_authenticated
    reject_unknown_recipient_domain
    reject_unauth_destination
    check_recipient_access hash:/etc/postfix/ch_r_access
```

/etc/postfix/ch_r_access 的內容：

```
mmm@mail.example.com          permit_mynetworks,reject
```

- data 階段：

```
smtpd_data_restrictions =
    reject_unauth_pipelining
    reject_multi_recipient_bounce
```

◎ 狀況演練

案情：管理員發現，主機經常收到來自 bob@mail-t.example.com 的郵件，但都因故無法轉遞，此種延遲的郵件累積已高達上萬封。為此，管理員決定「暫時」不再收下這位寄件者的郵件，請問該如何處置？

想法：由於只是暫時不收信，因此，安排如下：

1. 打算使用傳入限制列表，並在 sender 階段設立檢查點。

2. 使用 check_sender_access 命令，在對照表中設定 450 的拒收訊息。

作法：

1. 編輯 main.cf，加入：

    ```
    01.  smtpd_sender_restrictions =
    02.       permit_mynetworks
    03.       reject_non_fqdn_sender
    04.       reject_unknown_sender_domain
    05.       check_sender_access hash:/etc/postfix/check_sender
    ```

2. 編輯 /etc/postfix/check_sender：

    ```
    bob@mail-t.example.com   450  Some Kind Of Trouble. May be try it later.
    ```

    執行：postmap /etc/postfix/check_sender

3. 重新載入 Postfix：

    ```
    service postfix reload
    ```

    請注意：如果步驟一第 5 列之前已存在於 main.cf 之中，那麼，就不必再重新載入 Postfix。只要用 postmap 編譯過對照表，check_sender_access 的作用即可生效。

觀察：

以下是檢閱 mail.log 記錄檔的訊息：

```
Aug 24 07:26:43 pbook postfix/smtpd[13952]: NOQUEUE: reject: RCPT from
mail-t.exmaple.com[192.168.1.170]: 450 4.7.1 <bob@mail-t.example.com>: Sender
address rejected: Some Kind Of Trouble. May be try it later.;
from=<bob@mail-t.example.com> to=<jack@pbook.ols3.net> proto=ESMTP
helo=<mail-t.exmaple.com>
```

由此可知，來自 bob@mail-t.example.com 的郵件確已受到傳入限制，在 sender 階段就把它擋下來了。

9.5　個別化設定與限制類別

9.2 節曾提及，沒有任何一個限制政策，能夠適用於每一個人，因此，Postfix 允許「個別化設定」；管理者可針對各別的使用者、來源主機、傳送郵件的目的地等等，制訂不同的限制條件，或者，另外定義「限制類別」（restriction class），讓不同類別的對象，適用不同的限制做法。

本節，將補充說明個別化設定，與限制類別的做法。

Postfix 實現個別化設定和限制類別的原理，是利用 access 對照表，把限制條件寫在 access 設定列的右手邊（RHS），設定列的左手邊（LHS）即是要個別化處理的對象，其格式如下：

```
# /etc/postfix/access
目標資訊 1      限制條件列表 1
目標資訊 2      限制條件列表 2
```

◉ 個別化設定

舉個例子：

```
01.  # 編輯 main.cf 加入：
02.  smtpd_recipient_restrictions =
03.       reject_unauth_destination
04.       check_recipient_access hash:/etc/postfix/mailto1_access
```

mailto1_access 對照表的內容如下：

```
sp_list@pbook.ols3.net      permit_mynetworks,reject
```

設定好了之後執行的動作：

```
# 編譯對照表 postmap /etc/postfix/mailto1_access
# 測試查詢結果是否正確
postmap -q sp_list@pbook.ols3.net /etc/postfix/mailto1_access
# 重新載入 Postfix
postfix reload
```

說明：

列 2，在 recipient 階段設置限制條件。

列 3，為預設的 relay 政策。

列 4，設定了一個 access 格式的對照表 mailto1_access。

mailto1_access 的內容只有一列，左手邊是單一的郵件位址，右手邊是限制條件列表。其中，permit_mynetworks 的意思是說：只有管理者信任的域內主機，才能寄信給 sp_list@pbook.ols3.net；而 reject 命令的意思是：若前一個限制條件不符合，則予以拒絕連線。也就是說，sp_list@pbook.ols3.net 是一個限制寄信來源的郵件列表位址（mailing list、郵遞論壇），只有域內主機的用戶，才能寄信給這個郵址，域外的用戶都不准寄信進來干擾。

以下是由網域外面，寄信給 sp_list@pbook.ols3.net 所得到的錯誤訊息：

```
Jul 19 10:44:41 pbook postfix/smtpd[8313]: NOQUEUE: reject: RCPT from
mail-wg0-f52.google.com[74.125.xx.xx]: 554 5.7.1 <sp_list@pbook.ols3.net>:
Recipient address rejected: Access denied; from=<ols3er@gmail.com>
to=<sp_list@pbook.ols3.net> proto=ESMTP helo=<mail-wg0-f52.google.com>
```

我們可以發現：對方的郵件，因為收件者位址採取個別化限制的關係（Recipient address rejected），最終被 Postfix 拒收（554 / Access denied）。

個別化設定，只適合目標對象不多之時，如果管理的網域很大，或者要處理的對象數量很多，那麼設定就會開始複雜起來。此時，我們可以改採「限制類別」的作法，把相關的目標對象規劃為特殊的類別，此時，限制條件列會表針對類別發揮作用，而不是針對個別的目標。這樣，管理上不但較有彈性，而且也比較輕鬆。

◉ 限制類別

現在我們要把前面的例子調整一下，改成「限制類別」的作法。這需要兩個對照表：一個對照表，重新定義哪些來源域名是「允許寄信進去的類別」，類別的名稱在 main.cf 中自訂；另一個對照表，定義要受到保護的郵件列表清單。

作法如下：

1. 定義「限制類別」，限制特定的來源域名才能寄信給郵件列表：

   ```
   01.  # main.cf
   02.  smtpd_restriction_classes = ok_only
   ```

```
03.　ok_only = check_sender_access hash:/etc/postfix/restricted_from,
reject
```

說明：

列 2，定義限制類別的名稱為 ok_only。

列 3，ok_only 類別包含的來源域名，在對照表 restricted_from 設定，check_sender_access 會檢查來源主機是否列表於 restricted_from，若無，則拒絕連接（reject）。

restricted_from 內容如下：

```
ols3.net        OK
lxer.idv.tw     OK
```

這兩個來源域名都定義為 ok_only 類別。只要域名相符（子域名也算），都會傳回 OK，例如 mail.ols3.net 也是符合的。

這裡重新細化域內主機的定義，把原本只限網內主機的範圍，調整為可彈性加入管理員自訂的來源域名。

2. 定義哪些郵件列表要保護：

```
01.　# main.cf
02.　smtpd_recipient_restrictions =
03.　　　reject_unauth_destination
04.　　　check_recipient_access hash:/etc/postfix/protected_lists
```

列 4，對照表 protected_lists 內含要保護的郵件列表清單，內容如下：

```
sp_list@pbook.ols3.net      ok_only
just_talk@pbook.ols3.net    ok_only
joke@pbook.ols3.net         ok_only
```

在 recipient 階段，check_recipient_access 命令會查表 protected_lists，看看這封郵件的收件者位址是否列表於其中，例如收件者是 joke@pbook.ols3.net，則查表所得會傳回 ok_only，表示這個收件者位址僅限 ok_only 類別的來源端才可以寄信進來，於是 Postfix 開始檢查：寄件者位址是否列表於 ok_only 所定義的對照表 restricted_from，如步驟 1 所述。

◉ 應用實例

這裡，筆者以一個應用「限制類別」的例子說明，如何限制某些域內的帳號，才能寄信給特定的域外主機。

作法：

1. 定義域外主機的限制類別：

```
# main.cf
smtpd_restriction_classes = restricted_dn
restricted_dn =
    check_recipient_access hash:/etc/postfix/restricted_destinations, reject
```

restricted_destinations 的內容：

```
gmail.com        OK
yahoo.com.tw     OK
```

限制類別的名稱訂為 restricted_dn。

restricted_destinations 列表的域名有 gmail.com 和 yahoo.com.tw，均是屬於此一類別。特定的使用者只能寄信到這兩個域名（包含子域名），除此之外，寄到他處都會被 Postfix 拒絕（reject）。

那麼，哪些使用者才能寄信呢？這在第二個步驟設定。

2. 定義受限的帳戶：

```
# main.cf
smtpd_recipient_restrictions =
        reject_unauth_destination
        check_sender_access hash:/etc/postfix/restricted_accounts
```

restricted_accounts 的內容：

```
jack@pbook.ols3.net     restricted_dn
mary@pbook.ols3.net     restricted_dn
```

在 recipient 階段，check_sender_access 會查表 restricted_accounts，只有 jack@pbook.ols3.net 和 mary@pbook.ols3.net 才能將郵件寄到 restricted_dn 類別所定義的外部域名。

9.6 限制條件列表的命令總整理

本節整理各階段可用的限制命令,以表格的方式呈現,供讀者參考。

共有五類:

1. 一般性的限制命令。

2. 在 client 階段可用的限制命令

3. 在 helo 階段可用的限制命令

4. 在 sender 階段可用的限制命令

5. 在 recipient 階段可用的限制命令

◎ 一般性的限制命令

一般性的限制命令,可在各個階段運用,如下所示:

限制條件	作用
check_policy_service servername	由外部程式判斷,是否允許連接。
defer	暫時拒絕連接,請 Client 端稍後再試。
defer_if_permit	若後來的評估結果是 permit,則回應 defer 給 Client 端。適合用於黑名單暫時發生錯誤之時。
defer_if_reject	若後來的評估結果是 reject,則回應 defer 給 Client 端。適合用於白名單暫時發生錯誤之時。
permit	允許連接,此為各階段限制條件組最後的預設值。
reject_multi_recipient_bounce	若郵件信封的寄者件是 "<>"(空值),而信封的收件者卻有多個不同的位址,則拒絕連接。此時回應代碼為 $multi_recipient_bounce_reject_code(預設是 550)。請注意,此限制條件用在 smtpd_data_restrictions 和 smtpd_end_of_data_restrictions 階段,較能穩定運作。
reject_plaintext_session	若連線未加密,則拒絕連接。
reject_unauth_pipelining	若 Client 端送出的 SMTP 命令時機過早,則拒絕連接。
reject	拒絕連接。
sleep seconds	暫停指定的秒數後,再繼續檢查下一個限制條件。
warn_if_reject	改變下一個限制條件的評估結果,只在系統記錄檔留下拒絕訊息,而不是真的拒絕連接。

在 client 階段可用的限制命令

整理如下：

限制條件	作用
check_ccert_access type:table	使用 Client 端的憑證指紋（fingerprint）查表，以決定是否允許連接；Postfix 2.2 版之後，Client 端的憑證須先通過檢查。欲選用不同的憑證指紋摘要演算法，可設定 smtpd_tls_fingerprint_digest 這個設定項（預設是使用 md5）。本限制條件在 Postfix 2.2 版以後才有支援。
check_client_access type:table	使用 Client 端的主機名稱、IP、上層域名、或網段左方部份 IP 查表，以決定是否允許連接。請參考 3-4 節 access 對照表的格式說明。
check_client_mx_access type:table	使用 Client 端的 MX 主機查表，以決定是否允許連接。本限制條件在 Postfix 2.7 版以後才有支援。
check_client_ns_access type:table	使用 Client 端的 DNS 主機查表，以決定是否允許連接。本限制條件在 Postfix 2.7 版以後才有支援。
check_reverse_client_hostname_access type:table	對沒有反解的 Client 端，以 Client 端的主機名稱、IP、上層域名、或網段左方部份 IP 查表，以決定是否允許連接。本限制條件在 Postfix 2.6 版以後才有支援。
check_reverse_client_hostname_mx_access type:table	對沒有反解的 Client 端，使用 Client 端的 MX 主機查表，以決定是否允許連接。本限制條件在 Postfix 2.7 版以後才有支援。
check_reverse_client_hostname_ns_access type:table	對沒有反解的 Client 端，使用 Client 端的 DNS 主機查表，以決定是否允許連接。本限制條件在 Postfix 2.7 版以後才有支援。
permit_inet_interfaces	若 Client 端的 IP 和 $inet_interfaces 相符，則允許連接。
permit_mynetworks	IP 列表於 $mynetworks 的 Client 端允許連接。
permit_sasl_authenticated	通過 SMTP 授權的 Client 端允許連接。（SMTP AUTH：RFC 4954）
permit_tls_all_clientcerts	若 Client 端憑證通過驗證，允許連接。
permit_tls_clientcerts	若 SMTP Client 端的憑證指紋（certificate fingerprint）列於 $relay_clientcerts，則允許連接。
reject_rbl_client rbl_domain=d.d.d.d	若有指定反轉 IP d.d.d.d，則以此反轉 IP 查詢黑名單資料庫；若無指定，則使用 Client 端的反轉 IP 查詢。若列表於黑名單資料庫中，則拒絕連接。
reject_rhsbl_client rbl_domain=d.d.d.d	若有指定 d.d.d.d，則查看 Client 端主機名機在黑名單資料庫中是否列有一筆 DNS A 記錄 d.d.d.d，若有，則拒絕連接。若未指定 d.d.d.d，則只要 Client 端主機名稱在黑名單資料庫中有任何一筆 DNS A 記錄存在，就拒絕連接。

限制條件	作用
reject_unknown_client_hostname	若 Client 端 IP 反解主機名稱失敗（沒有反解對應），或主機名稱正解 IP 失敗（沒有 A 記錄），或以主機名稱查出的正解 IP 與 Client 端的 IP 不符，則拒絕連接，此時 Postfix 會以 unknown_client_reject_code 定義的回應碼回應給 Client 端，預設是 450。Postfix 2.3 版以前的版本，請改用 reject_unknown_client。
reject_unknown_reverse_client_hostname	若 Client 端 IP 反解主機名稱失敗（沒有反解），則拒絕連接。

在 helo 階段可用的限制命令

整理如下：

限制條件	作用
check_helo_access type:table	使用 EHLO 後接的主機名稱或上層域名查表，以決定是否允許連接。
check_helo_mx_access type:table	使用 EHLO 後接的主機名稱的 MX 主機來查表，以決定是否允許連接。
check_helo_ns_access type:table	使用 EHLO 後接的主機名稱的 DNS 主機來查表，以決定是否允許連接。
reject_invalid_helo_hostname	請參考前面示範設定的說明。若 Postfix 的版本在 2.3 版之前，請改用 reject_invalid_hostname。
reject_non_fqdn_helo_hostname	請參考前面示範設定的說明。若 Postfix 的版本在 2.3 版之前，請改用 reject_non_fqdn_hostname。
reject_unknown_helo_hostname	請參考前面示範設定的說明。若 Postfix 的版本在 2.3 版之前，請改用 reject_unknown_hostname。
reject_rhsbl_helo rbl_domain=d.d.d.d	以 EHLO 命令後接的主機名稱查詢黑名單資料庫，若在資料庫中有一筆記錄 d.d.d.d，則拒絕連接。若沒有指定 d.d.d.d，則只要 EHLO 後接的主機名稱在黑名單資料庫中有任何一筆記錄，就拒絕連接。

在 sender 階段可用的限制命令

整理如下：

限制條件	作用
check_sender_access type:table	請參考前面示範設定的說明。
check_sender_mx_access type:table	請參考前面示範設定的說明。

限制條件	作用
check_sender_ns_access type:table	MAIL FROM 後接寄件者位址，使用其 DNS 主機為關鍵字查表，以決定是否允許連接。
reject_sender_login_mismatch	若 Client 端使用 SASL 登入時，其郵件位址和 smtpd_sender_login_maps 中定義的不同或未列在其中，則拒絕連接。
reject_authenticated_sender_login_mismatch	同 reject_sender_login_mismatch，但僅限已通過 SMTP 授權的 Client 端使用。
reject_unauthenticated_sender_login_mismatch	同 reject_sender_login_mismatch，但僅限尚未通過 SMTP 授權的 Client 端使用。
reject_non_fqdn_sender	請參考前面示範設定的說明。
reject_rhsbl_sender rbl_domain=d.d.d.d	MAIL FROM 後接寄件者位址，若其域名列在黑名單資料庫中，則拒絕連接。
reject_unknown_sender_domain	請參考前面示範設定的說明。
reject_unlisted_sender	若 MAIL FROM 後接的寄件者位址未列在有效的收件者域名類別中，則拒絕連接。
reject_unverified_sender	若 MAIL FROM 後接的寄件者位址已知遭到退信或無法寄達，則拒絕連接。

◉ 在 recipient 階段可用的限制命令

整理如下：

限制條件	作用
check_recipient_access type:table	使用收件者位址中的域名、上層域名或收件者人名部份為關鍵字表查，以決定是否允許連接。
check_recipient_mx_access type:table	使用收件者域名的 MX 主機為關鍵字表查，以決定是否允許連接。
check_recipient_ns_access type:table	使用收件者域名的 DNS 主機為關鍵字表查，以決定是否允許連接。
permit_auth_destination	若收件者位址中的域名列表於 $relay_domains，或收件者位址其最後的目的地是本機（即域名列表於 $mydestination, $inet_interfaces, $proxy_interfaces, $virtual_alias_domains, 或 $virtual_mailbox_domains），則允許連接。
permit_mx_backup	若本機是收件者域名的備援 MX 主機，則允許連接。
reject_non_fqdn_recipient	若收件者位址不是完整主機網域名稱，則拒絕連接。
reject_rhsbl_recipient rbl_domain=d.d.d.d	以收件者位址中的域名查詢黑名單資料庫，若列名其中，則拒絕連接。

限制條件	作用
reject_unauth_destination	若收件者域名不在 $relay_domains 之中，收件者位址其最後的目的地也不是本機，則拒絕連接。簡言之，未受信任的 Client 端，Postfix 拒絕轉遞其郵件到任何位址。
reject_unknown_recipient_domain	若收件者域名不存在，則拒絕連接。
reject_unlisted_recipient	若收件者位址未列在有效的收件者域名類別中，則拒絕連接。
reject_unverified_recipient	若收件者位址已知遭到退信或無法寄達，則拒絕連接。

9.7　使用灰名單（greylisting）阻擋垃圾郵件

◉　關於灰名單

9.1 節曾提到，Postfix 防制垃圾郵件的第三種作法是：加高 SMTP Client 端的工作門檻。所謂加高工作門檻，其意思是說，在 Postfix 願意幫忙轉遞郵件之前，讓 Client 端多完成一些程序，以證明它自己的舉措，不是在發送垃圾郵件。

本節，筆者要介紹「加高工作門檻」的技術是：灰名單（greylisting）。

灰名單，是一種阻擋垃圾郵件的方法，此法並不涉及郵件的內容，其要點在於：寄送郵件端所表現的「行為舉止」，是否和一般正常的郵件主機一樣。

使用灰名單，有以下幾點好處：

1. 架設容易。在 Postfix 的原始程式包中，即附有一支灰名單程式（examples/smtpd-policy/greylist.pl），安裝十分簡便。

2. 在 SMTP Server 層級就可以直接處理，不必動用其他系統資源，負載極輕。

3. 不必分析過濾郵件內容，配置單純，不會誤擋郵件。

4. 灰名單是一種概念，不倚賴其他特殊方法，而且，可以有多種實作方式。

5. 可和其他防制垃圾郵件的機制一起運作，沒有排它性。

6. 不必發信驗證身份，避免其他郵件主機誤把我方列入黑名單。

7. 由於垃圾郵件減少，可降低郵件主機的流量負載。

在此，筆者強烈推薦，有架設 Postfix 者，務必要試試灰名單的威力。

◉ 安裝 Postgrey

這裡，筆者要介紹能和 Postfix 完美搭配的灰名單軟體是 Postgrey（Postfix Greylisting Policy Server）。Postgrey 的網址在 http://postgrey.schweikert.ch/。筆者撰寫本書時，Postgrey 的最新版本是 1.35，下載位址：http://postgrey.schweikert.ch/pub/postgrey-1.35.tar.gz。

一、使用原始碼安裝：

安裝 Postgrey 需要以下基本配備：

- Perl (版本須 5.6.0 以上)

- Net::Server

- IO::Multiplex

- BerkeleyDB (Perl 模組)

- Berkeley DB (函式庫，版本須 4.1 以上)

步驟

1. 進入 CPAN 介面：

```
perl -MCPAN -e shell
```

2. 在 CPAN 介面中，安裝必要模組：

```
install Net::Server
install IO::Multiplex
install BerkeleyDB
install Digest::SHA
```

3. 下載：

```
wget http://postgrey.schweikert.ch/pub/postgrey-1.35.tar.gz
tar xvzf postgrey-1.35
cp postgrey /usr/local/sbin/postgrey
```

4. 建立使用者及目錄

```
adduser \
  --system \
  --shell /bin/false \
```

```
  --gecos 'system account' \
  --group \
  --disabled-password \
  --home /nonexistent \
  --no-create-home \
  postgrey
mkdir -p /var/spool/postfix/postgrey
cd /var/spool/postfix
chown postgrey.postgrey postgrey/
```

5. 建立白名單

```
cd /etc/postfix
touch postgrey_whitelist_clients
touch postgrey_whitelist_recipients
```

6. 執行：

```
postgrey --inet=10023 --user=postgrey --group=postgrey -d
```

如果 Postfix 的設定檔目錄位置是在 /usr/local/etc/postfix，那麼，可用以下指令指定白名單的位置：

```
postgrey --inet=10023 --user=postgrey --group=postgrey -d \
--whitelist-clients=/usr/local/etc/postfix/postgrey_whitelist_clients \
--whitelist-recipients=/usr/local/etc/postfix/postgrey_whitelist_recipients
```

7. 設定 Postfix：（詳細的說明，請參考下一小節，這裡只是示例）

```
# main.cf
smtpd_recipient_restrictions =
    permit_mynetworks
    reject_unauth_destination
    check_policy_service inet:127.0.0.1:10023
```

8. 重新載入 Postfix：

```
postfix reload
```

Postgrey 的白名單可分為以下兩種：

■ 針對連線 Client 端來源位址，用例：

```
# 編輯 postgrey_whitelist_clients，加入：
192.168.1.185
192.168.2.120
example2.org
/^mx.*\.example\.net$/
```

這裡設定了四個白名單。第四列是運用樣式比對，凡是以 mx 字串開頭、網域名稱為 example.net 的來源端主機，例如：mx1.example.net、mxhub.example.net 等，均可跳過 Postgrey 不必檢查。

■　針對收件者郵址，用例：

```
# 編輯 postgrey_whitelist_recipients，加入：
jack@pbook.ols3.net
postmaster@
abuse@
```

這裡設定了三個白名單的收件者位址，第 2～3 列，只要收件人是 postmaster 或 abuse，均可跳過 Postgrey 不必檢查，直接就收下郵件。

二、使用平台套件安裝：

目前有許多作業系統平台均有提供 Postgrey 套件，例如：OpenPKG、Debian、Redhat/Fedora、Gentoo、FreeBSD、OpenBSD、ALT Linux。在這些平台環境下，安裝 Postgrey 通常非常簡單。

以 Debian Linux 為例，安裝 Postgrey 的方法如下：

```
apt-get update
apt-get install postgrey
```

完成後，Postgrey 會在 /var/lib/postgrey 建立工作目錄，內含相關的資料庫檔案、內部記錄檔、鎖定檔，等等。Postgrey 的設定檔目錄在 /etc/postgrey，預設內含兩種白名單：寄件者白名單 whitelist_clients，以及收件者白名單 whitelist_recipients，若有需要，可把 SMTP Client 端、收件者名稱列入白名單。

執行 Postgrey 的方法：

```
service postgrey start
```

至於設定 Postfix 的方法，請參考下一小節的說明。

Postgrey 的工作方式是，當 Client 端和 Postfix 連接，欲傳送郵件前，Postfix 可取得 Client 端的 IP、郵件信封上的寄件者和收件者位址，如果這三個資訊是第一次遇見的組合，或者，見到這三個資訊的時間少於 5 分鐘，那麼，這封郵件會以發生錯誤為由暫時回拒對方（回應代碼 450），若對方是正常郵件寄送者，5 分鐘後會再自動嘗試寄送，屆時，由於這三個資訊已超過 5 分鐘，經 Postgrey 檢查

無誤，Postfix 就不再阻擋，因此便可順利收下該封郵件。不過，若對方是垃圾郵件寄送者，由於重試時間需超過 5 分鐘以上，大多數垃圾郵件業者都不會浪費時間重寄，據此，就可以把大多數垃圾郵件擋在門外。

◉ 傳入限制委任

這裡要補充說明 Postfix 和 Postgrey 的關係，以及設定 Postfix 配合 Postgrey 的細節。

Postfix 自 2.1 版之後，支援「傳入限制委任」的功能，也就是說，可將郵件傳入限制的決策（access policy）委任給外部程式。這種方式的好處是：外部程式獨立運作，除非在極高端負載的環境下，否則影響系統效能並不顯著，再者，外部程式也可同時執行，最大連線數受 $max_use 限制（預設值是 100），此執行數應付平常所需，應已足夠。

傳入限制委任，是 Postfix 推薦的作法，例如用 Perl 或 Python 等程式語言，只消短短幾道程式碼，就可以設計出相當豐富實用的功能（Postgrey 就是用 Perl 寫的），若改用 C 語言來寫，那恐怕就是大工程了。

安裝 Postgrey 之後，接下來，Postfix 這端也要配合設定。

設定 Postfix 非常簡單，9.6 節曾提到 Postfix 的一般性限制條件，其中 check_policy_service 這個限制條件，可將是否允許 SMTP Client 連接的決策，交給外部程式決定。由於 Postgrey 預設使用本機通道 10023（即 127.0.0.1:10023），因此，筆者整合 9.4 節 recipient 階段的設定示範，修改如下：

```
# main.cf
smtpd_recipient_restrictions =
        reject_unknown_recipient_domain
        permit_mynetworks
        permit_sasl_authenticated
        reject_unauth_destination
        check_policy_service inet:127.0.0.1:10023
        check_recipient_access hash:/etc/postfix/ch_r_access
```

請注意上述 check_policy_service 的用法：

```
check_policy_service inet:127.0.0.1:10023
```

此一限制條件的意思，是將傳入限制的決策，交給外部的伺服程式決定，而伺服程式的連線通道是使用本機 10023 port。

設定好之後,重新載入 Postfix:

```
postfix reload
```

接著要檢查兩個地方:

- port 10023 是否有正常開啟?

   請執行以下指令檢查:

   ```
   netstat -aunt | grep 10023
   ```

   正常訊息:

   ```
   tcp        0      0 127.0.0.1:10023          0.0.0.0:*               LISTEN
   ```

- mail.log 是否有錯誤訊息?

   請執行以下指令檢查記錄檔:

   ```
   grep postgrey -A 20 /var/log/mail.log
   ```

   正常情況應有以下類似的訊息:

   ```
   Feb 19 10:32:08 pbook postgrey: Process Backgrounded
   Feb 19 10:32:08 pbook postgrey: 2010/02/19-10:32:08 postgrey (type
   Net::Server::Multiplex) starting! pid(8867)
   Feb 19 10:32:08 pbook postgrey: Binding to TCP port 10023 on host 127.0.0.1
   with IPv4
   Feb 19 10:32:08 pbook postgrey: Setting gid to "1003 1003"
   Feb 19 10:32:08 pbook postgrey: Setting uid to "1003"
   ```

趕緊來測試一下囉!

由外部主機試寄一封信,結果如下:

```
Jul 20 16:16:09 pbook postfix/smtpd[8926]: NOQUEUE: reject: RCPT from
mail-wg0-f41.google.com[74.125.xx.xx]: 450 4.2.0 <jack@pbook.ols3.net>:
Recipient address rejected: Greylisted, see
http://postgrey.schweikert.ch/help/pbook.ols3.net.html;
from=<ols3er@gmail.com> to=<jack@pbook.ols3.net> proto=ESMTP
helo=<mail-wg0-f41.google.com>
```

請注意,上述訊息中的關鍵字:「Recipient address rejected: Greylisted」,以及回應代碼 450,這表示灰名單機制已發揮作用;其中,回應代碼 450 是告知對方:「目前暫時拒絕連線,等一下再嘗試看看,或許可以成功」。

初次使用 Postgrey，請別擔心重要的郵件會被擋掉。前面已經述明，只要是正常的郵件，第一次寄信給 Postfix 時，會收到 Postfix 軟性拒絕的回應（回應代碼450），由於軟性拒絕是請對方稍後再試的意思，大多數正常的MTA都會重新和Postfix 連接，因此，只消等待 5 分鐘以上，原先被拒的郵件即可被 Postfix 順利接收。至於垃圾郵件，由於垃圾郵件業者無暇等待，無法表現出正常郵件的行為，那麼，就只能被我們擋在門外囉，也就是說，利用灰名單阻擋垃圾郵件的目標，就可以順利達成啦！ :-)

9.8 設定 Postfix 擔任 MX 主機，幫其他網域主機轉信

◉ 關於代收代轉郵件

MX 主機是郵件路由的一部份，其功能是擔任郵件交換器，也就是說，MX 主機是幫某一個域名主機或某一個網域代收或代轉郵件的一種郵件轉運站，俗稱mailhub。

假設 example.com 網域的管理員決定要由 mail-a.example.com 和 mail-b.example.com 來負責收取郵件，那麼，就必須在DNS Server中，指定該網域的郵件路由和 MX 主機的優先順序，如下所示：

```
example.com.    IN MX 10 mail-a.example.com.
example.com.    IN MX 20 mail-b.example.com.
```

在上述設定中，mail-a 有較高的優先權，如果 mail-a 倒站了，外界會把郵件轉寄到 mail-b。也就是說 mail-a 為主要 MX 主機，mail-b 則為備援。

當然，不是只有網域的郵件才可以設定 MX，一般域名主機也可以，例如，把mailto.example.com 指向 mail-a.example.com 也可以：

```
mailto.example.com.    IN MX 10 mail-a.example.com.
```

這樣設定之後，凡是寄給 user@mailto.example.com 的郵件，就會轉遞到mail-a.example.com 來。

至於儲存郵件的方法,最簡單的做法是把接收下來的郵件,直接存入 mail-a 的帳號信箱(或是虛擬帳號信箱),為此,mail-a 須把 example.com 設定在 main.cf 的 mydestination 之中:

```
mydestination = mail-a.example.com, localhost.example.com, localhost,
example.com
```

此即所謂「代收不轉」郵件。

如果主要 MX 主機因故倒站了,無法接收郵件,mail-b 便擔負起備援主機的責任。當外界把 example.com 網域的郵件傳送進來時,mail-b 會暫時收下,等到 mail-a 恢復正常時,再將郵件轉遞回去給 mail-a。此即所謂的「代收代轉」郵件。

另外一種「代收代轉」郵件的時機是,指定專門的 MX 主機,來幫其他網域轉遞郵件,例如 example2.org 的郵件要由 mail-a 幫忙代轉,則在 DNS Server 中要做以下設定:

```
example2.org.   IN  MX  10  mail-a.example.com.
```

mail-a 暫時收下的郵件,最終仍要傳遞給 example2.org。

請特別注意,除了「代收不轉」之外,只要是「代收代轉」郵件,都不可以把域名寫入到 mydestination 之中,也不可以寫入到 virtual_alias_domains 和 virtual_mailbox_domains 之中。

本節要介紹的是幫其他網域「代收代轉」郵件,至於 MX 備援主機的用法,則留待下一節說明。

◉ 設定 MX 主機,幫其他網域主機轉信

假設要幫忙轉遞郵件的目標網域是 example2.org,指向的 MX 主機是 mail-a.example.com,mail-a 的 IP 位址是 192.168.1.3。

設定步驟如下:

1. 在 DNS Server 中指定 MX 路由:

   ```
   example2.org.   IN   MX  10  mail-a.example.com.
   ```

2. 檢查 MX 設定：

```
user@demo:~$ dig example2.org MX
;; QUESTION SECTION:
;example2.org.                  IN     MX
;; ANSWER SECTION:
example2.org.   86400   IN     MX       10 mail-a.example.com.
```

這裡使用 dig 指令，檢查 example2.org 的 MX 指向。

3. 在 mail-a 主機中，編輯 main.cf，加入以下設定：

```
relay_domains = $mydestination, example2.org
```

請特別注意，relay_domains 中列表的 example2.org，不可以再被指定為別的網域的 MX 主機，也不可以列在 mail-a 的 mydestination 之中。

在 mail-a 主機中，重新載入 Postfix。

4. 在 example2.org 主機中，編輯 main.cf，加入以下設定：

```
mydestination = example2.org, localhost.example2.org, localhost,
```

在 example2.org 主機中，重新載入 Postfix。

5. 測試：

由別的主機 mailtest，寄一封測試信給 jack@example2.org，查看郵件記錄檔的訊息如下：

```
Sep 11 09:55:31 mailtest postfix/smtp[18694]: 507F8102335:
to=<jack@example2.org>, relay=mail-a.example.com[192.168.1.3]:25,
delay=0.53, delays=0.21/0/0.01/0.31, dsn=2.0.0, status=sent (250 2.0.0
Ok: queued as 96AE480D9F)
```

請注意上述訊息中的關鍵字串「relay=mail-a.example.com」，這表示 mailtest 的郵件系統的確已由 DNS Server 查到 example2.org 的 MX 是指向 mail-a，因此，mailtest 主機便將此一測試信往 mail-a 主機遞送。

一旦 mail-a 收下此郵件，接著，它會把郵件往 example2.org 遞送，以下是 mail-a 主機的郵件記錄檔訊息：

```
Sep 11 09:55:47 mail-a postfix/smtp[27311]: 96AE480D9F:
to=<jack@example2.org>, relay=example2.org[192.168.3.1]:25, delay=0.13,
delays=0.08/0.01/0.02/0.01, dsn=2.0.0, status=sent (250 2.0.0 Ok: queued
as D901F100093)
```

請注意關鍵字串：「relay=example2.org」，這表示 mail-a 已把郵件往 example2.org 傳遞，而且傳送結果是成功的（status=sent），example2.org 收下郵件的佇列編號為 D901F100093。

郵件最後儲存的位置是在主機 example2.org，以下是 example2.org 的記錄訊息：

```
Sep 11 09:56:01 example2 postfix/local[20689]: D901F100093:
to=<jack@example2.org>, relay=local, delay=0.02, delays=0.01/0/0/0,
dsn=2.0.0, status=sent (delivered to command: procmail -a "$EXTENSION")
```

請注意關鍵字串：「relay=local」，這表示收下的郵件已交給 local 程式進行投遞，並由 procmail 代為存入使用者的信箱。

9.9 設定 Postfix 擔任 MX 備援主機

假設 example.com 網域的主要 MX 主機是 mail-a.example.com，備援 MX 主機是 mail-b.example.com，mail-b 的 IP 位址是 192.168.1.6。

設定步驟如下：

1. 在 DNS Server 中，設定 MX 記錄：

```
example.com.     IN MX 10 mail-a.example.com.
                 IN MX 20 mail-b.example.com.
```

2. 測試 MX 指向：

```
user@demo:~$ dig example.com MX
;; QUESTION SECTION:
;example.com.                    IN     MX
;; ANSWER SECTION:
example.com.    86400  IN    MX     10 mail-a.example.com.
example.com.    86400  IN    MX     20 mail-b.example.com.
```

3. 在 mail-b 主機中，設定 main.cf：

```
relay_domains = $mydestination, example.com
```

這裡把 example.com 網域列入允許轉遞的域名列表之中。

4. 在 mail-b 主機中，重新載入 Postfix。

5. 測試：

由主機 mailtest 寄出一封測試信給 jack@example.com，郵件記錄檔的訊息
如下：

```
Sep 11 13:11:11 mailtest postfix/smtp[27625]: connect to
mail-a.example.com[192.168.1.3]:25: Connection refused
Sep 11 13:11:11 mailtest postfix/smtp[27625]: 209DC8157D:
to=<jack@example.com>, relay=mail-b.example.com[192.168.1.6]:25,
delay=0.49, delays=0.08/0.01/0.21/0.19, dsn=2.0.0, status=sent (250 2.0.0
Ok: queued as 5C23E10232D)
```

第 1 列，mailtest 嘗試和 mail-a 連接，但因為 mail-a 倒站了，無法連通，
因此 mailtest 在第 2 列改和 example.com 的備援 MX 主機 mail-b 連接，最
後由 mail-b 暫時收下郵件，郵件的佇列編號為 5C23E10232D。

6. 查看 mail-b 的郵件佇列：

```
root@mail-b:~# postqueue -p
-Queue ID- --Size-- ----Arrival Time---- -Sender/Recipient-------
5C23E10232D    1825 Thu Sep 11 13:10:55  mary@mailtest.example.org
            (connect to mail-a.example.com[192.168.1.3]:25: Connection
refused)
                              jack@example.com
-- 2 Kbytes in 1 Request.
```

由此可看出，mail-b 收下郵件後曾嘗試和 mail-a 連接，但仍未連通。

7. mail-a 恢復連線：

一旦 mail-a 的郵件系統重新上線，那麼 mail-b 會再將郵件轉遞到 mail-a 來。

經過上述的設定和測試，mail-b 已成為 mail-a 的備援 MX 主機。

另外，如果，只有特定的收件者，才要做備援轉信的服務，可如下設定：

1. 在 mail-b 中編輯 main.cf：

```
relay_recipient_maps = hash:/etc/postfix/relay_recipients
```

2. 編輯 /etc/postfix/relay_recipients：

```
user1@example.com    x
user2@example.com    x
user3@example.com    x
```

只有列於 relay_recipients 之中的收件者位址，才能享受到 mail-b 的備援服務。以上的設定列只是用來查詢郵件位址是否存在，因此右手邊只有要擺放非空字串即可，至於字串是什麼不重要。

3. 編譯 relay_recipients：

```
postmap /etc/postfix/relay_recipients
```

4. 重新載入 Postfix。

最後一點，若 mail-a 擔任 example.com 的主要 MX 主機，也可以在 mail-a 中設定：將 example.com 的郵件再交給某一部主機來接收，這部主機通常是提供給 example.com 的用戶專門下載信包的主機。

設定方法如下：

1. 在 mail-a 中設定 main.cf：

```
transport_maps = hash:/etc/postfix/transport
```

2. 設定 transport：

```
example.com        relay:[mailhub.example.com]
```

這裡的意思是說，凡是網域 example.com 的郵件，其傳遞路徑是由 mail-a 再轉遞給 mailhub.example.com 收取。

3. 編譯 transport：

```
postmap /etc/postfix/transport
```

4. 重新載入 Postfix。

9.10 架設郵件閘道器

這裡所謂的郵件閘道器，是指擔任某一網域的防火牆及 NAT 主機，至少具有兩個網路介面（一公一私），組織成員使用的個人電腦網段在 NAT 內部（通常使用私有 IP 位址），平時，工作人員的郵件由 NAT 範圍內的一部 MTA 主機負責收送（也是使用私有 IP 位址），郵件閘道器會將網路外部寄來的郵件，轉入此 NAT 內部的 MTA 主機。

郵件閘道器的運作原理,其實是郵件路由的控制過程,其設定方法,我們已經在
4.2 節「自訂 Postfix 的服務,以郵件閘道器為例」介紹過了,請讀者自行參考該
節的說明。

9.11 架設 ETRN 服務主機

⬡ 什麼是 ETRN?

SMTP ETRN 是特別為那些無法 24 小時開機或持續連接至網際網路的 MTA,所
設立的一種出清郵件的服務。例如,有些單位的郵件主機,只有在特定的時段才
會開機,平時是由 ISP 代收代轉郵件(先積壓成延遲郵件)。這種 MTA 主機,
稱之為 ETRN Client,而提供 ETRN 服務的主機,便稱為 ETRN Server(你把它
想成是 ISP 的郵件主機就對了)。

當 Client 端傳送 ETRN 命令時,Postfix 會檢查其域名,只有列表於
fast_flush_domains 中的主機,Postfix 才會提供 ETRN 服務,沒有的話,就會被
Postfix 拒絕。

Postfix 執行 ETRN 服務時,並不是在 Client 端和 Postfix 首次連線的通道之中,
而是由 Postfix 主動地連接至 Client 端,另外在新建立的連線通道中,將郵件傳
送給對方。

Postfix 支援「快速 ETRN」(fast ETRN),凡是屬於 ETRN Client 端的郵件,都
會被註記下來(運用 flush),因此,Postfix 就不必大費周章地掃描全部的佇列,
出清郵件的速度因此可以加快。

⬡ 啟用快速 ETRN 服務的設定

欲使用快速 ETRN 服務,必須由服務端的管理員,將 Client 端的主機域名加入
Postfix 的設定之中,作法如下:

假設 Client 端是 a6.example.com。提供快速 ETRN 服務的主機是 pbook.ols3.net。

1. 編輯 main.cf,加入 ETRN Client:

```
fast_flush_domains = $relay_domains, a6.example.com
```

2. 設限：

限制只有 mynetworks 列表的來源主機，才能連接使用 ETRN。

```
smtpd_etrn_restrictions = permit_mynetworks, reject
```

3. 更新 flush 的記錄：

ETRN 是靠 flush 伺服程式記錄每個受服務主機的郵件，因此，初次啟用 ETRN 之前，最好執行一次 sendmail -q，讓 flush 能完整登錄延遲郵件的資訊。

請以 root 權限執行：

```
sendmail -q
```

4. 測試：

以 telnet 指令連接至 Server 端的 25 埠。

```
ols3@tm:~$ telnet pbook.ols3.net 25
```

回應過程：

```
Trying 220.130.228.194...
Connected to pbook.ols3.net.
Escape character is '^]'.
220 ****************************
ehlo a6.example.com  <-- 請輸入 Client 端的主機名稱
250-pbook.ols3.net
250-PIPELINING
250-SIZE 10240000
250-VRFY
250-ETRN
250-XXXXXXXA
250-ENHANCEDSTATUSCODES
250-8BITMIME
250 DSN
ETRN a6.exmapl.com  <-- 請輸入 ETRN Client 端的主機名稱
250 Queuing started
```

如果出現 250 的回應碼，代表 Postfix 已開放這個域名的快速 ETRN 服務。但如果出現 459 的回應碼，如下所示，就表示 Postfix 對這個域名並沒有開放。

```
459 <a6.exmapl.com>: service unavailable
```

◉ 為特定的離線主機準備 ETRN 服務

雖然 ETRN Client 端的主機可能處於離線狀態，不過，Postfix 每隔一段時間，仍會主動地嘗試連接。Postfix 嘗試投遞的時間間隔會逐漸增加，其延遲時間大約介於延遲郵件的最小積壓時間（$minimal_backoff_time）和最大積壓時間（$maximal_backoff_time）之間，預設值為 300 秒到 4000 秒。

我們可以取消 Postfix 此一自動送信的模式，改為被動等待。其作法是，把 ETRN Client 端的郵件，全都積壓下來，暫時儲存在延遲佇列。Client 端欲取得郵件的話，有兩種方式：一、主動連接至 Postfix，下達 ETRN 命令；二、由 ETRN Server 端的管理員執行出清郵件的指令：

```
sendmail -q
或
sendmail -qR 主機域名
或
postqueue -s 主機域名
```

末兩個指令，其選項後接的是：欲出清郵件的主機域名，若該域名沒有列在 fast_flush_domains 之中，這兩個指令不會有任何作用。

以下是為離線主機，在 Postfix Server 端，設定被動等待 ETRN 的方法：

1. 設立一個專門的投遞服務：

    假設，服務名稱取名為 etrn-only。這個投遞程式，其實只是 smtp 的副本。

    請編輯 master.cf，複製一列 smtp 的設定，並將服務名稱改成 etrn-only：

```
# =============================================================
# service type  private unpriv  chroot  wakeup  maxproc command
#               (yes)   (yes)   (yes)   (never) (100)
# =============================================================
etrn-only unix   -       -       n       -       -     smtp
```

2. 編輯 main.cf：

```
01.   relay_domains = $mydestination, a6.exmple.com
02.   defer_transports = etrn-only
03.   transport_maps = hash:/etc/postfix/transport
```

    列 1，將 a6.exmaple.com 加入允許代收代轉郵件的名單之中。

    列 2，指定延遲郵件的投遞傳輸表其服務程式的名稱為 etrn-only。

列 3，指定傳輸路由表，由該表查詢投遞路徑。

3. 編輯傳輸路由表 /etc/postfix/transport：

```
a6.example.com        etrn-only:[a6.example.com]
```

這個設定的意思是說：凡是 a6.example.com 主機域名的郵件，都交給 etrn-only 負責，一旦 Client 端傳送 ETRN 命令，或者 Server 端管理員執行 sendmail -q 指令時，才可以出清郵件。傳送郵件的路徑，則是「直接」往 a6.example.com 遞送。

9.12 DSN 服務控管

◉ DSN 是什麼？

DSN 是郵件「投遞狀態通知」（Delivery Status Notifications）的簡稱。Postfix 自 2.3 版之後，開始支援 DSN 的功能，以符應 RFC 3464 標準的要求。DSN 給予郵件的寄送端一項能力：即寄送端可以要求轉遞郵件的主機，回報郵件的投遞狀態結果，例如：投遞成功或投遞失敗。Postfix 預設，只有在「郵件延遲」或「投遞失敗」時，才會回報對方此郵件的投遞結果。

怎麼知道郵件主機有支援 DSN 呢？

測試方法如下：

1. 首先用 telnet 指令，連線至受測郵件主機的 25 埠。

```
telnet pbook.ols3.net 25
```

2. 輸入 ehlo 指令：

```
Trying 220.130.228.194...
Connected to pbook.ols3.net.
Escape character is '^]'.
220 pbook.ols3.net ESMTP Postfix
ehlo testdsn.example.com  <-- 請在這裡輸入「ehlo 你的主機名稱」
250-pbook.ols3.net
250-PIPELINING
250-SIZE 10240000
250-VRFY
250-ETRN
```

```
250-STARTTLS
250-ENHANCEDSTATUSCODES
250-8BITMIME
250 DSN   <-- 出現 DSN
```

如果出現 DSN 這個字串，表示這部郵件主機，對連線的 Client 端有開放 DSN 的功能。

設定 Postfix 對 DSN 服務的控管

假設我們要限制 DSN 的服務範圍，例如：只開放給域內的主機，才可以使用 DSN 服務。

控管 DSN 的設定方法如下：

1. 編輯 main.cf：

```
smtpd_discard_ehlo_keyword_address_maps =
        cidr:/etc/postfix/esmtp_access
```

    設定：允許使用 DSN 服務的 IP 位址範圍，以 cidr 的對照表格式，儲存在 esmtp_access 中。

2. 設定對照表 esmtp_acces：

```
01.  192.168.1.0/24      silent-discard
02.  0.0.0.0/0           silent-discard, dsn
03.  ::/0                silent-discard, dsn
```

    列 1，只允許 C Class 192.168.1.0 的域內主機，可以要求使用 DSN 服務。silent-discard 是一個虛擬的命令，意即此項 DSN 服務要求，不會記錄在郵件記錄檔。

    列 2，除以上面的位址之外，其他 IPv4 的來源主機位址，一律在 EHLO 階段擋掉對 DSN 的回應，也就是說，不開放使用 DSN。

    列 3 同列 2，但此列用於限制 IPv6 的來源主機位址。

3. 重新載入 Postfix。

上述設定啟用之後，假設 testdsn（192.168.1.3）的主機，欲經由 pbook.ols3.net 轉遞郵件，則不管投遞的結果是成功或失敗，pbook 的 Postfix Server 都會再寄一封信給 testdsn，以通知 testdsn 該郵件的投遞狀態結果。

如果要對所有的主機，都關閉 DSN 服務，做法如下：

1. 編輯 main.cf：

```
smtpd_discard_ehlo_keywords = silent-discard, dsn
```

2. 重新載入 Postfix。

這樣一來，在 SMTP EHLO 階段，Postfix 就會自動濾掉 DSN 的關鍵字，不會予以回應。

◉ DSN 的使用方法

Postfix 內含相容於 Sendmail 的命令列程式 sendmail，支援 DSN 的選項 -N，其後可接上控制 DSN 回報的關鍵字串。

使用方法如下：

```
#sendmail -N    回報的控制關鍵字列表      收件人郵址
sendmail  -N    success,delay,failure jack@pbook.ols3.net
```

這裡使用 sendmail 指令，在選項 -N 之後，指定回報投遞狀態的關鍵字有：投遞成功（success）、郵件延遲（delay）、投遞失敗（failure）。除了這三個狀態要求之外，還可以使用關鍵字「never」，它是用來要求郵件主機：「不要回報任何投遞狀態」。

至於，投遞狀態的回報通知信，它的內容，包括：投遞結果、收件人、回報的主機、信封編號（envelope ID）、以及信件表頭。如果投遞結果失敗的話，那麼，除了前述的回報內容之外，還會連同原信以附件的型式寄回。

底下是郵件投遞成功之後，pbook 主機回寄投遞狀態通知信的樣本。

```
This is the mail system at host pbook.ols3.net.

Your message was successfully delivered to the destination(s)
listed below. If the message was delivered to mailbox you will
receive no further notifications. Otherwise you may still receive
notifications of mail delivery errors from other systems.

             The mail system

 <jack@pbook.ols3.net>: delivery via local: alias expanded
------
Reporting-MTA: dns; pbook.ols3.net
```

```
X-Postfix-Queue-ID: 8791B1005EC
X-Postfix-Sender: rfc822; ols3@freesf.tw
Arrival-Date: Sat, 20 Sep 2014 07:04:09 +0800 (CST)

Final-Recipient: rfc822; jack@pbook.ols3.net
Original-Recipient: rfc822;jack@pbook.ols3.net
Action: expanded
Status: 2.0.0
Diagnostic-Code: X-Postfix; delivery via local: alias expanded
------
以下信件表頭節略...
```

內容過濾與垃圾郵件控制

在 3.4 節曾提過，Postfix 支援多層次的防禦體系，可用於阻擋垃圾郵件，這些防護機制如下：

1. postscreen。
2. SMTP 傳入限制列表、委任授權伺服器、以及 Milter 過濾程式。
3. 輕量級的內容過濾
4. 重量級的內容過濾。

據筆者觀察，只消應用第一層和第二層機制，大約可以擋掉近百分之九十的垃圾郵件，剩下的百分之十，交給第三層和第四層收尾即可。因此，本章主要是針對此防護機制的第三層和第四層，說明 Postfix 處理垃圾郵件的方法。

10.1 關於 Postfix 的內容過濾

Postfix 支援三種內容過濾機制，可檢視郵件表頭和郵件內容，並根據管理規則，決定如何處置郵件。處置的動作可包括：丟棄（DISCARD）、拒收（REJECT）、扣住（HOLD）、或是接受（OK）。

這三種過濾機制，按其規模和過濾成效的可用程度，可分為輕量、中量、以及重量三種等級；若按過濾郵件的時機是在郵件進入佇列之前或是進入佇列之後，又可分成兩種，即：存入佇列前過濾，以及存入佇列後過濾；如下表所示：

表 10-1-1：Postfix 的三種內容過濾機制

機制種類	成效量級	過濾時機	相關伺服程式	使用方法
一、Postfix 內建的過濾功能	輕量	存入佇列之前	cleanup	比對樣式
二、使用 SMTP 協定或 pipe	重量	存入佇列之後	smtpd、smtp、local	由外部程式決策
三、SMTP proxy、利用 Milter 協定過濾程式	中量	存入佇列之前	smtpd	由外部程式決策

以下，先對這三種過濾機制的適用性和優缺點加以說明。

第一種內容過濾機制，是指 Postfix 內建的過濾功能，它是一種成效輕量的作法。其過濾郵件的時機，是在郵件存入佇列之前。（此佇列是指 incoming）

此種內建檢視郵件的方法，是運用含有正規表示式的對照表，以一次一列的方式，將信件表頭、信件內容和預先設立的樣式比對，以決定郵件的處置方式。其中，比對信件表頭的功能稱為 header_checks，比對信件內容的功能則稱為 body_checks。

這項機制，原本是為了阻擋特定的網虫所大量寄發的郵件（例如求職信病毒），也可以用來過濾某些「偵測系統」重複擾人的通知信，屬偶而為之的作法。一旦網虫肆虐的高峰期一過，此過濾法就應該趕快移除。

除了這種用途之外，Postfix 的作者並不建議把此法運用在過濾垃圾郵件的工作上，為什麼呢？因為此法會把傳入主機的每一封郵件的每一列，都拿來和特定的樣式進行比對，一旦樣式的數量多了起來，對系統效能可能會有所妨礙，而且這樣的做法效率很差，過濾垃圾郵件也沒有彈性和擴大運用的空間。

註解
10-1-1

筆者常見到網路上的朋友分享 header_checks 和 body_checks 的過濾規則，動輒數百條上千條，心中只有「無言」。其實，這是很不恰當的做法。筆者建議：header_checks 和 body_checks 的規則數，應該越少越好，除非必要，否則少用，最好呢，甚至是不用。

Postfix 的第二種內容過濾機制，才是 Postfix 作者推薦的方式。此法把過濾郵件的功能，交給專業的外部程式負責。這種方式，運作流程雖然比較複雜，但外部程式過濾郵件的功能可以做到非常強大，支援的軟體，種類較多，彈性較佳。再者，此法是在郵件存入佇列之後再進行過濾分析，因此，不會有投遞逾時的困擾，在負載高峰時，較不易耗盡資源、弄垮系統，運作過程比較穩定。

Postfix 的第三種內容過濾機制，是使用 SMTP Proxy、或是使用 Milter 協定的外部程式，它是在郵件存入佇列之前，由外部程式進行決策。

這種過濾方式，有兩個先天的限制：其一，外部程式的執行時間會受到限制，不能太長，否則，若處理逾時，郵件就無法投遞成功；其二，外部程式佔用的系統資源不能太多，不然，在主機負載高峰時，恐怕會癱瘓整個郵件系統。

了解這三個方法的適用性以及優缺點之後，接著，就要開始進入本章的主題囉。10.2 節介紹 Postfix 內建的過濾機制。10.3 節介紹使用 SMTP 協定的外部過濾機制，並說明 amavisd-new/SpamAssassin/ClamAV 的整合運用。10.4 節介紹 SMTP Proxy 過濾法。至於 Milter 過濾程式，則留待第 11 章介紹。

為方便稱呼起見，以下稱 Postfix 內建的過濾機制為「內濾法」（10.2）；使用 SMTP 協定的外部過濾機制稱為「外濾法」（10.3）；運用 SMTP Proxy 者，稱為「外部 PROXY 過濾法」（10.4）；配合 Milter 協定的過濾機制，則稱為「Milter 過濾法」（第 11 章）。

10.2　使用 Postfix 內建的過濾機制

◉ 內建過濾機制的簡易用法

在介紹「內濾法」的原理之前，先來看一下這個過濾機制，實務上要怎麼運用。

使用內濾法的流程，可分成四個步驟：

1. 觀察。

   由垃圾郵件的表頭和內容，找出合適的關鍵字，作為過濾內容的「目標樣式」。

2. 設定。

   在 main.cf 中，指定過濾信件表頭和信件內容的對照表，並把上述關鍵字的「樣式」和對應的處置動作寫在對照表中。

3. 測試。

   使用測試工具查詢關鍵字，觀察是否能得到正確的處置結果；然後，由外部試寄一封含有「目標樣式」的郵件進來。

4. 檢查。

查看 mail.log，檢驗過濾機制是否運作成功。

實務作法說明如下：

1. 首先，觀察垃圾郵件的原始內容。

郵件的原始內容，可用 MUA 軟體取得。以 Thunderbird 為例，先點選郵件，點「其他動作」的選單，再點選「檢視原始碼」；或者，點選郵件之後，按右鍵，選「另存新檔」，然後把郵件存成 eml 格式（Thunderbird 的 eml 是純文字檔）。

接著進行觀察：仔細尋找有哪些關鍵字串是固定出現的？

以下面這封垃圾郵件為例：（假設已存成 1.eml）

```
Return-Path: <cpj@ownwsr05.example.net>
X-Original-To: ols3@root.tw
Delivered-To: ols3@root.tw
X-Greylist: delayed 462 seconds by postgrey-1.34 at dns; Wed, 23 Jul 2014
20:01:36 CST
Received: from ownwsr05.example.net (ownwsr05.example.net [23.88.10.33])
  by dns.lxer.idv.tw (Postfix) with ESMTP id 97C6B80F2E
  for <ols3@root.tw>; Wed, 23 Jul 2014 20:01:35 +0800 (CST)
Date: Wed, 23 Jul 2014 20:41:26 +0800
From: =?big5?B?r7WxS8DJrtekaqS9tn0=?= <ybmumjt@ownwsr14.example.net>
To: <ols3@root.tw>
Subject: Good for you.
Message-ID: <20140723204134548057@ownwsr05.example.net>
X-mailer: Foxmail 231 , 345 [in]

AV999
......（以下節略）
```

假設上述這封郵件，已通過 Postgrey 的檢查，而且寄進來蠻多次的。觀察其內容之後，我們發現在信件表頭中，「ownwsr??.example.net」這個字串的型式似乎是固定的，只有 ownwsr 後接的兩個數字會改變；另外，信件內容中偶而會含有「AV999」的字串。因此，我們打算要以這兩個字串做為比對樣式的關鍵字。

2. 設定 main.cf 和 header_checks。

在 main.cf 中，指定對照表 header_checks、body_checks 的檔名和位置，以及採用的正規表示式種類，這裡指定使用的是 pcre：

```
# main.cf
# 過濾信件表頭
header_checks = pcre:/etc/postfix/header_checks
# 過濾信件內容
body_checks   = pcre:/etc/postfix/body_checks
```

在 header_checks 設定過濾關鍵字的「樣式」：

```
# header_checks
/^From:\s.*@ownwsr..\.example\.net/   DISCARD
```

這裡使用一對斜線(/)含括樣式。樣式的意思是說，「^From」代表字串‘From’一定要出現在資料列的開頭（‘^’之意為開頭），「:\s」是指‘:’後接一個空白字元，‘.’代表字元，「.*」是指任意長度的字元（* 表 0 個或 0 個以上），「@ownwsr..」比對‘@ownwsr05’、‘@ownwsr14’等變化字串，「\.」是要恢復‘.’本來表示句點字元的意思，其他樣式則和字串 example、net 相同即可。

在 body_checks 設定過濾關鍵字的「樣式」：

```
body_checks: /AV999/     REJECT testing...
```

3.　使用測試工具，確定過濾樣式可以發揮作用。

方式一，使用 postmap，作法如下：

```
postmap -q - pcre:/etc/postfix/header_checks < /root/tmp/1.eml
```

若符合，postmap 會顯示在垃圾郵件中比對到的字串，如下所示：

```
From: =?DISCARDr7WxS8DJrtekaqS9tn0=?= <ybmumjt@ownwsr14.example.net>
```

方式二，使用筆者設計的工具來測試。

本書範例包附有一支程式，可用來測試過濾樣式。此程式的使用方法如下：

```
# 把 check_filter.pl 和 header_checks 等對照表放在同一個目錄下：
cp check_filter.pl /etc/postfix
# 設定執行權
chmod +x /etc/postfix/check_filter.pl
# 執行程式。程式的參數是垃圾郵件的路徑檔名 1.eml
./check_filter.pl /root/tmp/1.eml
```

和 postmap 不同的是，check_filter.pl 可以同時測試 header_checks 和 body_checks。

如果過濾樣式可以發揮作用，這支程式會顯示出對照表的名稱，以及符合比對的正規表示式。

以下是執行 check_filter.pl 之後出現的訊息：

```
header_checks: /^From:\s.*@ownwsr..\.example\.net/  DISCARD
body_checks: /AV999/     REJECT testing...
```

這表示：在 header_checks 和 body_checks 設定的兩個過濾樣式，都能正確運作。

4. 檢查 mail.log。

由主機外部網域寄一封測試信：

```
Jul 25 08:56:43 pbook postfix/cleanup[16165]: 7FD5010069D: reject: body
AV999 from mail-wg0-f49.google.com[74.125.xx.xx];
from=<ols3er@gmail.com> to=<jack@pbook.ols3.net> proto=ESMTP
helo=<mail-wg0-f49.google.com>: 5.7.1 body_checks testing......
```

請注意：「reject: body AV999」表示 body_checks 已發揮作用。由於信件內容含有過濾關鍵字 AV999，因此，這封信被擋下來了。其中「5.7.1 body_checks testing...」是回應給對方的拒收郵件的訊息。

從上述示範可以發現：過濾樣式的設計蠻重要的，樣式本身所運用的正規表示式，正是內濾法能否成功的關鍵。關於正規表示式，本章後面再來說明。

了解實務作法之後，接下來說明內濾法的限制以及運作的原理，如此，將來遇到疑難時，才能掌握解決問題的方向。

◈ 內濾法的限制

Postfix 內建的過濾機制，其運作過程，是在郵件「存入佇列之前」，以一次比對一列的方式，檢查信件表頭和信件內容。這裡所謂的比對是指：在對照表中，運用正規表示式設計「過濾樣式」（LHS，放在左手方），然後用過濾樣式和各列字串比對，一旦比對符合，就執行該樣式對應的「處置動作」（RHS，放在右手方）。

圖 10-2-1 是 Postfix 此過濾機制的運作流程，由圖示可清楚地了解，過濾功能是發生在郵件「進入佇列之前」，這表示 Postfix 可以立即拒絕對方的郵件，不必寄退信通知。由於垃圾郵件的寄件者大多是假造的，不必寄退信通知，正好省事。

雖然如此，此法也是要付出代價的，由於過濾信件要花費不少時間，若處理逾時，可能會造成 Client 端因遲遲等不到伺服端的回應，又重複地寄送信件進來。

圖 10-2-1：Postfix 內建的過濾機制

這項功能最初的目的，是為了阻擋某些暴發的網虫或病毒郵件，以及一些煩人的偵測系統所發送的通知，為此，Postfix 做了最佳化處理，特別適合用於處理這類的郵件。不過此法存在「多方面的限制」，並不適合拿來過濾一般的垃圾郵件。

以下是內濾法的限制：

1. Postfix 內建的過濾機制，無法對郵件解碼，也無法檢視 zip 等壓縮檔的內容。例如：許多使用 MIME 格式的郵件採用 BASE64 編碼，信件的內容已非原始看得懂的字串，除非過濾關鍵字和信件的編碼字串一模一樣，否則此法徒勞無功。

2. 信件表頭和信件內容的過濾機制無法結合在一起運用，彼此是分開運作的，兩者之間無法以列為單位，按前後的相依關係來做判斷。

3. 此法對同一封信中不同的收件者，無法分別過濾處理，所有的收件者都受到一樣的對待。也就是說，假設關鍵字 A 對甲而言是垃圾郵件，對乙卻不是，那麼，很抱歉，給乙的這封信還是會被濾掉。某些提案有討論到繞過這個問題的方法，可以讓不同的收信人使用不同的過濾機制，不過，由於對 SMTP 伺服器會造成「效能低落」的影響，而且對 SMTP 之外的協定無法適用，因此，最終也只能做罷。

4. 雖然作者苦口婆心要大家不要使用內濾法來過濾垃圾郵件，但仍常見到許多管理員在 header_checks 和 body_checks 中使用數百條、甚至上千條的正規表示式，造成以下系統性的災難：

- 由於內濾法是在郵件進入佇列之前，cleanup 伺服器為了消化這些正規表示式，會吃掉大部份 CPU 時間，以及記憶體等系統資源，最後作業系統只好大量地做記憶體置換（SWAP），於是拖慢了後續的郵件。

- 狀況同上，此時，Postfix 需要更多的時間來接收外部的郵件，SMTP session 的行程越來越多，最終使 SMTP Server 的行程數達到上限的臨界值。

- 由於多數的 SMTP Server 行程都在等待 cleanup 完成工作，外面的 Client 端又一直在等內部的 SMTP Server 回應，在尚未得到回應之前，連線就已經逾時了，造成許多郵件寄不進來，而內部等待遞送的郵件又消耗不掉，如此惡性循環下去，終至於系統崩潰。

由於內濾法的作用時機是在郵件存入佇列之前，先天上便有前述的限制，因此，最好不要拿來過濾垃圾郵件。原則上，內濾法只適合短期使用（例如在特定病毒郵件大量流行的期間），而且，只能安排少量的過濾規則。一旦這些網蟲、病毒信的流行期一過，筆者建議，最好馬上移除過濾規則。

請記住：Postfix 內建的過濾機制，如非必要，最好不要使用；若啟用，正規表示式的列數也是要越少越好。

在郵件進入佇列之前，都不是過濾垃圾郵件的適當時機。那麼，什麼時候才合適呢？為效能計，筆者建議使用上一節提到的第二種機制，即等到郵件進入佇列之後，才把過濾垃圾郵件的工作，交給專業的外部程式處理。

◎ 內濾法的運作原理

接下來，說明內濾法的運作原理。

在新的郵件存入佇列之前，由 cleanup 負責處理，因此，Postfix 內建的過濾功能，也是由 cleanup 負責執行。如圖 10-2-2 所示，傳輸郵件給 cleanup 處理的來源有 smtpd、qmqpd、pickup、bounce、local，除此之外，還有系統出現狀況時產生的 postmaster 通知信，也是來源之一。

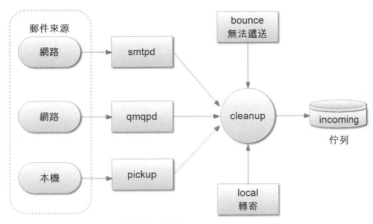

圖 10-2-2：cleanup 的郵件來源

按理來說，並不是所有的郵件來源都必須經過內濾法處理，為效能計，應該只有外部的郵件才需要。其他來源，例如內部轉遞、無法投遞的郵件等等，則應該予以排除。

那麼，究竟有哪些郵件來源，受到 Postfix 內濾法的作用呢？ 請看下表：

表 10-2-1：內建過濾功能處理的郵件種類

郵件型態	郵件來源	是否受內建過濾功能的作用
網路郵件	smtpd	會，可設定關閉
網路郵件	qmqpd	會，可設定關閉
本機產生的郵件	pickup	會，可設定關閉
本機轉寄的郵件	local	不會
無法投遞的郵件	bounce	不會
postmaster 系統通知信	許多種來源	不會

由上表可以發現：只有三類郵件才會受到影響，分別是 smtpd、qmqpd、pickup。那麼，Postfix 如何選擇誰要不要過濾郵件？這個決定權若交給 cleanup，顯然很沒有效率，因為這樣一來，cleanup 便需要增加判斷時間，結果降低了清理郵件的效能。為此，Postfix 把決定權交給郵件的供應方，即由來源端決定要不要請求 cleanup 執行過濾。也就是說，只有 smtpd、qmqpd、pickup 這三個伺服程式接收到郵件時，才會主動要求 cleanup 執行過濾。

當然，管理者也可視實際需要，取消這三種程式的過濾要求。以本機郵件來說，這類郵件由 pickup 處理。欲關閉 pickup 叫用 cleanup 過濾郵件，其作法如下：

```
# 修改 master.cf 的設定：
# ========================================================================
# service type  private  unpriv  chroot  wakeup   maxproc  command + args
#               (yes)    (yes)   (yes)   (never)  (100)
# ========================================================================
# pickup 的原始設定
# pickup  fifo    n        -       -       60       1        pickup

# pickup 修改後的設定
pickup    fifo    n        -       -       60       1        pickup
          -o receive_override_options=no_header_body_checks
```

-o 可指定設定項的參數值，由於 pickup 的參數列有 no_header_body_checks 的設定，因此 pickup 接收到本機郵件後，不會主動向 cleanup 要求啟用過濾功能，如此，便可達到關閉過濾功能的目的。

順便一提，設定項 receive_override_options 除了可關閉過濾功能之外，還可用於關閉其他功能。receive_override_options 可用的參數值如下表：

表 10-2-2：receive_override_options 的參數值

參數值	作用
no_unknown_recipient_checks	不檢查「收件者是否存在」，所有郵件都不拒收。
no_address_mappings	關閉位址轉換的功能（即不改寫郵件位址），例如：canonical 正規表、virtual alias 虛擬別名表、位址偽裝、自動 BCC 副本。
no_header_body_checks	關閉 header/body 過濾機制。
no_milters	關閉 Milter（mail filter）應用程式。

管理者可按上表、視實際需要，搭配 receive_override_options 的參數值，在 master.cf 彈性調整 smtpd、qmqpd、pickup 等三類程式的行為。

內濾法的對照表和作用時機

Postfix 的內濾法，其對照表名稱和作用時機，視處理郵件的階段而定，可分成以下三種狀況而有所不同：

1. 在接收郵件時：有四個對照表。

2.　接收郵件之後：有一個對照表。

3.　在遞送郵件時：有四個對照表。

按序說明於下：

一、在接收郵件時：

在這個階段，Postfix 支援四個設定項，可供管理者分別針對信件表頭和信件內容，計設過濾用的對照表，如下所示，共有四個對照表：

表 10-2-3：過濾信件表頭和信件內容的設定項

設定項名稱	作用	預設值
header_checks	過濾一般的信件表頭（非 MIME 表頭）。	空值
mime_header_checks	過濾 MIME 信件表頭。	$header_checks
nested_header_checks	過濾附檔信件表頭（非 MIME 表頭）	$header_checks
body_checks	過濾信件內容。	空值

header_checks 和 body_checks 預設都沒有指定對照表（空值表示不啟用），而 mime_header_checks 和 nested_header_checks 預設指向 $header_checks，也就是說，若沒有特別指定，mime_header_checks 和 nested_header_checks 會自動使用 header_checks 所設定的對照表。

以下是這四個設定項的用例。不過，實務上，只用 header_checks 和 body_checks，應該就足敷所需了。

```
header_checks = pcre:/etc/postfix/header_checks
body_checks = pcre:/etc/postfix/body_checks
mime_header_checks = pcre:/etc/postfix/mime_header_checks
nested_header_checks = pcre:/etc/postfix/nested_header_checks
```

這裡使用的查表格式是 pcre（和 Perl 語法相容的正規表示式），當然，也可以改用 regexp（POSIX 語法）。不過，筆者曾在 3.7 節提到：pcre 和 regexp 的語法是有差異的；pcre 支援的樣式語法較豐富、比對功能較強大、執行效能較佳，因此，筆者強烈建議選用 pcre。

執行「postconf -m | grep pcre」可查看系統是否支援 pcre 模組；若沒有出現任何訊息，表示目前沒有此一模組。

在 Debian/OB2D Linux 中，加裝 pcre 模組的方法如下：

```
apt-get update
apt-get install postfix-pcre
```

Postfix 比對樣式時，信件表頭和信件內容會分開處理。檢查信件表頭時，是以一次比對一個「邏輯列」的方式進行。這裡所謂的邏輯列是指「欄位名稱: 欄位內容」的格式，若欄位內容跨越數列，也屬於同一列。至於檢查信件內容時，則一次只比對實際上的一列（跨列算另一列）。

另外，信件表頭的大小是有限制的，若超過 $header_size_limit 的設定值（預設 102400 bytes），則信件表頭會被截斷。Postfix 檢查信件內容時，每一列的長度也是有限制的，最大不能超過 $line_length_limit（預設 2048 bytes），信件內容的段落最大長度是 $body_checks_size_limit（預設 51200 bytes），包括附件也是。

二、接收郵件之後：

Postfix 支援對照表 milter_header_checks，這是用來過濾 Milter 應用程式在信件表頭加入的欄位。請注意，這項功能在 Postfix 2.7 版以後才有支援。

三、在遞送郵件之時：

這個階段和接收郵件時一樣，也有四個對照表，適用對象也是一樣的，這裡就不再贅述了。

表 10-2-4：遞送郵件時，過濾信件表頭和信件內容的設定項

設定項名稱	作用	預設值
smtp_header_checks	過濾一般的信件表頭（非 MIME 表頭）。	空值
smtp_mime_header_checks	過濾 MIME 信件表頭。	空值
smtp_nested_header_checks	過濾附檔信件表頭（非 MIME 表頭）	空值
smtp_body_checks	過濾信件內容。	空值

這項功能在 Postfix 2.5 版以後才有支援。

◈ 針對不同網域範圍啟用內濾法

有時候，我們希望只針對外部網域寄來的郵件才啟用內濾法，屬於區域網路使用者的郵件則跳過不濾；另外，有時候，又想針對某些域名的郵件才啟用內濾法；這兩種要求，要如何達成呢？

底下分別說明其作法。

一、外部網域寄來的郵件才啟用內濾法

首先，郵件主機必須準備兩個 IP 位址，一個給外部網域的主機連接使用，另一個 IP 給區域網路的主機使用。假設此郵件主機的 IP 位址分配如下：

```
172.16.1.1 負責接收外部網域的郵件。
172.16.1.2 負責接收區域網路主機的郵件。
```

設定方法：

```
01.  # 修改 master.cf
02.  # ========================================================
03.  # service          type private unpriv chroot  wakeup  maxproc command
04.  #                       (yes)   (yes)   (yes)   (never) (100)
05.  # ========================================================
06.  172.16.1.2:smtp  inet n    -       n       -       -       smtpd
07.       -o receive_override_options=no_header_body_checks
08.  127.0.0.1:smtp   inet n    -       n       -       -       smtpd
09.       -o receive_override_options=no_header_body_checks
10.  pickup           fifo n    -       n       60      1       pickup
11.       -o receive_override_options=no_header_body_checks
```

列 6~7，設定在 IP 位址 172.16.1.2 運行的 smtpd 伺服器，receive_override_options 的參數值為 no_header_body_checks，表示要關掉內建的過濾機制；凡是由這個管道接收下來的郵件 Postfix 都不會進行過濾。

列 8~9，設定在 IP 位址 127.0.0.1 運行的 smtpd 伺服器，關閉過濾郵件的功能，這個介面是保留給本機內部連接使用的。

列 8~9，設定經由本機 sendmail 程式寄出的郵件，經 pickup 處理時，亦關閉過濾郵件的功能。

除了在 master.cf 設定之外，欲達成前述目標還需要防火牆的配合才行。也就是說，只能允許區域網路的主機連接郵件主機的 IP 位址 172.16.1.2，其他主機對這個位址的連線都要擋掉。有兩種方式設定防火牆，一種是使用郵件主機本身的 iptables，一種是在區域網路對外的防火牆設備上設定。

以在郵件主機設定 iptables 為例，其做法如下：

```
01.  iptables -A INPUT -p tcp -s 172.16.1.0/24 -d 172.16.1.2 --dport 25 -j ACCEPT
02.  iptables -A INPUT -p tcp -d 172.16.1.2 --dport 25 -j DROP
```

列 1 的設定是說，凡是封包的來源位址是區域網路 172.16.1.0/24，且封包的目的位址是 172.16.1.2、目的地的通訊埠是 25 埠（即 SMTP 的連接埠），則開放此種封包進入主機之中。

列 2 的設定是說，擋掉所有「目的地位址是 172.16.1.2、目的地的通訊埠是 25 埠」的封包。

經過上述設定之後，只有區域網路的主機才能連接此郵件主機的 172.16.1.2，且郵件不必經過 header/body 的過濾機制。

二、特定的域名郵件才啟用內濾法

假設只有寄給 mail.example.com 的郵件才要做 header/body 過濾。我們可以利用 MX 記錄來達成。

步驟 1：

先設定 master.cf，由 172.16.1.1 接收下來的郵件要過濾，而由 172.16.1.2 接收下來的郵件則不要過濾。

```
01.  /etc/postfix.master.cf:
02.  # ================================================================
03.  # service        type  private unpriv  chroot  wakeup  maxproc command
04.  #                      (yes)   (yes)   (yes)   (never) (100)
05.  # ================================================================
06.  172.16.1.1:smtp inet   n       -       n       -       -       smtpd
07.
08.  172.16.1.2:smtp inet   n       -       n       -       -       smtpd
09.         -o receive_override_options=no_header_body_checks
```

步驟 2：

在 DNS Server 中，設定 MX 記錄，凡是郵件收件者位址的域名是 mail.example.com，就把郵件路由導到 172.16.1.1，由這個介面位址的 smtpd 伺服器接收（然後進行過濾），而主域名 example.com 的郵件則導到 172.16.1.2（不過濾）。

設定方法如下：

```
01.  # @example.com 導到 mail-b.example.com
02.  example.com.          IN  MX  10  mail-b.example.com.
03.
04.  # mail.example.com 導到 mail-a.example.com
```

```
05.   mail.example.com.   IN  MX  10  mail-a.example.com.
06.
07.   # 設定郵件主機的 IP 位址
08.   mail-a.example.com.    IN  A   172.16.1.1
09.   mail-b.example.com.    IN  A   172.16.1.2
```

這樣一來，凡是寄給 user@mail.example.com 的郵件，都會往 172.16.1.1 送信。由於這個介面的過濾功能是開啟的，於是，前述要求的目標也就達成了。

◉ 內濾法的對照表格式

接下來，介紹如何設定過濾信件的對照表。

過濾對照表又稱為樣式表，在 3.7 節已大致介紹過了，這裡將更詳細地補充說明。

樣式表的每一列，就是一個過濾規則，其基本格式如下：

```
/樣式/旗標        處置動作
```

把欲比對的樣式寫在一對樣式分隔符號中（一對斜線；其他成對的符號也可以），其中，旗標為單一字元，用以控制比對的特殊方式，可省略不用。

過濾規則列也可以分成數列，若列的開頭有空白字元（或 TAB 鍵），則視為延續上一列的設定，例如：

```
/樣式/旗標
       處置動作
```

過濾信件的運作方式是：Postfix 讀取信件表頭或信件內容的「每一列」（信件表頭是採取邏輯列，而信件內容是採取實體列），然後和過濾規則中的樣式（在左手，LHS）進行比對，若比對符合，就執行對應的處置動作（在右手，RHS）。此法稱為正向比對。

用例：

假設在 main.cf 中設有：

```
body_checks = pcre:/etc/postfix/body_checks
```

/etc/postfix/body_checks 的內容如下：

```
/^Subject:\s.*Can you help me.*\?/   DISCARD   Email-Worm.Win32.Klez.a
```

這意思是說，凡是信件表頭的主旨欄（Subject）含有 "Can you help me?"，就把這封信丟棄（DISCARD），並且在記錄檔中留下 "Email-Worm.Win32.Klez.a" 的訊息，據此，管理員便可以由 /var/log/mail.log 分析該郵件被濾掉的原因。

上述規則若改寫成以下型式，亦可：

```
/^Subject:\s.*Can you help me.*\?/
        DISCARD  Email-Worm.Win32.Klez.a
```

pcre 和 regexp 的對照表只要用純文字檔儲存即可，不需要再用 postmap 編譯。測試的方法很簡單，如下所示：

- 方法一：

  ```
  postmap -q "輸入字串列" pcre:/etc/postfix/body_checks
  ```

- 方法二：

  ```
  postmap -q - pcre:/etc/postfix/body_checks < 郵件檔
  ```

  其中，-q 之後的「-」，代表標準輸入，postmap 會由「< 郵件檔」的標準輸入轉向，取得郵件的內容。也就是說，方法二是利用轉向的機制，將郵件檔的內容餵給 postmap 進行比對。

上述比對若符合，會出現「DISCARD Email-Worm.Win32.Klez.a」的訊息，若不符合，則不出現任何字串。

除了正向比對，Postfix 也支援「反向比對」以及「選擇性比對」。

反向比對的寫法如下：

```
!/樣式/旗標       處置動作
```

這種比對方式是說，如果 Postfix 讀取的輸入列和樣式「比對不符」，就執行處置動作。

選擇性比對的寫法如下：

```
if /樣式/旗標
規則列 1
規則列 2
....
endif
```

這裡的意思是說，如果 Postfix 讀取的輸入列和樣式比對相符，該輸入列才會和 if
和 endif 之間的規則列再進行比對。

請特別注意，if 和 endif 之間的規則列，其左方不可以有空白字元或 TAB 鍵，否
則會視為延續上一列的設定，那語法就錯了。

用例：

/etc/postfix/header_checks：

```
if /^Received:/
/^Received: +from +(example\.com) +/
   reject forged hostname in header: $1
endif
```

這意思是說，若信件表頭列是以「Received:」開頭，才會繼續和 if、endif 之間的
規則列比對：若 Received: 表頭欄中含有 example.com 的主機名稱，則拒絕接收
郵件。

選擇性比對，也可以先用反向比對的寫法，如下所示：

```
if !/樣式/旗標
規則列 1
規則列 2
....
endif
```

這意思是說，若 Postfix 讀取的輸入列和樣式「比對不相符」，該輸入列才會和 if
和 endif 之間的規則列再進行比對。

另外，如果樣式字串之中含有 / 分隔字元，為求撰寫樣式方便起見（不必寫一大
堆跳脫字元 \），可改用其他在樣式中未用到的符號來充當樣式分隔字元，例如：

```
~^[[:alnum:]+/]{60,}$~          OK
'http://345\.example\.com/e8285/abc'    DISCARD
```

第一列，最左和最右邊使用一對「~」，第二列，最左和最右邊使用一對「'」，
都可以用來取代原本的分隔字元 /，這樣的話，原樣式中的「/」就不必改寫成「\」
了，如此，會比較簡潔方便，也更易於了解。

以下寫法都是一樣的，只要分隔字元沒有出現在樣式中即可。

```
/http:\/\/www\.example\.net/    REJECT
'http://www\.example\.net'      REJECT
```

```
"http://www\.example\.net"     REJECT
~http://www\.example\.net~     REJECT
(http://www\.example\.net)     REJECT
{http://www\.example\.net}     REJECT
```

樣式列的格式,說明完了之後,接著我們來了解處置動作。

Postfix 的過濾功能一旦比對符合之後,會執行樣式右方對應的處置動作。可選用的處置動作整理如下表(不區分大小寫):

表 10-2-5:過濾功能的處置動作

處置動作	作用
DISCARD 選用的訊息	假裝投遞郵件成功,但實際上卻靜悄悄地將信件丟棄,只在系統記錄檔留下訊息。
DUNNO	假裝比對沒有成功,繼續比對下一個輸入列。把 DUNNO 改成 OK 也可以。
FILTER transport:destination	郵件存入佇列後,將郵件交給外部過濾程式處理。
HOLD 選用的訊息	將郵件存入扣住佇列,供管理者進一步檢查。
IGNORE	刪除目前的輸入列,並繼續比對下一個輸入列。
PREPEND 字串列	在目前的輸入列之前附加一列自訂的字串列,並繼續比對下一個輸入列。
REDIRECT user@domain	對 Postfix 要求轉寄郵件,並繼續比對下一個輸入列。當郵件存入佇列後,將郵件轉寄給指定的收件人,原收件人則收不到這封信。
REPLACE 字串列	以自訂的字串列,取代目前的輸入列,並繼續比對下一個輸入列。
REJECT 選用的訊息	拒收郵件,並以選用的訊息回應對方。
WARN 選用的訊息	在系統記錄檔留下訊息,並繼續比對下一個輸入列。此適合於偵錯之用。

另外,規則列還可以使用旗標,讓樣式比對有不同的作用方式。pcre 和 regrex 都各有數種旗標可以選用。

pcre 格式可用的旗標,整理如下:

表 10-2-6:pcre 可用的旗標

旗標	作用
i (預設:開啟)	區分大小寫。若不加旗標 i,預設不區分。
m (預設:關閉)	m 表示要使用 PCRE 的多列模式,即樣式可跨列。
s (預設:開啟)	切換 PCRE dot 模式。若此旗標開啟,則「.」這個字元本身也能比對到換列字元。

旗標	作用
x (預設：關閉)	切換 PCRE 擴充旗標。若此旗標開啟，則樣式中的空白字元會被忽略，這樣可方便撰寫多列的比對樣式。
A (預設：關閉)	切換 PCRE ANCHORED 旗標。若此旗標開啟，則只由輸入列的開頭尋找。
E (預設：關閉)	切換 PCRE DOLLAR_ENDONLY 旗標。若此旗標開啟，$ 符號只用來比對字串的結束。
U (預設：關閉)	切換比對貪心模式。
X (預設：關閉)	切換 PCRE EXTRA 旗標。若此旗標開啟，當倒斜線後接的字元沒有特殊涵義時，會顯示錯誤訊息。

regexp 格式可用的旗標，整理如下：

表 10-2-7：regexp 可用的旗標

旗標	作用
i (預設：開啟)	切換是否區分大小寫，預設不區分。
m (預設：關閉)	切換多列模式。
x (預設：開啟)	切換擴展的樣式語法模式，預設開啟。

◉ Perl 正規表示式簡介

由於 header_checks 和 body_checks 經常需要用到正規表示式，底下做個簡介。

正規表示式

所謂的正規表示式（**Regular Express**），是一種由特定字元所組成的字串，用以描述目標字串的「形」，此形稱為「樣式」。正規表示式的用法，是將資料和樣式做比對，然後看看是否和目標字串的形相符，再來決定要如何處置。例如：若欲比對電子郵件位址，可把它的「形」寫成：([\w\-])+@([\w\-])+(\.[\w\-])+。

正規表示式的威力，在於它可以用單一的樣式字串，比對資料的各種變化，化萬於一，迅速地就可以找出符合「形」式的目標字串。

樣式

正規表示式，也可以稱為是樣式（**Pattern**），本身自成一種小型的程式語言，其語法由樣式字元集組成。在處理文件方面，正規表示式經常可以發揮強大的功能。

樣式字元集

樣式是由字元集所組成的,要掌握正規表示式,首先要了解各字元集的定義,如此,才能清楚地理解樣式的涵義。

例如,前面提到的樣式:/^Subject:\s.*Can you help me.*\?/,您可以了解其中 "\s"、".*" 和 "\?" 的涵義嗎?

下表整理常用的字元集。第一次先大致了解一下即可,不必強記,需要時再來查對;要消化這些東西,必須經過長期的實務運用練習,絕非一蹴可及。(這是資訊人必備的基本功)

表 10-2-8:Perl 正規表示式常用的字元集

字元集	作用
.	代表任意字元,但不包括換列字元 \n,例如: .* 代表任意字元有 0 個或 0 個以上; .+ 代表任意字元有 1 個或 1 個以上。
(樣式)	群集。將比對符合樣式的字串,用 $1、$2...等變數記憶起來(稱為記憶字串)。$1 代表第一個比對符合的字串,$2 為第二個,其餘依此類推。以正規表示式 /^Received: (.*)@(spam..)\.example\.com/ 為例,若比對符合,則 $1 即代表第一個括號裡的字串,$2 代表第二個括號裡的字串。請注意,在 Postfix 的對照表中,$n 可寫成 ${n} 或 $(n),例如:$3 可寫成 ${3}、$(3)。
|	樣式中的「或」,代表可替換成別的字串,例如:(a|b|c) 代表 a 或 b 或 c 其中之一。
[字元列表]	字元集合,例如:[abc] 代表 a 或 b 或 c 其中的一個字元。
[^]	排除部份字元集合,例如:[^abc] 代表不是 a、b、c 這三個字元。
^	代表字串開頭的斷言位置,例如:^Subject: 代表該列開頭是「Subject:」。
$	代表字串結尾的斷言位置,例如:new$ 代表 new 出現在該列結尾。
*	代表比對成功的次數是 0 或 0 次以上,例如:a* 代表 a 有 0 個或 0 個以上。
+	代表比對成功的次數是 1 或 1 次以上,例如:a+ 代表 a 有 1 個或 1 個以上。
?	代表比對成功的次數是 0 或 1 次,例如:a? 代表有一個 a 或沒有 a。若用在其他數量修飾子之後,則表示 "比對採不貪心的模式",也就是說只要匹配最短的樣式即可,例如 /^Received: \w+?\d\d\d/,字串樣式 \w+,只要比對最短的字串即可。
{n}	左方單元(或字元)出現剛好 n 次,例如: new{3} 為 newww。
{n, }	左方單元(或字元)出現 n 次以上,例如:new{2,} 為 neww, newww, newwww...。
{n, m}	左方單元(或字元)出現至少 n 次,但不能超過 m 次,例如:new{2,5} 為 neww, newww, newwww, newwwww。
\	將後接的特殊字元跳脫,只當作單純的字元使用,不再具有樣式字元的涵義。用例:\\、\.、\@、\?、* 只當作"\.$?"這四個字元使用。
[0-9]	一個數字字元。請注意,[ ] 只代表「一個」字元喔!不是 9 個字元喔!

字元集	作用
[＾0-9]	非數字。
[a-z]	一個英文小寫字母。
[＾a-z]	非小寫。
[A-Z]	一個英文大寫字母。
[＾A-Z]	非大寫。
[a-zA-Z]	一個英文字母。
[＾a-zA-Z]	非英文字母。
\d	同 [0-9] 數字。
\D	同 [＾0-9] 非數字。
\w	文字，同 [a-zA-Z0-9_]。
\W	非文字，同 [＾a-zA-Z0-9_]。
\s	空白字元，同 [\t\n\r\f]。
\S	非空白字元，同 [＾ \t\n\r\f]。
\b	單字的邊界。
\B	非單字的邊界。
\xnn	16 進位數 nn。例：\x32 等於十進位的 2+3x16=50。
\nnn	8 進位數 nnn。例：\123 等於十進位的 3+2x8+1x8x8=83。
[:alnum:]	文字，包含字母和數字。
[:alpha:]	字母。
[:digit:]	數字。
(?:樣式)	仍視為單一比對單元，但不產生 $1、$2 等記憶變數。
(?=樣式)	正向往前（look-ahead）比對斷言位置。/Jack(?=is)/ 尋找 Jack 之後是 is 的字串，然後傳回 is 之前的斷言位置。
(?!樣式)	負向往前比對斷言位置。/Jack(?!is)/ 會尋找 Jack 後接不是 is 的字串，然後傳回「非 is 這個字串」之前的斷言位置。
(?<=樣式)	正向往後（look-behind）比對斷言位置。/(?<=Johnis)/ 會尋找 Johnis 的字串，找到後，傳回 Johnis 之後的斷言位置。
(?<!=樣式)	負向往後比對斷言位置。/(?<!Johnis)/ 會尋找「非 Johnis」的字串，找到後，傳回該字串之後的斷言位置。

◉ 正規表示式的用例

這裡列舉正規表示式的用例，以增加讀者對樣式比對的了解。

1. 比對字串：

```
/SPAM/          DISCARD
```

若含有字串 SPAM，比對成功。

2. 萬用字元樣式「.」：

```
/test../          DISCARD
```

「..」代表任意兩個字元，凡是含有 test12、testok、test89 等字串者均符合比對。

3. 任意長度字元「*」：

```
/From:\s.*msav@example\.com/      DISCARD
```

\s 代表一個空格，「.*」代表任意長度的字元，\. 對應到字元'.'。例如：'From: Good staff <jobmasv@example.com>'便可符合比對，「.*」對應的字串是 'Good staff <job'。

4. 選擇性比對：

```
/From:\s(jack|mary|john)@example\.com/   DISCARD
```

若寄件者名稱是 jack 或 mary 或 john，都可以比對符合。

5. 使用群集和記憶變數：

```
/From:\s(.*)@$1\.example\.com/    DISCARD
```

(.*) 比對在'From: '之後、在 @ 之前的字串，比對到了之後，將字串存入記憶變數 $1，然後放在 @ 之後，當成樣式的一部份，因此，以下字串都可以符合比對：

```
From: golden@golden.example.com
From: jack@jack.example.com
From: 333@333.example.com
```

6. 濾除內嵌 script 的電子郵件：（註：10-2-1）

這是前述第 5 點的應用，用來濾除含有 script 程式的惡意郵件。

```
/<\s*(object\s+data)\s*=/  REJECT Email with "$1" tags not allowed
/<\s*(script\s+language\s*="vbs")/ REJECT Email with "$1" tags not allowed
/<\s*(script\s+language\s*="VBScript\.Encode")/ REJECT Email with "$1"
tags not allowed
```

資料來源：http://jimsun.linxnet.com/misc/body_checks.txt

註解
10-2-1

10.3　使用外部程式過濾郵件

在尚未引入外部程式的過濾機制之前，Postfix 的工作流程，就是單純的接收郵件、然後投遞郵件；引入外部程式之後，其流程如圖 10-3-1 所示，Postfix 會將已存入佇列的郵件交給外部程式進行過濾（因此稱為「存入佇列後過濾」），俟外部程式工作完成後，將已過濾的郵件存回佇列，後續仍按原本的投遞作業流程分派郵件。這是整個「外濾法」的基本想法。

圖 10-3-1：引入外部程式過濾機制的工作流程

Postfix 的「外濾法」可分成：簡單的過濾法，以及進階過濾法。這裡先介紹進階過濾法。

Postfix 的進階過濾法

外部過濾程式可分成兩種，一種是在運作過程中支援使用 SMTP 協定和 Postfix 溝通，一種是不支援 SMTP 協定。Postfix 的進階過濾法僅適用於支援 SMTP 協定的過濾軟體，對於不支援 SMTP 協定的軟體，可參考 Bennett Todd 的 Perl/SMTP/proxy 過濾架構，網址在 http://bent.latency.net/smtpprox/。

Postfix 的進階過濾法有三大優點：

1. 由於接收郵件的程序和外部過濾機制分離，因此，不必擔心 cleanup 因等待過濾工作完成而逾時，不會產生其他大量等待的程序，耗盡記憶體資源，造成系統癱瘓。

2. 管理者有最大的自由度，來控制要運用多少行程來執行過濾工作，而且，外部過濾機制要做到何等細緻程度，也不會受到限制，例如加入統計功能、拉高判斷垃圾郵件的精確度、建立自我學習的功能、提供回饋機制等等，彈性極大。

3. 由於外部程式和 Postfix 之間，透過 SMTP 標準協定溝通，雖然整個流程看起來比較複雜（因此稱為「進階」），但其實效能反而更好，系統運作更為穩定。

圖 10-3-2 是進階過濾法的運作流程。郵件存入佇列之後，Postfix 叫用 smtp 程式（步驟 3），以 SMTP 協定將郵件傳遞給外部過濾程式處理（傳輸通道在 10024 埠，埠號可自訂）。外部程式處理完成之後，再以 SMTP 協定，將郵件傳遞給獨立設置的 smtpd（步驟 6；傳輸通道在 10025 埠，埠號可自訂），此 smtpd 伺服程式，再將已過濾的郵件存入佇列之中（步驟 7）。

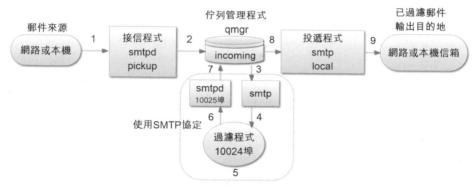

圖 10-3-2：引入 SMTP 外部過濾程式的工作流程

了解上述觀念之後，接下來，筆者要介紹如何架設 Postfix 的進階過濾法。

◉ SMTP 外部過濾程式架設法

底下，筆者要介紹的外濾法，便是以上述觀點為基石，將三種外部程式組合起來，一起和 Postfix 協力運作，不但可過濾垃圾郵件，而且，也有濾除電腦病毒的功能。

這三種外部程式套件，其程式名稱和作用簡介如下：

1. amavisd-new：

   amavisd-new 是一個在 MTA 和「內容檢查程式」之間的中介引擎。透過 amavisd-new 的中間介面，可讓 MTA 順利地叫用病毒掃瞄程式和垃圾郵件

檢查程式，而且仍可保有良好的工作效能。amavisd-new 支援 ESMTP 和 LMTP 協定，可和多種 MTA 完美搭配，例如 Postfix。amavisd-new 使用 Perl 撰寫而成，目前最新版是 2.9.1，網址在：http://www.ijs.si/software/amavisd/。

2. SpamAssassin：

SpamAssassin 目前是 Apache 自由軟體基金會旗下的一個計劃，可說是自由軟體界垃圾郵件過濾器的第一把交椅。SpamAssassin 主要也是以 Perl 設計的，目前最新版是 3.4.0，網址在：http://spamassassin.apache.org/。

3. ClamAV：

ClamAV 是一款專為 UNIX-like 平台設計的防毒軟體，特別適合運用在 MTA 閘道來掃瞄電子郵件。ClamAV 以 GPL 開放原始碼授權，目前最新版是 0.98.4，網址在：http://www.clamav.net/。

以下，說明整合這三個程式套件的方法。圖 10-3-3 是這三個外部程式和 Postfix 協力運作的過程。

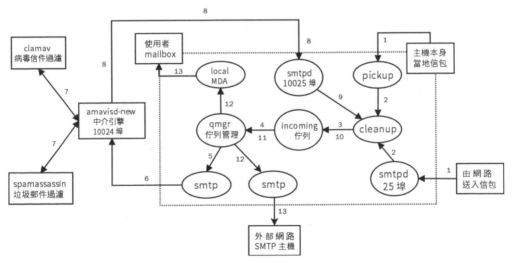

圖 10-3-3：SMTP 外部程式過濾機制工作流程圖

當 Postfix 由網路或本機接收到郵件時（步驟 1），smtpd 和 pickup 負責接收處理，接著各自把郵件交給 cleanup 做清理的程序（步驟 2），然後存入 incoming 佇列（步驟 3），佇列管理程式 qmgr 接著進行「投遞作業」（步驟 4），不過，此時 qmgr 投遞郵件的對象，並不是原本的外部網路主機或本機信箱，而是另行指揮 smtp 程式透過 SMTP/ESMTP 協定（步驟 5），將郵件傳遞給「中介引擎 amavisd-new」

（步驟 6；使用 10024 port），中介引擎就相當於專業經理人一樣，他會把工作切割，分派給不同專長的人處理，最後再回報整合的結果。amavisd-new 的運作方式，也是相同的概念。amavisd-new 會把過濾垃圾郵件和濾除電腦病毒的工作，分別指派給 SpamAssassin 和 ClamAV 負責（步驟 7），然後等待這兩方完成工作。一旦過濾垃圾郵件和掃瞄病毒郵件的工作完成後，SpamAssassin 和 ClamAV 會將掃瞄結果回報給 amavisd-new，接著 amavisd-new 將已過濾處理的郵件，傳給一個事先特別設置的 smtpd 伺服程式接收（步驟 8；使用 10025 port），此獨立的 smtpd 程式收下郵件之後，仍按 Postfix 的標準程序，將郵件交給 cleanup 清理（步驟 9），然後存入 imcoming 佇列（步驟 10），最後，由 qmgr 啟動投遞作業（步驟 11），視郵件的目的位址而定，將郵件交給不同的投遞程式（步驟 12），傳遞到外部網路的「SMTP Server」主機（步驟 13），或者「本地的信箱」（步驟 13）。

如此一來，不管是由外面接收到的郵件或是由本機帳戶所寄出的郵件，都可以擁有過濾垃圾郵件和病毒郵件的功能，不但彈性大，而且效能很好。這實在是一種十分完美的組合。（當然，也可以設定：本機寄出的郵件，不必經過掃瞄和過濾的程序）

了解上述工作流程之後，我們可以發現，欲架設上述過濾機制，需進行以下幾項工作：

1. 安裝 amavisd-new、SpamAssassin 和 ClamAV，並設妥相關設定。

2. 修改 main.cf，加入 content_filter 的設定項，以叫用 amavisd-new 執行中介工作。

3. 修改 master.cf，設定叫用 amavisd-new 的 SMTP client 端服務（一種複製的 smtp 程式），並另外設立一個 smtpd 伺服程式，其連線通道設在 10025 port，當然，此通道可自訂，不限於 10025。

在 Debian Linux 中安裝這三個套件的方法如下：

```
apt-get update
apt-get install amavisd-new spamassassin clamav clamav-daemon
```

接著要安裝：amavisd-new 解壓郵件附檔時，所需要的工具程式。

```
apt-get install arc arj cabextract lzop rpm2cpio p7zip-full unrar-free zoo
```

手動執行一次 freshclam，先行更新 ClamAV 的病毒資料庫。

```
# 以 root 權限，或 sudo 執行：
freshclam
```

編輯 /etc/default/spamassassin，把 ENABLED=0 改成 ENABLED=1，這樣
SpamAssassin 預設才會啟動。

接下來，分別設定 amavisd-new 和 Postfix。

若是使用 Debian 套件安裝 amavisd-new，設定檔在 /etc/amavis/conf.d/ 目錄下，
若是使用原始碼安裝的，設定檔則是放在 /etc/amavisd.conf。Debian 版把
amavisd-new 的設定檔模組化，分成數個設定檔；而若是用原始碼安裝的，就只
有一個設定檔。

amavisd-new 需要調整的選項有：

1.　網域名稱和主機名稱：

　　Debian 版本的 amavisd-new 關於域名的設定檔是 05-domain_id，它會由
　　/etc/mailname 自動抓取網域名稱。

　　原始碼安裝的，請設定 $mydomain：

```
$mydomain = 'example.com'
```

　　Debian 版本的 amavisd-new 關於主機名稱的設定檔是 05-node_id，它會自
　　動由執行指令「hostname --fqdn」得到主機名稱，因此，不用設定。若要手
　　動修改，請編輯該檔：

```
$myhostname = "mail.example.com";
```

2.　修改預設處理模式。

　　amavisd-new 可選用的處理模式有：丟棄(D_DISCARD，不會回應訊息給對
　　方)、D_REJECT(拒收，會回應訊息給對方)、D_BOUNCE(退信)、D_PASS
　　(放行)。

　　預設處理模式的設定檔在 20-debian_defaults，不過，這個檔案請儘量不要
　　直接修改，以下設定（步驟 2~4）請寫在 50-user 這個個人化的設定檔中。
　　原始碼安裝者，請直接編輯 /etc/amavisd.conf。

```
# 若是判為病毒信件，則直接丟棄（D_DISCARD）
$final_virus_destiny      = D_DISCARD;
```

```
# 若是判為被拒絕的信件，則予以退信（D_BOUNCE）
$final_banned_destiny    = D_BOUNCE;

# 若是判為垃圾郵件件，原預設的處置動作是退信（D_BOUNCE），
# 這裡我們要把它改成只做標記，因此先讓它通過（D_PASS）
$final_spam_destiny      = D_PASS;

# 信件表頭不符標準者，也讓它通過（D_PASS），以免誤擋了一些含有中文內碼的郵件
$final_bad_header_destiny = D_PASS;
```

$final_spam_destiny 設為 D_PASS 的想法是：先讓少量垃圾郵件通過沒有關係，因為系統有貝氏計分法，會對每一封郵件評分，一旦郵件積分超過設定值（預設 5 分），系統會在主旨欄位標上「***SPAM***」的註記。這樣一來，收信的使用者就可以在 MUA 中（例如 Thunderbird），自訂過濾關鍵字，把含有這個註記的郵件濾除。也就是說，$final_spam_destiny 設為 D_PASS 是把濾除垃圾郵件的決定權交還給使用者，由使用者自己評估這封郵件對他而言是不是垃圾郵件，如此可解決：每個人對垃圾郵件的定義和接受程度各有異差的問題。

另外，請注意一點，amavisd-new 會把郵件裡面帶有中文檔名的附件判為 BANNED NAME（即要擋掉的名稱），因而經常會發生退信的現象，若您發現有這種困擾，可考慮把 $final_banned_destiny 設定為放行（D_PASS）。

3. 偵測到病毒信件時發出自動通知信，管理員的郵件位址可自訂。一般而言，使用預設值即可：

```
$virus_admin = "postmaster\@$mydomain";
```

4. 對垃圾郵件進行標註：

設定在垃圾郵件主旨欄加上標註符號，預設標記如下：

```
$sa_spam_subject_tag = '***SPAM*** ';
```

設定對垃圾郵件進行加註、控管的積分值：

```
# 積分 2 分以上，就在信件表頭加註訊息
$sa_tag_level_deflt  = 2.0;
# 積分 4.31 以上，就在信件表頭加註已偵測到垃圾郵件的訊息。
$sa_tag2_level_deflt = 4.31;
# 積分 6.31 以上，就觸發刪除垃圾郵件的功能
$sa_kill_level_deflt = 6.31;
```

將來，若要查看郵件的積分值，可執行以下指令：

```
grep 'Hits: ' /var/log/mail.log
```

5. 啟用掃毒程式：

由於 amavisd-new 預設關閉叫用掃毒程式的功能，因此，請編輯 15-content_filter_mode，將以下的註解符號（#）去掉，結果如下：

```
@bypass_virus_checks_maps = (
    \%bypass_virus_checks, \@bypass_virus_checks_acl,
\$bypass_virus_checks_re);

@bypass_spam_checks_maps = (
    \%bypass_spam_checks, \@bypass_spam_checks_acl,
\$bypass_spam_checks_re);
```

6. 設定身份權限：

這裡把 clamav 和 amavis 這兩個帳號互相加入對方的群組之中。

```
usermod -a -G clamav amavis
usermod -a -G amavis clamav
```

至於 SpamAssassin 和 ClamAV，一般而言可以不必調整，只要使用預設值，應該就可以工作得很好。若您想要調整 SpamAssassin 判斷垃圾郵件的積分門檻，可修改 /etc/spamassassin/local.cf 的「required_score 5.0」，預設值是若郵件的計分值超過 5 分以上，就將該郵件視為垃圾郵件。不過 amavisd 並不會讀取 SpamAssassin 的積分設定值，amavisd 使用的是前述我們在 /etc/amavis/conf.d/50-user 中設定的積分值。因此，local.cf 中的設定，一般而言，只要使用預設值就可以了。

另外，「use_bayes 1」可切換是否啟用貝氏過濾法，「bayes_auto_learn 1」可切換是否啟用貝氏自動學習的功能，這兩者預設都是開啟的。

設定完成後，請重新載入 amavisd-new、ClamAV，然後啟動 spamassassin。

方法如下：

```
service amavis restart
service clamav-daemon restart
service spamassassin start
```

接著設定 Postfix 以配合叫用 amavisd-new，方法如下：

1. 修改 master.cf，加入以下設定（不含列號）：

```
01.   # for amavisd-new
02.   smtp-amavis unix -      -       n       -       2  smtp
03.           -o smtp_data_done_timeout=1200
04.           -o smtp_send_xforward_command=yes
05.           -o disable_dns_lookups=yes
06.
07.   127.0.0.1:10025 inet n  -       n       -       -  smtpd
08.           -o content_filter=
09.           -o receive_override_options=no_unknown_recipient_checks,
              no_header_body_checks,no_milters
10.           -o smtpd_helo_restrictions=
11.           -o smtpd_client_restrictions=
12.           -o smtpd_sender_restrictions=
13.           -o smtpd_recipient_restrictions=permit_mynetworks,reject
14.           -o mynetworks=127.0.0.0/8
15.           -o smtpd_authorized_xforward_hosts=127.0.0.0/8
```

其中，第 2~5 列，複製一個新的 smtp 投遞程式，此服務是叫用外部中介程式 amavisd-new 的管道；第 7~15 列，用來建立一個獨立的 smtpd 伺服器，以便在 10025 port 接收 amavisd-new 處理過的郵件。請注意，這裡把各種限制條件均予以清空，避免造成不必要的干擾，例如：helo、client、sender 等階段的限制全部清空，並在 smtpd_recipient_restrictions 設定傳入限制為「permit_mynetworks,reject」，表示允許域內主機轉遞郵件，但其他來源主機則予以拒絕，而「mynetworks=127.0.0.0/8」是設定：只有本機內部的 IP 段才算域內網段，這兩者合併起來的意思是：為安全考量，只有本機才能連接此一獨立的 smtpd 伺服程式，如此可避免受到外來攻擊的風險，安全較有保障。

列 9，receive_override_options 的設定是把三個項目關閉，no_unknown_recipient_checks 不檢查未知的收件者；no_header_body_checks 不做信件表頭和信件內容的過濾；no_milters 關閉 Milter 應用程式。

列 15，smtpd_authorized_xforward_hosts 的設定，是要讓 smtpd 伺服器可以經由過濾程式接收到原本外部 SMTP Client 端的主機資訊，以便如實登錄在 mail.log 中，而不是把 Client 端登錄成 localhost[127.0.0.1]。

2.　修改 main.cf，加入以下設定：

```
content_filter = smtp-amavis:[127.0.0.1]:10024
```

此即 Postfix 叫用外部過濾程式的介面，叫用方式是經由本機的 smtp-amavis 服務（也是一種 smtp 程式，定義在前述的 master.cf 中），連接在 10024 port 運行的 amavisd-new。

上述設定完成後，請重新載入 Postfix。

測試期間，如果擔心：重要的郵件不慎被擋可能會誤事，請開啟軟性拒絕的選項，方法如下：

```
postconf -e "soft_bounce = yes"
service postfix reload
```

接下來，當然要測試一下囉！

以下，是由本機寄出測試信給外部收件者的訊息片斷（不含列號）：

```
 01.   Feb 21 15:31:27 pbook postfix/cleanup[14656]: 1EF9CDE1E1:
message-id=<20100221073126.81432DE1DF@pbook.ols3.net>
 02.   Feb 21 15:31:27 pbook postfix/qmgr[14649]: 1EF9CDE1E1:
from=<root@pbook.ols3.net>, size=876, nrcpt=1 (queue active)
 03.   Feb 21 15:31:27 pbook amavis[14606]: (14606-01) Passed CLEAN,
<root@pbook.ols3.net> -> <ols3er@gmail.com>, Message-ID:
<20100221073126.81432DE1DF@pbook.ols3.net>, mail_id: tIdIAL89cVO5, Hits:
-0.589, size: 462, queued_as: 1EF9CDE1E1, 445 ms
 04.   Feb 21 15:31:27 pbook postfix/smtp[14658]: 81432DE1DF:
to=<ols3er@gmail.com>, relay=127.0.0.1[127.0.0.1]:10024, delay=0.73,
delays=0.24/0.04/0.01/0.44, dsn=2.0.0, status=sent (250 2.0.0 Ok, id=14606-01,
from MTA([127.0.0.1]:10025): 250 2.0.0 Ok: queued as 1EF9CDE1E1)
 05.   Feb 21 15:31:27 pbook postfix/qmgr[14649]: 81432DE1DF: removed
 06.   Feb 21 15:31:32 pbook postfix/smtp[14663]: 1EF9CDE1E1:
to=<ols3er@gmail.com>, relay=gmail-smtp-in.l.google.com[209.85.210.1]:25,
delay=5, delays=0.01/0.03/1.7/3.2, dsn=2.0.0, status=sent (250 2.0.0 OK
1266737494 1si17725447yxe.79)
```

列 1~2，此郵件經由 cleanup 程序處理後，交給佇列管理程式 qmgr 存入佇列，佇列編號是 1EF9CDE1E1。

列 3，該郵件交給 amavisd-new 處理後，乾淨地通過掃瞄檢查（Passed CLEAN）。

列 4，接著 amavisd-new 透過 SMTP 協定，將郵件傳遞給 10025 port 的 smtpd。

列 5~6，回到 Postfix 標準程序，進行投遞作業，由投遞程式 smtp，將郵件傳遞到外部網路信箱。

以是外部收件者接收到的信件表頭片斷：

```
Received: from pbook.ols3.net ([127.0.0.1])
        by localhost (pbook.ols3.net [127.0.0.1]) (amavisd-new, port 10024)
        with ESMTP id tIdIAL89cVO5 for <ols3er@gmail.com>;
        Sun, 21 Feb 2010 15:31:26 +0800 (CST)
X-Virus-Scanned: Debian amavisd-new at pbook.ols3.net
```

由信件表頭可以發現：這封郵件的確已經由本機的 amavisd-new 處理過了（amavisd-new, port 10024），而且 amavisd-new 也叫用 ClamAV 對信件掃毒（X-Virus-Scanned）。

經過上述測試，證明 Postfix 搭配這三個外部程式，運作成功！

◉ Postfix 的簡單過濾法

Postfix 的簡單過濾法，是使用 pipe 伺服程式（步驟 5），將郵件傳遞給外部的命令列程式過濾處理，然後，再傳回給 sendmail 程式（步驟 6），由 postdrop 程式放入 maildrop 佇例中（步驟 7、8），等待 pickup 程式處理（步驟 9），最後再按 Postfix 的清理程序分派投遞作業（步驟 10、11、12），將已過濾的郵件傳遞到目的地（步驟 13）。其運作流程，如圖 10-3-4。

圖 10-3-4：pipe 外部程式過濾機制工作流程圖

簡單過濾法的功能有其受限之處，實務上，並不適合拿來擔任過濾垃圾郵件的工作。不過，若想寫些小程式修改郵件的內容，那麼，此法倒也十分簡便容易。（筆者就經常做這種事）

那麼，簡單過濾法有哪些限制呢？

首先，凡是直接餵給 sendmail 的本機郵件，就無法經由過濾程式處理了（因為 sendmail 跑在外部過濾程式之後），也就是說，這類郵件無法受到過濾機制的保護。其次，簡單過濾法不太穩定，因為外部過濾程式和 Postfix 之間，並沒有界定良好的溝通程序，無法像 SMTP 協定一樣有標準的「命令-回應」交談機制，一旦外部程式自己執行錯誤，或者系統資源發生問題（例如記憶體耗盡），那麼，它就無法以正常的方式結束執行、並傳回正確的「結束狀態值」（exit status codes）給 Postfix（定義在 /usr/include/sysexits.h），此時，Postfix 只好以「退信」的方式處置郵件(回應碼 5xx)，而不是按原有的方式將郵件「延遲」處理(回應碼 4xx)。另外，簡單過濾法無法跳脫 header/body 內濾法，會有過濾後的郵件又交給外部程式過濾的現象，形成所謂的「郵件過濾迴圈」（mail filtering loop）。最後，則是效能的問題，由於外部程式需開啟暫存檔接收郵件，處理完之後，又要刪除暫存檔，如此一來一回，效能比用 SMTP 協定溝通的方式慢了數倍。

瞭解簡單過濾法的限制之後，接著來看看此法在實務上如何運用。

以下這個例子的架構，來自 Postfix 的線上文件（http://www.postfix.org/FILTER_README.html#simple_filter），為了實務示範，筆者做了部份修改；至於 filter 程式，則是以筆者撰寫的小程式為例，兩者的檔案位置都在目錄 /usr/local/bin，前者檔名為 pipe-to-filter.sh，後者檔名 s3filter。本例各列程式碼的涵義，筆者都以註解列的方式說明之。

範例 10-3-1：pipe-to-filter.sh

```
01.  #!/bin/sh
02.  # 過濾郵件暫存目錄
03.  INSPECT_DIR=/var/spool/filter
04.
05.  # 暫存檔的主檔名為 in
06.  # 副檔名為本 script 的行程編號：即 $$ 變數的內容。
07.  intemp=$INSPECT_DIR/in.$$
08.
09.  # sendmail 程式位置和執行參數
10.  # 敬告：千萬不能使用 -t 選項，以策安全。
11.  SENDMAIL="/usr/sbin/sendmail -G -i"
12.
13.  # 定義結束狀態值
14.  # 若是暫存檔失敗，則傳回 75
15.  EX_TEMPFAIL=75
16.  # 無法處理郵件時，就傳回 69
17.  EX_UNAVAILABLE=69
18.
19.  # 程式在各種結束狀態下，都啟用信號觸發，
```

```
20.    # 以執行 rm 指令，清除暫存檔
21.    trap "rm -f $intemp" 0 1 2 3 15
22.
23.    # 進入暫存檔目錄
24.    cd $INSPECT_DIR || {
25.        echo "$INSPECT_DIR 目錄不存在"; exit $EX_TEMPFAIL; }
26.
27.    # 將郵件存入暫存檔 in.$$，$$ 是本 script 的行程編號
28.    cat >$intemp || {
29.        echo "無法將郵件存檔"; exit $EX_TEMPFAIL; }
30.
31.    # 將郵件餵給外部過濾程式 s3filter 處理
32.    /usr/local/bin/s3filter $intemp || {
33.        echo "拒收郵件"; exit $EX_UNAVAILABLE; }
34.
35.    # 將已過濾郵件傳送給 sendmail，
36.    # 由 postdrop 置入 maildrop 佇列
37.    $SENDMAIL "$@" <$intemp
38.
39.    # 傳回 sendmail 執行結果的結束狀態值，
40.    # 若 $? 的值為 0，表示成功，否則便是失敗。
41.    exit $?
```

接下來要設定 Postfix，讓前述 pipe-to-filter.sh 可以運作。總共要做三件事情：

1.　設定 smtpd 的參數列，指定：過濾功能的服務名稱為 filter（名稱可自訂）。

2.　設定 filter 服務的啟用方式：以 pipe 伺服器行程叫用外部程式。

3.　建立一個系統帳號，帳號名稱為 filter（可自訂）。

設定方法如下：

1.　設定 smtpd：

```
01.    # 編輯 master.cf
02.    # =================================================================
03.    # service type private  unpriv  chroot  wakeup  maxproc  command + args
04.    #              (yes)    (yes)   (yes)   (never) (100)
05.    # =================================================================
06.    smtp    inet   n        -       y       -       -        smtpd
07.            -o content_filter=filter:dummy
```

說明：列 7，設定 smtpd 伺服器行程的參數列（以 -o 指定參數值），指定內容過濾的設定項 content_filter 的參數值為 filter:dummy。其中 filter 為欲啟用的服務名稱，「:」後接「傳遞郵件的目的地」；dummy 是不指定目的

地的意思（實際上代表空值），其預設目的地是往「收件者位址」中的「網域名稱」來遞送郵件。

此項設定完成後，當 smtpd 接收到外部郵件時，Postfix 就會啟用 filter 服務。

那麼，filter 服務要做什麼事呢？所以，接下來，就要指定 filter 服務的動作內容。

2. 設定 filter：

```
01.  # 編輯 master.cf
02.  # ===============================================================
03.  # service type  private unpriv  chroot  wakeup  maxproc command + args
04.  #               (yes)   (yes)   (yes)   (never) (100)
05.  # ===============================================================
06.  filter    unix    -       n       n       -       10      pipe
07.      flags=Rq user=filter null_sender=
08.      argv=/usr/local/bin/pipe-to-filter.sh -f ${sender} -- ${recipient}
```

說明：

列 6，設定 filter 服務名稱實際上是一個 pipe 伺服器行程，行程數目的上限至多 10 個。

列 7，設定此行程的執行身份為帳號 filter。因此，下一步驟，要建立一個具一般身份、權限很少的系統帳號。旗標 R 代表：從信件最前面附加一個「Return-Path: 寄件者郵件」的表頭欄位。旗標 q 表示：將命令列裡的 $sender、$original_recipient、$recipient 等位址的人名部份用引號含括，此舉主要是讓空白字元和特殊字元的格式能夠合法使用。null_sender 設為空白，表示投遞狀態通知信中寄件者名稱為 MAILER-DAEMON。

列 8，此行程會把郵件的寄件者位址（${sender}）和收件者位址（${recipient}）傳遞給命令列程式 pipe-to-filter.sh。

關於 pipe 的用法和旗標意義，請參考 4.4 節。

3. 建立 filter 帳號：

請以 root 權限，執行以下指令：

```
01.  adduser \
02.    --system \
03.    --shell /bin/false \
04.    --gecos 'system account' \
05.    --group \
```

```
06.    --disabled-password \
07.    --home /nonexistent \
08.    --no-create-home \
09.    filter
10. mkdir -p /var/spool/filter
11. chown filter:filter /var/spool/filter
12. chmod +x /usr/local/bin/pipe-to-filter.sh
13. chmod +x /usr/local/bin/s3filter
```

說明：

列 1，使用 adduser 指令新增一個帳號。

列 2，選項 --system 表示要建立的是系統帳號。

列 3，選項 --shell /bin/false 表示此系統帳號的 shell 程式是無效的，因此，該帳號實際上不能登入主機，這樣會比較安全。

列 6，選項 --disabled-password 表示要取消密碼。

列 7，--home /nonexistent 表示為安全考量，設定其家目錄不存在。

列 9，adduser 指令要建立的帳號名稱為 filter。

各列最後面的字元「\」，代表接續上一列的思意，因此列 1～9 實際上只看成一列。

列 10，建立過濾郵件的暫存目錄。

列 11，設定暫存目錄的擁有者身份和群組為 filter。

列 12～13，設定 pipe-to-filter.sh 和 s3filter 的執行權。

接下來是外部過濾程式 s3filter（由 pipe-to-filter.sh 叫用），其程式碼的內容及各列說明如下：

範例 10-3-2：s3filter

```perl
01. #! /usr/bin/perl
02. # 檢查暫存檔是否有傳給 s3filter
03. if ($#ARGV != 0) {
04.    exit 1; # 若沒有傳入，則結束程式，回傳狀態值 1
05. }
06. # 若比對樣式符合，則在 From 欄位加上註記
07. $SPAM_MARK='***SPAM*** ';
08. # 取得暫存檔的檔名
09. $inFile=$ARGV[0];
10. # 開啟暫存檔；若開檔錯誤，則結束程式，回傳狀態值 2
```

```
11.   open(F, $inFile) || exit 2;
12.   # 讀取暫存檔的內容
13.   @all=<F>;
14.   # 關閉暫存檔
15.   close(F);
16.   # 原暫存檔再開啟一次；若開檔錯誤，則結束程式，回傳狀態值 3
17.   open(F, ">$inFile") || exit 3;
18.   # 比對檢查郵件每一列的內容
19.   foreach $line (@all) {
20.       if ($line =~ m'^From:\s(.*@ownwsr..\.example\.net)') {
21.           # 若符合樣式，就打上標記
22.           print F "From: $SPAM_MARK$1\n";
23.       } else {
24.           # 若不符合樣式，則原列保持不動地寫回暫存檔
25.           print F $line;
26.       }
27.   }
28.   # 關閉暫存檔
29.   close(F);
30.   # 傳回 0 值，以示執行成功。
31.   exit 0;
```

測試：

由外部試寄一封信，觀察 /var/log/mail.log，可得到以下類似訊息：

```
Jul 31 14:17:04 pbook postfix/pipe[27838]: 3E172100779:
to=<jack@pbook.ols3.net>, relay=filter, delay=0.96, delays=0.94/0.01/0/0.01,
dsn=2.0.0, status=sent (delivered via filter service)
```

請注意關鍵字「relay=filter」，表示郵件的確已傳給 filter 服務處理，「status=sent」
表示傳送成功。

```
Jul 31 14:17:04 pbook postfix/local[27845]: DBF5C100D85:
to=<jack@pbook.ols3.net>, relay=local, delay=0.05, delays=0.04/0.01/0/0,
dsn=2.0.0, status=sent (delivered to mailbox)
```

請注意關鍵字「（delivered to mailbox）」，這訊息是說：過濾的郵件已存入使
用者的信箱。

接著來看已過濾郵件的內容：

```
From: ***SPAM*** =?DISCARDr7WxS8DJrtekaqS9tn0=?= <ybmumjt@ownwsr14.example.net
```

果然,這封信已被外部過濾程式 s3filter 加上「***SPAM***」的標記,不過前述提到:簡易過濾法無法跳過 header/body 內濾法,所以這封郵件早一步被 header_check 先打上 DISCARD 的註記了。

10.4 使用 SMTP proxy 過濾郵件

◉ SMTP proxy 的限制

SMTP proxy 過濾郵件的方法和內濾法一樣,都是在郵件存入佇列之前,在 10.1 節已說明過了這兩種方式的限制。為此,本節介紹的內容僅供參考,除了特殊需求之外,在選擇過濾郵件的方案時,筆者建議還是以 10.3 節介紹的「進階過濾法」最佳,主要原因是:後者在郵件存入佇列之後才開始過濾,沒有執行逾時的限制,彈性較大,而且外部程式有多樣選擇,過濾郵件的功能比較強大。

所以,請記住:除非必要,否則:一、不在存入佇列之前過濾郵件;二、儘量不要使用 header/body 內濾法。

◉ SMTP proxy 的作用流程

為什麼叫做 SMTP proxy?因為此外部過濾程式運作時,全程採用 SMTP 協定和 Postfix 溝通,Postfix 把接收下來的郵件全數轉入給外部程式處理,它的功能就好像是一個中介的 Proxy 暫存器一樣。

SMTP proxy 的作用流程如圖 10-4-1,它把外部過濾程式安排在兩個 smtpd 伺服程式之間。過濾程式之前的 smtpd,一如以往,仍按正常的方式接收郵件,同時進行轉遞及傳入限制控制、SASL 授權認證、TLS 加密協商、黑名單查詢、拒絕寄件者或收件者不存在的郵件等等。接著,前面的 smtpd 會將郵件傳給外部程式過濾。

外部程式有以下三種處置方式:

1. 修改郵件內容或者改變郵件的目的地位址,然後回傳郵件給 Postfix。

2. 丟棄或隔離郵件。

3. 傳送拒收郵件的 SMTP 回應碼給 Postfix（4xx 或 5xx），再由 Postfix 轉送回應碼給外部的 Client 端，如此一來，Postfix 可省事了，不必再寄退信通知給對方。

外部過濾程式處理完成後，會將郵件傳給後面的 smtpd 伺服程式，接下來分派郵件、傳送郵件至目的地的過程，都一如以往。

我們可以發現，SMTP proxy 過濾法和 10.3 節介紹的「進階過濾法」很像，沒錯！其實，兩者可以選用相同的過濾程式，不過，請別把兩者搞混了喔！前者是在郵件進入佇列之前，後者可是在郵件進入佇列之後；前者處理郵件的數量有限，後者彈性大，不受逾時處理的限制。

圖 10-4-1：SMTP proxy 過濾的工作流程

◉ 設定 SMTP proxy 過濾法

實務上設定 SMTP proxy，可做如下安排：

1. 外部過濾程式之前的 SMTP 伺服器，仍舊使用 25 埠接收網路傳入的郵件。

2. 外部過濾程式，安排在本機（127.0.0.1）的 10024 埠接收前方的 SMTP 伺服器轉入的郵件。

3. 外部過濾程式之後的 SMTP 伺服器，使用本機（127.0.0.1）10025 埠接收已過濾的郵件。

上述架構如圖 10-4-2。

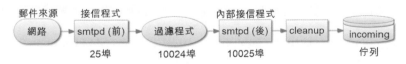

圖 10-4-2：SMTP proxy 的通訊架構圖

接著，我們就按照此一架構來設定 SMTP proxy。

首先編輯 master.cf，加入以下設定列：（不含列號）

```
01.  # ==========================================================
02.  # service type  private unpriv  chroot  wakeup  maxproc command
03.  #               (yes)   (yes)   (yes)   (never) (100)
04.  # ==========================================================
05.  # 過濾程式之前的 SMTP 伺服器，由網路接收郵件之後，
06.  # 傳送給位於本機 10024 埠的外部過濾程式處理
07.  smtp       inet  n       -       n       -       20      smtpd
08.      -o smtpd_proxy_filter=127.0.0.1:10024
09.      -o smtpd_client_connection_count_limit=10
10.      # Postfix 2.7 以後的版本，打開以下設定項，調整效能
11.      -o smtpd_proxy_options=speed_adjust
12.
13.  # 過濾程式之後的 SMTP 伺服器，由本機的 10025 埠接收已過濾的郵件。
14.  127.0.0.1:10025 inet n  -       n       -       -       smtpd
15.      -o smtpd_authorized_xforward_hosts=127.0.0.0/8
16.      -o smtpd_client_restrictions=
17.      -o smtpd_helo_restrictions=
18.      -o smtpd_sender_restrictions=
19.      # Postfix 2.10 以後的版本，請把 smtpd_relay_restrictions 設為空值
20.      -o smtpd_relay_restrictions=
21.      -o smtpd_recipient_restrictions=permit_mynetworks,reject
22.      -o smtpd_data_restrictions=
23.      -o mynetworks=127.0.0.0/8
24.      -o receive_override_options=no_unknown_recipient_checks
```

請注意：在「＝」的兩旁，不可以有空白字元喔！

說明：

列 7～11，設定 smtpd_proxy_filter，指定 SMTP proxy 的 filter 服務在本機 127.0.0.1 的 10024 埠運行。

因為此機制為郵件存入佇列之前過濾，為了避免一下子產生太多過濾行程，拖垮伺服器效能，因此，這裡把 smtpd 的行程數上限，由原先的 100 個減少到 20 個。

參數值 smtpd_client_connection_count_limit=10 用來避免：SMTP Client 端佔用 20 個以上的 smtpd 行程。

另外，2.7 版之後的 Postfix，可加設 smtpd_proxy_options=speed_adjust，這個參數的意思是，告知過濾程式之前的 smtpd，把 Client 的郵件整份地接收下來之後，才可以和過濾程式連接，如此可減少過濾行程的數量，避免一下子執行過多。

列 14～24，設定一個獨立的 smtpd 伺服器，用來接受外部過濾程式傳送過來的郵件。

列 15，smtpd_authorized_xforward_hosts=127.0.0.0/8 的意思是說，允許來自本機（127.0.0.1）的 Client 端（即第一個 smtpd）可以使用 XFORWARD 命令轉遞另一個 Client 端（即送信進來的外部 SMTP 主機）的主機資訊。也就是說，這個設定是要讓後方的 smtpd，可以由過濾程式前面的 smtpd 取得 Client 端的主機資訊，以便如實登錄在 mail.log 中。若沒有此一設定，那麼，記錄檔中登錄的將只是第一個 smtpd 的主機名稱和 IP 位址：即 localhost[127.0.0.1]，這對偵錯工作，沒有任何幫助。

接著我們要來設定 filter。

這裡仍以 10.3 節的 amavisd-new/SpamAssassin/ClamAV 的組合為例，請按該節的說明安裝及設定之。唯一的不同是，由於過濾程式之前的 smtpd 會直接連接 amavisd-new，因此，在 10.3 節，原先在 main.cf 中的 content_filter 設定就不再需要了，請註解掉，或整列刪除。

```
# 編輯 main.cf，以下設定註解掉，或整列刪除：
#content_filter = smtp-amavis:[127.0.0.1]:10024
```

以下這幾列設定也不需要了，請刪除：

```
# 編輯 master.cf
# for amavisd-new，請刪除或註解掉：
smtp-amavis unix -        -        n        -        2  smtp
        -o smtp_data_done_timeout=1200
        -o smtp_send_xforward_command=yes
        -o disable_dns_lookups=yes
```

啟動 amavisd-new/SpamAssassin/ClamAV 的方法均同前一節的說明。

由外部試寄一封郵件進來，查看 mail.log，可發現以下類似訊息：

```
Aug  1 15:56:01 pbook postfix/smtpd[10949]: proxy-accept: END-OF-MESSAGE: 250
2.0.0 from MTA(smtp:[127.0.0.1]:10025): 250 2.0.0 Ok: queued as 63B4F1023B8;
from=<ols3er@gmail.com> to=<jack@pbook.ols3.net> proto=ESMTP
helo=<mail-we0-f176.google.com>
```

請注意關鍵字「proxy-accept: END-OF-MESSAGE: 250 2.0.0 from MTA(smtp:[127.0.0.1]:10025)」，這表示 SMTP proxy 的外部過濾功能已正常運作。

查看信件表頭，出現以下表頭欄位，這表示，amavisd-new 的確也發揮了過濾的作用。

```
X-Original-To: jack@pbook.ols3.net
X-Virus-Scanned: Debian amavisd-new at pbook.ols3.net
```

操作至此，關於 SMTP proxy 的設定，就大功告成了。

Milter 過濾機制與寄件者驗證

本章將補充說明第 10 章未完的 Milter 過濾機制，並介紹驗證寄件者來源的方法。

目前，可運用於驗證寄件者來源的系統，筆者推薦以下三種：

1. DKIM（DomainKeys Identified Mail）：域名金鑰驗證郵件。

2. SPF（Sender Policy Framework）：寄件者政策框架。

3. DMARC （ Domain-based Message Authentication, Reporting and Conformance）：以域名為基礎的信件鑑別、回報統計、和一致性比對。

Postfix 在搭配這三種機制時，需要使用到 Milter 過濾機制的觀念，因此，11.1 節先介紹 Milter 的基本設定方法，11.2 節介紹 DKIM，11.3 節介紹 SPF，11.4 節介紹 DMARC。

11.1 Milter 過濾機制

◈ 關於 Milter 協定

先前在 10.1 節曾提到：Postfix 第三種外部過濾機制包含兩種方法：一是 SMTP proxy；二是使用 Milter 協定；其中 SMTP proxy 的作法，已在 10.4 節介紹過了，本節，將介紹運用 Milter 協定的過濾方法。

何謂 Milter？ Milter 是「Mail filter」的簡稱，此協定是 Sendmail 版本 8 所引入的一種技術，可讓管理員在 MTA 處理郵件的過程中，加入檢視以及過濾郵件的功能。Postfix 之所以支援 Milter 協定，是因為現存的 Milter 應用程式眾多，直接支援 Milter 協定，可立即使用這些程式，而不必重新發明輪子，徒耗人力資源。

Postfix 運用 Milter 協定的時機,是在郵件存入佇列之前,由 Postfix 叫用。Milter 的應用程式,在 MTA 外部執行,可用於檢視 SMTP 事件(連通或斷線)、SMTP 命令(HELO、MAIL FROM 等等)、以及執行過濾郵件的功能(檢視信件表頭和信件內容),這些動作均發生在郵件存入佇列之前,因此,如 10.1 節所述,此法處理郵件的數量也是會受到限制。常見的應用有:阻擋垃圾郵件、簽署郵件、驗證郵件寄件者來源是否正確(真如其所宣稱的出處所寄來的郵件)等等,相關的技術包括 SPF/DKIM/DMARC,這也是本章介紹的重點。

Postfix 支援 Milter 協定,採用兩種方式執行,這兩種方式的處理能力各有不同,使用上的限制也不一樣:

1. SMTP 協定的郵件過濾器(mail filter):

    這種過濾器,只處理 smtpd 伺服程式接收的郵件,主要應用在阻擋垃圾郵件,以及數位簽署郵件(digitally sign mail)。Postfix 提供設定項 smtpd_milters,可專門用來設定 SMTP 協定的過濾器。

2. 非 SMTP 協定的郵件過濾器:

    適用於其他郵件來源,例如:經由 sendmail 命令列程式發出的本機郵件,或由 qmqpd 接收的郵件。此法目前只應用在數位簽署郵件。Postfix 提供的設定項是 non_smtpd_milters。

圖 11-1-1 是 Milter 應用程式嵌入 Postfix 的工作流程圖。一如前述說明,SMTP 協定的郵件過濾器,只處理 smtpd 伺服程式接收的郵件,其他郵件則由非 SMTP 協定的過濾器負責處理,Postfix 為了相容於 Milter 程式,對於非 SMTP 協定傳入的郵件,cleanup 行程實際上會模擬成 SMTP Client 端和 Milter 溝通,同時 Postfix 也在 Milter 協定階段,模擬 Sendmail 的巨集(Sendmail macro)。

這兩種過濾管道,都可以設定多個 Milter 程式,不過,順序在前的 Milter 程式若有拒收郵件的回應,會影響後面的 Milter 程式也拒收郵件。

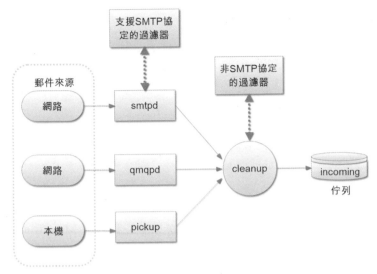

圖 11-1-1：Milter 應用程式和 Postfix 搭配的工作流程

雖然 Milter 協定可用於阻擋垃圾郵件，不過，這裡只說明設定原理，並不示範如何搭配特定的 Milter 應用程式。相反地，我們要把介紹的重點擺在：如何運用 Milter 協定來安裝架設 DKIM/SPF/DMARC。簡單地來說：Milter 協定是建置驗證寄件者來源的基礎，了解 Milter 的設定方法，才能進一步學習 DKIM/SPF/DMARC 的架設法。

◈ 設定 Milter 過濾程式的方法

設定 Milter 過濾程式方法很簡單，只要幾個步驟就結束了，其基本設定程序如下：

1.　安裝 milter 函式庫（libmilter）。

　　milter 函式庫的來源有兩種，一種是作業系統平台提供的、已預先編譯好的函式庫，以 Debian Linux 為例（Debian 7），安裝方法如下：

```
apt-get update
apt-get install libmilter-dev
```

　　另一種是由 Sendmail 的原始碼程式包中取得，自行手動編譯 libmilter：

```
wget ftp://ftp.sendmail.org/pub/sendmail/sendmail.8.14.9.tar.gz
tar xvzf sendmail.8.14.9.tar.gz
cd sendmail-8.14.9/libmilter
sudo make install
```

預設，libmilter 會安裝在以下目錄位置一：

```
/usr/lib/libmilter.a
/usr/include/libmilter/mfapi.h
/usr/include/libmilter/mfdef.h
```

也可考慮安裝到以下位置二：

```
/usr/local/lib/libmilter.a
/usr/local/include/libmilter/mfapi.h
/usr/local/include/libmilter/mfdef.h
```

2. 編譯 Milter 應用程式：

視不同的 Milter 應用程式而定，不過，大致上都是要先在 Makefile.m4 中，指定 libmilter 函式庫和引入檔的位置，用例如下：

```
APPENDDEF(`confINCDIRS', `-I/usr/include/libmilter')
APPENDDEF(`confLIBDIRS', `-L/usr/lib')
```

如果 libmilter 是安裝到前述位置二，請改成以下設定：

```
APPENDDEF(`confINCDIRS', `-I/usr/local/include/libmilter')
APPENDDEF(`confLIBDIRS', `-L/usr/local/lib')
```

接著，再 ./configure && make && make install 即可安裝成功（實際的指令，仍要以 Milter 的安裝說明為主喔！）。

3. 編輯 main.cf，加入 Milter 設定列，指定 Milter 應用程式運行的通訊埠：

假設 Milter 程式規劃在 8901 埠執行，在 main.cf 中設定如下：

```
smtpd_milters = inet:localhost:8901
non_smtpd_milters = inet:localhost:8901
milter_default_action = tempfail
milter_protocol = 6
```

列 1~2 的意思是說，不管 SMTP 或非 SMTP 的郵件，都經由本機的 8901 埠傳入給 Milter 程式處理。

列 3，milter_default_action 的意思是說，若 Milter 發生錯誤，Postfix 會如何處置？Postfix 預設的動作是 tempfail，即回應給對方一個暫時的錯誤代碼（4xx），請對方稍後再嘗試傳送郵件。其他可選用的動作有：accept（收下郵件）、reject（拒收）、quarantine（隔離。將郵件凍結在 hold 佇列中。此選項要 Postfix 2.6 版以後才有支援）。

列 4，指定 Milter 協定的版本。Postfix 2.6 版之後，milter_protocol 請設為 6，
而 Postfix 版本在 2.3~2.5 版者，請設為 2。

4. 開機時，自動啟用 Milter 程式

   編輯 /etc/rc.local，加入啟用 Milter 程式的 script 檔：

   ```
   /root/start-milter.sh
   ```

   start-milter.sh 的內容格式類似以下：

   ```
   filter 程式 -u 使用者 ID -p 通訊埠 8901 其他選項 1 其他選項 2...
   ```

   實際的執行法，請參考各 Milter 應用程式的安裝說明。

11.2 架設 DKIM/OpenDKIM

這一節，筆者將架設可驗證郵件來源網域的 Milter 過濾程式，並示範 Milter 在
Postfix 中實際的設定法。

◉ 關於 DKIM

目前常見的，可驗證寄件者來源的機制有：

1. DKIM（DomainKeys Identified Mail）：Milter 程式網址 http://sourceforge.net/
   projects/dkim-milter/。

   dkim-milter 在 2.8.3 版之後就不再維護了，取而代之的是 OpenDKIM，目
   前由 Sendmail 負責維護，網址在：http://opendkim.org/。

2. SenderID+SPF：Milter 程式網址 http://sourceforge.net/projects/sid-milter/。
   （已停止維護）

3. DomainKeys：Milter 程式網址 http://sourceforge.net/projects/dk-milter/。（已
   停止維護）

DomainKeys 原是由 Yahoo! 公司所提出的機制，可防止寄件者網域被人偽造，此機
制後來 IETF 納為標準文件 RFC 4870。DomainKeys 規格的原始網址在
http://antispam.yahoo.com/domainkeys（會自動轉址到 http://domainkeys.sourceforge.
net/）。不過，這個計劃已經停止了，後來轉至 DKIM（http://dkim.org/）。DKIM 是

由多家公司聯合擴充 DomainKeys 的結果，可視為 DomainKeys 的升級版，而且可相容於 DomainKeys 的 TXT 記錄（RR），管理者不必更改 DNS Server 上的設定，仍可正常運作。

DomainKey/DKIM 的運作原理是：利用非對稱式加密系統，在郵件主機產生一對公鑰和私鑰，然後在 DNS Server 上放置一筆以公鑰為內容的 TXT 記錄，當 MTA 主機寄出郵件時，經由 Milter 過濾程式對信件表頭和信件內容進行簽署，對方的郵件主機收到信件之後，再由 DNS 服務去解析 TXT 記錄，取得寄件者網域的公鑰，然後以此公鑰進行驗證計算，如此，就可以鑑別該郵件中的寄件者網域是否有被動過手腳、是否偽裝成真正的主機寄出假的郵件（例如網路釣魚郵件）。由此可知，DKIM 也可以拿來防治網路釣魚的攻擊（phishing）。

以下是使用 DKIM 簽署信件的表頭樣本，其中，b 是對 header/body 整封信件內容做簽署的結果，bh 是 body 的雜湊值（hash），d 代表簽署方的網域名稱，s 代表選擇器名稱（selector，主機管理員可自訂名稱）。

```
DKIM-Signature: v=1; a=rsa-sha256; c=simple/simple; d=pbook.ols3.net;
        s=pbook2014; t=1400367811;
        bh=g3zLYH4xKxcPrHOD18z9YfpQcnk/GaJedfustWU5uGs=;
        h=To:Subject:Date:From;
        b=5LBYIEeT6xTWdK8P1eGv8Jb3V0ihSLe0PKETMB9cu7hDXPtY7Sdsr0anxzm+H6eha
         nrc7aT8gPo7mRHsEKSvB0wVgeQ96Jp3GQ+6rTNiUNxin4BoY7vKuagM4TBjwlkkuh9
         qID/PnraSOGNPb9ECkWXL2WiGh94/DSQDH3F1p6E=
```

以下是使用 DomainKey 簽署信件的表頭樣本：

```
DomainKey-Signature: a=rsa-sha1; s=2013; d=1xer.idv.tw; c=simple; q=dns;
        b=Wu6/D3kfPiiuQVPbOXKMBdd9cGSU6JNQtyk3N4IHk2NE0hM6eIxal/TZRk1O9Tf8x
        cAFDUmoNPLdrss1N24+Pg==
```

DKIM 實際上是融合了 DomainKeys 和 Identified Internet Mail 的技術規格，標準文件是 RFC 6376（取代了 RFC 4871、5672）。目前包括 Yahoo、Gmail 等大型郵件服務業者，由他們自家網域寄出的信件都會帶有 DKIM 的表頭。

架設 DKIM，需要兩種軟體，一種是 dkim 的 Milter 程式，一種是 dkim 的函式庫。早期常用的軟體的是 dkim-milter（含 milter 及函式庫），不過自 2.8.3 版之後 dkim-milter 已停止發展，目前由 Sendmail 維護的 OpenDKIM 取代。筆者推薦，要架設 DKIM 的話，還是以採用 OpenDKIM 較佳。

為保留不同的適用性，本節先介紹 OpenDKIM 的架設法，再介紹 DomainKeys 的 dk-milter，最後是 DKIM 的 dkim-milter。

◉ 架設 OpenDKIM

OpenDKIM 是一個開放原始碼的 DKIM 實作軟體，由 Sendmail 負責開發維護，網址：http://opendkim.org/，目前最新的版本是 2.9.2。

實際上，OpenDKIM 套件是兩種軟體組合而成：

- 用來完成 DKIM 服務的函式庫。

- milter 程式。可和「支援 Milter 協定」（稱為 milter-aware）的 MTA 軟體搭配使用，例如：Sendmail、Postfix。

安裝

OpenDKIM 的架設方法如下：

這裡以 OB2D/Debian Linux 7（Wheezy）為例，域名為 pbook.ols3.net，讀者應將它改成您自己的網域名稱，千萬不要照抄喔！

1. 下載軟體，網址：

```
http://sourceforge.net/projects/opendkim/files/opendkim-2.9.2.tar.gz/download
```

2. 建立編譯環境：

```
apt-get build-dep opendkim
apt-get install libbsd-dev
```

3. 編譯安裝：

```
tar xvzf opendkim-2.9.2.tar.gz
cd opendkim-2.9.2
./configure
make
make install
```

安裝好了之後，主程式的路徑檔名在 /usr/local/sbin/opendkim，函式庫在 /usr/local/lib/libopendkim*。

4. 建立金鑰：

這個步驟的目的是為你的網域建立私鑰和公鑰，因此，需使用 -d 指定域名，-s 自訂選擇器的名稱。

```
opendkim-genkey -d pbook.ols3.net -s pbook2014
```

執行結果，會在現行目錄下產生 pbook2014.private 和 pbook2014.txt，這兩個檔案，前者為私鑰檔，後者為公鑰檔。

請妥善保管私鑰檔，存放該檔的目錄權限可設為 0700，私鑰檔本身的檔案權限，請設為 0600。

5. 在 DNS 新增一筆 TXT 記錄：

TXT 記錄的內容為步驟 4 產生的公鑰，請把 pbook2014.txt 的內容全數放入正解檔之中：

```
# 以正解檔 /etc/bind/db.ols3.net 為例：
$ORIGIN          pbook.ols3.net.
pbook2014._domainkey    IN      TXT     ( "v=DKIM1; k=rsa; "
    "p=MIGfMA0GCSqGSIb3DQEBAQUAA4GNADCBiQKBgQD3oX5TbKsP1nsZTaB8GztDG48
4n4XdMdoXD8+uFRYoQSgq9AwqiwjeKcMZpgnRP3e2PGHh+hKr15Axp+Yj/HOWKVgE8dIAm
wR+2/ZUeZxfu46f/tmsWzQt/lOwb5mGSG2WPIcwMNOJEicCMp4cVS4rrT4hc3UoDuTOGbr
hrgk9jwIDAQAB" )  ; ----- DKIM key pbook2014 for pbook.ols3.net
```

pbook2014 是管理員建立金鑰時自訂的選擇器字串。標籤‘p’用來設定公鑰的內容。k 代表選用的公鑰系統為 rsa。v 則是指定 DKIM 的版本。

TXT 記錄新增之後，請重新啟動 BIND9。

6. 安裝私鑰檔：

這個步驟是要告知 milter 程式，哪裡可以取得私鑰檔來進行簽署：

```
mkdir -p /var/local/db/opendkim
cp pbook2014.private /var/local/db/opendkim/pbook.ols3.net_pbook2014.key.pem
```

7. 建立啟用 OpenDKIM 的 script 檔：

編輯 /root/enable_opendkim_filter.sh，內容如下：

```
#! /bin/bash
/usr/local/sbin/opendkim -l -p inet:8891@localhost -d pbook.ols3.net -k
/var/local/db/opendkim/pbook.ols3.net_pbook2014.key.pem -s pbook2014
```

各選項的用意如下：

- -l：使用 syslogd 將訊息放入記錄檔中。

- -p：指定運行的主機位址和通訊埠，格式可選擇：「inet:埠:主機」、「inet6:埠:主機」（IPv6）或 local:socket 檔的路徑。

- -d：指定欲簽署的域名。
- -k：私鑰的路徑檔名。
- -s：用來簽署信件的選擇器名稱，可自訂。

接著，設立執行權：

```
chmod +x /root/enable_opendkim_filter.sh
```

載入新編譯好的函式庫：

```
ldconfig
```

設定 Postfix，加入 milter：

```
# 編輯 /etc/postfix/main.cf
smtpd_milters = inet:localhost:8891
non_smtpd_milters = inet:localhost:8891
```

8. 重新啟動 Postfix：

```
service postfix reload
```

9. 設定一開機就執行 OpenDKIM：

編輯 /etc/rc.local，把 /root/enable_opendkim_filter.sh 放入該檔中。

測試

首先，利用 dig 指令查詢 DKIM 的設定。

查詢的語法格式為：

```
dig 選擇器字串._domainkey.簽署的網域名稱 TXT
```

用例：

```
dig pbook2014._domainkey.pbook.ols3.net TXT
```

如果有列出 TXT 記錄，內含有 DKIM 公鑰，就表示設定正確。

接著，試寄一封信給 Gmail，然後，由 Gmail 的介面中查看「顯示原始郵件」。
用例的表頭訊息如下：

```
Delivered-To: ols3er@gmail.com
Received: by 10.180.107.33 with SMTP id gz1csp61079wib;
```

```
        Sun, 4 May 2014 05:14:15 -0700 (PDT)
X-Received: by 10.50.143.34 with SMTP id sb2mr16880089igb.48.1399205654509;
        Sun, 04 May 2014 05:14:14 -0700 (PDT)
Return-Path: <root@pbook.ols3.net>
Received: from pbook.ols3.net (pbook.ols3.net. [220.130.228.194])
        by mx.google.com with ESMTP id nz8si5811811icb.87.2014.05.04.05.14.11
        for <ols3er@gmail.com>;
        Sun, 04 May 2014 05:14:12 -0700 (PDT)
Received-SPF: pass (google.com: domain of root@pbook.ols3.net designates
220.130.228.194 as permitted sender) client-ip=220.130.228.194;
Authentication-Results: mx.google.com;
        spf=pass (google.com: domain of root@pbook.ols3.net designates
220.130.228.194 as permitted sender) smtp.mail=root@pbook.ols3.net;
        dkim=pass header.i=@pbook.ols3.net;
        dmarc=pass (p=REJECT dis=NONE) header.from=pbook.ols3.net
Received: by pbook.ols3.net (Postfix, from userid 0)
        id 052F110087E; Sun,  4 May 2014 20:14:19 +0800 (CST)
To: ols3er@gmail.com
Subject: test opendkim
Message-Id: <20140504121419.052F110087E@pbook.ols3.net>
Date: Sun,  4 May 2014 20:14:19 +0800 (CST)
From: root@pbook.ols3.net (root)
DKIM-Signature: v=1; a=rsa-sha256; c=simple/simple; d=pbook.ols3.net;
        s=pbook2014; t=1399205659;
        bh=zWI0+NDJf1IH8oayDeWnEQnkm89/sb4OXNGVANC1nCM=;
        h=To:Subject:Date:From;
        b=ITj0Y+uZ2eLRf1o8nfDwheeiBgK1D09K/s7G55bO7eCvd5XOEfdu4Eiky+2VE1x8I
         V9gJ8YbVe6j7icpehKm7sXjKv85lvUgh0ypdXPRDRjw1u70OA+NJqYlD3YZdJkLgl9
         eZhv5GcItCzExTurOm0IlhEg+PfBWi4GSzLEXhd0=

test opendkim 2.9.2
```

請注意兩個關鍵字:其一,「dkim=pass header.i=@pbook.ols3.net;」,這表示 Gmail
對這封郵件的 DKIM 驗證過關了;其二,「DKIM-Signature:」,表示原始郵件
的確帶有 OpenDKIM 簽署過的表頭,Gmail 就是拿 ols3.net DNS 主機中的 TXT 公
鑰資料,對這封信件的表頭和內容進行驗證,然後比對此計算結果是否和
「DKIM-Signature:」的 hash 值相符,如此即可鑑別這封信件的真偽。

請注意,在信件表頭中,另有關鍵字「spf=pass」和「dmarc=pass」,這表示
pbook.ols3.net 這部主機同時也通過了 Gmail 對 SPF/DMARC 的檢核,這是怎麼
辦到的呢?我們會在 10.3 和 10.4 節加以說明。

補充說明。請注意上述表頭中兩列資料：

```
Return-Path: <root@pbook.ols3.net>   <-- MAIL FROM 階段取得的寄件者來源資訊，由最
後投遞郵件的 MTA 寫入。
From: root@pbook.ols3.net (root)     <-- 信件表頭中的寄件者
```

如果這兩列位址中的域名（指 pbook.ols3.net）完全一樣，我們就說這封郵件是「有對齊的」（aligned）；若這兩個域名不同，則稱為「沒有對齊」（non-aligned）。「對齊」是 11.4 節 DMARC 檢查的重點，有沒有通過 DMARC，就看這個了。

架設 dk-milter

接著，筆者要示範的是 dk-milter 的架設法（使用 DomainKeys）：

1. 首先，請下載安裝最新版的 OpenSSL：

```
wget http://www.openssl.org/source/openssl-1.0.1h.tar.gz
tar xvzf openssl-1.0.1h.tar.gz
cd openssl-1.0.1h
./config
make
make test
make install
```

   安裝完成後，OpenSSL 會置放在 /usr/local/ssl 目錄之下，openssl 主程式則在 /usr/local/bin/openssl。

2. 接著安裝必要的套件 libmilter（Sendmail Mail Filter API，這是 Sendmail 套件的一部份）以及 csh：

```
apt-get update
apt-get install libmilter-dev libmilter1.0.1 csh
```

   libmilter-dev 這個套件內含編譯 dk-milter 時需要的 lib 和 include 檔：

```
/usr/lib/libmilter/libmilter.a
/usr/include/libmilter/mfapi.h
/usr/include/libmilter/mfdef.h
```

3. 安裝 dk-filter（目前最新版是 1.02 版）：

   解壓 dk-milter-1.0.2.tar.gz，然後把 devtools/Site/site.config.m4.sample 複製為 site.config.m4：

```
tar
tar xvzf dk-milter-1.0.2.tar.gz
cd dk-milter-1.0.2
cd devtools/Site/
mv site.config.m4.sample site.config.m4
cd ../..
```

接著要修改 site.config.m4 的設定（完整的檔案內容，請參考本章的附檔 site.config.m4）：

- 刪除 APPENDDEF(`confLIBS', `-lphclient')

- 最後三列的設定如下：

```
APPENDDEF(`confLIBS', `-lssl -lcrypto')
APPENDDEF(`confLIBDIRS', `-L/usr/local/ssl/lib -L/usr/lib/libmilter')
APPENDDEF(`confINCDIRS', `-I/usr/local/ssl/include')
```

這裡主要是多加了一個編譯選項 -L/usr/lib/libmilter，以免發生找不到 libmilter 的錯誤現象。

編譯安裝：（在 dk-milter-1.0.2 目錄下執行以下兩道指令）

```
sh Build
sh Build install
```

將 gentxt.csh 拷貝到 /usr/bin/gentxt.csh 備用：

```
cp dk-filter/gentxt.csh /usr/bin/gentxt.sh
```

4. 產生郵件主機專用的一對公鑰和私鑰，語法如下：

```
gentxt.sh 自訂識別字串 完整主機網域名稱
```

用例：

```
gentxt.sh 2014 pbook.ols3.net
```

自訂識別字串，通常可使用年份或短主機名稱，或其他您喜歡的字串均可。

執行 gentxt.sh 之後，會顯示以下 DNS TXT 記錄的訊息字串，請複製該字串備用，等一下，我們要把它設定在 DNS Server 中：

```
2014._domainkey IN TXT "k=rsa; t=y;
p=MFwwDQYJKoZIhvcNAQEBBQADSwAwSAJBALb+xzV0ZTkvIQuVp0XUVs5wYbumD11sOSyk
lCPIWIzcTG04wtpyUKj7kiB4qRsDWReY10qJth3XUVeB4vZMWMsCAwEAAQ==" ; -----
DomainKey 2014 for pbook.ols3.net
```

除了上述顯示訊息之外，gentxt.sh 還會在現行目錄下，產生一對金鑰檔，
主檔名為前述自訂的字串：

```
2014.private：私鑰檔。
2014.public：公鑰檔。
```

請妥善保管私鑰檔，存放該檔的目錄權限可設為 0700，私鑰檔本身的檔案
權限，請設為 0600。這裡，筆者將私鑰檔放在 /var/db/domainkeys 目錄下，
並改名為 pbook.ols3.net_2014.key.pem。

5.　將前述 gentxt.sh 產生的 TXT 記錄，設定在 DNS Server 的正解檔中：

```
$ORIGIN          pbook.ols3.net.
2014._domainkey IN TXT "k=rsa; t=y;
p=MFwwDQYJKoZIhvcNAQEBBQADSwAwSAJBALb+xzV0ZTkvIQuVp0XUVs5wYbumD11sOSyk
lCPIWIzcTG04wtpyUKj7kiB4qRsDWReY10qJth3XUVeB4vZMWMsCAwEAAQ==" ; -----
DomainKey 2014 for pbook.ols3.net
```

請重新啟動 BIND9。

6.　建立啟動檔 enable_dk_filter.sh：

```
#! /bin/bash

/usr/bin/dk-filter -l -p inet:8891@localhost -d pbook.ols3.net -s
/var/db/domainkeys/pbook.ols3.net_2014.key.pem -S 2014
```

設妥執行權，並予以執行：

```
chmod +x enable_dk_filter.sh
./enable_dk_filter.sh
```

前述啟動檔中，使用了幾個 dk-filter 的參數，各參數的意義如下：

參數名稱	用途
-l	在記錄檔留下訊息。
-p	指定 dk-filter 的連線通道，這裡指定本機的 8891 port。
-d	指定域名。
-s	指定私鑰檔。
-S	指定簽署的識別字串（即當初執行 gentxt.sh 時自訂的字串）

7. 設定 Postfix 叫用 Milter 過濾器：

修改 main.cf，加入以下設定：

```
smtpd_milters = inet:localhost:8891
non_smtpd_milters = inet:localhost:8891
```

其中，smtpd_milters 設定支援 SMTP 協定的過濾器，non_smtpd_milters 則是設定非 SMTP 協定的過濾器，請參考 11.1 節的說明。

接著，請重新載入 Postfix，以使設定生效。

完成上述架設步驟之後，接下來，請由該部主機，寄一封測試信到外部 MTA 主機（寄往有支援 DomainKeys 的系統，或寄至 sa-test@sendmail.net）。

以下是外部的 MTA 收到測試信後，產生的信件表頭片斷：

```
DomainKey-Status: good (test mode)
Authentication-Results: smtp.mail=root@pbook.ols3.net; domainkeys=pass (test
mode) header.From=root@pbook.ols3.net
DomainKey-Signature: a=rsa-sha1; s=2014; d=pbook.ols3.net; c=simple; q=dns;
        b=qMF689qVr2Jpj5136F2kFovvlpXJPvPO7M6IRhbPeRY+yCpy2+VvalIto8F1t1mxO
        8Bb2zB+C4A+P9lph6/xkQ==
```

由上述訊息可知（請注意 DomainKey-Signature 以及 domainkeys=pass 關鍵字串），我方的 DomainKeys 已通過驗證無誤。

◉ 架設 dkim-milter

接下來，筆者要示範架設 dkim-milter 的方法（使用 DKIM）。

請注意，這個版本已不再維護了，使用前，請考慮清楚！筆者建議：還是使用前面介紹的 OpenDKIM 為佳（將來若發生問題，才能更新軟體予以修正）。當然，如果您的主機系統版本較舊，無法安裝 OpenDKIM，那麼安裝 dkim-milter 還是堪用的。

架設 dkim-milter 的過程和 dk-milter 差不多：

1. 請先裝妥 OpenSSL 和 libmilter。

2. 其次，編譯安裝 dkim-milter：

請下載取得 dkim-milter 後，解壓：

```
tar xvzf dkim-milter-2.8.3.tar.gz
cd dkim-milter-2.8.3
```

然後，編輯 dkim-milter-2.8.3 目錄中的示範設定檔 site.config.m4.dist，依您的環境和需求調整編譯選項（去掉每列最左邊的 dnl），筆者的設定如下：

```
APPENDDEF(`confINCDIRS', `-I/usr/local/ssl/include ')
APPENDDEF(`confLIBDIRS', `-L/usr/local/ssl/lib ')
define(`bld_VERIFY_DOMAINKEYS', `true')
APPENDDEF(`bld_dkim_filter_INCDIRS', `-I/usr/include/libmilter')
APPENDDEF(`bld_dkim_filter_LIBDIRS', `-L/usr/lib/libmilter')
```

列 1~2 是設定 OpenSSL 的函式庫和引入檔的位置，列 3 啟用和原 DomainKeys 相容的驗證功能，列 4~5 是設定 libmilter 的函式庫和引入檔的位置。

若要啟用快取功能，而不是每次都用 DNS 解析 TXT 記錄，可使用以下選項：

```
APPENDDEF(`confENVDEF', `-DQUERY_CACHE ')
APPENDDEF(`confINCDIRS', `-I/usr/local/BerkeleyDB/include ')
APPENDDEF(`confLIBDIRS', `-L/usr/local/BerkeleyDB/lib ')
```

設定完成後，將該檔拷貝到 devtools/Site/site.config.m4：

```
cp site.config.m4.dist devtools/Site/site.config.m4
```

編譯安裝：

```
sh Build
sh Build install
```

安裝完成後，最重要的兩支程式是：/usr/sbin/dkim-filter 和 /usr/bin/dkim-genkey，前者是過濾主程式，後者是幫助我們建立公私鑰和 DNS TXT 記錄的工具程式。

3. 建立公私鑰和 DNS TXT 記錄：

```
dkim-genkey -d pbook.ols3.net -s ppp
```

選項 -d 指定域名，選項 -s 選擇我們自訂的識別字串，這裡的字串 ppp，是筆者隨意自選測試用的，請換成您喜歡的，通常可選用年份或短主機名稱。

執行 dkim-genkey 後，會在現行目錄下產生私鑰檔，檔名：「自訂字串.private」，以及 DNS TXT 訊息檔，檔名「自訂字串.txt」，例如上述用例產生的檔案，分別是 ppp.private 和 ppp.txt。

請妥善保管私鑰檔，存放該檔的目錄權限可設為 0700，私鑰檔本身的檔案權限，請設為 0600。這裡，筆者將私鑰檔放置在 /var/db/dkim 目錄下，並改名為 pbook.ols3.net_ppp.key.pem。

4. 在 DNS Server 上新增一筆 DNS TXT 記錄：

筆者的用例如下（請改成您的，勿照抄喔）

```
$ORIGIN          pbook.ols3.net.
ppp._domainkey IN TXT "v=DKIM1; g=*; k=rsa;
p=MIGfMA0GCSqGSIb3DQEBAQUAA4GNADCBiQKBgQCzc5RB7TkdV2IaxVLHhQ/RSanpjuRP
9BCPH88q/kMVg2M9GBClqvTiHRGV08KsLycPu+eaTuVphsIF51+z7IR34PlXTV/pHmfki2
CmQKzLNOaGKSL2bqwWmaRmqiE/FbeiN4NWmO8JPYmO63WlNsp6GPowtTnikFYfzhHb8InC
kQIDAQAB" ; ----- DKIM ppp for pbook.ols3.net
```

請重新啟動 BIND9，讓上述設定生效。

5. 建立 dkim-filter 的啟動檔 enable_dkim_filter.sh：

```
#! /bin/bash

/usr/sbin/dkim-filter -l -p inet:8891@localhost -d pbook.ols3.net -k
/var/db/dkim/pbook.ols3.net_ppp.key.pem -s ppp
```

選項和 dk-milter 略有不同，-k 指定私鑰檔，-s 指定自訂的識別字串。

請設妥執行權：chmod +x enable_dkim_filter.sh，並執行 dkim-filter：

```
./enable_dkim_filter.sh
```

6. 設定 Postfix：

Postfix 的 Milter 設定，仍為以下做法：

修改 main.cf，加入以下設定：

```
smtpd_milters = inet:localhost:8891
non_smtpd_milters = inet:localhost:8891
```

最後，測試一下 dkim-milter 是否可正常運作。請由該部主機，試寄一封測試信到外部 MTA 主機（寄往有支援 DKIM 的系統，或寄至 sa-test@sendmail.net）。

以下是外部的 MTA 收到測試信後，產生的信件表頭片斷：

```
Authentication-Results: smtp.mail=root@pbook.ols3.net; dkim=pass
header.i=@pbook.ols3.net
DKIM-Signature: v=1; a=rsa-sha256; c=simple/simple; d=pbook.ols3.net; s=ppp;
     t=1266880563; bh=oQjLZbDvtu/dzS4L6tHTPmSD2odx4UOEab3D2x2l9Rw=;
```

```
      h=To:Subject:Message-Id:Date:From;
      b=kdntiCv2IfitJJqCgea+TFsDE6aEbndqbTkd+C7D+gMvovweNB669mi4SZdqkJro6
       RNFoa0Jlmhc9JZ2prRoN7kLc9AxVY1jfpcm4y2QPN31BJXRnM9e13leVQ5LIXtWz4g
       0+GljSKXmbQ2qZgduBJ+ZKOFxoBFjxmun6LR7XmI=
```

由上述訊息片斷（有 DKIM-Signature 以及 dkim pass）可知，我方的 DKIM 已通過驗證無誤。

◉ 瞭解 DKIM 的信件表頭

DKIM 的信件表頭由數個「標籤＝值」的設定串列所組成，標籤（tag）都很短，由一個或兩個字元組成，各個設定之間彼此用‘;’分隔。

欲看懂 DKIM 的信件表頭，必須瞭解上述標籤的意義。常用的標籤如表 11-2-1 所示：

表 11-2-1：DKIM 的表頭標籤

標籤	意義
v	DKIM 的版本，目前都是版本 1。
a	簽署信件時所採用的演算法，例如：rsa-sha256。預設採用 RSA 公鑰系統，加密演算法選用 SHA256。
c	信件表頭和信件內容正規化的方法，例如：simple/simple。
d	進行簽署的域名。
s	用來簽署信件的選擇器名稱（selector），可自訂。
t	簽署時的時間標記。
bh	信件內容（body）的雜湊值（hash）。
h	簽署信件的表頭欄位串列，例如：To:Subject:Message-Id:Date:From。
b	整封信件簽署的結果，包括信件表頭（header）和信件內容（body）。
q	查詢 DKIM 的方法，預設 q=dns/txt，即透過 DNS 系統的 TXT 記錄取得 DKIM 的設定。
x	過期的時間。
l	信件內容（body）正規化後經過簽署的長度。

我們試以底下這段信件表頭來觀察看看：

```
DKIM-Signature: v=1; a=rsa-sha256; c=simple/simple; d=lxer.idv.tw;
       s=2014lxer; t=1409983467;
       bh=g3zLYH4xKxcPrHOD18z9YfpQcnk/GaJedfustWU5uGs=;
       h=Date:From:To:Subject;
       b=UgLWPmvsSECeE12XGATSUYf0TfS1O/Daqq6q0GVITvNjy9qrr5802pIB9AW5dvPKu
        hj/j91Uqr4Oex6AdlxvtXieUJ2dhGA8pyim78qwQjiyMHMsZE2QiUzhmIkOR2tK67p
        OdHzeH4ieiEdga7r4p535pBvqlw1pratoCE2yaes=
```

依對照「表 12-2-1」的說明,很容易可以推知,上述信件表頭中各標籤的意思如下:

- v=1:它使用 DKIM 版本 1。

- a=rsa-sha256:使用 RSA 公鑰系統,加密演算法是 SHA256。

- c=simple/simple:信件表頭和信件內容正規化的方法都是 simple。

- d=lxer.idv.tw:進行簽署的網域名稱為 lxer.idv.tw。

- s=2014lxer:DKIM 管理員自訂的選擇器字串是 2014lxer。

- t=1409983467:簽署時的時間標記是 1409983467。

- bh=g3zLYH...(節略):以信件內容的摘要所計算出來的雜湊值。

- h=Date:From:To:Subject:簽署的信件表頭欄位有「日期、寄件者位址、收件者位址、主旨」。

- b=UgLWPm...(節略):整封信件簽署的結果,以 base64 的編碼方式呈現。

11.3 架設 SPF

◉ 關於 SPF

「要刮別人的鬍子之前,先把自己的鬍子刮乾淨」;要求別人之前,應先反求諸己,對垃圾郵件的處理態度也要如此。

之前談到過濾垃圾郵件,都是針對外面傳進我方的郵件(不信任對方),那麼由我方傳送出去的呢?別人如何能信任我們?如果我方有一個自清立場的「機制」,提供對方查驗來源真偽的資訊,那麼,相信這對雙方都是有益處的,而且,可加快彼此判別正常郵件的速度,何樂而不為?本章要介紹的 SPF 機制,正是這樣的一個好物。

◉ 什麼是 SPF?

以一句話來說,SPF 就是對外界公告:「我方合法的郵件主機列表在此,收信者,請檢查郵件來源是否在此列表中,若沒有,請拒收!」

SPF 是寄件者政策框架（Sender Policy Framework）的簡稱，這是一種防止「偽造寄件者來源位址」的開放技術。SPF 出現的時間比 DKIM 更早，目前的標準文件是 RFC 7208（SPF 版本 1）。2014 年 4 月，IETF 發佈更新版本 RFC 7208，此「提案標準」取代了早期「實驗性質」的 RFC 4408。目前專責 SPF 的網站，網址在 http://www.openspf.org。

由於在現行的 SMTP 協定中，郵件信封中的 MAIL FROM 位址，以及連線 EHLO/HELO 階段送出的主機名稱，並沒有強制規定得用真實的資料，於是，到處充斥的垃圾郵件和詐騙郵件為了規避責任，肆意假造寄件者來源位址和主機名稱，也就不令人意外了；因此，如果 MTA 主機在收信時，能夠辨識寄件者來源的真偽，就可以阻擋這類不當使用的郵件。SPF 就是在這種想法之下的產物。更精確地說，SPF 可以讓網域管理員自訂傳送郵件的「政策」，也就是說，可以明訂：該網域的郵件只會經由哪些負責的主機寄出，支援 SPF 的收信主機在 SMTP Client 端連線送信之時，會以 Client 端的主機資訊、MAIL FROM 位址，和公告的政策比對，若來源不符（違反政策），就按政策規定做妥適的處置，例如：拒收郵件、軟性失敗（收下郵件但會在記錄檔中留下警告訊息）、或是中性處理（仍然收下郵件）。

和 DKIM 一樣，SPF 也是利用 DNS 系統協助運作。網域管理者可在 DNS Server 中新增一筆 TXT 記錄（稱為 SPF 記錄），上頭明訂傳送郵件的政策（或稱為「規定」），其中含有各種驗證該網域的「機制」（稱為 mechanism，即查驗時要比對哪些資料），收信主機會由 DNS 服務取得這筆 SPF 記錄的內容，然後，和 Client 端的主機資訊進行比對，如此，即可判別寄件者來源的真偽。

換言之，SPF 涉及的主機有四個方面：

1. 要求連線的寄件端：即 SMTP Client 主機，這部主機可能是合理使用郵件的主機，也可能是垃圾郵件主機。這部主機在連線時，會「宣稱」它的資訊如下：

   - EHLO／HELO 階段：主機名稱、所屬域名、IP 位址。

   - MAIL FROM 階段：郵件信封中寄件者來源位址。

   這兩項 Client 端「宣稱」的資訊（可能是假造的），即 SPF 政策欲比對的「查驗目標」。

2. 接受連線的 MTA 主機：即 SMTP Server，這部主機取得 Client 端的「查驗目標」後，會做以下幾件事情：

- 向 DNS Server 查詢所屬域名，取得 DNS 中的 SPF 記錄。

- 比對 SPF 政策，評估「查驗目標」是否符合政策的規定。

- 按評估結果處置郵件，例如：拒收、接受郵件但留下警告訊息、接收郵件。

3. DNS Server：提供查詢 SPF 記錄的服務。

4. SMTP Client 端所宣稱的那部「寄件者來源主機」：它可能「真的有寄出郵件，也可能沒有」－這就是 SPF 要弄清楚、判斷真偽的事情。

釐清「涉案」的對象之後，SPF 牽涉到哪些主機、欲查驗什麼目標事項，就都十分清楚了。

● SPF 的運作流程

SPF 的運作流程，可分成以下兩種情況（這裡以筆者的郵件主機 pbook.ols3.net 為例來加以說明）：

1. 寄出郵件時：

    當我方郵件主機傳遞郵件出去時，對方的郵件主機會經由 DNS 服務查到我方的 TXT 記錄，然後兩相比對，以決定最終的處置方式。

    我們可以手動的方式，模擬郵件主機查詢 TXT 記錄的過程，方法如下：

    ```
    dig pbook.ols3.net txt
    ```

    得到 SPF 的 TXT 記錄內容：

    ```
    v=spf1 ip4:220.130.228.194 -all
    ```

    此政策列明：pbook.ols3.net 允許傳送郵件的主機 IP 位址是 220.130.228.194，「-all」表示：除此之外，其他的郵件來源視為違反政策，請拒收（'-'代表拒絕，若是用'~all'則為軟性失敗）。由於送信主機 IP 和政策相符，因此，Gmail 收到郵件時，會出現以下 pass 過關的信件表頭：

    ```
    Received-SPF: pass (google.com: domain of root@pbook.ols3.net designates
    220.130.228.194 as permitted sender) client-ip=220.130.228.194;
    Authentication-Results: mx.google.com;
          spf=pass (google.com: domain of root@pbook.ols3.net designates
    220.130.228.194 as permitted sender) smtp.mail=root@pbook.ols3.net;
    ```

請注意關鍵字「Received-SPF: pass」，列中已載明「pbook.ols3.net」指派（designates）220.130.228.194 為允許傳送郵件的寄件方，而 client-ip=220.130.228.194 表示這封郵件送信時的 Client 端 IP，的確也是此受信任的 IP，因此 Gamil 對此 SPF 政策的驗證通過。

2. 接收郵件時：

當我方接到外部 SMTP Client 主機要求連接時，會查詢 DNS 服務，看看「信封」上的寄件者來源位址所屬的域名系統，有無訂定 SPF 政策，若有，則 SPF 政策引擎會將相關資訊傳給內部的 SPF 查詢程式進行查驗的工作。有些 SPF 政策引擎程式本身即具有查驗的能力，例如：postfix-policyd-spf-perl。

底下是驗證的結果：

```
Aug 4 16:01:04 pbook postfix/policy-spf[20699]: Policy action=PREPEND
Received-SPF: pass (gmail.com ... _spf.google.com: Sender is authorized
to use 'ols3er@gmail.com' in 'mfrom' identity (mechanism
'include:_netblocks.google.com' matched)) receiver=pbook.ols3.net;
identity=mailfrom; envelope-from="ols3er@gmail.com";
helo=mail-we0-f179.google.com; client-ip=74.125.82.179
```

請注意關鍵字「mechanism 'include:_netblocks.google.com' matched」，這表示 Gmail 的 SPF 政策在我方已驗證過關了（matched）。比較特別的是，Gmail 使用 include 機制，把 SPF 的設定導向到域名 _netblocks.google.com，因此，若欲查看 Gmail 的 SPF 政策內容，可執行以下指令：

```
dig _netblocks.google.com txt
```

結果如下：

```
_netblocks.google.com.    3600    IN      TXT      "v=spf1
ip4:216.239.32.0/19 ip4:64.233.160.0/19 ip4:66.249.80.0/20
ip4:72.14.192.0/18 ip4:209.85.128.0/17 ip4:66.102.0.0/20
ip4:74.125.0.0/16 ip4:64.18.0.0/20 ip4:207.126.144.0/20
ip4:173.194.0.0/16 ~all"
```

由以上可以得知：Gmail 擁抱 SPF，很聰明地用 include 化解設定上的不便，凡是使用 Gmail 代管郵件者，在設定 SPF 時可省卻不少麻煩。

了解上述 SPF 的運作原理之後，我們可以發現，要架設支援 SPF 的郵件系統，需要做兩件事情：

1. 規劃我方的 SPF 政策，然後，在 DNS 主機的正解檔中，新增一筆 TXT 記錄，上頭列示政策的內容。（注意，這是在 DNS 主機中操作！）

2. 在郵件主機中，安裝 SPF 的驗證程式。（注意，這是在郵件主機中操作！）

底下，先介紹 SPF 驗證程式的架設法，再說明 SPF 政策的設定法。

◉ SPF 驗證程式的架設法

這裡介紹兩種驗證程式：

■ postfix-policyd-spf-perl：支援 Postfix 的政策引擎程式，使用 Mail::SPF CPAN 模組，純用 Perl 撰寫，符合 RFC 4408 的規範。此程式的網址在：https://launchpad.net/postfix-policyd-spf-perl/。這支程式的功能比較簡單，優點是不需搭配另外的 SPF 查詢程式就可以運作；缺點是比較陽春，沒有設定功能，欲做個別的調整，須直接修改程式碼。

■ pypolicyd-spf：支援 Postfix 的政策引擎程式，使用 Python 選寫，符合新版 RFC 7208 的規範。網址：https://launchpad.net/pypolicyd-spf/。這支程式功能較為全面，有設定檔可做調整，但需搭配 pyspf（由 pyspf 負責檢查 SPF 記錄） 以及 ipaddr 模組。

pyspf 的網址：http://sourceforge.net/projects/pymilter/ 或 http://bmsi.com/python/milter.html。

ipaddr 的網址：http://code.google.com/p/ipaddr-py/downloads/list。

安裝 postfix-policyd-spf-perl

方法一，使用 Debian 的套件：

1. 安裝 Mail::SPF 模組和 postfix-policyd-spf-perl：

```
apt-get install libmail-spf-perl postfix-policyd-spf-perl
```

這種方式最簡單，執行時所需的帳號都設定好了，帳號名稱為 policyd-spf：

```
policyd-spf:x:122:131::/home/policyd-spf:/bin/false
```

2. 設定：

編輯 master.cf 加入：

```
spfcheck  unix  -   n   n   -    0    spawn
          user=policyd-spf argv=/usr/sbin/postfix-policyd-spf-perl
```

編輯 main.cf 加入：

```
smtpd_recipient_restrictions =
    permit_mynetworks
    reject_unauth_destination
    check_policy_service unix:private/spfcheck  <-- 放在這裡

spfcheck_time_limit = 3600   <-- 這一列也要加入
```

3. 重新載入 Postfix。

安裝方法二，使用原始碼安裝：

1. 下載，安裝：

```
wget
https://launchpad.net/postfix-policyd-spf-perl/trunk/release2.010/+dow
nload/postfix-policyd-spf-perl-2.010.tar.gz
tar xvzf postfix-policyd-spf-perl-2.010.tar.gz
cp postfix-policyd-spf-perl /usr/local/lib
```

2. 設定：

編輯 master.cf 加入：

```
policy  unix  -   n   n   -    0    spawn
        user=nobody argv=/usr/local/lib/policyd-spf-perl
```

編輯 main.cf：

```
smtpd_recipient_restrictions =
    permit_mynetworks
    reject_unauth_destination
    check_policy_service unix:private/policy    <-- 放在這裡

policy_time_limit = 3600   <-- 這一列也要加入
```

3. 重新載入 Postfix：

```
service postfix reload
```

如果打算讓域內的主機跳過 SPF 檢查，可修改第 91~94 列的程式碼：

```
use constant relay_addresses => map(
    NetAddr::IP->new($_),
    qw(   )
); # add addresses to qw (   ) above separated by spaces using CIDR notation.
```

在 qw( ) 的括號中加入的 IP 位址即可免驗，例如：

```
qw( 192.168.1.0/24 172.16.1.0/16 10.1.1.2 )
```

qw 的作用實際上是把這些 IP 位址加上雙引號，並用逗點分開，如下所示：

```
NetAddr::IP->new($_), "192.168.1.0/24", "172.16.1.0/16", "10.1.1.2"
```

安裝 pypolicyd-spf

方法一、安裝 Debian 的套件：

1. 安裝必要模組：

    主機中必須安裝有 yaml 和 ipaddr 的 Python 模組：

    ```
    apt-get install python-yaml python-ipaddr
    ```

2. 安裝 pypolicyd-spf：

    ```
    apt-get install spf-tools-python postfix-policyd-spf-python
    mkdir -p /etc/policyd-spf
    cp /usr/share/doc/postfix-policyd-spf-python/policyd-spf.conf.commented
    /etc/policyd-spf/policyd-spf.conf
    ```

3. 設定：

    編輯 /etc/postfix-policyd-spf-python/policyd-spf.conf

    以下是預設值，初步實驗應該夠用。

    ```
    # 0 不產生任何偵錯訊息；最高可設成 5，記錄檔會包括所有的訊息。
    debugLevel = 1
    # 若設成 0，則不會拒收任何郵件。只想查看 SPF 會帶來什麼影響時，可設為 0。
    defaultSeedOnly = 1
    # 若判定的結果不是通過(pass)、無(none)、暫時失敗(Tempfail)，則拒收郵件
    HELO_reject = SPF_Not_Pass
    # MAIL FROM 若判定失敗，則拒收郵件
    Mail_From_reject = Fail
    # 若是因為 SPF 設錯的關係，不拒收郵件
    PermError_reject = False
    ```

```
# 若是暫時的錯誤，不退信
TempError_Defer = False
# 本機位址的來源郵件不做檢查
skip_addresses = 127.0.0.0/8,::ffff:127.0.0.0//104,::1//128
# 在白名單中的 IP，不做檢查
# Whitelist = 192.168.1.0/24, 192.168.2.12
# 插入表頭的字串格式
# Header_Type = SPF
```

詳細的設定項，請參考：/usr/share/doc/postfix-policyd-spf-python/policyd-spf.conf.commented。

編輯 master.cf：

```
policyd-spf  unix  -      n      n      -      0      spawn
                 user=nobody argv=/usr/bin/policyd-spf
```

編輯 main.cf：

```
smtpd_recipient_restrictions =
     permit_mynetworks
     reject_unauth_destination
     check_policy_service unix:private/policyd-spf

policyd-spf_time_limit = 3600
```

4.　重新載入 Postfix：

```
service postfix reload
```

測試：

由 Gmail 試寄一封郵件，mail.log 中的結果如下：

```
Aug  5 16:11:37 pbook policyd-spf[22493]: Pass; identity=mailfrom;
client-ip=74.125.82.47; helo=mail-wg0-f47.google.com;
envelope-from=ols3er@gmail.com; receiver=jack@pbook.ols3.net
```

請注意關鍵字「policyd-spf[22493]: Pass;」，這表示 policyd-spf 運作成功。如果把設定項 debugLevel 設成 5，可以得到驗證 SPF 時更多的訊息內容。

以是收下的信件表頭內容：

```
Received-SPF: Pass (sender SPF authorized) identity=mailfrom;
client-ip=74.125.82.47; helo=mail-wg0-f47.google.com;
envelope-from=ols3er@gmail.com; receiver=jack@pbook.ols3.net
DKIM-Signature: v=1; a=rsa-sha256; c=relaxed/relaxed;
        d=gmail.com; s=20120113;
```

請注意關鍵字「Received-SPF: Pass」，這表示 policyd-spf 已針對 Gmail 的 SPF 進行驗證，且在信件表頭中留下驗證結果。

再來看一個 SPF 沒有通過的案例：

```
Aug  9 01:24:52 pbook postfix/smtpd[26213]: NOQUEUE: reject: RCPT from
mail-vc0-f194.google.com[209.85.220.194]: 550 5.7.1 <jack@pbook.ols3.net>:
Recipient address rejected: Message rejected due to: SPF fail - not authorized.
Please see
http://www.openspf.net/Why?s=mfrom;id=ols3@ols3.net;ip=209.85.220.194;r=jac
k@pbook.ols3.net; from=<ols3@ols3.net> to=<jack@pbook.ols3.net> proto=ESMTP
helo=<mail-vc0-f194.google.com>
```

請注意關鍵字：「Message rejected due to: SPF fail - not authorized」，這表示 SPF 驗證沒有過關是因為寄件者來源位址沒有授權。政策檢查程式還很貼心地留下一個連結（在「Please see」後方），點按連結可查看未通過的原因，管理員可根據這裡的解釋調整 SPF 的設定。

方法二、使用原始碼安裝 pypolicyd-spf：

1. 下載：

   請由前述 pypolicyd-spf 和 pyspf 網站下載：

   ```
   pypolicyd-spf-1.3.1.tar.gz
   pyspf-2.0.9.tar.gz
   ```

2. 安裝：

   ```
   # 安裝 pypolicyd-spf
   tar xvzf pypolicyd-spf-1.3.1.tar.gz
   cd pypolicyd-spf-1.3.1/
   python setup.py build
   su
   python setup.py install

   # 安裝 pyspf
   tar xvzf pyspf-2.0.9.tar.gz
   cd pyspf-2.0.9/
   python setup.py build
   su
   python setup.py install
   ```

3. 設定：

   用原始碼安裝的版本，其設定檔位置在 /etc/postfix-policyd-spf-python/policyd-spf.conf。

另外，policyd-spf 的檔案路徑要改一下，請編輯 master.cf：

```
# policyd-spf 的檔案路徑要改成 /usr/local/bin/policyd-spf
policyd-spf unix -    n    n    -    0    spawn
            user=nobody argv=/usr/local/bin/policyd-spf
```

其他的作法同方法一，這裡不再贅述。

◉ 設定 SPF 政策

SPF 驗證程式架好了之後，接下來，得在 DNS 主機中，新增一筆 TXT 記錄（稱為 SPF 記錄/SPF RR），用以宣告我方的 SPF 政策。

設定 SPF 政策的方法，是對特定的域名訂定各項驗證的「機制」，一個域名只能對應一條 SPF 規則，一條 SPF 規則可由數個「機制」組成。

以下，將介紹這些「機制」的涵義以及設定 SPF 政策規則的方法。

先來看一下，SPF 記錄長什麼樣子，以下是筆者的 SPF RR：

```
pbook.ols3.net.      IN     TXT      "v=spf1 ip4:220.130.228.194 -all"
```

在 TXT 後方、雙引號之間的字串，即是域名 pbook.ols3.net 公告的 SPF 政策，以下稱為「SPF 規則列」。

當對方的主機接到郵件時，若郵件的表頭 MAIL FROM 的域名是 pbook.ols3.net，該主機會由 DNS 服務查得 pbook.ols3.net 的 SPF 的規則列如下：

```
v=spf1 ip4:220.130.228.194 -all
```

它的意思是說：使用 SPF 版本 1 的規範標準（v=spf1），負責送信的主機 IP 位址是 220.130.228.194（ipv4:），-all 表示若前面的比對不符合，則判定為「失敗」。

簡單來說，pbook.ols3.net 僅允許 IP 是 220.130.228.194 的主機傳遞郵件。

如果您的需求簡單，可模仿上述筆者的寫法來設定 SPF，只要修成您授權的 IP，SPF 很快就可以上手運作。

再舉一例：

```
ols3.net.  IN  TXT "v=spf1 a mx -all"
```

它的意思是說：預設網域（a）本身的 IP，以及幫網域轉寄郵件的 MX 主機的 IP，都可以通過檢驗，其他的 IP 皆判定失敗（-all）。

如果您有使用 Google Apps for Business（企業解決方案與協同合作工具），那 SPF 可設定如下：

```
ols3.net. IN TXT "v=spf1 include:_spf.google.com ~all"
```

它的意思是說，ols3.net 由 Gmail 代管，由 include 引入 Google 的 SPF 政策來使用，因此，Gmail 的郵件主機都是 ols3.net 宣告合法的送信主機。

像上面這些例子中的「ip4、a、mx、include、all」稱為 SPF 的機制（mechanism），而寫在 all 之前的符號「-」稱為「決策符號」，它用來決定如何處置郵件。

請注意，實際上 MTA 主機要怎麼處置郵件，是由收信主機管理員來決定，他可在前述政策引擎中設定拒收「軟性失敗」的郵件，例如 pypolicyd-spf 若設定「HELO_reject = Softfail」，則「軟性失敗」和「失敗」一樣都是拒收！

SPF 的機制

欲設妥 SPF 政策，須清楚地瞭解 SPF 各項機制的涵義。

SPF 的機制如下表所示：

表 11-3-1：SPF 的機制－mechanism

機制	涵義
v	指定使用 SPF 的規範版本，目前都是設成 v=spf1
a	檢查域名的 IP。
all	符合所有的條件。通常放在 SPF 記錄的最後面，用以統括（+all）或排除全部（-all/~all）。
ip4	檢查 IPv4 的 IP。
ip6	檢查 IPv6 的 IP。
mx	按序檢查幫網域傳信的 MX 主機的 IP。
ptr	以 IP 反查主機名稱，若 IP 反解存在，就算通過。（請不要再使用 ptr！）
exists	只要有查到資料，不論結果為何，都算通過。
include	引導並使用某一域名的 SPF 政策。

在每個機制之前，可加上決策符號：

表 11-3-2：決策符號

+	Pass 通過
-	Fail 失敗、不通過
~	SoftFail 軟性失敗
?	Neutral 中性

沒有寫上決策符號，預設就是'+'，也就是說：a 和 +a 是一樣的意思。SPF 會按序比對機制，如果有符合的，就以機制之前的決策符號為比對的結果。如果比對都不符合，則預設為「中性」。

如果網域沒有使用 SPF 記錄，則比對結果為「無」（None）；若查詢 DNS 的過程發生錯誤，則視為「暫時錯誤」（TempError）；如果 SPF 語法錯誤，則視為「參數錯誤」（PermError）。

下表是 SPF 各種比對的結果：

結果	釋義	處置方式
Pass 通過	SPF 委任的主機允許傳送郵件。	收下郵件
Fail 失敗	SPF 不准這部主機傳送郵件。	拒收郵件
SoftFail 軟性失敗	SPF 不准這部主機傳送郵件，但仍在試驗期。	收下郵件但註記警告訊息
Neutral 中性	SPF 記錄有明確規定，但有效與否沒有提到	收下郵件
None 無	此網域沒有使用 SPF 記錄，或沒有評估結果	收下郵件
PermError 語法錯誤	SPF 記錄語法錯誤	不確定
TempError 暫時錯誤	查詢 DNS 服務的過程暫時發生錯誤	收下或拒收

通常，我們會在 SPF 規則列的最後面，會擺放「-all」或「~all」以排除其他不符機制者；也就是說，若前面的比對都不符合，則由 all 統括，並以 all 的決策符號做為比對的結果；例如：「-all」得到的結果是「失敗、不通過」，此時郵件會被拒收；而「~all」得到的結果是「軟性失敗」，也就是說：「郵件照樣收下來，但在 mail.log 中留下警告的訊息」。

剛開始使用 SPF 時，筆者建議先使用「~all」，以測試 SPF 帶來的衝擊情形，這樣的安排，可避免 SPF 政策規劃不當造成重要的郵件流失。

先測試 SPF，再慢慢調整，不符比對者，留下記錄，俟實驗一陣子之後，若 SPF 規則確實可行，再把「~all」調整為「-all」，這種方式較為審慎安全。

網域樣本

為示範方便起見，列出以下網域樣本，作為解說用途。（在 DNS 中的配置）

```
; example.com 的配置
$ORIGIN example.com.
@          MX  10 maila  ; 負責幫 example.com 轉信
           MX  20 mailb  ; 負責幫 example.com 轉信
           A   192.0.1.1 ; example.com 本身的 IP
           A   192.0.1.2 ; example.com 本身的 IP
refmx      A   192.0.1.66
ftp        A   192.0.1.88
deb        A   192.0.1.89
deb        MX  10
maila      A   192.0.1.120 ; 郵件主機 maila
mailb      A   192.0.1.125 ; 郵件主機 mailb
www        CNAME example.com.
host6a     A   2001:470:1f04:a89::2 ; 支援 IPv6 的主機
host6b     A   2001:470:1f04:a89:1:301 ; 支援 IPv6 的主機
host6c     A   2001:470:1f04:a89:2:601 ; 支援 IPv6 的主機

; example.org 的配置
$ORIGIN example.org.
@          MX  10 mailc
mailc      A   192.0.1.160 ; 郵件主機 mailc
ftp2       A   192.0.1.180 ; ftp2.example.org

; IP 反解列表
$ORIGIN 1.0.192.in-addr.arpa.
1          PTR example.com.
2          PTR example.com.
66         PTR refmx.example.com.
88         PTR ftp.example.com.
89         PTR deb.example.com.
120        PTR maila.example.com.
125        PTR mailb.example.com.
160        PTR mailc.example.org.
180        PTR ftp2.example.org.

; 讓保留 IP 10.0.0.4 反查失敗
$ORIGIN 0.0.10.in-addr.arpa.
4          PTR deb.example.com.
```

各機制的涵義和用法

這裡預設的網域是 example.com。各主機的 IP 位址，則參考上述網域樣本。

1. v：指定 SPF 的規範標準。

    用例：

    ```
    v=spf1
    ```

    這裡指定使用 SPF 版本 1。

2. a：檢查網域本身的 IP。

    把 Client 端的 IP 和預設的網域本身的 IP 比對，若 Client 端的 IP 列表於其中，則此機制通過。

    用法：

    ```
    01.  a
    02.  a/24
    03.  a:example.com
    04.  a:example.com/24
    ```

    說明：

    列 1，a 比對目前網域本身的 IP。

    列 2，格式：a/<prefix>。a/24 比對目前網域整個 C class 的 IP。/<prefix> 是 CIDR 位址的表示法，例如 /24 代表一個 C Class 的 IP 範圍。

    列 3，格式：a:<domain>。比對 example.com 本身的 IP。

    列 4，格式：a:<domain>/<prefix>。比對 example.com 網域中整個 C class 的 IP。

    用例：

    ```
    01.  v=spf1 +all
    02.  v=spf1 a -all
    03.  v=spf1 a:example.com -all
    04.  v=spf1 a:example.org -all
    05.  v=spf1 a:maila.example.com -all
    06.  v=spf1 a/24 -all
    07.  v=spf1 a:deb.example.com/24 -all
    ```

說明：

列 1，任何 IP 都通過。

列 2，a 代表目前網域 example.com 本身的 IP，因此，192.0.1.1 和 192.0.1.2 通過。（請看前述 example.com 的配置）

列 3，特別指定要檢查網域 example.com 本身的 IP，因此，192.0.1.1 和 192.0.1.2 通過。

列 4，特別指定要檢查網域 example.org 本身的 IP，但因 example.org 這個網域本身沒有指定 IP，因此本規則列的結果是失敗。

列 5，maila.example.com 的 IP 可通過。

列 6，查詢網域本身的 IP 可得到 192.0.1.1 和 192.0.1.2，因此，a/24 表示 192.0.1.0/24 的 C class IP 都通過。/24 會取用 IP 的前三組數字。

列 7，deb.example.com 的 IP 是 192.0.1.89，因此，deb.example.com/24 是表示 192.0.1.0/24 的 C class IP 都通過。

3. all：包括所有。

用法：

這個機制總是「比對符合」。通常放在規則列的最後面，常用的有「-all」（除了授權的 IP 之外，全部拒收）、「~all」（軟性失敗）、「+all」（都通過）。

用例：

```
01.  v=spf1 mx -all
02.  v=spf1 -all
03.  v=spf1 +all
```

列 1，只允許網域的 MX 主機的 IP 通過，其他都禁止。

列 2，這個網域都不准傳送出任何郵件。

列 3，全部都允許。可能這位管理員認為 SPF 沒啥用處，或毫不在意 SPF。

4. ip4：明確指定允許傳送郵件的主機位址範圍，使用 IPv4 的位址格式。

用法：

```
01.  ip4:主機位址
02.  ip4:網路位址代表號/<prefix>
```

說明：

列 1，「ip4:」後接的 IP 位址允許傳送郵件。

列 2，「ip4:」後接的網段 IP 範圍允許傳送郵件。例如 /24 是 C class，/16 是 B class，/8 是 A class。

用例：

```
01.   v=spf1 ip4:192.168.1.2 -all
02.   v=spf1 ip4:192.168.1.1/16 -all
```

列 1，只允許 192.168.1.2 傳送郵件。

列 2，IP 位址在 192.168.1.1 到 192.168.255.255 之間的主機允許傳送郵件。

5. ip6：明確指定允許傳送郵件的主機位址範圍，使用 IPv6 的位址格式。

用法：

```
01.   ip6:主機位址
02.   ip6:網路位址代表號/<prefix>
```

列 1，「ip6:」後接的 IP 位址允許傳送郵件。

列 2，「ip6:」後接的網段 IP 範圍允許傳送郵件。

用例：

```
01.   v=spf1 ip6:2001:470:1f04:a89::2
02.   v=spf1 ip6:2001:470:1f04:a89::2/96 -all
```

列 1，IPv6 位址是 2001:470:1f04:a89::2 的主機（host6a）允許傳送郵件。

列 2，IPv6 的位址介於 2001:470:1f04:a89:0000:0000 和 2001:470:1f04:a89: FFFF:FFFF 之間者，允許傳送郵件。因此，host6b 和 host6c 這兩站主機的 IP 可以通過檢查。

6. mx：替網域轉信的 MX 主機的 IP 允許傳送郵件。

用法：

```
01.   mx
02.   mx/<prefix>
03.   mx:域名
04.   mx:域名/<prefix>
```

說明：

列 1，負責域名的 MX 主機的 IP 允許傳送郵件。

列 2，負責域名的 MX 主機的 IP 所屬的網段，允許傳送郵件。

列 3，指定域名的 MX 主機的 IP 允許傳送郵件。

列 4，指定域名的 MX 主機的 IP 所屬的網段，允許傳送郵件。

用例：

```
01.  v=spf1 mx mx:deb.example.com -all
02.  v=spf1 mx/24 -all
03.  v=spf1 mx:deb.example.com/24 -all
```

列 1，負責 example.com 的 MX 主機的 IP，即 192.0.1.120（maila）和 192.0.1.120（mailb），以及負責 deb.example.com 的 MX 主機 IP，即 192.0.1.66（refmx）允許傳送郵件。

列 2，和域名的 MX 主機（maila：192.0.1.120）在同一個 C class 網段的 IP，即 192.0.1.0/24，允許傳送郵件。

列 3，與 deb.example.com 的 MX 主機（refmax：192.0.1.66）在同一個 C class 網段的 IP，即 192.0.1.0/24，允許傳送郵件。

7. ptr：反解 IP。（RFC 7208 建議不再使用！）

用法：

```
01.  ptr
02.  ptr:域名
```

例 1，反解 IP 可以查到有效的主機名稱，且其 IP 和 Client 端的 IP 相符，則允許傳送郵件。

例 2，反解 IP 可以查到有效的主機名稱，且主稱名稱中的域名和 ptr 所指的域名相同，則允許傳送郵件。

用例：

```
01.  v=spf1 ptr -all
02.  v=spf1 ptr:example.org -all
```

列 1，反查 IP 時，只要查到有效的主機名稱（該主機名稱所指向的 IP 也要相符），即允許傳送郵件。因此，192.0.1.88（ftp）、192.0.1.89（deb）、

192.0.1.120（maila）、192.0.1.125（mailb） 都可以通過檢查。但是對 192.0.1.160 這個 IP 來說，雖然它反查 IP 可以得到 mailc.example.org 的主機名稱，但這卻不是屬於 example.com 的資料，因此，也是無法通過檢查。再拿 10.0.0.4 這個 IP 來看，它反查 IP 得到 deb.example.com，但 deb 的 IP 是 192.168.1.89，兩個 IP 不一致，因此，也是無法通過檢查的。

列 2，反查 IP 時，只要查到的主機名稱其域名部份和 example.org 相同，即允許傳送郵件。因此，mailc.example.org 和 ftp2.example.org 都可以通過檢查。

8. exists：只要 Client 端的 IP 所查詢到的 DNS 記錄是屬於指定域名中的資料，就允許傳送郵件。

用法：

```
exists:域名
```

用例：

```
v=spf1 exists:example.com -all
```

假設 Client 端的 IP 是 192.0.1.89，因為查到的域名是 deb.example.com 屬於 example.com 的資料，所以允許其傳送郵件。

9. include：使用某一域名的 SPF 政策。

用法：

```
include:域名
```

用例：

include 機制可減化設定 SPF 的麻煩。例如：使用 Gmail 郵件代管服務者，只要直接引入 Gmail 的 SPF 即可，如下所示：

```
v=spf1 include:_spf.google.com ~all
```

另外 inlude 具有層層套用的功能，也就是說，include 之後，可以再 include 其他域名的 SFP 設定。

例如，我們手動查詢 Gmail 的 SPF 可得到以下結果：

```
# 執行 dig _spf.google.com TXT
v=spf1 include:_netblocks.google.com include:_netblocks2.google.com
include:_netblocks3.google.com ~all
```

可以發現 include _spf.google.com 實際上是 include 了另外三個域名的 SPF，挑其中一個來看看，dig _netblocks.google.com TXT，可得到：

```
_netblocks.google.com.  3600   IN    TXT     "v=spf1
ip4:216.239.32.0/19 ip4:64.233.160.0/19 ip4:66.249.80.0/20
ip4:72.14.192.0/18 ip4:209.85.128.0/17 ip4:66.102.0.0/20
ip4:74.125.0.0/16 ip4:64.18.0.0/20 ip4:207.126.144.0/20
ip4:173.194.0.0/16 ~all"
```

原來，Gmail 把允許傳送郵件的主機 IP 列表，全都用 include 隱藏起來了。Gmail 的客戶不必設定一大堆 IP，設定方法很簡單，而且，這有另一層好處，未來若 Gmail 變動了 IP 範圍，使用 Gmail 郵件代管的客戶，完全不必修改自己的 SPF 記錄。這種做法，真是既方便又聰明，一舉兩得啊！

注意事項和補充說明

1. 對同一個域名，SPF 的 TXT 記錄只能有一筆，不可以使用多筆 SPF。例如：a.example.com 只能有一筆 SPF 的 TXT 記錄；b.example.com 也是只能有一筆。

    常見的錯誤是同一個域名設定了多筆 SPF 規則，例如：

    ```
    # 錯誤的用法
    v=spf1 ip4:10.1.1.1 ~all
    v=spf1 ip4:10.1.1.2 ~all
    ```

    若改成底下合併的規則，就對了：

    ```
    # 正確的用法
    v=spf1 ip4:10.1.1.1 ip4:10.1.1.2 ~all
    ```

2. RFC 4408 3.1.1 節曾提到：要新增一個 SPF 專用的 DNS 資源記錄（簡稱 RR），名稱就叫做 SPF（SPF RR），格式和 TXT 一樣。不過，隨著 RFC 4408 終止之後，新版的 RFC 7208 3.1 節提到，過去實驗階段中新增的 SPF RR 已停止不用，往後 SPF 還是使用 TXT RR。

3. 每筆 SPF 記錄至多只能查詢 DNS 10 次。是故，設定 SPF 時，TXT RR 內的機制數量不宜太多，以避免解析 DNS 記錄時，因耗費太多的時間，造成連線錯誤。

4. RFC 7208 明白地指出：「不要使用 ptr 機制」，因為，反解 IP 速度很慢，很容易發生錯誤，穩定性不足，對提供反解服務的 DNS 伺服器造成沉重的

負擔。根據使用 SPF 長期累積下來的經驗，我們可以發現，其實 ptr 根本是不需要的，因為不但可用其他機制代替 ptr，而且效能更好、運作更穩定。所以，請不要再使用 ptr 這個機制了。切記，切記！

目前 ptr 存在的目的，只為相容於舊的 SPF 政策，讓 ptr 仍能被識別。

網路上有很多主機，反解 IP 根本都沒有設好。您可以使用以下指令，查看 IP 反解的狀況：

```
# dig @8.8.8.8 -x IP 位址。8.8.8.8 是 Google 提供的 DNS 查詢服務。
# 用例：
dig @8.8.8.8 -x 220.130.228.194
```

若有設妥 IP 反解，查詢的結果會類似以下的訊息：

```
194.228.130.220.in-addr.arpa. 21599 IN PTR      pbook.ols3.net.
```

5. 設計 SPF 政策時，如果可以，儘量以明確表列 IP 的方式為之，例如授權的 IP 使用 ip4:192.0.1.88 或 ip4:192.0.1.0/24 的方式表列。由於 IP 直接列出來，不必查詢 DNS 系統，驗證效能較佳，SPF 政策比較穩定。

    不過，這種方式有個小小缺點，當授權的 IP 變動時，要修改 DNS 的 TXT 記錄，有 DNS 快取舊記錄的問題，要等 TXT RR 的有效期過了之後（TTL=0），新的變動 IP 才能生效。因此，直接列出 IP 的方法，較適合 IP 位址不常變動的網域使用。

6. 如果網域內，管理的主機數量眾多，郵件主機也很多，那麼，可使用以下方便的設定：

```
v=spf1 a mx/24 -all
```

它的好處是，縱使主機的 IP 改變了，也不必變動 SPF 記錄；但缺點是，因為經常要查詢 DNS 服務，這樣的設定很沒有效率。

以下是幾個設定用例，我們來分析一下它們的優劣吧！

```
# 這是最佳設定。因為它明確地列出了允許傳遞郵件的主機 IP，不必動用到 DNS 服務。
# 像 Gmail 這麼大的郵件系統，也是採用此法喔！
example.com.    IN TXT  "v=spf1 ip4:192.0.1.120 ip4:192.0.1.125 -all"

# 還不錯。使用 DNS 正向解析，查詢速度可以接受。
$ORIGIN example.com.
@               IN TXT  "v=spf1 a:authorized-spf.example.com -all"
authorized-spf IN A     192.0.1.111
               IN A     192.0.1.119
```

```
# 代價高了一點。
example.com.    IN TXT   "v=spf1 mx:example.com -all"

# 浪費效能，這個設定不好。既然已用 ip4 明確列出授權 IP 的範圍了，又何必動用 DNS 服
務 (mx)，查詢 MX 主機的 IP 呢？根本是多此一舉。
example.com.    IN TXT   "v=spf1 ip4:192.0.1.0/24 mx -all"
```

結論就是：越不耗用資源的作法越好。當然，站在管理員的立場，如何在效能和管理方便之間取得平衡，需要實務經驗，更需要不斷地檢討思考。

7. SPF 可拿來建立垃圾郵件主機黑名單（DNS Blacklist/DNSBL），用例如下：

```
$ORIGIN _spf.example.com.
mary.mobile-users                   A 127.0.0.2
bob.mobile-users                    A 127.0.0.2
15.15.168.192.joel.remote-users     A 127.0.0.2
16.15.168.192.joel.remote-users     A 127.0.0.2
```

只要在接收郵件時，查詢到來源主機在此名單中，因為傳回的是無效的 IP（127.0.0.2），所以，根據 SPF 的機制，就可以立即將它們阻擋下來。

8. SPF 另外有提供兩個選用規則（稱為 modifiers），但其性質不屬於上述提到的機制。請注意，每一筆 SPF 記錄只可以出現一個選用規則。

1. redirect：轉向。

用法：

```
redirect=域名
```

用例：

假設某一域名的 SPF 政策如下：

```
v=spf1 redirect=example.com
```

它的意思是說，該域名可能是為了省事，轉而採用 example.com 的 SFP 政策。

假設 example 的 SPF 政策為：「v=spf1 a -all」，待查驗的 Client 端 IP 是 192.0.1.99。

機制 a 會指引收信的 MTA 查出 example.com 本身的 IP（192.0.1.1 和 192.0.1.2），這和 Client 端的 IP 不符，結果，MTA 拒絕接收郵件。

2. exp：提供解釋訊息。

如果 MTA 拒收郵件，管理者可利用 exp 告知 Client 端拒收的原因。例如 ISP 業者可利用 exp，引導使用者到 SASL 的教學頁面，讓使用者了解如何設定域外寄信的方法。

用法：

```
exp:域名
```

至於，實際的用例，因為牽涉到 SPF 巨集（Macros），這實已超出本節篇幅的範圍。有興趣的讀者，請自行參考 RFC 7208 第 7 章關於 Macros 的說明。

11.4 架設 DMARC

◎ 關於 DMARC

DMARC 是 Domain-based Message Authentication, Reporting and Conformance 的簡稱，意思是：「以域名為基礎的信件鑑別、回報統計、和一致性比對」。這是在網際網路上，對抗詐欺郵件的一種鑑別技術。

DMARC 出現在 2011 年，由一些大型的業者共同提出，2013 年 3 月此項規格在 IETF 成立研議草案，2014 年 4 月推出最新的草案版本（只有六個月有效期），目前（2014 年），DMARC 還不是正式的 RFC 標準。DMARC 專責的網址在 http://DMARC.org。

2014 年 4 月 Yahoo 為了對抗詐騙信件，把 DMARC 的政策改成較嚴格的「p=reject」，雖然一時之間造成許多郵件論壇（mailing list）的不便，也在 IETF 郵件論壇中引起廣泛的討論和適用性的質疑，不過，Yahoo 的舉措正可以顯示 DMARC 打擊詐欺郵件或許真的有效，不然，Yahoo 為何干冒用戶反彈的風險也要執行此一政策呢？數字會說話，DMARC.org 網頁上有公佈 DMARC 對減少偽造域名郵件的貢獻，例如其中一點提到：Twitter 在使用 DMARC 之前每天有高達 1.1 億封偽造域名的郵件，使用 p=reject 的 DMARC 政策之後，每日只剩 1000 封。目前有許多大型郵件服務業者都開始使用 DMARC，我們怎麼可以落人於後呢？！

◉ 什麼是 DMARC？

簡單來說，DMARC 是對抗詐欺郵件的一種鑑別技術，架構在 DKIM 和 SPF 的基礎之上。管理者以方便的形式宣告郵件政策，接收端根據寄件端的政策處置郵件、並將「沒有通過政策的郵件」的統計資料回報給寄件端。有了這份報告，管理者便可掌握傳送郵件的結果，瞭解鑑別機制的運作狀況。試想：如果每個郵件系統都能建置 DMARC，彼此反轉角色互為支援，在各方共同合作之下，對抗詐欺郵件或許就有希望了。

因此，以運作面來看，DMARC 強調打擊詐欺郵件是傳送方和接收方共同合作的結果，如此，可改善鑑別郵件實際的成效；若以架構面來說，DMARC 則是以嵌入的方式，在 DKIM 和 SPF 之上疊了一層（layer），既不影響原有的 DKIM/SPF 的運作，也能提出改善 DKIM/SPF 缺點的方法。

那麼，對抗詐騙郵件（包括垃圾郵件和釣魚郵件），DKIM/SPF 的能力不夠嗎？依 DMARC 規格的論點，筆者認為，這兩種方法至少存在以下缺點：

1. DKIM 只是對郵件的表頭和信件內容做簽署和驗證，無法判別信件來源的真偽，因為詐騙郵件若以狡滑的方式混進郵件主機，經過主機的簽署之後，接收端雖可用來源主機的公鑰驗證通過，但在本質上它還是詐騙郵件。

2. SPF 只檢查寄件者來源是否和政策允許傳送的主機列表相符，但實際上信件內容的來源卻無法檢驗，兩者不一致卻無法鑑別，這正是詐騙郵件可以著力的地方。

DMARC 有何長處可以改善上述缺點？

DMARC 提出的觀念是「郵件的一致性」，即「寄件者來源位址」和「信件內容中的寄件者位址」兩者應該要相符合，如此，或許可大量減少詐騙郵件的可能。DMARC 規格的支持者稱，自從 DKIM/SPF 提出之後，網際網路上的詐騙郵件並沒有因此獲得控制，但是 DMARC 提出之後，卻有巨量明顯的改善效果，足見 DMARC 對抗詐欺郵件在實務上應該是可行的。

其他像是：減少誤報、提供強大的回報機制、提供接收方處置郵件的警示政策、減少網路釣魚事件、減少複雜性、網際網路可運用的大型機制等級，等等，都是 DMARC 論者聲稱的優點。

DMARC 的運作必須搭配 DKIM 和 SPF，因此，請先把 DKIM/SPF 架設好。在 DMARC 之前，DKIM/SPF 仍各自獨立運作，DMARC 會參考 DKIM/SPF 處理的結果，對郵件來源進行「一致性」的判斷，其結果可能有：通過、隔離、拒收；之後，接收端仍可和以往一樣，繼續進行過濾垃圾郵件的標準程序。如此看來，DMARC 以融入 DKIM/SPF 的方式改善 DKIM/SPF 的缺點，作法實在完美。不過，作法完美並不代表實際可行，DMARC 能否獲得大家的支持，在 IETF 中變成正式的提案標準，就有待時間來證明了。

什麼是「一致性」？

「一致性」（Conformance）是 DMARC 鑑別郵件來源真偽的依據。

一封郵件欲通過 DMARC 鑑別，首要是得先通過 DKIM/SPF，然後就是比對一致性。簡單來說，所謂的「一致性」就是：郵件中的「寄件者來源域名」和信件表頭中的「寄件者域名」得要相「符合」。若有相符合，則稱此郵件是「有對齊的」（aligned），可以通過一致性鑑別；若不相符合，則稱此郵件是「沒有對齊的」（non-aligned），就不能通過鑑別。

至於要達到什麼程度才算「符合」呢，管理者可在 DMARC 的政策中公佈。有兩種方式可以稱為符合：一種較為嚴格（稱為 restict），即域名要完全一樣才行；另一種較為寬鬆（relaxed），只要網域部份一樣就可以了，例如：maila.example.com 和 mailb.example.com，網域名稱 example.com 一樣，在寬鬆比對的方式之下，也算符合。

DMARC 關注的重點有三：

1. DKIM 驗證簽署的結果（pass 或 fail），以及來源域名（例：信件表頭 DKIM-Signature: 欄位中的 d=example.com）。

2. SPF 驗證的結果，以及寄件者來源域名（MAIL FROM 階段所取得者）。

3. 信件表頭（header）中的寄件者域名（即 From: 欄位）。

DMARC 做以下比對：

1. DMARC 由 DKIM 的「d=域名」和信件表頭的「From: user@域名」中取出兩者的域名進行比對。

2. DMARC 由 SPF 的「MAIL FROM」和信件表頭的「From: user@域名」中取出兩者的域名進行比對。

因此可能會有以下現象：郵件通過了 DKIM/SPF 驗證，但卻沒有達到「一致性」的要求，這樣，也是無法通過 DMARC 鑑別。

DMARC 並不主動判別郵件是不是垃圾郵件、是不是詐欺郵件，DMARC 只關注一件事：有沒有「對齊」（aligned）；沒有對齊的郵件就無法通過鑑別，那麼就要按寄件端公佈的政策「強制」地處置郵件。在 DKIM/SPF/DMARC 三個方法中，就只有 DMARC 對接收端如何處置郵件具有強制力。

關於一致性，舉例來說，比較容易了解。

請注意：以下示例，要達到一致性的大前提是 DKIM/SPF 必須通過（pass）才行。

- 例一：

```
Return-Path: <ols3@lxer.idv.tw>
  spf=pass
  dkim=pass header.i=@lxer.idv.tw;
  dmarc=pass (p=REJECT dis=NONE) header.from=lxer.idv.tw
From: OLS3 <ols3@lxer.idv.tw>
```

Return-Path 代表寄件者來源位址（等於 MAIL FROM 階段取得的位址），域名是「lxer.idv.tw」，From: 是信件內容中寄件者位址，域名也是「lxer.idv.tw」；在本例中，這兩個域名完全一樣，因此，達到「嚴格對齊」。

- 例二：

```
From: OLS3 <ols3@lxer.idv.tw>
DKIM-Signature: v=1; a=rsa-sha256; c=simple/simple; d=lxer.idv.tw;
```

本例中，From: 的域名（lxer.idv.tw）和 DKIM 簽署的域名（d=lxer.idv.tw）完全一樣，因此，也達到「嚴格對齊」。

3. 例三：

```
Return-Path: <ols3@maila.lxer.idv.tw>
From: OLS3 <ols3@mailb.lxer.idv.tw>
```

本例中，Return-Path: 的域名是 maila.lxer.idv.tw，From: 的域名是 mailb.lxer.idv.tw，只有網域部份 lxer.idv.tw 一樣，因此，只達到「寬鬆對齊」。

■ 例四：

```
From: OLS3 <ols3@mailb.lxer.idv.tw>
DKIM-Signature: v=1; a=rsa-sha256; c=simple/simple; d=maila.lxer.idv.tw;
```

本例中，From: 的域名是 mailb.lxer.idv.tw， DKIM 簽署的域名是 maila.lxer.idv.tw，只有網域部份 lxer.idv.tw 一樣，因此，達到「寬鬆對齊」。

■ 例五：

```
Return-Path: <mary@maila.example1.com>
From: Jack <jack@mailb.example2.com>
```

本例中，Return-Path: 和 From: 的域名不一樣，因此，稱為「沒有對齊」。

如果管理員公佈的政策比較嚴格，則只有「嚴格對齊」，才能通過一致性鑑別；如果公佈的政策比較寬鬆，那麼，只要有「寬鬆對齊」，就可以通過鑑別。通過一致性鑑別就記為 pass，沒通過記為 fail。

⬡ DMARC 的政策格式

和 DKIM/SPF 一樣，DMARC 也是引入 DNS 系統；公告政策的方式，一樣是在 DNS 正解檔中增加一筆 TXT 記錄，稱為 DMARC 記錄。

來看一下 DMARC 記錄長什麼樣子？

以下是筆者在 DNS Server 中公佈的政策，任何人都可以用 dig 指令查詢：

```
# 執行「dig _dmarc.lxer.idv.tw TXT」得到：
_dmarc.lxer.idv.tw.    IN TXT "v=DMARC1; p=reject; rua=mailto:dmarc_agg@lxer.
idv.tw; ruf=mailto:dmarc_afrf@lxer.idv.tw; adkim=s; aspf=s; sp=reject"
```

解釋如下：

■ _dmarc.lxer.idv.tw. 是固定的寫法，其基本格式為：_dmarc.域名。

■ v=DMARC1 代表使用的是 DMARC 版本 1 的規格。

■ p=reject 代表若郵件沒有對齊，接收端應拒收此一郵件。

■ rua 是指匯總報告的收件者，回報系統會將 DMARC 鑑別統計的資料以附件壓縮檔寄到此一郵址。

- ruf 是指詳細鑑別報告的收件者,驗證者端會將 DMARC 鑑別失敗的結果以及原信的內容立即寄回到此一郵址。

- adkim=s 是指對 DKIM 採用的是「嚴格對齊」,s 代表 strict;若是寫 adkim=r,r 代表 relaxed,表示採用「寬鬆對齊」。沒指定的話,預設是 relaxed。

- aspf=s 是指對 SPF 採用的是「嚴格對齊」,s 代表 strict;若是寫 aspf=r,r 代表 relaxed,表示採用「寬鬆對齊」。沒指定的話,預設是 relaxed。

- sp=reject 表示對子網域的比對政策,若比對失敗要如何處置。這裡 reject 代表若失敗就拒收。sp 可選用的設定值和 p 相同。

這些項目使用';'隔開,以雙引號含括放置在 TXT 之後。

本章稍後會介紹 OpenDKIM 軟體,其中一支程式可查看網域的 DMARC 政策,用法如下:

```
opendmarc-check 域名
```

用例 1:

```
# 執行 opendmarc-check lxer.idv.tw
DMARC record for lxer.idv.tw:
        Sample percentage: 100
        DKIM alignment: strict
        SPF alignment: strict
        Domain policy: reject
        Subdomain policy: reject
        Aggregate report URIs:
                mailto:dmarc_agg@lxer.idv.tw
        Forensic report URIs:
                mailto:dmarc_afrf@lxer.idv.tw
```

由此可知 lxer 設定的 DKIM 和 SPF 都是要求「嚴格對齊」。

用例 2:

```
# 執行 opendmarc-check gmail.com
DMARC record for gmail.com:
        Sample percentage: 100
        DKIM alignment: relaxed
        SPF alignment: relaxed
        Domain policy: none
        Subdomain policy: unspecified
        Aggregate report URIs:
                mailto:mailauth-reports@google.com
```

```
      Forensic report URIs:
              (none)
```

由此可知，Gmail 的 DKIM 和 SPF 都只要求「寬鬆對齊」。「Domain policy: none」代表 p=none，即對郵件不做任何處置，只要傳送鑑別郵件的統計報告即可。

通常，小型郵件主機的管理員（例如：筆者），比較敢採激進的政策，例如：使用「嚴格對齊」（strict）和「拒收郵件」（p=reject）；大型郵件服務業者，例如 Gmail，就會採取比較溫和的方式（p=none），以免對郵件客戶造成困擾。（因為 Gmail 有 Google 搜尋可倚靠，過濾能力超強，不怕 p=none）

◉ 設定 DMARC 政策

DMARC.org 的資源區有線上工具，可幫助管理員設定 DMARC 記錄。資源區網址：http://www.dmarc.org/resources.html。

例如以下這個 DMARC 產生器，就很方便使用：

```
http://unlocktheinbox.com/dmarcwizard/
```

不過，您也是要了解政策的設定項目才行。

DMARC 的政策項目如下表：

表 11-4-1：DMARC 的政策項目

項目	意義	選用值
v	DMARC 版本	DMARC1
p	網域政策	reject（拒收）、quarantine（隔離）、none（沒有處置方式）。
rua	匯總報告接收者郵址	mailto:郵址。
ruf	詳細報告接收者郵址	mailto:郵址。
adkim	DKIM 比對政策	s（strict 嚴格）、r（relaxed 寬鬆）；預設是 r。
aspf	SPF 比對政策	s（strict 嚴格）、r（relaxed 寬鬆）；預設是 r。
sp	子域名的比對政策	和 p 項目使用相同的設定值。若沒寫，則和 p 的設定值相同。
pct	設定多少百分比的郵件受到 DMARC 的查驗	0～100 百分比數字，例如 100 代表 100%，60 代表 60%。
fo	告知接收端，對於傳送統計報告的偏好設定。須有設定 ruf，fo 才會有作用。	0、1、d、s。

項目	意義	選用值
rf	報告格式	afrf 或 iodef。預設使用 afrf。
ri	匯總報告的間隔時間	預設一天 86400 秒。

fo 選項使用 ':' 串接，例如：「0:d:s」。個別的意義如下：

- 0：若 DKIM/SPF 等機制機制「全部」都沒對齊，就傳送 DMARC 的錯誤報告。此為預設值。

- 1：若 DKIM/SPF 等鑑別機制，只要有其中一個沒對齊，就傳送 DMARC 的錯誤報告。

- d：若 DKIM 簽署郵件驗證失敗，就傳送 DMARC 的錯誤報告。與對齊與否無關。

- s：若 SPF 沒通過，就傳送 DMARC 的錯誤報告。與對齊與否無關。

設定 DMARC 政策的方法，其步驟如下：

1. 規劃政策：

   首先思考：若比對失敗，要如何處置郵件？不處置（p=none）、隔離（p=quarantine）、或是拒收（p=reject）。

   其次思考，DKIM 和 SPF 要採取哪一種比對政策？嚴格或寬鬆？

   筆者建議：剛開始導入 DMARC 時，宜採溫和的方式（例如 p=none），先試試看 DMARC 對我方郵件主機帶來的衝擊會到什麼程度，之後，若覺得可行，再漸進式地調整為較嚴格的政策。

2. 新增 TXT 記錄：

   接著在 DNS 正解檔中新增一筆 TXT 記錄，上頭寫明步驟 1 規劃的政策。然後，重新啟動 BIND9，讓 DMARC 政策生效。不過，因為 DNS 系統快取的關係，必須等待一段時間，此政策才會周知。

3. 設定報告接收者的郵址：

```
# 編輯 /etc/aliases，加入：
dmarc_agg: jack
dmarc_afrf: jack
```

   這意思是說，把接收者設定為本機帳號 jack（請按您實際情況修改）。

接著執行以下指令，讓別名生效。

```
newaliase 或 postalias /etc/aliases
```

設定用例：

一、採用嚴格的政策：p=reject、adkim=s、aspf=s、sp=reject。

```
_dmarc.pbook.ols3.net  IN TXT "v=DMARC1; p=reject;
rua=mailto:dmarc_agg@pbook.ols3.net; ruf=mailto:dmarc_afrf@pbook.ols3.net;
0:d:s; adkim=s; aspf=s; rf=afrf; sp=reject"
```

二、採取溫和的政策：p=none、adkim=r、aspf=r、sp=none。

```
_dmarc.pbook.ols3.net  IN TXT "v=DMARC1; p=none;
rua=mailto:dmarc_agg@pbook.ols3.net; ruf=mailto:dmarc_afrf@pbook.ols3.net;
0:d:s; adkim=r; aspf=r; rf=afrf; sp=none"
```

三、最溫和省事的設定法：p=none，只要寄匯總報告就好。

```
_dmarc.pbook.ols3.net  IN TXT  "v=DMARC1; p=none; rua=mailto:dmarc_agg@pbook.
ols3.net"
```

測試方法：

同樣地，在 DMARC.org 的資源區可以找到線上的測試工具，例如以下郵址。

請由待測主機發一封信，寄到：

```
mailtest@unlocktheinbox.com
```

它會把 DKIM/SPF/DMARC 以及其他的測試結果都寄回給你。

◉ 架設 DMARC 鑑別程式

這裡，筆者要介紹的鑑別程式是 OpenDMARC。目前最新版是 1.3.0。OpenDMARC 是由函式庫和 milter 過濾程式組合而成。網址在：http://www.trusteddomain.org/opendmarc/。

安裝方法：

1. 下載：

   請至上述位址，由 sourceforge.net 下載 opendmarc-1.3.0.tar.gz。

2. 安裝 opendmarc 主程式：

   先確定您的主機中已有安裝 libmilter，若無，可參考 11.1 節的說明，先把 milter 函式庫安裝好。

   ```
   tar xvzf opendmarc-1.3.0.tar.gz
   cd opendmarc-1.3.0
   ./configure
   make
   make install
   ```

3. 建立設定檔：

   先執行一次 ldconfig，把新的函式庫載入。接著，拷貝設定檔樣本到 /usr/local/etc，以備修改。

   ```
   ldconfig
   cp /usr/local/share/doc/opendmarc/opendmarc.conf.sample /usr/local/etc/
   opendmarc.conf
   ```

4. 建立系統帳號和執行目錄：

   新增系統帳號 opendmarc：

   ```
   adduser \
     --system \
     --shell /bin/false \
     --gecos 'system account' \
     --group \
     --disabled-password \
     --home /nonexistent \
     --no-create-home \
     opendmarc
   ```

   建立執行目錄，設妥權限：

   ```
   mkdir -p /var/run/opendmarc
   chown opendmarc.opendmarc /var/run/opendmarc
   ```

5. 設定 opendmarc：

   執行以下指令，可查詢 opendmarc 各個設定項的用法：

   ```
   man opendmarc.conf
   ```

編輯 /usr/local/etc/opendmarc.conf，請參考以下說明，修改設定項：

```
# 授權的域名，請把 example.com 改成您自己的域名
AuthservID example.com

# opendmarc 運行時的基礎目錄
BaseDirectory /var/run/opendmarc

# 是否傳送鑑別失敗的報告給寄件端（在政策中公佈接收報告的郵址）
# 請注意，opendmarc 自 1.3 版開始，把之前的含有 Forensic 的設定項都改換名稱為
Failure。
# 1.2 版及之前的舊版，以下設定項原稱為 ForensicReports。
FailureReports true

# 傳送報告郵件的寄件者郵址，請自訂。
FailureReportsSentBy admin@example.com

# 存放歷史記錄的檔名，將來可用 opendmarc-import 匯入資料庫。
# opendmarc 的執行身份對該檔必須擁有寫入的權限。
HistoryFile /var/run/opendmarc/opendmarc.dat

# 用來設定哪些 client 端 IP 跳過 DMARC 不檢查
#IgnoreHosts /usr/local/etc/opendmarc/ignore.hosts

# 用來設定哪些域名跳過 DMARC 不檢查
#IgnoreMailFrom 域名列表用逗號分開

# 行程編號記錄檔，opendmarc 的執行身份對該檔必須擁有寫入的權限。
PidFile /var/run/opendmarc/opendmarc.pid

# DMARC 鑑別失敗是否拒收郵件？
# 筆者建議先暫時不啟用，先觀察郵件表頭留下的失敗訊息，待日後穩定了再予啟用。
#RejectFailures true

# 寄送報告的命令列程式
ReportCommand /usr/sbin/sendmail -t
# 如果是使用原始碼編譯 Postfix，則其 sendmail 的位置在
# ReportCommand /usr/local/sbin/sendmail -t

# 本 milter 程式的執行位址和通訊埠，這裡是設成本機 127.0.0.1 以及 8893 埠。
# 稍後在 Postfix 的 main.cf 中，也要設成一樣。
Socket inet:8893@localhost

# 在信件表頭中加上 DMARC-Filter 的欄位訊息。
SoftwareHeader true

# 在 mail.log 中留下訊息。
Syslog true
```

```
# 關於郵件的資訊才記錄，和 syslog 用法相同。
SyslogFacility mail

# 暫存檔目錄
TemporaryDirectory /var/tmp

# 執行 opendmarc 的系統帳號名稱
UserID opendmarc
```

6. 執行 opendmarc：

```
/usr/local/sbin/opendmarc -c /usr/local/etc/opendmarc.conf
```

選項「-c」用來指定 opendmarc 設定檔的位置。請把上述指令放入 /etc/rc.local 中，讓它一開機就執行。

以下是 opendmarc 成功啟動的訊息：

```
Aug 11 15:41:58 dns opendmarc[13362]: OpenDMARC Filter v1.3.0 starting
(args: -c /usr/local/etc/opendmarc.conf)
Aug 11 15:41:58 dns opendmarc[13362]: trusted authentication services:
example.com
Aug 11 15:41:58 dns opendmarc[13362]: OpenDMARC Filter: Opening listen
socket on conn inet:8893@localhost
```

7. 設定 Postfix：

編輯 main.cf 加入：

```
smtpd_milters = inet:localhost:8891 inet:localhost:8893
non_smtpd_milters = inet:localhost:8891 inet:localhost:8893
milter_default_action = accept
milter_protocol = 6
```

inet:localhost:8891 是 DKIM miler 的執行通道，inet:localhost:8893 則是 DMARC 的。

接著，重新載入 Postfix：

```
service postfix reload
```

8. 測試：

請試寄一封信給 Gmail。結果類似如下：

```
Received-SPF: pass (google.com: domain of ols3@lxer.idv.tw designates
220.130.228.193 as permitted sender) client-ip=220.130.228.193;
```

```
Authentication-Results: mx.google.com;
       spf=pass (google.com: domain of ols3@lxer.idv.tw designates
220.130.228.193 as permitted sender) smtp.mail=ols3@lxer.idv.tw;
       dkim=pass header.i=@lxer.idv.tw;
       dmarc=pass (p=REJECT dis=NONE) header.from=lxer.idv.tw
```

由上述訊息片斷可知：DKIM/SPF/DMARC 全數都通過驗證了（都是 pass）。這樣就是大功告成了！

架設回報系統

DMARC 鑑別程式架設完成之後，接下來，就是架設回報系統。opendmarc 有提供三支工具可用來建構此一系統，如下所示：

- opendmarc-import：將歷史記錄檔 opendmarc.dat 資料匯入資料庫。
- opendmarc-reports：由資料庫取出資料，寄出報告。
- opendmarc-expire：設定資料的有效期限，預設是 180 天。

這三支程式連接資料庫的選項有：

- --dbhost=資料庫主機
- --dbuser=資料庫帳號
- --dbpasswd=資料庫密碼
- --dbname=資料庫名稱

架設回報系統的步驟如下：

1. 建立資料庫 opendmarc：

```
# 連上資料庫
mysql -u root -p mysql
# 建立資料庫，資料庫名稱：opendmarc
create database opendmarc;
# 設定 opendmarc 的管理帳號和密碼，密碼請自訂。
grant all privileges on opendmarc.* to opendmarc@localhost identified by
'pwdhavetochange';
# 離開資料庫介面
quit
```

2. 匯入 opendmarc 的資料庫結構：

```
# 進入先前編譯 opendmarc 時的原始碼目錄。
cd opendmarc-1.3.0
# 匯入 opendmarc 的資料庫結構，建立必要的資料表。
mysql -u opendmarc -p opendmarc < db/schema.mysql
```

3. 匯入歷史記錄檔，並產生報表：

```
chmod +x /root/gen-report.sh
```

gen-report.sh 是筆者設計的 script 檔，可安排在 crontab 中每日定時自動執行。

4. 設定 crontab：

```
# crontab -u root -e
0 6 * * * /root/gen-report.sh
```

這裡安排在每日早上 6 點寄送報告。

gen-report.sh 內容如下：

```
01.  #!/bin/bash
02.  set -e
03.  cd /var/run/opendmarc
04.  db=opendmarc          # 資料庫名稱
05.  host=localhost        # 資料庫主機
06.  account=opendmarc     # 資料庫帳號
07.  password=pwd2468      # 資料庫密碼請務必自訂修改之
08.  email="admin@example.com" # 報告寄件者郵址
09.  org="example.com"     # 報告寄件者來源域名
10.  # 匯入歷史記錄檔的資料，放入資料庫中
11.  /usr/local/sbin/opendmarc-import --dbhost=${host} --dbuser=${account}
--dbpasswd=${password} --dbname=${db} --verbose < opendmarc.dat
12.  # 由資料庫取出資料，寄送報告
13.  /usr/local/sbin/opendmarc-reports --dbhost=${host} --dbuser=${account}
--dbpasswd=${password} --dbname=${db} --verbose --report-email ${email}
--report-org ${org}
14.  # 檢查資料的有效期限
15.  /usr/local/sbin/opendmarc-expire --dbhost=${host} --dbuser=${account}
--dbpasswd=${password} --dbname=${db} --verbose
16.  # 刪除歷史資料檔
17.  rm -f /var/run/opendmarc/opendmarc.dat
```

以下是回報程式 gen-report.sh 的輸出訊息：

```
opendmarc-reports: sent report for lxer.idv.tw to dmarc_agg@lxer.idv.tw (2.0.0
Ok: queued as 564DF80869)
opendmarc-reports: sent report for gmail.com to mailauth-reports@google.com
(2.0.0 Ok: queued as 6CCDE83D92)
```

這兩列的意思是說：系統已將 DMARC 的報告，分別傳送給這兩個網域 lxer.idv.tw
和 gmail.com 自行指定的報告接收者。

佇列設定管理

先前在討論 Postfix 各項功能時，都會提到佇列管理程式 qmgr，足見 qmgr 的重要性。事實上，佇列管理程式是整個 Postfix 運作的核心。一旦郵件進入佇列之後，管理員如何維護、分析佇列中的郵件，也是管理上的重點工作。

本章將介紹 qmgr 運作的流程、管理佇列的工具、分析佇列的工具，以及與佇列相關的設定項。

12.1 佇列運作原理

關於佇列管理程序

佇列管理程序由在背景工作中的 qmgr 伺服器行程監控執行。qmgr 本身則是由 master 啟用。qmgr 會掃瞄佇列目錄，等待新郵件進來，然後，依 Postfix 投遞郵件的程序，叫用不同的投遞程式，將郵件傳遞到目的地。在此一過程中，實際決定郵件路由的工作，則委由 trivial-rewrite 處理。投遞郵件的結果（稱為投遞狀態），由 bounce、defer、trace 負責報告，若郵件因故暫時無法投遞，則放入延遲佇列中，等待下一次再重新寄送（延遲時間加倍）。若郵件最終無法投遞成功，或被對方 MTA 拒收，則該郵件會直接退回給原寄件者，不再放入佇列中。佇列管理程序的運作過程，如圖 12-1-1。

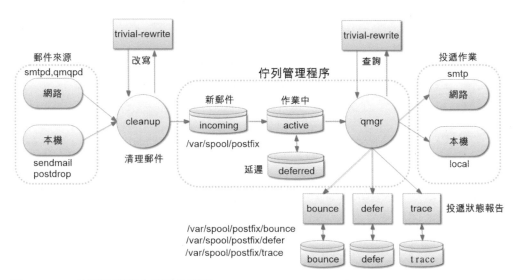

圖 12-1-1：佇列管理程序的運作過程

qmgr 總共維護以下五個郵件佇列：

表 12-1-1：qmgr 維護的佇列

佇列名稱	用途
incoming 佇列	新進郵件佇列。郵件的來源，可能是來自網路（即別的 MTA 轉遞過來的郵件），或來自本機（pickup 伺服器行程將本機經 sendmail 程式寄出的郵件由 maildrop 目錄移入）。
active 佇列	準備進行投遞的郵件佇列（作業佇列），由 qmgr 開啟郵件檔案，準備投遞。佇列管理程式一次只會拉進一定數量的郵件（使用漏水桶策略，有漏就補進），放置在 active 佇列中進行處理。
deferred 佇列	延遲郵件佇列。第一次嘗試寄送，因故暫時無法投遞的郵件，會放置在此佇列中。下次再嘗試寄送的間隔時間，每次加倍。
corrupt 佇列	故障的郵件佇列。無法讀取或檔案受損的郵件檔，會移入此目錄，供管理員後續檢視。
hold 佇列	凍結郵件佇列，等待管理者處理。若管理員沒有釋放，則該郵件會一直停留在此目錄中。

以上這些佇列，除了 active 之外，其他的佇列都是實際存在的目錄，儲存在其中的郵件並不會佔用記憶體，只有 active 佇列較為特殊，除了實體目錄之外，實際上，active 是在佇列管理行程的記憶體中的一組資料結構，郵件的信封資訊會儲存其中，由佇列管理程式 qmgr 列入排程，並為每封郵件配置合適的投遞程式。

qmgr 的作業方式如圖 12-1-1 所示，qmgr 會由新郵件佇列（incoming）以及延遲佇列（deferred）各取出少許的郵件放入作業佇列（active）之中，然後進行投遞程序。投遞結果在 qmgr 的監控下，分別由 bounce、defer、trace 負責產生報告；其中，bounce 負責記錄郵件退件的原因，defer 負責記錄郵件暫時無法投遞的原因（稱為「延遲」），trace 則接受「sendmail -v」或「sendmail -bv」指令的要求，產生投遞狀態資訊。

這三種投遞狀態資訊，以每一收件者為單位，和郵件檔使用同名的檔案，分別儲存在 bounce、defer、trace 的目錄中（在 /var/spool/postfix 之下）。qmgr 會對每一郵件分別掃瞄這三個目錄，以取得該郵件最終的投遞結果。

為了提升系統效能，qmgr 使用多種策略（或稱為演算法）管理郵件在佇列的進出程序。在這裡，所謂的「進」是指：開啟佇列中的郵件檔，讀取投遞郵件所需的資訊；所謂的「出」，則是將已開啟的郵件移出佇列，交給投遞程式傳送出去。

qmgr 調整郵件進出佇列流量的方法有：

1. 漏水桶機制（leaky bucket）

   qmgr 將一定數量以內的郵件，由新郵件佇列區（incoming）移入作業區（active），就好比一個大水桶（incoming）的底部漏了個小洞，桶中的水以穩定的速率流出（active）。此法，可避免郵件數量暴衝，造成系統記憶體耗盡。

2. 公平原則（fairness）

   當 active 佇列仍有空位時，qmgr 會由 incoming 以及 deferred 佇列各取一封郵件，放入 active 中處理。此法，可防止大量積壓的延遲郵件阻礙了新郵件的處理速度。

3. 緩開始（slow start）

   投遞郵件時，對同一目的地，一開始先平行地傳送少量的郵件，若對方能接受，才逐漸增加傳遞數量。此法，可避免傳輸太快把對方的系統搞垮了。

4. 循環式（round robin）

   qmgr 會先按郵件的目的地排序，然後採取循環的方式投遞郵件。此法可避免輸往某一目的地的郵件過於頻繁，因而排擠了投遞其他郵件的機會。

5. 採用指數累增的方式延遲投遞的時間（exponential backoff）

若郵件第一次因故暫時無法投遞，qmgr 會將它移入 deferred 佇列存放。往後，只要投遞不成功，則延遲時間就會加倍。

6. 目的地狀態快取（destination status cache）

為避免某一目的地無法投遞成功，卻一直盲目地嘗試遞送，因此，qmgr 會在記憶體中建立一個快取區，用來記錄無法投遞的目的地。

7. 先佔式的郵件排程（preemptive message scheduling）

qmgr 使用一種複雜的演算法，稱為先佔式的郵件排程。此排程可降低等待投遞郵件的時間，又能正確地處理郵件的時限戳記。

至於 qmgr 掃瞄佇列目錄的時機有二：

1. 依 Postfix 內部的計時器，每隔一段時間就掃瞄佇列目錄。

2. 使用事件觸發機制（trigger events），當接收到外界特定的訊息時，就執行對應的動作。

觸發 qmgr 的訊息採單一字元格式，底下是訊息字元列表：

表 12-1-1：觸發訊息字元

訊息字元	作用
D	開始掃瞄 deferred 佇列。
I	開始掃瞄 incoming 佇列。
A	忽略 deferred 郵件的時間戳記。
F	刪除無效的傳輸服務和目的地。
W	喚起 qmgr，新的 incoming 掃瞄生效。

舉例來說，為了強制掃瞄 deferred 佇列，Postfix 會下達觸發訊息「A、F、D」，即不理會 deferred 佇列中各郵件的時限戳記（A），刪除無效的傳輸服務和目的地的記錄（F），最後開始掃瞄 deferred 佇列（D）；如果是要通知 qmgr 有新郵件到達，則 Postfix 僅需下達觸發訊息「I」就可以了。

◉ 延遲佇列（deferred）的處理方式

郵件進入作業佇列 active 後，由 qmgr 指揮 smtp、lmtp 等程式，進行投遞作業。投遞程式 smtp 或 lmtp，在和遠端 MTA 連接時，Postfix 預設會等待 30 秒（定義

在設定項 smtp_connect_timeout、lmtp_connect_timeout）。若超過 30 秒，Postfix 就視該系統為無法連接。像這種暫時無法投遞的情況，稱為「延遲」（deferred）。投遞郵件造成延遲的原因很多，可能是遠端的系統故障、主機太過忙碌、網路斷線、DNS 系統沒有作用等等。Postfix 會將延遲的郵件暫時放入 deferred 佇列之中，並在郵件上頭加入一個時間戳記，此戳記即是 Postfix 下次再嘗試投遞此封郵件的時間。在 Postfix 2.4 版之前，在 active 中的郵件若被判定為延遲，qmgr 會立即將郵件直接移入 deferred 佇列，自 Postfix 2.4 版之後，這項工作則改由 retry 投遞程式來處理。

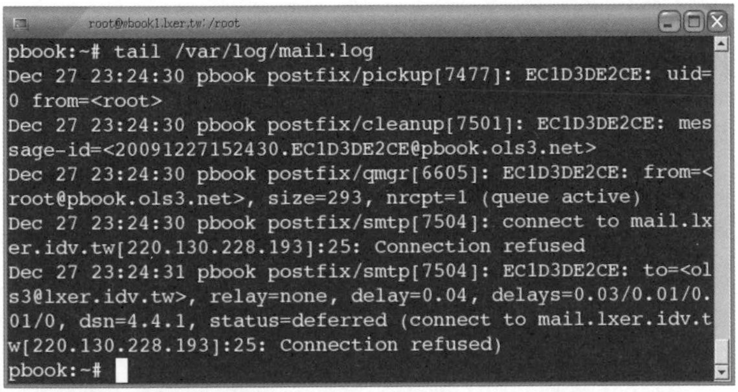

```
root@pbook1.lxer.tw: /root
pbook:~# tail /var/log/mail.log
Dec 27 23:24:30 pbook postfix/pickup[7477]: EC1D3DE2CE: uid=
0 from=<root>
Dec 27 23:24:30 pbook postfix/cleanup[7501]: EC1D3DE2CE: mes
sage-id=<20091227152430.EC1D3DE2CE@pbook.ols3.net>
Dec 27 23:24:30 pbook postfix/qmgr[6605]: EC1D3DE2CE: from=<
root@pbook.ols3.net>, size=293, nrcpt=1 (queue active)
Dec 27 23:24:30 pbook postfix/smtp[7504]: connect to mail.lx
er.idv.tw[220.130.228.193]:25: Connection refused
Dec 27 23:24:31 pbook postfix/smtp[7504]: EC1D3DE2CE: to=<ol
s3@lxer.idv.tw>, relay=none, delay=0.04, delays=0.03/0.01/0.
01/0, dsn=4.4.1, status=deferred (connect to mail.lxer.idv.t
w[220.130.228.193]:25: Connection refused)
pbook:~#
```

圖 12-1-2：延遲的郵件

圖 12-1-2 是 Postfix 系統記錄檔的訊息片斷。使用者由 pbook.ols3.net 寄一封信給 ols3@lxer.idv.tw，郵件檔名為 EC1D3DE2CE。pickup 程式（列 2）將該郵件送入清理程序（列 4），接著 qmgr 把郵件置入 active 佇列中（列 6），然後由 smtp 負責投遞工作（列 8），可惜遠端主機的 MTA 故障（Mail Server 因故沒有啟動），連接 25 port 被拒（列 8），因此該郵件的狀態被標記為延遲（列 12 status=deferred），最後被移入 deferred 佇列。

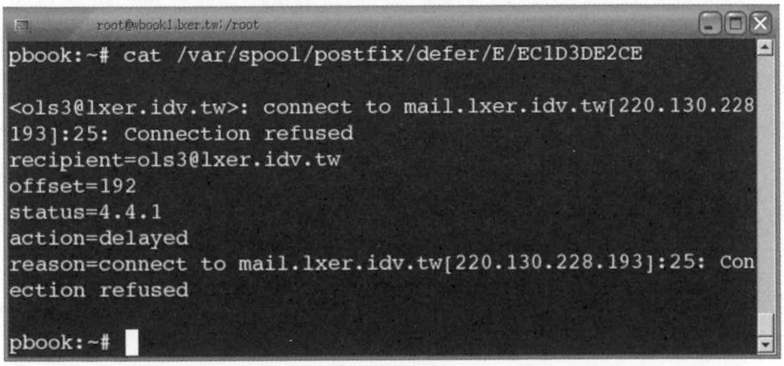

```
root@pbook1.lxer.tw: /root
pbook:~# cat /var/spool/postfix/defer/E/EC1D3DE2CE
<ols3@lxer.idv.tw>: connect to mail.lxer.idv.tw[220.130.228
.193]:25: Connection refused
recipient=ols3@lxer.idv.tw
offset=192
status=4.4.1
action=delayed
reason=connect to mail.lxer.idv.tw[220.130.228.193]:25: Conn
ection refused

pbook:~#
```

圖 12-1-3：defer 產生的投遞狀態資訊

圖 12-1-3 是 defer 行程的投遞報告，投遞狀態和郵件的檔名相同，此例也是命名為「EC1D3DE2CE」，置放於 defer 目錄之下的子目錄「E」。

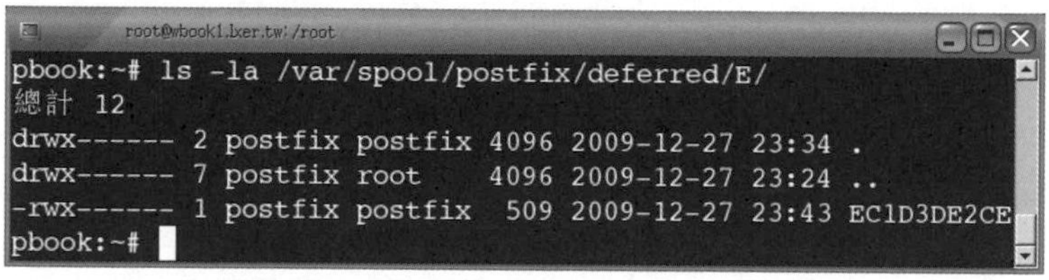

圖 12-1-4：延遲的郵件放置在 deferred 佇列中的情形

圖 12-1-4 是延遲的郵件存放在 deferred 佇列之中的情形。若欲觀看郵件的內容，可利用 postcat，做法如下：

```
# postcat -q 佇列編號
postcat -q EC1D3DE2CE
```

或者，使用以下指令也可以：

```
# postcat 郵件在佇列目錄中的路徑檔名
postcat /var/spool/postfix/deferred/E/EC1D3DE2CE
```

佇列中的郵件內容，可分成兩個部份，前半部是信封資訊，後半部則是信件表頭和信件內容。

Postfix 以檔名的第一個字元，在 deferred 目錄下開設子目錄（例如此例中的「E」），然後將檔案存入子目錄中。當郵件數量很多時，以這種方式排列檔案，尋檔的效率，會比將全部檔案都集中放在同一個目錄中，要來得好。

佇列中的郵件，其檔案時間（例如圖 12-1-4 中的 2009-12-27 23:43）就是下一次投遞郵件的時間。如果下次投遞無法成功，則延遲時間加倍。換言之，失敗的次數越多，再次等待投遞的時間就越長。最長可以等待的終止時間，由設定項 maximal_queue_lifetime 定義，預設值是 5 天。一旦超過時限，Postfix 便放棄投遞並將郵件退回給原寄件者。若 maximal_queue_lifetime 設為 0，那麼，投遞郵件就只有一次機會，若無法投遞，就立即退信。被退信的郵件，其目的地 Postfix 會記憶在快取區中一段時間（minimal_backoff_time），在此時限之內，Postfix 都不會再傳送這封郵件，如此，可避免盲目投遞、耗費系統資源。

◈ qmgr 掃瞄延遲佇列的時間

qmgr 依 Postfix 內部的計時器，每隔一段時間就會掃瞄一次 deferred 佇列，看看是否有需要重新投遞的郵件。qmgr 掃瞄佇列的時間間隔，定義在設定項 queue_run_delay。在 Postfix 2.4 版以前，queue_run_delay 的預設值為 1000 秒，在 2.4 之後的版本，預設值為 300 秒。

queue_run_delay 的值，應小於或等於「最小積壓時間 minimal_backoff_time」。最小積壓時間是指投遞 deferred 郵件時最小的間隔時間。

在 Postfix 2.4 版以前，minimal_backoff_time 的預設值為 1000 秒，在 2.4 版之後，預設值為 300 秒。最大積壓時間 maximal_backoff_time 的預設值則都是 4000 秒。最大積壓時間是指嘗試投遞 deferred 郵件時最大的間隔時間。

◈ 投遞作業的流量控制

為了避免投遞郵件速度過快，把自己或對方的系統搞垮了，Postfix 對投遞作業的流量有以下限制：

這裡以投遞程式 smtp 為例。

1. 投遞程式子行程的數量上限：

    在 4.1 節曾提到 master.cf 設定列的格式。每一列設定都代表一個 daemon 服務行程。請注意列中的第 7 個欄位（maxproc），此欄位的作用是設定子行程的數量上限，其大小由設定項 default_process_limit 控制，預設值 100 個。

    例如 smtp 的設定列，第 7 個欄位寫的是「-」，表示這裡採用預設值來設定 smtp 子行程的數量（100 個）。

    ```
    service type  private unpriv chroot wakeup   maxproc  command + args
                  (yes)   (yes)  (yes)  (never)  (100)
    smtp   unix   -       -      -      -        -        smtp
    ```

    至於，要不要調整子行程的數量，取決於管理員的需求，以及對於系統效能的評估。調整 maxproc 之前，最好先經過實際地測試觀察，方可找出最佳的上限值。（這是 Postfix 效能調整的基本功課）

2. 投遞郵件時，平行傳送同一目的地的流量控管：

並不是每一部 MTA 主機都有同時接收眾多郵件的能力，因此，smtp 在傳遞郵件給遠端 MTA 主機時，會先測試評估，一開始先試著以「少量的行程數」傳遞郵件給對方，行程數的設定項是 smtp_initial_destination_concurrency，其值定義在 $initial_destination_concurrency，預設值是 5；若對方的主機能力可以承受，再逐漸提高平行傳遞的數量，但最多不可超過平行傳遞的上限，上限值的設定項是 smtp_destination_concurrency_limit，其值定義在 $default_destination_concurrency_limit，預設值是 20。

smtp_initial_destination_concurrency、smtp_destination_concurrency_limit 均可視實際需要調整，但都不能超過 maxproc 欄位的值。

其他投遞程式 relay、lmtp、virtual、local 的控管原則同於 smtp，設定項列示如下：

投遞程式	初始傳遞量	同時傳遞上限
relay	relay_initial_destination_concurrency	relay_destination_concurrency_limit
lmtp	lmtp_initial_destination_concurrency	lmtp_destination_concurrency_limit
virtual	virtual_initial_destination_concurrency	virtual_destination_concurrency_limit
local	local_initial_destination_concurrency	local_destination_concurrency_limit

3. 投遞程式一次可以承受的收件者數量：

除了限制平行投遞郵件給同一目的地的數量上限之外，Postfix 對同一封郵件，投遞程式可以承受的收件者數量也有限制，預設值是 $default_destination_recipient_limit（50），若超過此數，投遞程式會改採分批進行。

投遞程式可另外自訂收件者數量的上限，格式如下：

```
投遞程式名稱_destination_recipient_limit = 50
```

例如：

```
smtp_destination_recipient_limit = 50
relay_destination_recipient_limit = 50
lmtp_destination_recipient_limit = 50
virtual_destination_recipient_limit = 50
```

這四個投遞程式，收件人數量預設值都是定義在 $default_destination_recipient_limit，只有 local 不同，其預設值是 1：

```
local_destination_recipient_limit = 1
```

12.2 Postfix 的佇列管理工具

了解前述佇列管理程序的運作原理和設定方法之後，本節接著說明佇列管理工具，重點擺在郵件進入佇列之後，管理員如何維護佇列中的郵件。

Postfix 的佇列管理工具，名稱和用途如下表：

表 12-2-1：佇列管理工具

程式名稱	用途
postqueue	佇列控制程式。
postsuper	佇列維護程式，只有 root 才能操作。
postcat	查看佇列檔案。
mailq	列出佇列郵件（和 Sendmail 相容的程式介面）。

通常，一個運作順暢的 Postfix 系統，郵件停留在佇列裡面的時間都非常短，qmgr 一下子就處理完了。這表示：我們很難在佇列裡頭找到郵件來做觀察。遇到這種狀況，當我們需要觀察佇列郵件寺，可以啟用設定項 dont_remove，方法如下：

```
# 編輯 main.cf，加入：
dont_remove = 1
```

請重新載入 Postfix，讓設定生效。

啟用 dont_remove 之後，Postfix 會將佇列郵件複製一份，儲存在 /var/spool/postfix/saved 目錄，如此一來，觀察實驗就很方便了。不過，觀察結束之後，記得要關閉本項定項（移除或設為 0），以免 saved 目錄堆積了一大堆郵件。

以下依序介紹 postqueue、postsuper、postcat、mailq 的用法。

◎ postqueue 的用法

postqueue 這支工具提供的功能有：

1. 列出佇列中的郵件。

2. 出清所有佇列中的郵件。

3. 將某一郵件立刻納入投遞排程。

4. 將某一站台的郵件立刻納入投遞排程。

列出佇列中所有的郵件

方法：

```
postqueue -p
```

本指令會把所有的佇列中全部的郵件資訊都顯示出來。若佇列中目前沒有郵件，則顯示「Mail queue is empty」的訊息。

這裡舉一個實際的郵件樣本如下：

```
-Queue ID- --Size-- ----Arrival Time---- -Sender/Recipient-------
D7B322B416D     1386 Mon Apr 24 12:10:15  root@gent
                        (connect to gent[192.168.1.8]: Connection refused)
                                         postmaster@gent
```

存放在佇列中的郵件都會有一個佇列編號（Queue ID），例如，上述郵件的佇列編號為 D7B322B416D。由佇列編號可看出其目前的投遞狀態：

- 若只有編號，沒有任何特殊符號，例如：D7B322B416D，表示這封信屬於「延遲」的郵件，存放在 /var/spool/postfix/deferred 目錄之下。

- 若編號之前，有加上 *，則表示它是作業中的郵件，存放在 /var/spool/postfix/active。

- 若編號之前，有加上 !，則表示它是被凍結的郵件，存放在 /var/spool/postfix/hold。

另外，在郵件資訊中也會包含這封信先前所遇到的問題，例如，上述用例，傳送郵件給 gent 主機時遭到對方拒收（Connection refused），這就是該郵件被存入延遲佇列的主因。

出清佇列中的郵件

「出清郵件」（flush）會將佇列中的郵件全部重新投遞。這項功能叫用 qmgr 完成 Sendmail 對應的指令：sendmail -q。

使用出清郵件需特別注意：經常出清無法投遞的郵件，會影響其他正常郵件的投遞效能，不可不慎。

將某一郵件立刻納入投遞排程

用法：

```
postqueue -i 佇列編號
```

用例：

```
postqueue -i D7B322B416D
```

postqueue 會將指定編號的郵件立即放入投遞排程。這項功能叫用 flush 伺服程式，完成 Sendmail 對應的指令：sendmail -qI。

將某一站台的郵件立刻納入投遞排程

用法：

```
postqueue -s 站台域名
```

用例：

```
postqueue -s pbook.ols3.net
```

postqueue 將指定域名的郵件立即納入投遞排程。這項功能完成 Sendmail 對應的指令：sendmail -qR 站台域名。

注意：欲出清某一域名的郵件，該域名須列於 fast_flush_domains 之中才行。fast_flush_domains 的預設值是 $relay_domains，即 $mydestination 的值。

若在前述各指令之中加上 -v 選項，可在終端機及 log 檔中產生更多的訊息，有助於偵錯。

⬡ postsuper 的用法

postsuper 供管理者維護佇列之用，須具 root 權限者才能執行，其功能有：

1. 刪除佇列中的郵件。
2. 凍結郵件。
3. 釋放已凍結的郵件。
4. 清除系統暫存檔。
5. 重置佇列中的郵件。
6. 檢查修復佇列結構。

刪除佇列中的郵件

用法 1：

```
postsuper -d 佇列編號
```

用例：將佇列編號是 D7B322B416D 的郵件刪除。

```
postsuper -d D7B322B416D
```

用法 2：

```
postsuper -d ALL
```

刪除全部佇列中的郵件。注意：為確認管理者的確真的想刪除全部的郵件，因此，「ALL」一定要用大寫字元。

用法 3：

```
postsuper -d ALL 佇列
```

用例：指定把 deferred 佇列中的郵件全數刪除。

```
postsuper -d ALL deferred
```

用法 4：如果佇列編號用「-」字元取代，則 postsuper 會改由標準輸入讀取資料。

用例 1：

```
postsuper -d - < id.txt
```

用例 2：以下指令，可刪除特定收件者的郵件。（註 12-2-1）

```
mailq | tail +2 | grep -v '^ *(' | awk  'BEGIN { RS = "" }
                      # $7=寄件者, $8=收件者1, $9=收件者2
                      { if ($8 == "user@example.com" && $9 == "")
                            print $1 }
            ' | tr -d '*!' | postsuper -d -
```

刪除只有一個收件者是 user@example.com 的郵件。

注意
12-2-1

用例 2 取材自 Postfix 的 postqueue manpage。

凍結郵件

postsuper 用來將郵件放入 hold 佇列中凍結。凍結的意思是說，在 hold 佇列中的郵件，不會再受到任何定期掃瞄等投遞行為的影響，郵件停留時間可以超過 $maximal_queue_lifetime 的設定值。

欲解除郵件的凍結狀態，管理員可使用 postsuper -r 指令重置郵件（放入 maildop 佇列），或使用 postsuper -H 指令將郵件移入延遲佇列，只有這樣，在 hold 佇列中遭到凍結的郵件才有重新遞送出去的機會。

用法 1：

```
postsuper -h 佇列編號
```

將佇列編號的郵件移入 hold 佇列中。

用例：

```
root@mail:~# postsuper -h D7B322B416D
```

用法 2：

```
postsuper -h ALL
```

凍結所有的郵件。

用法 3：

```
postsuper -h ALL 佇列
```

將某一佇列中的郵件全部凍結。

用例:

```
postsuper -h ALL deferred
```

釋放已凍結的郵件

postsuper -H 指令用來將郵件移入延遲佇列 deferred。

用法 1:

```
postsuper -H 佇列編號
```

釋放佇列編號的郵件,並將郵件移入 deferred 目錄中。

用例:

```
root@mail:~# postsuper -H D7B322B416D
```

用法 2:

```
postsuper -H ALL
```

釋放所有已凍結的郵件。

清除系統暫存檔

用法:

```
postsuper -p
```

清除先前因故當掉的系統所留下來的暫存檔。

重置佇列中的郵件

postsuper -r 預設會針對 hold、incoming、active、deferred 等四個佇列中的郵件進行重置(稱為 requeue)。經過重置的郵件會移入 maildrop 佇列等待處理,pickup 和 cleanup 會重新拷貝成一份新的佇列檔,如此一來,重置的郵件就可當成新的郵件來處理。

用法 1：

```
postsuper -r 佇列編號
```

重置佇列編號的郵件，重新產生佇列檔。

用法 2：

```
postsuper -r ALL
```

重置所有的郵件。

檢查修理佇列結構

用法：

```
postsuper -s
```

◉ postcat 的用法

postcat 可用來顯示佇列檔的內容。佇列檔分成兩大部份，分別是：

信封（envelope）。如圖 12-2-1，介於 「 *** ENVELOPE RECORDS」和「***
MESSAGE CONTENTS」之間的內容。

信件表頭（message header）、信件內容（message body）。如圖 12-2-1，在「***
MESSAGE CONTENTS」以下的內容。

顯示佇列郵件

用法 1：

```
postcat -q 佇列編號
```

用例：

```
root@mail:~# postcat -q 7C53ADE2DA
```

執行結果如圖 12-2-1。

圖 12-2-1：使用 postcat 顯示佇列檔內容

用法 2：

```
postcat -qo 佇列編號
```

顯示佇列檔中各筆記錄的檔案位置偏移值。

執行結果如圖 12-2-2。

圖 12-2-2：顯示佇列檔中各筆記錄的檔案位置偏移值

◉ mailq 的用法

mailq 的用法很簡單，就只有一個：

```
mailq
```

輸出結果和「postqueue -p」相同，例如：

```
-Queue ID- --Size-- ----Arrival Time---- -Sender/Recipient-------
1FDEC83D92!    2830 Mon Aug 11 16:54:23  noreply-dmarc-support@google.com

-- 19 Kbytes in 5 Requests.
```

Postfix 為了和 Sendmail 相容，也提供對應的 mailq 程式。執行 mailq 的結果，和 postqueue -p 相同。事實上，mailq 的功能就是叫用 postqueue 完成的。

12.3 佇列分析工具

Postfix 自 2.1 版之後，多了一支佇列分析工具 qshape（註 12-3-1），這支程式可幫助管理者分析佇列擁塞的原因。如果發現 Postfix 處理郵件的速度變慢，或者，佇列中積壓了一大堆郵件，這時，qshape 就可以派上用場了。

qshape 分析佇列，然後以表格的方式呈現結果。表格中：橫軸，代表郵件停留在佇列中的時間，簡稱佇列時間（queue age）。縱軸，代表郵件的目的地；若執行 qshape 時，使用選項 -s，則縱軸代表寄件者來源。

也就是說：qshare deferred 是對 deferred 佇列中的收件者位址進行統計，而 qshare -s deferred 則是對 deferred 佇列中的寄件者來源位址進行統計。

qshape 的用法，舉例如下：

```
qshape -s hold | head -7
```

這裡，以 qshape 分析凍結佇列 hold 中的郵件，並透過管線把統計結果交給 head 過濾，這裡只顯示前 7 列的資訊，結果如圖 12-3-1 所示。

```
                       T    5   10   20   40   80  160  320  640 1280 1280+
            TOTAL     798    0    0    3    0    1    5   14   30   60   685
    yahoo.com.tw       24    0    0    2    0    0    1    0    1    0    20
    ms1.hinet.net      20    0    0    0    0    0    0    0    0    1    19
       hotmail.com     19    0    0    0    0    0    0    1    0    0    18
    ms9.hinet.net      10    0    0    0    0    0    0    0    0    0    10
       gmail.com        5    0    0    0    0    0    0    0    0    0     5
```

圖 12-3-1：qshape 分析佇列的結果

在圖 12-3-1 中，縱軸，代表寄件者的來源域名，T 代表郵件量的總計。橫軸，代表郵件的佇列時間，以 10 這欄時間為例，它的意思是說：郵件的佇列時間大於 5 分鐘，但未滿 10 分鐘。

舉第三列的數據來說，這個郵件來源共有 24 封信，其中，佇列時間未滿 20 分鐘的有 2 封，未滿 160 和 640 分鐘的各有 1 封，超過 1280 分鐘的有 20 封（一天有 1440 分鐘）。

利用上述方式，我們便可得知目前佇列擁塞的主因，也就是說：到底是哪些域名的信件塞在佇列中，都可以一目了然。

除了上述用法，qshape 也可以分析多個佇列，以下是一次分析 incoming、active 和 deferred 三個佇列的做法：

```
qshape -s incoming active deferred
```

若執行 qshape 時，沒有指定佇列，則預設會分析 incoming 和 active 這兩個佇列。

註解 12-3-1　qshare 可由 Postfix 原始碼目錄下的子目錄 auxiliary/qshape 取得，原始檔名為 qshare.pl。安裝方法：cp qshare.pl /usr/local/sbin/qshare && chmod +x /usr/local/sbin/qshare。如果是使用 Debian 等平台套件安裝的 Postfix 版本，預設都會包含這支程式，檔案位置在 /usr/sbin/qshare。

12.4 和佇列相關的設定項

一般而言，和佇列相關的設定項，通常不用調整，Postfix 就可以運作得很好。不過，遇有特殊需求時，這些設定項仍得派上用場。請參考 3.2 節的說明，依維護 main.cf 的方法來修改設定項。

修改 main.cf 之後，請記得執行「postfix reload」，以重新載入 Postfix，這樣，新的設定才會生效。若欲查看設定項的預設值，請執行「postconf -d 設定項名稱」；若要查現況值，請執行「postconf 設定項名稱」（設定項若有修改，其值和預設值可能會不同）。

例如，要查看 queue_directory 的值，可執行以下指令：

```
# 預設值
postconf -d queue_directory
# 現況值
postconf queue_directory
```

有些設定項和時間有關。Postfix 支援的時間單位有：s (秒)、m (分)、h (時)、d (日)、w (周)，預設使用秒為單位。

以下是和佇列相關的設定項：

1. 佇列的主目錄位置

   設定項：queue_directory

   用　途：設定佇列的最上層目錄

   預設值：

   ```
   queue_directory = /var/spool/postfix
   ```

2. 佇列目錄可用的磁碟空間最小值

   設定項：queue_minifree

   用　途：接收郵件時，佇列目錄需要的最小磁碟空間，以 byte 為單位。目前這個設定項，供 SMTP 伺服器行程（smtpd）用來判斷是否要收下 client 端寄來的郵件。

   預設值：

   ```
   queue_minifree = 0
   ```

說明：

在 Postfix 2.1 版之後，smtpd 預設在接到 client 端的 MAIL FROM 命令時，會檢查佇列可用的磁碟空間，若少於郵件檔案大小的最大值（message_size_limit）乘以 1.5 倍，就會拒收郵件。因此，若要調整 queue_minifree 的值，至少要大於 1.5 * $message_size_limit。

Postfix 2.0 及之前的版本，若 queue_minifree 設為 0，表示：接收郵件時不需要最小的可用空間。

3. 不移除佇列中的郵件

設定項：dont_remove

用　途：此為協助偵錯用的功能。若開啟本功能，可將佇列中的郵件檔案存入 saved 目錄中，以供後續觀察。欲觀看郵件檔案內容，請使用 postcat。

預設值：

```
dont_remove = 0
```

說明：

預設值為 0，表示本功能是關閉的。若把 dont_remove 設值為 1，則可開啟此項功能。

運作正常的系統，大部份郵件停留在佇列中的時間都很短暫，要想觀察佇列中的郵件內容，並不容易，因此，開啟本項功能，可將郵件存入 saved 目錄，這樣，就不必和 Postfix 比誰的手腳速度快了。;-)

4. 可出清（flush）佇列檔案的使用者列表

設定項：authorized_flush_users

用　途：設定有權出清佇列檔案的使用者

預設值：

```
authorized_flush_users = static:anyone
```

說明：

出清佇列檔，可執行 postqueue -f。root 或 $mail_owner（預設是 postfix）具當然有效的權限。除此之外，具有出清佇列檔案權限的使用者列表，可在本設定項定義。預設值是所有的使用者都可以執行「出清佇列檔」的動作。

設定 authorized_flush_users 可以使用純文字檔：

```
authorized_flush_users = /路徑/檔名
```

也可以使用對照表：

```
authorized_flush_users = hash:/路徑/檔名
```

5. 可查看佇列的使用者列表

設定項：authorized_mailq_users

用　途：設定有權查看佇列的使用者

預設值：

```
authorized_mailq_users = static:anyone
```

說明：

查看佇列，可執行 postqueue -p 或 mailq。root 或 $mail_owner（預設是 postfix）具當然有效的權限。除此之外，有權查看佇列的使用者列表，可在本設定項定義。預設值是所有的使用者都可以執行「查看佇列」的動作。

設定 authorized_mailq_users 可以使用純文字檔：

```
authorized_mailq_users = /路徑/檔名
```

也可以使用對照表：

```
authorized_mailq_users = hash:/路徑/檔名
```

6. 退信可放在佇列中最大的時限（生命期）：

設定項：bounce_queue_lifetime

用　途：退信放在佇列中超過此時限，該郵件即被歸為無法投遞。

預設值：5 天。

```
bounce_queue_lifetime = 5d
```

說明：

預設值和一般正常的郵件在佇列中的生命期相同，都是 5 天。若設為 0，則退回給原寄件者前，只有一次投遞機會。

7. 佇列子目錄深度：

   設定項：hash_queue_depth

   用　途：設定佇列的子目錄要開設幾層。此設定只有對 $hash_queue_names 中所定義的佇列才有作用，例如 deferred、defer。

   預設值：1 層。

   ```
   hash_queue_depth = 1
   ```

   說明：

   以佇列檔 EC1D3DE2CE 為例，若 hash_queue_depth 的值為 1，則會在 deferred 目錄下開設子目錄：

   ```
   /var/spool/postfix/deferred/E
   ```

   若 hash_queue_depth 的值為 2，則取佇列檔名前 2 個字元開設子目錄：

   ```
   /var/spool/postfix/deferred/E/C
   ```

8. 可跨越多層子目錄的佇列名稱：

   設定項：hash_queue_names

   用　途：設定哪些佇列可開設多層子目錄

   預設值：

   ```
   hash_queue_names = deferred, defer
   ```

9. 延遲郵件最小的積壓時間：

   設定項：minimal_backoff_time

   用　途：嘗試投遞延遲郵件，最小的時間間隔。

   預設值：Postfix 2.4 版之前為 1000 秒；2.4 版之後為 300 秒。

   ```
   minimal_backoff_time = 300s
   ```

10. 延遲郵件最大的積壓時間：

    設定項：maximal_backoff_time

    用　途：嘗試投遞延遲郵件，最大的時間間隔。

預設值：4000 秒。

```
maximal_backoff_time = 4000s
```

11. 一般郵件在佇列中的生命期：

設定項：maximal_queue_lifetime

用　途：在郵件被視為退信前，可在佇列中停留的時間上限。

預設值：5 天。

```
maximal_queue_lifetime = 5d
```

說明：

若設為 0，則郵件只有一次嘗試投遞的機會，沒有成功的話，就直接退信。

12. qmgr 掃瞄延遲佇列的時間間隔

設定項：queue_run_delay

用　途：設定 qmgr 多久掃瞄 deferred 佇列一次。

預設值：Postfix 2.4 版之前為 1000 秒；2.4 版之後為 300 秒。

```
queue_run_delay = 300s
```

說明：

queue_run_delay 的值應小於或等於 $minimal_backoff_time 的時間。

13. 佇列管理程式的名稱

設定項：queue_service_name

用　途：設定佇列管理程式的名稱

預設值：qmgr

```
queue_service_name = qmgr
```

14. 開始投遞時的行程數：

設定項：initial_destination_concurrency

用　途：一開始，同時投遞郵件給同一目的地的行程數。

預設值：5。

```
initial_destination_concurrency = 5
```

說明：

每一封信投遞程式可以承受的收件者人數限制，若數量是在 1 以上，則「目的地」指的是同一域名的郵件，否則，指的是單一收件人。

使用「傳輸名稱_initial_destination_concurrency」的設定項，可以覆蓋掉上述預設值。其中，「傳輸名稱」可置換為在 master.cf 中各列第一個欄位的名稱，例如 smtp。

15. 同時投遞的行程數上限：

設定項：default_destination_concurrency_limit

用　途：同時投遞郵件給同一目的地的行程數上限。

預設值：20。

```
default_destination_concurrency_limit = 20
```

說明：

本設定項的值為 lmtp、pipe、smtp、virtual 等投遞程式行程數上限的預設值。每一封信投遞程式可以承受的收件者人數限制，若數量是在 1 以上，則「目的地」指的是同一域名的郵件，否則，指的是單一收件人。

使用「投遞程式名稱_destination_concurrency_limit」的設定項，可以覆蓋掉上述預設值。其中，「投遞程式名稱」可置換為在 master.cf 中各列第一個欄位的名稱，例如 smtp。

16. local 行程同時投遞的數量上限：

設定項：local_destination_concurrency_limit

用　途：同時投遞郵件給同一目的地的 local 行程數上限。

預設值：2。

```
local_destination_concurrency_limit = 2
```

說明：

最好不要大於 2，因為 local 行程在投遞郵件時，可能會執行別名檔或 .forward 中的 shell 命令，執行這種 shell 程式耗用資源較多。

17. relay 行程同時投遞的數量上限

    設定項：relay_destination_concurrency_limit

    用　途：同時投遞郵件給同一目的地的 relay 行程數上限。

    預設值：$default_destination_concurrency_limit

18. smtp 行程同時投遞的數量上限

    設定項：smtp_destination_concurrency_limit

    用　途：同時投遞郵件給同一目的地的 smtp 行程數上限。

    預設值：$default_destination_concurrency_limit

19. virtual 行程同時投遞的數量上限

    設定項：virtual_destination_concurrency_limit

    用　途：同時投遞郵件給同一目的地的 virtual 行程數上限。

    預設值：$default_destination_concurrency_limit

20. 軟式拒收

    設定項：soft_bounce

    用 途：用於偵錯，可避免 smtpd 伺服器行程真的永久拒收 client 端的郵件。

    預設值：no

    ```
    soft_bounce = no
    ```

    說明：

    本功能預設是關閉的。若把設定項的值設為 yes，即可開啟。soft_bounce 的作用如下：

    1. 把欲退回給原寄件者的郵件暫時儲存在佇列中，而不是真的退信。

    2. 暫時關閉退信給本機使用者。

    3. smtpd 伺服器拒絕 client 連線時，若是 5xx 的回應代碼，一律改成 4xx，這樣，可暫時拒收郵件，等偵錯的動作完成後，關閉 soft_bounce，client 端仍可將方才無法傳送的郵件再傳遞進來。

21. 佇列管理程式和投遞程式聯絡的時間間隔

    設定項：transport_retry_time

    用　　途：qmgr 和已失去作用的郵件投遞程式聯絡的時間間隔。

    預設值：60 秒。

22. 允許使用快速出清功能的域名列表

    設定項：fast_flush_domains

    用　　途：可以使用快速出清功能（fast flush）的域名列表。

    預設值：$relay_domains

```
fast_flush_domains = $relay_domains
```

    說明：

    若設為空值，可關閉此項功能。

```
fast_flush_domains =
```

本機投遞作業和信箱格式設定管理

CHAPTER 13

MTA 是一種「負責任」的郵件轉遞系統。根據 SMTP/ESMTP 協定的規範，MTA 在接收郵件後，須設法將郵件轉遞到收件者的目的地主機，或者，將郵件傳遞給下一個郵件轉遞系統，然後，由該 MTA 繼續把郵件傳遞到收件者的目的主機。像這種傳遞郵件的過程，我們稱之為「投遞程序」。如果收件者的目的地是本機信箱（本機帳號或別名），則稱為本機投遞作業。

一般而言，投遞郵件到本機信箱，有兩種信箱格式可供選用，一種是傳統 UNIX-like 系統常用的 mbox 格式（mailbox 的簡稱），一種是和 qmail 相容的 maildir 格式。mbox 採單一檔案，格式簡單，支援的軟體最多，但缺點是 mbox 常有檔案鎖定的問題，而且，若信箱檔案過大，讀取速度會嚴重變慢；maildir 則改善了 mbox 的缺點，但支援的軟體較少。至於要選用哪一種信箱格式，端看系統管理者對郵件系統要如何佈署。

MTA 的任務，只有兩個：接收郵件和投遞郵件。至於使用者如何由 MTA 主機下載取得信件，並非 MTA 的職責，而是下載信包系統的責任；通常系統管理者，會再架設一套有支援 POP/IMAP 協定的系統，來提供給使用者下載郵件。

POP/IMAP 系統有多種選擇，常見的有 qpopper、imapd、dovecot、Cyrus IMAP，等等。架設 POP/IMAP 伺服器時，須注意搭配的信箱格式。伺服器和格式，兩者都要設定妥當，下載信包服務才能正確地運作。

本章，將就上述提要，介紹本機投遞作業的基本觀念、信箱格式、以及設定方法。至於合用的 POP/IMAP 伺服器，則留在下一章再來介紹。

13.1 Postfix 的投遞程序

◈ 投遞程序

Postfix 接收郵件後，會將郵件送進清理程序，處理畢，郵件經過封裝，存入佇列，接著，由佇列管理程式 qmgr 接手，此時，便進入了 Postfix 的投遞程序。

首先，佇列管理程式會將解析郵件位址的工作交給 trivial-rewrite，由 trivial-rewrite 按郵件的位址類別，決定投遞方法（即選用 MDA 程式）。其次，qmgr 在查得 trivial-rewrite 回報的結果後，便叫用合適的 MDA 程式，來執行投遞作業。

Postfix 的位址類別計有：本機、虛擬別名、虛擬信箱、relay、其他，等五種。底下，依次說明各類別的投遞方法。

- 本機類別：

  如果郵件位址屬於本機類別，也就是說，郵件的域名列表於 $mydestination 中，或者，郵件位址使用 IP 來表示（型如：username@[IP]），該 IP 位址列表於 $inet_interfaces 或 $proxy_interfaces，則最後的投遞對象會依據 $local_recipient_maps 的查表結果，通常是本機系統中的帳號或別名，此時，qmgr 會叫用 local 負責投遞作業。

  local_recipient_maps 的預設值如下：

  ```
  proxy:unix:passwd.byname $alias_maps
  ```

  這裡的意思是說：Postfix 會查詢密碼檔以及別名表，來判斷郵件是否有效，以決定是否收下郵件。

- 虛擬別名類別：

  如果郵件位址的域名部份列表於 $virtual_alias_domains，則該郵件即屬於虛擬別名類別。郵件位址的對應關係定義在 $virtual_alias_maps（即 /etc/postfix/virtual），通常會對應到本機的別名，或是在外部的遠端主機中的別名。

  虛擬別名類別的郵件，在 Postfix 收下郵件、送進 cleanup 清理程序時，即進行位址改寫，因此，若別名對應的結果是本機帳號，則交由 local 投遞，若對應的結果是在外部的遠端主機中的別名，則交給 smtp 投遞。

■　虛擬信箱類別：

如果郵件位址的域名部份，列表於 $virtual_mailbox_domains，則該郵件即屬於虛擬信箱類別。郵件位址的對應關係定義在 $virtual_mailbox_maps。虛擬信箱類別的收件者，不需要真實的郵件帳號，每個收件者都會有一個專屬的虛擬信箱。

虛擬信箱類別的郵件，qmgr 交給 virtual 負責投遞。

請注意：不要把「虛擬別名」和「虛擬信箱」搞混了！前者是接收郵件時，就進行位址改寫的工作，後者是在傳送郵件時，才進行位址改寫，而且兩者的適用情況不同，使用的投遞方法也不同。「虛擬別名」不管最後的對應結果如何，投遞郵件的對象都必須是已存在的系統帳號才行；而「虛擬信箱」則不同，投遞對象不須要存在，它是一個虛擬帳號，每個虛擬帳號都會對應到一個以域名來分類的虛擬信箱（即郵件目錄）。

■　relay 類別：

如果這部 MTA 主機是其他網域的主要或備援的郵件交換器，也就是說替某些域名下的主機轉遞郵件，那麼這些域名的郵件即屬於 relay 類別。至於 MTA 主機要替哪些域名 relay 信件，定義在 $relay_domains，只要是列於其中的域名，則 qmgr 會交給 relay 服務負責投遞。

relay 服務定義在 master.cf 中，其實是 smtp 的複製版。

■　其他類別：

若郵件位址不是上述四種類別，即屬於預設類別，使用的投遞方法是 smtp。

這裡要注意兩點：

1.　如果郵件的目的地主機是 LMTP 伺服器，qmgr 會改由 lmtp 負責投遞。

2.　Postfix 也可以設定把郵件交給外部程式處理，這部份的工作由 pipe 負責投遞。關於 pipe 的運用法，請參考第 7 章。

前述 Postfix 的投遞程序，如圖 13-1-1 所示。

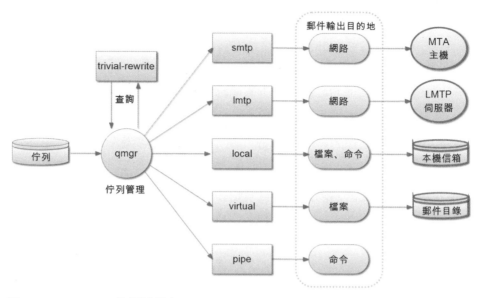

圖 13-1-1：Postfix 的投遞程序

◉ 本機投遞作業

由圖 13-1-1 可以發現，郵件最終的投遞結果會存入本機信箱者，只有藉由 local 和 virtual 這兩種方法（pipe 是特例，這裡不談）。關於 virtual 投遞方法的實例應用，請參考 18.4 節。這裡，補充說明本機投遞的程序。

前述已言明郵件若是屬於本機類別，則 qmgr 會叫用 local 負責投遞，而且投遞郵件的對象必是本機系統帳號或別名。local 支援和 Sendmail 相容的別名機制，即 /etc/aliases 別名檔，以及個人化的 .forward 檔。

local 程式對系統帳號和別名，有不同的處理方式。local 在投遞郵件時，會查看該帳號是否列名於別名檔或該帳號目錄下的 .forward 檔中。如果最終投遞的對象是本機帳號，local 會將郵件放入本機信箱，信箱格式可在 main.cf 中指定；如果最終投遞的對象是外部的遠端主機的帳號（屬於其他類別），則該郵件會再送進入清理程序，由 cleanup 重新解析收件者位址，然後，轉交給 smtp 投遞，其運作方式請參考圖 7-4-2。

管理者對於本機投遞作業，必須精熟別名檔和 .forward 檔的原理和運用方法。關於別名檔的設定方法，請參考 3.6 節的說明，這裡不再贅述。底下說明 .forward 的用法。

.forward 的用法

.forward 是個人化的轉信設定檔。使用者可利用其家目錄下的 .forward 檔，控制自己的郵件要如何投遞。local 程式在投遞郵件時，會尋找使用者的家目錄下是否有 .forward 檔，若有，就開啟該檔，進行轉信作業（forward）。

了解 .forward 檔，可分成兩個層面：

1. 系統管理者層面：佈署 .forward 檔的方法。

2. 使用者層面：.forward 檔的語法。

佈署 .forward 檔的方法

在系統管理方面，管理者可在 main.cf 中設定 .forward 檔的存放位置和檔名。要特別注意，.forward 檔的檔案權限屬性，須為個別使用者所擁有。因此，如果要開放 .forward 的功能給使用者，在建立帳號時，最好由系統自動產生 .forward 檔的樣本（通常只有告知使用者的註解說明），並自動設妥權限屬性。.foward 樣本檔一般可置於 /etc/skel 目錄下，這樣，在建立帳號時，即可自動拷貝到使用者的家目錄下，並且自動設妥權限。

在 main.cf 中設定 .forward 的方法是使用 forward_path 這個設定項。用法如下：

```
forward_path = 路徑檔名樣式
```

其中，Postfix 提供 8 個擴展變數，可用來設定 .forward 檔的路徑檔名樣式。這 8 個擴展變數如下表所示：

擴展變數	用途
$user	收件者的帳號名稱。
$shell	收件者使用的 shell 程式的路徑檔名。
$home	收件者的家目錄位置。
$recipient	完整的收件者郵址。
$extension	收件者郵址的擴充部份，可選用。
$domain	收件者的域名部份。
$local	完整的人名部份。
$recipient_delimiter	擴充位址分隔符號（通常是 + ）。

在路徑檔名樣式中，若有運用到這 8 個變數，local 程式在搜尋 .forward 檔之前，Postfix 就會將這些變數替換成對應的變數值。以下是部份用例：

用例 1：

編輯 main.cf，加入：

```
forward_path = $home/.forward
```

以收件者 jack 來說，變數 $home 會替換成 /home/jack，因此，上述樣式最終的結果是 /home/jack/.forward。local 會搜尋該檔，若檔案存在，就參考該檔內容，進行轉信作業。

用例 2：（forward_path 的預設值）

```
forward_path = $home/.forward${recipient_delimiter}${extension}
                          $home/.forward
```

這裡設定 local 搜尋兩處 .forward 檔。以收件者 jack+it@example.com 為例，local 會尋找以下兩個檔案：

- /home/jack/.forward+it
- /home/jack/.forward

Postfix 在替換路徑檔名樣式時，為了加強系統的安全，會限制這個 8 個變數值可以使用的字元範圍。可用的字元範圍定義在 forward_expansion_filter，預設值如下：

```
forward_expansion_filter =
1234567890!@%-_=+:,./abcdefghijklmnopqrstuvwxyzABCDEFGHIJKLMNOPQRSTUVWXYZ
```

如果變數值中含有上述範圍外的字元，該字元會被替換成底線（_）。

.forward 的語法

設定 .forward，和別名檔類似，但 .forward 的語法，只有別名檔各列的右半部。

別名檔各列的格式如下：

```
別名：目標
```

那麼，.forward 檔的各列格式就只有「目標」那個部份（不含:）：

```
目標
```

用例如下：

```
# /home/jack/.forward
jack
mary@example.com
/var/spool/jack_is_here
"|/usr/local/bin/myfilter"
:include:/home/adm/iwant
```

各列作用說明：

列 1：local 把郵件寄給 jack。

列 2：郵件亦寄一份給 mary@example.com。

列 3：將郵件存入 /var/spool/jack_is_here 這個檔案。

列 4：將郵件傳給外部程式 /usr/local/bin/myfilter。

列 5：郵件依引入檔 /home/adm/iwant 內的設定再做處理。引入檔的內容可以是上述任一格式。

關於 .forward 各列的「目標」，其語法同別名檔的寫法，請參考 3.6 節的說明。

13.2 設定本機信箱

Postfix 預設使用的信箱格式是 mbox。這是傳統 UNIX-like 系統最常用的一種格式。每個系統帳號均有一個對應的信箱，檔名和帳號相同。信箱的存放位置，定義在 mail_spool_directory，其預設值通常是：

```
mail_spool_directory = /var/mail
```

或：

```
mail_spool_directory = /var/spool/mail
```

以 jack 帳號來說，其信箱檔為 /var/mail/jack，檔案權限為：

```
-rw-rw----   1 jack mail 12250 2010-01-01 08:04 jack
```

也就是說：擁有者為 jack，群組為 mail；和 mail 同一群組者，對該檔均有讀取和寫入的權限。請注意，信箱檔的權限屬性必須正確才行，否則 local 程式將無法寫入郵件。

如果 mail_spool_directory 的設定值後面以「/」結尾，表示要改用 qmail 的 maildir 格式（該目錄必須自行手動開設）。

除了把信箱檔集中放在 mail spool 目錄之外，也可以放在個人的家目錄下。home_mailbox 可用來設定信箱檔的存放位置（預設值為空），該位置是相對於使用者的家目錄來說的，例如：

```
home_mailbox = Mailbox
```

此設定，local 會將郵件寫入 /home/使用者/Mailbox 這個檔案中。

如果 home_mailbox 的設定值以「/」結尾，則表示要改用 qmail 的 maildir 格式，用例如下：

```
home_mailbox = Maildir/
```

這樣，local 會將郵件以 maildir 的格式，寫入 /home/使用者/Mailbox/ 這個「目錄」下。

local 投遞本機郵件的優先順序，由高而低，依序會參考：

```
別名檔 aliases
.forward 檔
mailbox_transport_maps
mailbox_transport
mailbox_command_maps
mailbox_command
home_mailbox
mail_spool_directory
fallback_transport_maps
fallback_transport
luser_relay
```

換言之，若在 main.cf 中，若有設定 mailbox_command，也有設定 home_mailbox，那麼，由於 mailbox_command 的設定優先於 home_mailbox，因此，若兩者的設定有衝突，可能會造成 home_mailbox 的設定失效。在設定本機信箱時，要特別注意這一點。

local 投遞本機郵件的工作，也可以委託給其他外部程式（由 local 負責叫用執行），最常見的是 procmail。procmail 有自己的一套過濾語法，經常拿來過濾垃圾郵件或電腦病毒信件。

註解
13-2-1

procmail 的網址：http://www.procmail.org。

procmail 亦支援 mbox 和 maildir 這兩種信箱格式。

欲把投遞本機工作交給外部程式來處理，可在 mailbox_command 設定，用例如下：

```
mailbox_command = procmail -a "$EXTENSION"
```

這裡，設定 procmail 負責投遞郵件到本機信箱。

procmail 會先讀取 /etc/procmailrc 這個設定檔，再讀取使用者家目錄下的 .procmailrc。

上述 mailbox_command 的設定是全域的，也就是說，對全體使用者皆有效。若只想讓特定的使用者才能使用外部投遞程式，可在 mailbox_command_maps 設定，用例如下：

```
# 編改 main.cf，加入：
mailbox_command_maps = hash:/etc/postfix/mailboxcmdmap
```

這裡，設定可以使用外部投遞程式的使用者名單對照表為 /etc/postfix/mailboxcmdmap，請用 postmap 編譯該檔，再重新載入 Postfix。

/etc/postfix/mailboxcmdmap 的設定用例如下：

```
jack    procmail -a "$EXTENSION"
```

這裡，設定只有 jack 才用 procmail 來投遞郵件，其他人則仍然使用 local 程式。

雖然投遞工作可以委由外部程式來做，但仍脫離不了 local 程式的管轄範圍。換言之，此時郵件的傳輸方法（transport）仍是 local，其作用過程如圖 13-2-1：

圖 13-2-1：local 叫用外部程式負責投遞工作

13.3 mbox 的信箱格式

接下來，要說明投遞郵件存入 mbox 信箱後，信箱檔的組成格式。

◉ mbox 的格式

mbox 信箱是以單一的檔案存在，所有信件都儲存在信箱檔中。當 local 投遞程式將郵件寫入 mbox 時，會在信件開頭加上幾列表頭資訊。

第一列是信封表頭（envelope header），格式如下：

```
From 寄件者 時間戳記 可選用的註解
```

換言之，這一列就是用來識別 mbox 中某一封信件的開始。

接下來，local 會加上以下表頭：

```
Return-Path: 信封上寄件者位址
X-Original-To: 原收件者位址
Delivered-To: 最後投遞時收件者位址
```

接在上述資訊列之後，就是信件表頭（message header），包含各 MTA 在傳遞過程中所加上的收件記錄（以「Received:」開頭），以及信件表頭必要的欄位（From、To、Subject、Message-Id、Date）。接著空一列，後接信件內容（message body）。最後，再空一列，代表本封信在 mbox 檔中到此結束。

為了避免和識別信件開頭的「From」列搞混了，若在信件內容中，有資料列是以「From」開頭的，投遞程式會在該列最前面加上「>」字元。將來，POP/IMAP 伺服器在使用者取走信件時，會負責把該字元刪除。

如圖 13-3-1 是 mbox 信箱檔中的一封信件樣本，表頭資訊和信件內容的排列方式，如前述所言。

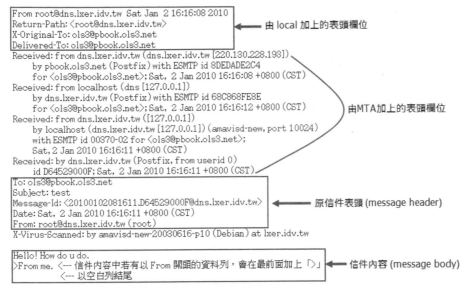

圖 13-3-1：mbox 的信箱格式

Postfix 鎖定檔案的方法

由於 mbox 是單一檔案，存取 mbox 時，會遇到鎖定檔案的問題。也就是說，若有多個行程同時寫入 mbox，可能會造成 mbox 損壞（稱為 corrupt）。解決之道，便是讓各行程遵守一項存取檔案的規定。具體的作法是：在開啟 mbox 後，執行鎖定檔案的動作，取用畢，解除鎖定，再關閉檔案。其他行程發現 mbox 被鎖定時，應稍事等候，俟解鎖完成，才來取用 mbox。換言之，各行程取用 mbox 時，應該是互斥的，一次只有一個行程操作 mbox。不過，這項規定僅是「建議」性質，並沒有強制性，若有行程不按規矩來，強制取用 mbox，也是無可奈何。這便是 mbox 格式最大的缺點。

Postfix 支援哪幾種鎖定檔案的方法，可使用以下指令查看：

```
postconf -l
```

一般而言，Postfix 應該都會支援 flock、fcntl、dotlock 等方法。flock 和 fcntl 是叫用系統函式來鎖定檔案，而 dotlock 則只是一種約定俗成的作法，和系統層級的函式庫無關。

所謂 dotlock，是在 mbox 所在目錄下，產生和 mbox 同名再加上「.lock」副檔名的檔案。以帳號 jack 為例，假設 mbox 檔在 /var/mail/jack，則其 dotlock 檔為 /var/mail/jack.lock。

dotlock 的運作方式如下：

Postfix 投遞郵件時，先查看 jack.lock 是否存在，若不存在，Postfix 就自行建立一個，以知會其他行程。其他行程若察覺這個 dotlock 檔存在，便停止開啟 mbox 的動作，進行等待。投遞作業結束後，Postfix 會刪除 jack.lock，以便讓其他等待中的行程，可接續取用 mbox。

使用 dotlock 時，須注意一點：收件者的身份（即 UID、GID），對 mbox 檔的上一層目錄，須擁有可寫入的權限才行，否則，dotlock 檔將無法寫入，投遞郵件時，會發生錯誤。

來做個實驗：

1. 首先，在 /var/mail 目錄下，建立一個 jack 的 dotlock 檔，操作如下：

    ```
    touch /var/mail/jack.lock
    cd /var/mail
    chown jack:mail jack.lock
    ```

2. 試寄一封信給 jack：

    ```
    mail jack
    ```

3. 查看佇列：

    ```
    postqueue -p
    ```

    結果發現：該郵件仍在 active 佇列中，local 尚未把它投遞出去（因佇列編號後接有 *）。如下所示：

    ```
    -Queue ID- --Size-- ----Arrival Time---- -Sender/Recipient-------
    36FA1DE2E7*     292 Mon Jan  4 04:11:33  root@pbook.ols3.net
                                             jack@pbook.ols3.net

    -- 0 Kbytes in 1 Request.
    ```

上述實驗，Postfix 發現 jack 的 dotlock 已存在，便停止投遞，原郵件則暫時停留在佇列中。隔一段時間之後（$stale_lock_time，預設值 500 秒），若該 dotlocak 檔仍然存在，Postfix 會先將它刪除，然後，恢復投遞作業，將郵件寫入 mbox 信箱。

Postfix 鎖定檔案的方法，可在 mailbox_delivery_lock 中定義。其預設值和所處的平台系統有關，通常，設定值如下：

```
mailbox_delivery_lock = fcntl, dotlock
```

請注意，這個設定項，僅對 mbox 格式才有效，對 maildir 則沒有任何作用，因為 maildir 格式使用數個不同的目錄存放信件檔，因此，沒有鎖定檔案的問題。

Postfix 還有一些和鎖定檔案有關的設定項，簡列如下：

- deliver_lock_attempts：

  用途：嘗試對 mbox 取得互斥型鎖定的次數。

  預設值：20 次。

- deliver_lock_delay：

  用途：嘗試對 mbox 取得互斥型鎖定的間隔時間。

  預設值：1 秒。

- stale_lock_time：

  用途：舊的互斥型鎖定檔多久之後會被移除。

  預設值：500 秒。

- virtual_mailbox_lock：

  用途：設定 virtual 投遞虛擬信箱時所使用的鎖定方法。

  預設值：和平台系統有關，通常是 fcntl。

13.4　分解 mbox 信箱檔

了解 mbox 信箱檔的格式之後，本節要介紹如何分解 mbox。我們的目標，是要把 mbox 分解成一封封的信件，然後，各別儲存起來。

具備這樣的能力，至少有以下好處：

1. 可刪除或修改已儲存在 mbox 中的信件。

2. 過濾不想要的信件，例如：垃圾郵件、電腦病毒信件。

3. 修復受損的 mbox 信箱檔。

這些，可是郵件系統管理者應具備的基本知能喔。:-)

範例 13-4-1 是筆者用 perl 撰寫的程式，可用來分解 mbox 信箱檔。若您對 perl 不熟，可參考筆者提供的入門講義，位址如下：

```
http://news.ols3.net/techdoc/old/perl_intro/
```

程式用法：

請將 mbox 信箱檔和 split_mail.pl 放在同一目錄下，假設信箱檔名為 jack，然後，執行以下指令：

```
01.  chmod +x split_mail.pl
02.  ./split_mail.pl jack
```

列 1，是給程式設定執行權，也可以執行 chmod 755 split_mail.pl，效果是一樣的。

列 2，程式後接信箱檔名 jack。分解出來的信件檔，會放在 /tmp/split_mail/jack 目錄下。

程式內容：

範例 13-4-1： split_mail.pl

```
01.  #! /usr/bin/perl
02.  # 程式用途:「分解 mbox 信箱檔」
03.  # 將 mbox 檔的每一封信分開存放，以數字為檔名，「.msg」為副檔名，
04.  # 放在 「/tmp/split_mail/mbox 檔名」 目錄下。
05.  #
06.  # 主程式區
07.  #
08.  # 變數要先宣告
09.  use strict;
10.
11.  # 顯示 title
12.  show_title();
13.
14.  # 要輸入一個參數
15.  if (($#ARGV+1) != 1) { usage(); }
16.
17.  # 參數即為 mbox 檔名
18.  my $msg_file=$ARGV[0];
19.
20.  # 開啟 mbox 檔
21.  open(FHD, "$msg_file") || die;
22.  flock(FHD, 2);
23.
24.  # 分解 mbox
25.  split_msg(\*FHD, $msg_file);
```

```
26.
27.    # 關檔
28.    flock(FHD, 8);
29.    close(FHD);
30.
31.    # 結束
32.    print "Done! Please check /tmp/split_mail/$msg_file\n";
33.
34.    #
35.    # 函式區
36.    #
37.    # 使用法說明
38.    sub usage {
39.      print "Usage: $0 mbox_file\n";
40.      exit;
41.    }
42.
43.    sub show_title {
44.      system("clear");
45.      print <<HERE;
46.    /*---------------------------------------------*/
47.    /* Split mbox v1.0.1          (GPL)            */
48.    /* Copyright (c) 2010 written by OLS3          */
49.    /*---------------------------------------------*/
50.    HERE
51.
52.    }
53.
54.    sub split_msg {
55.      # 取得傳入的 File handle：FHD
56.      my $fh = shift;
57.      # 取得傳入的 mbox 檔名，通常和使用者帳號同名
58.      my $user_id=shift;
59.      # 從 1 開始計數
60.      my $count=1;
61.      # 一開始視為第 1 封信
62.      my $s=1;
63.      # 預設的分隔欄
64.      my $bline='######';
65.      # 讀取信件各列資料，放入 $line
66.      my $line;
67.      # 信件第一列的樣式：From 寄件者 日期 選用註解
68.      my $msg_start='^From\s.*?@?.*?\s+?\w+\s+?\w+\s+?\d+\s+?\d+:\d+:\
d+\s+?\d+\.*?';
69.      # 信件檔名
70.      my $msg_name='';
71.      # 信件儲存位置的上層目錄
72.      my $tmp_updir = "/tmp/split_mbox";
73.      # 信件儲存位置
```

```
74.     my $tmp_dir = "$tmp_updir/$user_id/";
75.
76.     # 開啟必要的目錄
77.     if (! -e $tmp_updir) { mkdir $tmp_updir, 0777; }
78.     if (! -e $tmp_dir) { mkdir $tmp_dir, 0777; }
79.
80.     # 讀取信件內容
81.     while($line = <$fh>) {
82.
83.       # 處理第一封信件
84.       if ($s == 1) {
85.         # 組合成信件檔名
86.         $msg_name= $tmp_dir . $count . '.msg';
87.         open(FH, "> $msg_name")||die;
88.         $s=0;
89.       }
90.
91.       # 判斷是否已達下一封信的開頭
92.       if (($line =~ /$msg_start/) && !$bline) {
93.         # 若是，則關檔，結束寫入上一封信
94.         close(FH);
95.
96.         # 開檔，寫入下一封信
97.         $count++;
98.         $msg_name= $tmp_dir . $count . '.msg';
99.         open(FH, "> $msg_name")||die;
100.      }
101.
102.      # 備份已處理的資料列，存入 $bline
103.      $bline=$line;
104.      # 移去最後的換列字元
105.      chomp $bline;
106.
107.      # 寫入信件
108.      print FH $line || die;
109.    }
110.    close(FH);
111.  }
```

說明：

列 68，是這支程式最關鍵的地方。這裡使用 Perl 的正規表示式，建立信件第一列的樣式，用來比對以下格式：

```
From 寄件者 時間戳記 可選用的註解
```

列 92，讀進來的資料列儲存在 $line，用 $line 和樣式 $msg_start 比對，若比對成功，表示該列為某一封信的第一列（但同時必須檢查上一列是否為空白列（!$bline 若為真，表示 $bline 為空白列），這樣，信件的格式才算正確。

列 94，程式執行到這裡，表示已遇到下一封信的開頭列，因此關閉目前這一封信件檔。

列 97~99，開啟下一封信件檔。

列 108，將讀進來的資料列寫入信件檔中。

列 109，回到列 81，即迴圈開頭，繼續讀取下一列資料，直到所有 mbox 的內容都讀完為止。

範例 13-4-1 執行結果如圖 10-4-1 所示，mbox 檔已分解成一封封的信件。

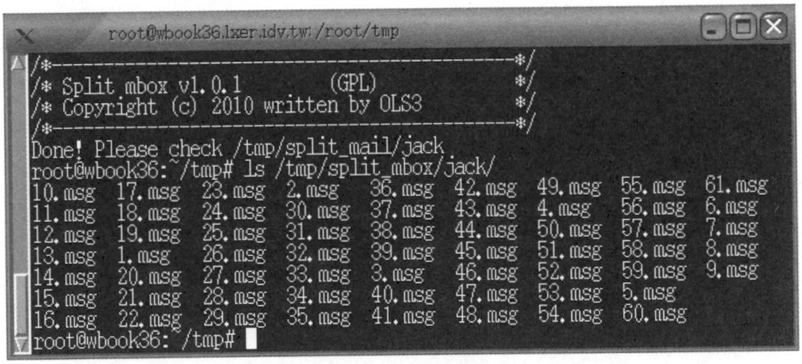

圖 13-4-1：執行 ./split_mail.pl jack 的結果

分解 mbox 的方法，如上所述，但如何將這些信件檔再組合回來，變成 mbox 信箱檔呢？其實 mbox 檔只是各封信件循序儲存在一起而已，因此，可利用 cat 指令，把各信件檔組合成 mbox。範例 10-4-2 是一支簡單的 bash shell 程式，就是利用 cat 來實作。用法如下：

首先觀察信件檔檔名最大的數字，以圖 10-4-1 為例，最大的檔名數字是 61。然後，把 makeup_mail.sh 和信件檔放在同一目錄下，執行以下指令：

```
chmod +x makeup_mail.sh
./makeup_mail.sh 61
```

makeup_mail.sh 的程式內容如下：

範例 13-4-2：makeup_mail.sh
```
01.   #! /bin/bash
02.   #
03.   # 設定區
04.   #
05.   # 設定 mbox 檔名，請自行修改
06.   mbox="jack"
07.
08.   #
09.   # 主程式區
10.   #
11.   # 檢查命令列是否有輸入最大的信件檔名數字？
12.   total=${1:?請輸入信件檔名最大數字}
13.
14.   # 刪除舊 mbox 檔
15.   if [ -f $mbox ]; then
16.      rm -f $mbox
17.   fi
18.
19.   # 組合信件，轉向附加，建立 mbox 檔
20.   for ((i=1; i<=total; i++))
21.   do
22.    cat $i.msg >> $mbox
23.   done
```

執行範例 13-4-2 之後，會在信件檔同一目錄下產生 mbox 檔 jack。該檔的格式是否仍然正確，可用以下指令驗證：

```
mail -f jack
```

這裡，執行 mail 指令，並用選項 -f 指定 mbox 檔為 jack，如此，便可觀看 jack 的內容。在 mail 執行畫面的第二列，會顯示信件的數目和讀取狀態，如下所示：

```
"jack": 61 messages 61 unread
```

這樣，我們就可據此來判斷 makeup_mail.sh 的執行結果是否正確了。

了解上述分解組合 mbox 的方法後，就可以運用此基礎方法來過濾 mbox 中的信件。這裡，筆者提供一支範本程式，唯限於篇幅的關係，不列於此處，請自行參考本書所附程式 filter_mail.pl。

13.5 maildir 信箱格式

在 13.3 節已提及 mbox 格式最大的缺點便是鎖定檔案的問題,為了改善傳統 mbox 的缺失,qmail 的作者開發了 maildir 的信箱格式。使用 maildir 格式最大的中心思想,就是:「不必鎖定檔案」。雖然 maildir 是 qmail 創立的,但目前許多郵件系統都有支援,包括 Postfix。

maildir 格式用不同的目錄儲存郵件,每一封信都存放在特定的目錄之下,且檔案名稱是唯一的。這樣做的好處是:取用信件時可不受其他操作的影響。例如:當新郵件投遞進來時,同一時間,MUA(Mail User Agent)仍可讀寫或刪除其他信件。maildir 運用在 NFS(Network File System)這種分享的系統中,也十分穩定可靠。

欲使用 maildir 格式,應在 Postfix 的 main.cf 中對 mail_spool_directory 或 home_mailbox 做設定(筆者偏好後者)。請參考 13.2 節的說明。

以下是在使用者家目錄下,設定 maildir 的方法:

```
home_mailbox = Maildir/
```

如此,Postfix 的投遞程式便會將信件存入「/home/使用者帳號/Maildir」目錄。

maildir 格式建立的目錄結構有三:

tmp/	暫存區
new/	新信區
cur/	已讀區

投遞程式存入信件時,會先在 tmp 目錄裡建立暫存檔,俟整個檔案寫入完成後,便將信件檔移入 new 目錄中。換言之,新的信件最後都會放入 new 目錄。使用者利用 MUA 取用 new 中的信件時,投遞程式仍可不斷地在 tmp 目錄寫入信件,彼此不受影響。使用者讀過的信件,則移入 cur/ 目錄中。

maildir 的信件檔名是唯一的,由三種字串組成,其格式如下:

```
時間.識別碼.主機名稱
```

這三個字串格式，說明於下：

- 時間：寫入信件的時間。通常是由 1900/01/01 起算所經過的秒數，例如 1262875688。

- 識別碼：投遞程式的識別字串。不同的投遞程式行程，會產生不同的識別碼，例如 V302I34bf7aM226714。

- 主機名稱：例如 pbook.ols3.net。若 maildir 在同一部主機中，主機名稱唯一；若 maildir 是在 NFS 系統中，在存入郵件時，使用 client 端的主機名稱。

以下是在 new 目錄中兩個信件檔名的例子：

```
1262862240.V302I34bf75M831423.pbook.ols3.net
1262875688.V302I34bf7aM226714.pbook.ols3.net
```

MUA 取用信件後，由於對信件有多種不同的操作，因此，在將信件由 new 目錄移入 cur 目錄時，會在信件檔名後面加上狀態字串，格式如下：

```
信件檔名:狀態字串
```

狀態字串的語法有兩個：

1. 訊息。

2. 旗標。

第一個屬實驗用的語法，大部份的信件使用第二個語法。

第二個語法的旗標由單一字元組成，代表 MUA 對信件所做的各種操作，列示如下：

旗標字元	取字原意	意義
P	passed	已重傳、轉寄、或退信給某人。
R	replied	已回信。
S	seen	已讀取。
T	trashed	信件已移入垃圾桶。
D	draft	這封信是草稿。
F	flagged	使用者自訂的旗標，例如：切換垃圾郵件的標記。

旗標可以由多個字元組成，但要按字母的順序，由左而右排列。

以下是 cur 目錄中兩個信件檔名的例子：

```
1261472438.V302I34bf6bM210915.pbook.ols3.net:2,S
1260515173.V302I34bf61M815006.pbook.ols3.net:2,RS
```

第一個信件檔名，「2,S」代表這封信已讀過了。第二個信件檔名，「2,RS」代表
示這封信已讀過，且已回信給對方。

13.6　自動回覆信件

◎ 關於自動回覆

本機郵件投入使用者信箱，常見的一個應用需求就是：系統能否幫我們自動回覆
信件給對方？例如，告知對方確認信已收到、或者目前正在出差休假、或者目前
因故無法立即回覆、或者自動傳回某事的注意事項等等，用途非常廣泛。

這裡筆者要介紹的是 vacation。vacation 是一支非常老牌子的自動回覆信件的程
式，原始設計者正是 Sendmail 的作者 Eric Allman 先生，Debian Linux 版本的維
護者則是 Marco d'Itri 先生 <md@linux.it>。

vacation 的作用原理，其實也是利用 .forward 檔的運作機制。

◎ vacation 架設法

vacation 的安裝設定很簡單，說明如下：

1. 安裝：

```
apt-get update
apt-get install vacation
```

2. 初始化 vacation：

請執行：

```
vacation -i
```

3. 設定：

以帳號 jack 為例。

首先，在 /home/jack 的家目錄中，編輯 .forward 檔，內容如下：

```
\jack, "|/usr/bin/vacation -a techman jack"
```

\jack 是把郵件按正常方式收下、投遞給 jack。

"|/usr/bin/vacation -a techman jack"是透過管線將郵件交給外部程式 vacation 處理，其中，選項 -a techman 的意思是說 techman 是 jack 的別名，意即把 techman 也當成和 jack 一樣對待，郵件的收件記錄視為相同。

4. 編輯自動回覆信件的樣本檔：

在 /home/jack 家目錄下編輯檔案 .vacation.msg，範例內容如下：

```
From: jack@pbook.ols3.net (techman)
Subject: 不好意思，我正在休假中。
Delivered-By-The-Graces-Of: The Vacation program
Precedence: bulk

您好，本人此刻正在東京休假中，大約本月 22 日才會回到台灣。
若您有急事，請聯絡本公司 Mary 小姐 <mary@pbook.ols3.net>。

--jack 敬上
```

完成以上步驟後，就可以寄一封信測試看看囉。

另外，vacation 還有支援一些選項用法，如下所示：

表 13-6-1：vacation 的選項

-i	初始化 .vacation.db，第一次使用 vacation 時，請先做此動作一次（vacation -i）。
-r	指定回信的區間。不指定的話，預設是一周的時間。在回信的區間內，vacation 不會再重複地自動回信。
-l	列出 .vacation.db 檔的內容。它會顯示來信者的郵件位址和發信的日期時間。
-x	由標準輸入讀取郵件位址，然後把這些郵址加入到 .vacation.db 中，加入其中的郵址，vacation 會予以排除，不再回信。
-a	設定別名。
-d	將郵件顯示在標準錯誤，而不是在記錄檔。
-f dbfile	另外指定 dbfile 當作 .vacation.db。dbfile 檔名請自訂。
-m msgfile	另外指定 msgfile 為回覆信件的範本檔，而不是 .vacation.msg。
-j	即使收件的郵址未出現在 To: 和 CC: 欄位中，仍然自動回覆信件。本選項有點危險，要小心使用。
-z	將回覆郵件的信封寄件者位址設為「＜＞」。

下載信包系統

了解投遞郵件的過程以及箱信格式之後，本章要介紹的是，提供給使用者由遠端下載信包的服務系統。

14.1　POP 和 IMAP

在第 13 章一開始，筆者曾說明過，「使用者下載信包」的功能，並非 MTA 的職責，這等取信的功能，須由其他系統提供才行。通常郵件系統管理員會在 MTA 主機，再架設一套下載信包的系統，以方便使用者取走信件。這兩種系統各有分工：MTA 負責收信、轉信；下載信包系統，則僅供使用者單向取信，使用者若欲寄出郵件，仍然要傳遞給 MTA，由 MTA 幫忙轉送。圖 14-1-1 是 MTA 投遞程式、信箱、下載信包系統、和 MUA 四者之間協同運作的關係圖，投遞程式將郵件存入信箱之後，MTA 的工作就結束了，接下來，就靜待使用者取走信件。

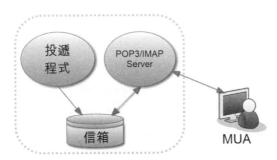

圖 14-1-1：投遞程式、信箱、下載信包系統、MUA 四者之間的關係

早期使用者欲取得信件，得要自己登入郵件主機，在 shell 環境下，使用 MUA 直接讀取信包，這種方式稱為「在線」讀信（online）。可以想見，這種方式實在不方便，使用者總是希望能在自己的 PC 上操作信件，因此，後來有了下載信包

系統，讓使用者可以直接用 MUA 遠端取信，而不必登入郵件主機，此種取信方式，稱為「離線」讀信（offline）。

下載信包系統常用兩種協定：POP 以及 IMAP，兩者均採用 Client-Server 的架構。如圖 14-1-1 所示，使用者用 MUA 和 POP/IMAP Server 連接，此時，MUA 便是 POP/IMAP 的 Client 端，稱為 POP Client 或 IMAP Client。

POP 是「Post Office Protocol」的簡稱，它是一個供使用者離線下載信包的協定，使用的連線通道是 110 埠（port）。目前流行的 POP 協定版本定義在 RFC1939，稱為 POP Version 3，簡稱為 POP3。後來，POP3 還有擴充規範，定義在 RFC 2449。IMAP 是「Internet Message Access Protocol」的簡稱，定義在 RFC 3501，目前的版本是 IMAP4rev1，IMAP 使用的連線通道是 143 埠。

POP 的工作方式是讓使用者把整個信包下載帶走，然後刪除郵件主機上的信件。這種方式的缺點是，若信包檔很大下載便極耗時間，而且，使用者只能在一個連線地點觀看下載的信件。雖然後來大多數 MUA 在下載信包時，可以選擇在伺服端保留信包不刪除，但仍無法改善傳輸效能的問題，而且，POP 只支援一個信箱，無法操作多個郵件目錄，若多個使用者同時取用同一個信箱，便會出現問題，在今日移動通訊逐漸發達的時代，個人擁有 PC、小筆電、手機等多項可操作郵件的設備已是常態，POP 顯然已無法滿足使用者的需求。

IMAP 改善了 POP 的缺點。IMAP 將信包儲存在郵件主機這一端，使用者可在不同的連線地點操作。IMAP 了解郵件的結構，支援 MIME，Client 端因此可免去解析郵件的繁雜工作。IMAP Client 端可選擇只取用信件的某一部份，例如只讀取信件表頭（message header），因此下載信件的速度很快。IMAP 支援多個郵件目錄，可供多個使用者同時取用同一個信箱，若某一個使用者刪除了一封信件，IMAP Server 會主動告知其他 IMAP Client 更新異動。IMAP 還支援一種稱為「斷線模式」的運作方式，其作用過程如下：當 IMAP Client 和 Server 端連接時，會同步更新郵件資訊，然後，IMAP Client 就斷線了，其後，使用者在已斷線的 IMAP Client 操作郵件，當下次再和 IMAP Server 連線時，IMAP Client 就會和 Server 端再次同步更新郵件資訊。

雖然 POP 的功能不像 IMAP 那麼全面，但 POP 協定比較簡單，支援的軟體較多；相對地，IMAP 功能強大，但協定較為複雜，支援的軟體較少，但已逐漸成為主流。其實，IMAP 比較像現在流行的雲端儲存的概念。

以下是 POP 和 IMAP 的比較表：

POP	IMAP
POP 協定（Post Office Protocol）	IMAP 協定（Internet Message Access Protocol）
協定較簡單。	協定較複雜。
支援軟體較多。	支援軟體較少，但已逐漸增加，漸成主流。
由 Server 端下載信包，刪除郵件主機上的信件。（但可在 MUA 中設定保留 POP3 Server 中的郵件）	信件儲存在 Server 端，不刪除。Client 端可快取信件主旨等資訊。
下載速度慢。	下載速度快。
已下載之信件僅供單一連線地點觀看。	可在不同的連線地點操作。
不介入解析郵件。	了解郵件結構、支援 MIME。
由 POP Client 端解析郵件。	由 IMAP Server 端解析郵件。
單向溝通。	雙向溝通，Server 亦會主動向 Client 端發出訊息。
只支援單一信箱。	支援多個郵件目錄。
一次只允許一個使用者取用同一信箱。	可供多個使用者同時取用同一信箱。
不支援斷線模式、同步更新。	支援斷線模式、同步更新。

這裡筆者列舉幾個常見的下載信包系統，如下表所示：

名稱	支援的信箱格式	支援的協定	網址
popa3d	mbox	POP3	http://www.openwall.com/popa3d/
akpop3d	mbox	POP3	http://www.synflood.at/akpop3d.html
Dovecot	mbox、maildir	POP3、IMAP	http://www.dovecot.org/
Citadel	群組軟體	POP3、IMAP	http://www.citadel.org/
Courier	mbox、maildir	POP3、IMAP	http://www.courier-mta.org/
Cyrus	Cyrus 專屬格式	POP3、IMAP	http://cyrusimap.web.cmu.edu/
Qpopper	mbox	POP3	http://www.eudora.com/products/unsupported/qpopper/
UWIMAP	mbox、mail folder	POP3、IMAP	http://www.washington.edu/imap/

簡略說明如下：

- popa3d 是一支極小的 POP3 伺服程式，以安全為主要開發目標，安裝非常簡單。

- akpop3d 也是一支極小的 POP3 伺服程式,和 popa3d 類似,強調簡單安全,而且 akpop3d 內建支援 SSL。自 OpenBSD 5.5 版開始,akpop3d 取代了 popa3d。

- Dovecot 是另一款以安全為主要考量的郵件系統,執行速度快、設定容易、記憶體用量非常少。筆者強烈推薦。

- Citadel 是一款多功能、整合式的郵件群組軟體,支援 POP3、IMAP,也支援 ESMTP。可和 SpamAssassin、ClamAV 搭配使用。

- Courier 是一個整合 MTA、POP3、IMAP、Webmail、Mailling List 等服務的郵件系統,以 GPL 授權。

- Cyrus 是美國梅隆大學開發的,使用封閉的信箱格式,Postfix 須以 LMTP 協定,才能投遞信件。

- Qpopper 是老牌子的 POP3 Server,也是以安全性為開發目標。不過自 2011 年 4.1 版推出之後,再也沒有更新版本。筆者不建議使用。自 Debian 7 Wheezy 版開始,已不再包含 qpopper 這個套件。

- UMIMAP 是美國華盛頓大學開發的,內含 pop2d、pop3d、imapd 三支伺服程式。UMIMAP 的安全記錄不佳,筆者不推薦使用。自 Debian 7 Wheezy 版開始,已不再包含 imapd 這個套件。

接下來兩節,介紹 popa3d/akpop3d 和 Dovecot 的架設方法。至於其他系統,限於篇幅的關係,只能割愛了。

14.2 架設 POP3 Server:popa3d/akpop3d

● 關於 popa3d

popa3d 是一款極小型的 POP3 系統,以安全為主要開發訴求。popa3d 的授權非常寬鬆,只要保持版權聲明即可,要用它來做什麼都可以。popa3d 在 OpenBSD 3.0 ~5.4 版為內建的軟體,而且是 Owl(http://www.openwall.com/Owl/)、Slackware Linux 預設使用的 POP3 Server,也包含在許多著名的 Linux 套件中,例如:Debian、Gentoo、ArchLinux、ASPLinux 等等。和 popa3d 類似的還有 akpop3d,也是不錯的選擇。

架設 popa3d

以下是架設 popa3d 的方法：

1.　在 Debian Linux 中架設 popa3d：

　　預設方法

　　1.　安裝：

```
apt-get update
apt-get install popa3d
```

　　2.　執行：

　　　　只要安裝完成，popa3d 就會自動執行。popa3d 會讀取 /var/mail 或 /var/spool/mail 目錄下的信包。

　　　　以下指令可查看 popa3d 開啟的連線通道：

```
root@pbook:~# netstat -aunt | grep 110
tcp        0      0 0.0.0.0:110             0.0.0.0:*              LISTEN
```

　　　　若要操控 popa3d，可執行：

/etc/init.d/popa3d start	啟動
/etc/init.d/popa3d stop	停止
/etc/init.d/popa3d restart	重新啟動

上述方法，預設以 standalone 的模式運行，欲知運作狀態，可查看記錄檔 /var/log/daemon.log。若欲改用 inetd 或 xinetd 的方式來執行，也是可以，但效能較差，筆者並不推薦。

inetd 的設定方法

1.　編輯 /etc/inetd.conf，加入：

```
pop3    stream tcp    nowait root    /usr/sbin/tcpd /usr/sbin/popa3d
```

2.　啟用前要先安裝 openbsd-inetd：

```
apt-get install openbsd-inetd
```

3. 執行：

```
/etc/init.d/openbsd-inetd start
```

xinetd 的設定方法

1. 編輯 /etc/xinetd.d/pop3，加入：

```
service pop-3
{
        disable = no
        socket_type             = stream
        protocol                = tcp
        wait                    = no
        user                    = root
        server                  = /usr/sbin/popa3d
}
```

2. 啟用前要先安裝 xinetd：

```
apt-get install xinetd
```

3. 執行：

```
/etc/init.d/xinetd start
```

2. 使用原始碼編譯安裝：

1. 解壓

```
tar xvzf popa3d-1.0.2.tar.gz
cd popa3d-1.0.2
```

2. 選擇合用的授權方法（通常可以省略不做）：

```
vi params.h
```

3. 若使用 PAM 認證帳號密碼（例如 Linux 系統），則要把 -lpam 選項打開：

```
vi Makefile
```

把 「#LIBS += -lpam」改成「LIBS += -lpam」

4. 編譯：

```
make
```

5. 開設須要的群組和使用者：

```
groupadd popa3d
useradd -g popa3d -d /dev/null -s /dev/null popa3d
```

6. 開設一目錄供 popa3d 可以 chroot 進入該目錄：

```
mkdir -m 755 /var/empty
```

7. 安裝：

```
make install
```

8. 執行：

可以選用 inetd 或 xinetd 的方式叫用 popa3d，設定法同前述在 Debian 中運用 inetd、xinetd 的方法。若欲以 standalone 的模式運行 popa3d，只要執行以下指令即可：

```
/usr/sbin/popa3d -D
```

其中，選項 -D 表示 popa3d 是以 standalone 的模式運行。

若欲知 popa3d 的版本編號，可執行：

```
popa3d -V。
```

安全事項

關於 popa3d 在安全方面的維護工作，筆者有以下兩點建議：

1. POP3S：

POP3 通道本身並沒有加密，不過，我們可以使用 SSL tunnel 技術，讓 POP3 可以在 SSL 加密的隧道中執行，此即所謂的 POP3S（POP3 over SSL）。

做法很簡單：

1. 首先安裝 stunnel：

```
apt-get update
apt-get install stunnel4
```

2. 設定 stunnel：

- 打開預設啟用 stunnel 的選項：

```
# 編輯 /etc/default/stunnel4，把 ENABLED=0 改成 ENABLED=1
ENABLED=1
```

- 建立 stunnel 的設定檔：

```
cd /etc/stunnel
cp /usr/share/doc/stunnel4/examples/stunnel.conf-sample stunnel.conf
```

- 設定 stunnel.conf：

```
# 主機憑證檔
cert = /usr/local/etc/postfix/mycert.pem
# 主機憑證私鑰檔
key = /usr/local/etc/postfix/mykey.pem

# 使用 995 埠做為 SSL 加密隧道的連接埠
[pop3s]
accept  = 995
connect = 110
```

關於如何建立主機憑證檔和私鑰檔，將在下一章說明。

3. 啟動 stunnel：

```
service stunnel4 start
```

檢查 995 埠是否已開啟：

```
root@pbook:/etc/stunnel# netstat -aunt | grep 995
tcp        0      0 0.0.0.0:995          0.0.0.0:*          LISTEN
```

如果出現上面的結果，表示 stunnel 已啟用成功。

4. 用戶端 MUA 改用 POP3S 取信：

以 Thunderbird 為例，請由「帳號設定」->「伺服器設定」->「安全設定」->將「連線安全性」改成「SSL/TSL」，「認證方式」改成普通密碼，如圖 14-2-1 所示。

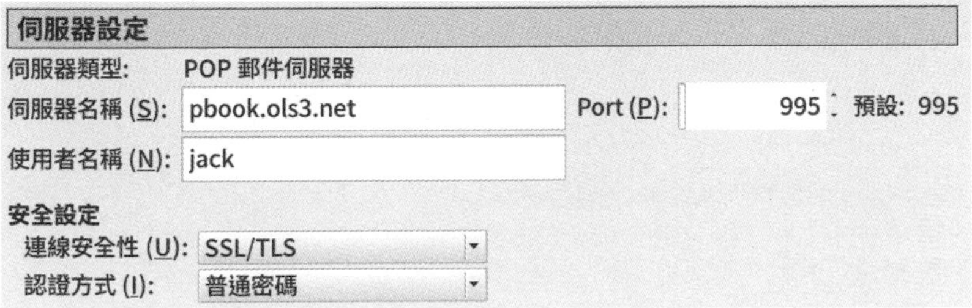

伺服器設定

伺服器類型：	POP 郵件伺服器

伺服器名稱 (<u>S</u>):	pbook.ols3.net	Port (<u>P</u>):　　　995 ﹕ 預設: 995
使用者名稱 (<u>N</u>):	jack	

安全設定

連線安全性 (<u>U</u>):	SSL/TLS
認證方式 (<u>I</u>):	普通密碼

圖 14-2-1：設定 POP3S，使用 995 埠。

接著它會出現新增安全例外的畫面，此時，只要點按「確認安全例外」即可。

2. 使用防火牆保護：

筆者建議，利用防火牆保護通訊埠 110 以及 995，只限授權的 IP 來源才可以連接，這樣會更加安全。

以下是使用 iptables 限制 POP3 通訊埠的作法，本例中，只有 C class 192.168.1.0/24 的 IP 以及 Server 本機，才可以連接 110 埠和 995 埠。

```
IPTABLES="/sbin/iptables"
# 授權 192.168.1.0/24 可以連接 110 埠
$IPTABLES -A INPUT -p tcp -s 192.168.1.0/24 --dport 110 -j ACCEPT
# POP3 Server 本機可以連接 110 埠
$IPTABLES -A INPUT -p tcp -s 127.0.0.1 --dport 110 -j ACCEPT
# 擋掉其他來源位址，不可連接 110 埠
$IPTABLES -A INPUT -p tcp --dport 110 -j DROP

# 授權 192.168.1.0/24 可以連接 995 埠
$IPTABLES -A INPUT -p tcp -s 192.168.1.0/24 --dport 995 -j ACCEPT
$IPTABLES -A INPUT -p tcp -s 127.0.0.1 --dport 995 -j ACCEPT
$IPTABLES -A INPUT -p tcp --dport 995 -j DROP
```

關於 akpop3d

akpop3d 也是一支小而美、訴求簡單安全的 POP3 伺服程式，比 pop3ad 有更強的功能，即 akpop3d 內建支援 SSL。也許是此一緣故，自 OpenBSD 5.5 版開始，akpop3d 取代了 popa3d。akpop3d 的網址在：http://synflood.at/akpop3d.html。

◉ 架設 akpop3d

1. 下載：

```
wget http://synflood.at/akpop3d/akpop3d-0.7.7.tar.bz2
tar xvjf akpop3d-0.7.7.tar.bz2
cd akpop3d-0.7.7
```

2. 編譯安裝：

```
./configure
make
make install
```

它會把主程式安裝在 /usr/local/sbin/akpop3d。

3. 設定：

```
# 建立 akpop3d 的設定檔目錄
mkdir /etc/akpop3d
# 把站台的憑證檔和金鑰檔拷貝放入
cp /etc/postfix/certs/pbook-cert.pem cert.pem
cp /etc/postfix/certs/pbook-key.pem key.pem
```

akpop3d 預設的憑證檔名為 cert.pem，私鑰檔名為 key.pem，若不是採用這兩個名稱，則必須在執行時使用選項「-c 憑證檔」和「-k 私鑰檔」分別指定憑證和金鑰檔的檔名。

4. 建立系統帳號 akpop3d：

```
adduser \
  --system \
  --shell /bin/false \
  --gecos 'system account' \
  --group \
  --disabled-password \
  --home /nonexistent \
  --no-create-home \
  akpop3d
```

5. 執行：

- 方式一、使用 POP3 Server：

  ```
  akpop3d -d
  ```

  選項 -d 是指以 daemon 的方式在背景執行之意。

- 方式二、使用 POP3S Server：

```
akpop3d -d -s
```

選項 -s 是指啟用 SSL 的功能，即啟用 POP3S 協定。它會在 995 埠開啟 SSL/TLS 的加密通道。

6. 維護管理：

- 停止執行：pkill akpop3d。

- 重新啟動：pkill -HUP akpop3d。

- 啟動：akpop3d -d 或 akpop3d -d -s。

架設 akpop3d 就是這麼簡單，您何不馬上試試看呢？！

14.3 架設 IMAP Server：使用 Dovecot 套件

◉ 關於 Dovecot

Dovecot 是一款在 UNIX-like 系統運行的 IMAP、POP3 伺服軟體，使用開放原始碼授權（多種授權混合），網址在：http://www.dovecot.org/。

Dovecot 非常注重安全（註 14-3-1），對大型或小型的郵件系統，都十分合用。Dovecot 執行速度很快，易於設定和維護，所需的記憶體用量非常少。

除此之外，Dovecot 還有以下特點：

- 完整支援 IMAP、POP3 協定，也支援 IPv6、SSL 和 TLS。

- 支援 mbox 和 maildir 兩種信箱格式。Dovecot 會自行對 mbox 做索引，可加快處理速度，而且仍能和 mbox 格式保持相容。

- 和 IMAP 標準相容。自 1.1 版開始，Dovecot 已通過 IMAP 的相容測試（http://imapwiki.org/ImapTest/ServerStatus）。

- 維護方式十分友善，一般的錯誤訊息易於了解，若有臭蟲，都會迅速改善。

- 允許多個行程同時讀寫同一信箱或索引，而且仍能保有效能。可在 NFS 或叢集系統運行。

- 支援多種安全認證機制。

- Postfix 2.3 版以後，可直接使用 Dovecot 的 SMTP 授權後台（SMTP authentication backend），不需再借助其他軟體。

- 欲由其他 IMAP、POP3 Server 轉移到 Dovecot 來使用也很容易。

- Dovecot 具擴展功能，運用 Plugin 機制，可增加或修改現有的功能。

註解
14-3-1

Dovecot 的作者正在網站上懸賞 1000 歐元，給第一個發現 Dovecot 有遠程安全漏洞的人（a remotely exploitable security hole）。

在 OB2D/Debian Linux 中架設 Dovecot

在 OB2D/Debian 7（Wheezy）中安裝 Dovecot 真是超級簡單，只要安裝好了，不用設定，馬上就可以使用。

1. 安裝 dovecot 套件：

```
apt-get update
apt-get install dovecot-imapd
```

預設會把 dovecot-core 也一併安裝進來。安裝畢，立即啟動 dovecot，您可用 ps auxw | grep dovecot 查看記憶體中是否有 dovecot 的行程，正常情況如下：

```
root     20954 0.0  0.0   2892    972 ?    Ss   16:09   0:00 /usr/sbin/dovecot
-c /etc/dovecot/dovecot.conf
dovecot  20958 0.0  0.0   2620    984 ?    S    16:09   0:00 dovecot/anvil
root     20959 0.0  0.0   2620   1108 ?    S    16:09   0:00 dovecot/log
root     20962 0.0  0.1   4348   2576 ?    S    16:09   0:00 dovecot/config
```

使用 netstat -aunt | grep 143 查看 IMAP 的通道 143 是否已開啟，正常情況如下：

```
tcp       0      0 0.0.0.0:143            0.0.0.0:*              LISTEN
tcp6      0      0 :::143                 :::*                   LISTEN
```

使用 netstat -aunt | grep 993 查看 IMAPS 的通道 993 是否已開啟，正常情況如下：

```
tcp       0      0 0.0.0.0:993            0.0.0.0:*              LISTEN
tcp6      0      0 :::993                 :::*                   LISTEN
```

993 埠是 IMAPS 加密協定的通訊埠，Debian 7 安裝 Devecot 時，會連同站台憑證及加密私鑰都設定妥當，馬上就可以使用。

2.　測試：

接下來，您就可以用支援 IMAP 的 MUA 軟體來測試 dovecot 囉，筆者推薦 Mozilla 基金會開發的 Thunderbird，用法如下：

1.　執行 Thunderbird。

2.　設定 IMAP 帳號：

由功能表中的「編輯」->「帳號設定」->「帳號操作」->「新增電子郵件帳號」->填入大名、電子郵件位址、密碼->「繼續」->「完成」。它會自動偵測 Dovecot 伺服器提供的協定，預設應該會選用：IMAP、STARTTLS。如圖 14-3-1。

STARTTLS 的意思是說，Client 端和 IMAP 連接時，一開始雖不是安全的加密通道，但雙方會嘗試用 TLS 協定溝通，將原通道提升為安全加密的連線。這種方式使用的通訊埠不會改變，以 IMAP 而言，仍然是使用 143 埠。

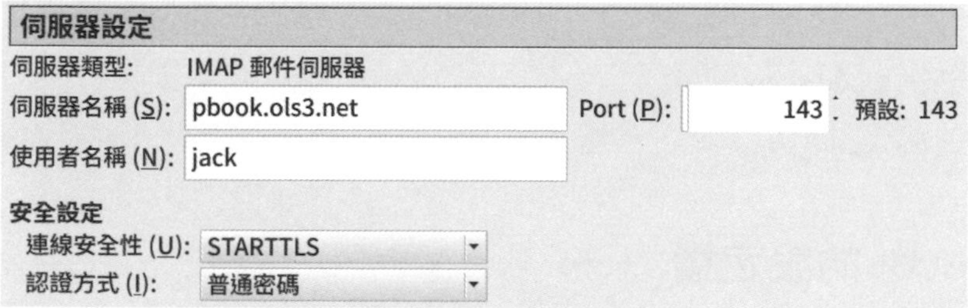

伺服器設定

伺服器類型：	IMAP 郵件伺服器		
伺服器名稱 (S)：	pbook.ols3.net	Port (P)： 143	預設：143
使用者名稱 (N)：	jack		

安全設定

連線安全性 (U)：	STARTTLS
認證方式 (I)：	普通密碼

圖 14-3-1：使用 IMAP 登入 Dovecot Server。

3.　點按「下載郵件」的功能表按鈕，即可開始下載信件。

4.　也可以在「伺服器設定」中，改用 IMAPS 和 Dovecot 連接，只要「連線安全性」選用「SSL/TLS」，認證方式選「普通密碼」即可，如圖 14-3-2。

IMAPS 即是「IMAP over SSL」的簡稱，連線雙方一開始即以安全加密的通道連接（993 埠），再由 Server 端將傳輸內容轉入本機中沒有加密的 143 埠。

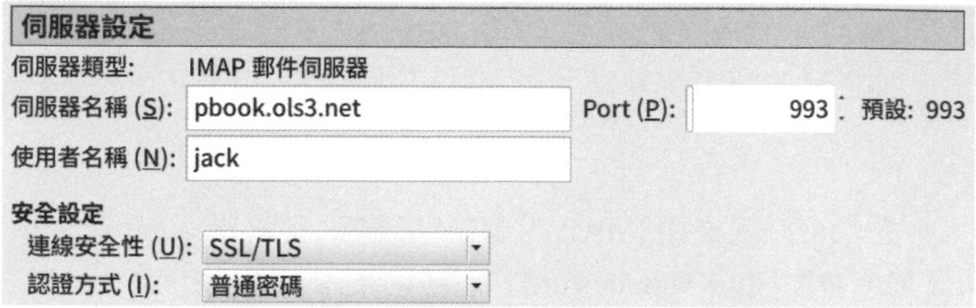

圖 14-3-2：使用 IMAPS 登入 Dovecot Server。

3. 注意事項：

架設 Dovecot 的過程中，要注意一點：如果 mail.log 出現以下訊息，表示 dovecot 的權限有問題，原因是 dovecot 和 mail 不在同一群組，dovecot 對 /var/mail 目錄下的信包檔沒有寫入權：

```
Error: file_dotlock_create(/var/mail/jack) failed: Permission denied
missing +w perm: /var/mail, we're not in group 8(mail), dir owned by 0:8
mode=0775) (set mail_privileged_group=mail)
```

此時，請編輯 /etc/dovecot/conf.d/10-mail.conf，將 mail_privileged_group 的群組設為 mail：

```
mail_privileged_group = mail
```

再重新啟動 dovecot 即可：

```
service dovecot restart
```

Dovecot 的設定檔

dovecot 的設定檔目錄在 /etc/dovecot，主設定檔為 dovecot.conf，不過，並不建議直接修改這個檔案，Dovecot 的設定檔採模組化架構，若要調整 dovecot 的設定，請修改 /etc/dovecot/conf.d 目錄下的檔案。

dovecot 的設定風格比較獨特，凡是寫在設定檔中的選項即為預設值，即使設定項已使用「#」註解掉了，預設值也不會改變。欲變更設定項的值，須明確修改才行。例如：在 10-ssl.conf 中，ssl 設定項是記為：

```
#ssl = yes
```

這表示 ssl 的預設值是 yes，即使該列左方有註解符號「#」亦然。

欲查看某一設定項的現況值，可利用 doveconf 這支程式，作法如下：

```
doveconf -a 設定項名稱
```

用例：

```
root@pbook:~# doveconf -a ssl
ssl = yes
```

用例：

```
root@pbook:~# doveconf -a mail_privileged_group
mail_privileged_group = mail
```

如果要查看設定項的預設值，可改用選項「-d」，例如：

```
root@pbook:~# doveconf -d mail_privileged_group
mail_privileged_group =
```

如果要查看設定項擴展的內容，請改用選項「-x」，例如：

```
root@pbook:~# doveconf -x ssl_cert
```

它會把 ssl_cert 指向的憑證檔的內容全數顯示出來。

如果 doveconf 後面不接設定項名稱，則會印出全部的設定項：

- doveconf -a：顯示全部設定項的現況值。

- doveconf -d：顯示全部設定項的預設值。

- doveconf -x：顯示全部設定項的現況值，並將內容展開。

- doveconf -n：只顯示非預設值的設定項。和執行 dovecot -n 效果相同。

另外，以下是常用的指令：

1. dovecot --version：顯示 dovecot 的版本編號。

2. dovecot --build-options：顯示 dovecot 編譯時使用的選項。

◉ 核心設定檔

Debian Linux 所附的 dovecot 套件，啟用協定的設定檔在 /usr/share/dovecot/
protocols.d 目錄，其中，imapd.protocol 的內容如下：

```
protocols = $protocols imap
```

pop3d.protocol 的內容如下：

```
protocols = $protocols pop3
```

若欲關閉 pop3 協定，只要把 pop3d.protocol 移除之後，再重新啟動 dovecot 即可。

若 dovecot 是編譯原始碼的版本，則只要直接編輯 /usr/local/etc/dovecot.conf，修改以下這列即可：

```
#protocols = imap pop3 lmtp
```

您可以執行「dovecont -d protocols」來查看預設開啟的協定，然後執行「dovecont protocols」查看目前的設定。

以下列舉部份 /etc/dovecot/conf.d 的核心設定檔加以說明：

1.　10-auth.conf：設定認證機制。

   ```
   #disable_plaintext_auth = yes
   auth_mechanisms = plain login
   ```

   說明：

   列 1，使用者登入 IMAP Server 時，除非在 SSL/TLS 啟用的情況下，否則不可以使用「明碼」的方式傳輸密碼。

   列 2，設定認證的機制，plain 和 login 都代表使用明碼。加入 login 是為了讓 Outlook 的用戶可以使用 SMTP 授權。

   使用「明碼」傳輸是很不安全的，不過，由於 dovecot 預設已啟用 TLS，使用者連接 dovecot 時，連線雙方是在安全的加密通道之中傳輸，因此，就算使用明碼也沒有關係，例如以下連線記錄檔的訊息：

   ```
   Aug 14 17:16:33 pbook dovecot: imap-login: Login: user=<jack>,
   method=PLAIN, rip=192.168.1.115, lip=220.130.228.194, mpid=10721, TLS,
   session=<rhNZXJMAXQDcguQe>
   ```

   請注意關鍵字：「TLS, session=<rhNZXJMAXQDcguQe>」這表示登入時確實是在 TLS 的連線通道之中。

2. 10-mail：設定信箱位置和使用的格式。

```
mail_location = mbox:~/mail:INBOX=/var/mail/%u
mail_privileged_group = mail
```

說明：

列 1，設定使用者存放信件的位置和使用的格式。mbox:~/mail 表示使用的是 mbox 信箱格式，且 dovecot 存放個人信件的目錄在家目錄下的 mail 目錄。INBOX 是郵件傳入主機後存放使用者信箱的的位置，其中 %u 會展開成使用者的帳號。以 jack 為例，傳入的信包檔在 /var/mail/jack。dovecot 讀取該檔之後，會將郵件置入 /home/jack/mail 目錄。

列 2，設定 dovecot 和 mail 同一組，讓 dovecot 對 /var/mail 目錄下的信包有寫入權。

3. 10-master.conf：設定 dovecot 服務的特性。

```
service imap-login {
  inet_listener imap {
    #port = 143
  }
  inet_listener imaps {
    #port = 993
    #ssl = yes
  }
```

dovecot 服務預設開啟 imap 的通道是 143 埠，imaps 則是在 993 埠，並且使用 SSL/TSL 協定。

這個設定檔中，還有一個地方將來和 SMTP 授權的設定有關，這裡先列示於下，等第 16 章談到「SMTP AUTH」時，再來補充說明：

```
# Postfix smtp-auth
service auth {
unix_listener /var/spool/postfix/private/auth {
 mode = 0666
 user = postfix
 group = postfix
}
```

4. 10-ssl.conf：支援 SSL/TSL 的設定。

```
#ssl = yes
ssl_cert = </etc/dovecot/dovecot.pem
ssl_key = </etc/dovecot/private/dovecot.pem
```

說明：

列 1，預設啟用 SSL/TSL。

列 2，在安裝 dovecot 時，dovecot 套件安裝程式幫我們建好的「主機憑證檔」。

列 3，在安裝 dovecot 時，dovecot 套件安裝程式幫我們建好的「私鑰檔」。

Client 和 Server 連線時，即是以這兩個檔案為基礎，來建立加密的安全通道。

5.　10-logging.conf：設定系統記錄檔。

```
#log_path = syslog
#syslog_facility = mail
```

預設值是使用 syslog，將 dovecot 與郵件相關的訊息存入 mail.log 中。

6.　10-tcpwrapper.conf：設定 dovecot 和 tcpwrap 搭配，可用 hosts.allow 和 hosts.deny 控管連線來源。

```
login_access_sockets = tcpwrap

service tcpwrap {
  unix_listener login/tcpwrap {
    group = $default_login_user
    mode = 0600
    user = $default_login_user
  }
}
```

這裡的 $default_login_user 指的是在 10-master.conf 中設定項 default_login_user 的值，預設是 dovenull 這個帳號。

/etc/hosts.allow 的設定用例如下：

```
imap: 192.168.1.0/255.255.255.0 192.168.2.119 : allow
```

/etc/hosts.deny 的設定用例如下：

```
imap: ALL : deny
```

這樣一來，就只有 192.168.1.0/24 Class C 的 IP，以及 192.168.2.119 的 IP，才能連接 143 埠。

以下是其他 IP 欲連接 dovecot 143 埠時，被拒絕的訊息樣本：

```
Aug 15 17:47:56 pbook dovecot: imap-login: access(tcpwrap): Client refused
(rip=192.168.3.188)
```

7. 10-director.conf：設定 dovecot Proxy 重導。

此檔用來設定 dovecot Proxy 的功能，dovecot 可暫時保存使用者和郵件伺服器之間的對應，只要使用者連線的同時，都會導到相同的伺服器。

◎ 使用 maildir 信箱格式

前述架設方法，預設使用的信箱格式是傳統的 mbox，dovecot 會自行到 mbox 的 spool 目錄去讀取信箱（/var/mail 或 /var/spool/mail），並對 mbox 製作索引，以加快存取速度。dovecot 會在使用者的家目錄下，建立預設名為 mail 的目錄，然後，將信件放置在此目錄中，如下所示：

```
pbook:# ls -la /home/jack/mail/.imap/INBOX/
總計 36
drwx------ 2 jack jack  4096 2010-01-10 23:42 .
drwx------ 3 jack jack  4096 2010-01-10 23:41 ..
-rw------- 1 jack jack   280 2010-01-12 09:10 dovecot.index
-rw------- 1 jack jack 17408 2010-01-12 09:01 dovecot.index.cache
-rw------- 1 jack jack  1512 2010-01-12 09:10 dovecot.index.log
```

dovecot 也支援 maildir 信箱格式，修改方法如下：

1. 編輯 /etc/dovecot/conf.d/10-mail.conf，將原 mbox 的設定列註解掉或予以刪除，並做如下設定：

```
#mail_location = mbox:~/mail:INBOX=/var/mail/%u
mail_location = maildir:~/Maildir
```

2. 重新啟動 dovecot，使上述設定生效：

```
service dovecot restart
```

這樣一來，郵件便可以 maildir 的格式，存入使用者家目錄下的 Maildir 目錄。

當然，Postfix 這一頭也要配合啟用 maildir 的信箱才行，設定方法如下：

1. 編輯 /etc/postfix/main.cf：

```
home_mailbox = Maildir/
```

這表示，郵件的目錄位於「~/Maildir」，其中「~」代表使用者的家目錄，以帳號 jack 為例，即位於「/home/jack/Maildir」。

2. 設定投遞程式：

要把郵件存入 ~/Maildir，需明確指定「投遞程式」的種類，並由 Postfix 指揮投遞程式將郵件存入該目錄中，作法有兩種：

- 第一種最簡單，使用 Postfix 內建提供的 local 程式，只要步驟 1 有做好設定即可。但要注意，若 main.cf 中有 procmail 的設定，要記得將它註解掉，表示不使用 procmail，改用內建的 local 程式。

```
#mailbox_command = procmail -a "$EXTENSION"
```

- 第兩種是使用 procmail 程式，但需加以設定，讓 procmail 將郵件存入 ~/Maildir，而不是存入原先單一的 mbox 檔案。

設定方法，請編輯 /etc/procmailrc，加入以下內容：

```
SHELL="/bin/bash"
SENDMAIL="/usr/sbin/sendmail -oi -t"
LOGFILE="/var/log/procmail.log"
DEFAULT="$HOME/Maildir/"
MAILDIR="$HOME/Maildir/"
:0
* ^X-Spam-Status: Yes
.spam/
```

3. 重新載入 Postfix：

```
postfix reload
```

接著，筆者要補充說明 dovecot 的 mail_location 變數。

在設定 dovecot 的設定項 mail_location 時，dovecot 支援數個變數，可供管理者彈性調整信箱的位置，這裡列舉其中幾個，如下表所示：

變數名稱	意義
%u	使用者名稱 username。
%n	電子郵件位址的人名部份，例如 username@domain 中的 username。若沒有域名，則和 %u 同值。
%d	電子郵件位址的域名部份，例如 username@domain 中的 domain。若無域名，其值為空。
%h	家目錄。

用例 1：

```
mail_location = mbox:~/mail:INBOX=/var/mail/%u
```

這裡指定使用 mbox 格式，信箱檔在 /var/mail 目錄下，以使用者名稱為檔名（即 %u），dovecot 內部自行建立的索引檔則放在使用者家目錄下的 mail 目錄（即 ~/mail）。

用例 2：

```
mail_location = mbox:/var/mail/%d/%1n/%n:INDEX=/var/indexes/%d/%1n/%n
```

其中 %1n 表示只截取 %n 的第一個字元。以收件者 jack@pbook.ols3.net 為例，這個設定的意思是：使用 mbox 格式，將郵件存入 /var/mail/pbook.ols3.net/j/jack，索引檔則放在 /var/indexes/pbook.ols3.net/j/jack。也就是說，以收件者的域名分類存放郵件，並使用帳號的第一個字元安排檔案位置，當帳號眾多時，可加快尋找信箱的速度。

其他變數詳細的用法，請參考 http://wiki.dovecot.org/Variables。

◉ 啟用 POP3 Server

如果因故無法或不需使用 IMAP Server，dovecot 也有支援 POP3 Server，架設方法如下：

1. 安裝：

    ```
    apt-get update
    apt-get install dovecot-pop3d
    ```

2. 設定：

    安裝 dovecot-pop3d 之後，系統即自動啟用 pop3 的通道，查詢方法如下：

    ```
    root@pbook~# doveconf -a protocols
    protocols =  imap pop3
    ```

3. 也會啟用 pop3s 的通道：

    ```
    root@pbook~# netstat -aunt | grep 995
    tcp       0       0 0.0.0.0:995          0.0.0.0:*          LISTEN
    tcp6      0       0 :::995               :::*              LISTEN
    ```

通常不需要，但如果要修改，可編輯 10-master.conf：

```
service pop3-login {
  inet_listener pop3 {
    #port = 110
  }
  inet_listener pop3s {
    #port = 995
    #ssl = yes
  }
}
```

MUA 的設定方法，和圖 14-2-1 的作法類似，不過，在 Thunderbird 自動偵測認證方式之後，請點按「手動設定」，並把收件伺服器協定改成 POP3，通訊埠選 110、連線安全性選「無」；或者，通訊埠選 995、連線安全性選「SSL/TLS」。

14.4　使用原始碼編譯安裝 Dovecot

如果想要用原始碼編譯安裝 dovecot，方法也很簡單，不過，必備的函式庫須先安裝妥當，例如 OpenSSL、PAM 等。

1.　安裝必要的函式庫：

首先加裝 tcpwrap、zlib、pam 的函式庫，筆者要把這些功能加入到 dovecot 之中。

```
apt-get install libwrap0-dev zlibg1-dev libpam0g-dev
```

2.　下載程式原始碼並解壓：

```
wget http://dovecot.org/releases/2.2/dovecot-2.2.13.tar.gz
tar xvzf dovecot-2.2.13.tar.gz
cd dovecot-2.2.13
```

3.　編譯安裝：

先使用 configure 設定：

```
./configure --with-libwrap --with-zlib
```

結果如下：

```
Install prefix . . : /usr/local
File offsets ... : 64bit
I/O polling .... : epoll
I/O notifys .... : inotify
SSL ........... : yes (OpenSSL)
GSSAPI ........ : no
passdbs ....... : static passwd passwd-file shadow pam checkpassword
              : -bsdauth -sia -ldap -sql -vpopmail
userdbs ....... : static prefetch passwd passwd-file checkpassword nss
              : -ldap -sql -vpopmail
SQL drivers .... :
              : -pgsql -mysql -sqlite
Full text search : squat
              : -lucene -solr
```

這裡，執行 ./configure 會自動偵測使用主機中已有的 OpenSSL、pam 等函式庫。

若要自行指定 OpenSSL 的位置，例如手動編譯的 OpenSSL 若安裝在 /usr/local/ssl，則前述 configure 可改成：

```
CPPFLAGS=-I/usr/local/ssl/include \
LDFLAGS=-L/usr/local/ssl/lib \
./configure --with-libwrap --with-zlib
```

接著編譯安裝：

```
make
make install
```

安裝完成後，dovecot 會安裝在 /usr/local 目錄下，設定檔目錄則在 /usr/local/etc/dovecot。

4. 建立設定檔：

請執行以下指令來建立 dovecot 的設定檔：

```
cp -r /usr/local/share/doc/dovecot/example-config/* /usr/local/etc/dovecot/
```

接下來的設定方法，都和前述提到的一樣，這裡就不再贅述了。唯一不同的是，手動編譯 dovecot 之後，主機的憑證和私鑰檔得自己手動建立才行，這部份我們留待下一章再來說明。

如果之前有安裝過 Debian 的 dovecot 套件，可先拿現成的憑證和私鑰檔來使用，方法如下：

```
# 拷貝憑證和私鑰檔到指定位置：
mkdir -p /usr/local/etc/dovecot/private
cp /etc/dovecot/dovecot.pem /usr/local/etc/dovecot
cp etc/dovecot/private/dovecot.pem /usr/local/etc/dovecot/private
# 進入 conf.d 設定檔子目錄：
cd /usr/local/etc/dovecot/conf.d
```

編輯 10-ssl.conf，修改 ssl_cert 和 ssl_key 的設定：

```
# 暫時沿用舊的憑證和私鑰檔
ssl_cert = </usr/local/etc/dovecot/dovecot.pem
ssl_key = </usr/loca/etc/dovecot/private/dovecot.pem
```

其他設定同 14.3 節的說明，特別要注意以下這個設定：

編輯 conf.d/10-mail.conf

```
mail_privileged_group = mail
```

5. 執行：

   直接執行 dovecot 即可：

   ```
   /usr/local/sbin/dovecot
   ```

6. 檢查：

   執行 dovecot 主程式後，應檢查一下 dovecot 的行程：

   ```
   ps auxw | egrep '(dovecot|imapd)'
   ```

   正常情況如下：

   ```
   root      7511  0.0  0.0  3292  1400 ?    Ss  23:33  0:00 /usr/local/sbin/dovecot
   dovecot   7512  0.0  0.0  2904  1040 ?    S   23:33  0:00 dovecot/anvil
   root      7513  0.0  0.0  3036  1212 ?    S   23:33  0:00 dovecot/log
   ```

   檢查開啟的通道：

   ```
   netstat -aunt | egrep '(110|143|993|995)'
   ```

   如下所示：

   ```
   tcp       0      0 0.0.0.0:110           0.0.0.0:*              LISTEN
   tcp       0      0 0.0.0.0:143           0.0.0.0:*              LISTEN
   ```

```
tcp     0     0 0.0.0.0:993        0.0.0.0:*          LISTEN
tcp     0     0 0.0.0.0:995        0.0.0.0:*          LISTEN
tcp6    0     0 :::110             :::*               LISTEN
tcp6    0     0 :::143             :::*               LISTEN
tcp6    0     0 :::993             :::*               LISTEN
tcp6    0     0 :::995             :::*               LISTEN
```

這代表 pop3 110 埠、pop3s 995 埠、imap 143 埠、imaps 993 埠等，全都正常開啟了。

7. 管理：

手動編譯原始碼安裝的 dovecot，啟動、重新啟動、結束執行等管理的動作如下：

1. 啟動 dovecot 的方法，只要直接執行 /usr/local/sbin/dovecot 即可，欲讓它開機自動執行，就將此路徑檔名寫入 /etc/rc.local 就可以了。

2. 重新啟動：

```
pkill -HUP dovecot。
```

重新啟動 dovecot，通常是在修改了設定檔之後，要讓設定生效時使用。

接著，查看記錄檔：

```
tail /var/log/mail.log
```

應該會有以下訊息：

```
dovecot: master: Warning: SIGHUP received - reloading configuration
```

這表示 dovecot 接收到了指令，重新載入設定檔。

3. 查看行程編號：

```
pgrep dovecot
```

4. 結束執行：

```
pkill dovecot
```

若因故無法結束執行，可下強制結束的指令：

```
pkill -9 dovecot
```

建立 Postfix 的主機
憑證和金鑰

在前一章介紹 popa3d/dovecot 的加密通道時（POP3S/IMAPS），曾多次提到主機憑證和金鑰檔，這兩個檔案是建構安全連線必備之物，凡啟用 STARTTLS/SSL/TLS 等安全連線，都需要憑證和金鑰。本章將介紹如何在自己的主機中，建立 Postfix 等伺服器所需的主機憑證檔和金鑰檔。不過，欲自行建立憑證和金鑰，密碼學方面的基礎知識是不可少的，因此，在建置之前，筆者要先介紹一點點密碼學方面的觀念。只要觀念清楚了，技術一點兒也不困難。基本觀念介紹完了之後，接著，筆者將說明：如何自建 CA，如何簽署，如何為 Postfix 主機建立主機憑證和金鑰檔。

15.1 TLS 和憑證

◎ 關於 TLS 和基礎密碼學原理

TLS 是 Transport Layer Security 的簡稱，這是一個加密的協定，在跨越網際網路通訊時，可提供安全的連線通道，防止資料在中途遭人竊聽、偽造或篡改。TLS 的前身是 SSL（Secure Sockets Layer）。SSL 原為 Netscape 公司所設計的協定，主要用於 Web 安全傳輸，後來 IETF 以 SSL 3.0 為範本，制訂 RFC 2246 標準，並改稱為 TLS 1.0，目前最新的版本是 TLS 1.2，最新標準是 RFC 5246。2014 年 7 月，TLS 1.3 開始進入為期 6 個月的草案階段。

TLS 的位階在傳輸層（TCP）之上，可封裝於應用層的各種協定之中，其架構如圖 15-1-1 所示。應用層原有的協定不用改變，就可以在傳輸層之間導入加密的安全通道，這是 TLS 最大的優點。目前只要提到 SSL，多泛指新版的 TLS，因此往後只要提到 SSL/TLS，我們就視為相同的名詞。

圖 15-1-1：SSL/TLS 的協定架構

TLS 主要是利用密碼學的原理，將 Client 和 Server 之間傳輸的資料加密，藉此達到安全傳輸的目的。其優點有四：

1. 相容於既有的協定層：在不改變協定的情況下，融入於應用層中，可和多種協定合作，例如 HTTP、SMTP、FTP、IMAP、SIP、NNTP，等等。

2. 身份識別：利用 RSA、DSS 等公開金鑰加密法，在開始連線時，先確認雙方的身份，可防止金鑰被人偽造。

3. 資料保密：利用 DES、RC5 等對稱加密法，對傳輸的資料加密，可防止資料中途遭人竊聽。

4. 資料正確：利用 MD5、SHA-1、SHA256 等雜湊函式，驗證傳輸資料的正確性，可防止資料中途遭到篡改。

據此，底下對 TLS 運用的密碼學原理，先做個簡單介紹。

為便於說明，這裡假設 M 為明文訊息，E 為加密函式，S 為密文訊息，D 為解密函式，k 為金鑰密碼。

傳統的加密法，加密和解密者共用同一把金鑰，也就是說，加密和解密時，使用的密碼是相同的，稱之為對稱式加密系統，其運作方式如下：

1. 傳送方使用加密函式和金鑰，將欲傳送的明文訊息加密為密文，以數學式來表示，可寫成：Ek(M)=S。此時，輸入的是明文和金鑰密碼。

2. 接收方使用解密函式和金鑰，將密文解密為原來的明文，以數學式來表示，可寫成：Dk(S)=M。此時，輸入的是密文和金鑰密碼。

對稱式加密系統有幾個缺點：

- 傳送方如何把金鑰傳輸給對方是個問題，且傳輸過程可能遭到攔截。若傳送者或接收者任何一方的金鑰外洩，此系統立即被破解。

■ 保管金鑰也是個問題。試想：N 個人要互傳機密資料，至少就要有 N(N-1)/2 把不同的金鑰。這麼多把金鑰，如何保證不會外洩？

■ 由於接收方亦有相同的金鑰，要偽造訊息是可能的，因此，傳送方可以否認他曾傳送過某一特定的訊息。

不過，對稱式的加密系統也有一項優點，由於加密和解密函式比較單純，執行速度較快。

由上述缺點來看，可以發現：單純運用對稱式加密系統，無法完全滿足資訊安全的基本需求：

1. 機密性。

2. 完整性。

3. 可用性。

4. 不可否認性。

如此的加密系統，在安全性無法獲得保障的情況下，推展網路事業（例如網路銀行、電子商務、電子化政府，等等），勢必困難重重。

公開金鑰系統的出現，改善了對稱式加密系統的缺點。公開金鑰系統使用兩把不同的金鑰，一把是公鑰，一把是私鑰。公鑰可以公開周知，欲加密者都可以持有一把；私鑰則只有金鑰持有人才知道，而且拿到公鑰的人，「無法」由公鑰來反推私鑰。

註解
15-1-1

這裡的「無法」，是指「實際安全」，意即未來有可能做到，但在目前及往後的數十年內，就算窮盡所有的計算資源去破解，最後得到的結果卻是和直接用猜的所花費的成本一樣，根本是徒勞無功，白費心力一場。

公開金鑰系統的基本運作方式如下：

1. 傳送方使用加密函式和接收方的公鑰，將欲傳送的明文訊息加密為密文，以數學式來表示，可寫成：Ek1(M)=S。k1 為接收方的公鑰。此時，輸入的是公鑰和明文。

2. 接收方使用解密函式和自己的私鑰，將密文解密為原來的明文，以數學式來表示，可寫成：Dk2(S)=M。k2 為接收方的私鑰。此時，輸入的是私鑰和密文。

也就是說，公開金鑰系統在加密時，是先用公鑰加密，再用私鑰解密。（口訣：先公後私）

公開金鑰系統解決了金鑰傳輸、金鑰保管的問題，因為任何人都可以拿到公鑰，傳輸金鑰不必擔心被攔截（因為本來就是公開的），私鑰則由持有人自己保管，根本無需傳輸出去，較無外洩的疑慮；而且，N 個人只要 N 對金鑰即可滿足基本運作需求。

公開金鑰系統最棒的地方是，加密的方式也可以反過來用。私鑰擁有人用其私鑰對明文訊息進行運算（稱為簽章），然後將結果連同此明文傳送出去，任何人只要擁有簽章者的公鑰，就可解開簽章，然後和明文比對是否一樣，如此即可驗證，此明文是否為私鑰擁有人所簽署的訊息。也就是說，先用私鑰簽章，再用公鑰驗證真偽，藉此可達到「不可否認性」的功能要求。像這種具有不可否認性的公開金鑰系統，稱之為數位簽章系統。（口訣：先私後公）

不過，公開金鑰系統也有缺點，由於其運用的數學函式十分複雜，計算速度很慢，若要對大量的文件做簽章的動作，顯然不可行。解決的方法是引進訊息摘要函式。

所謂「訊息摘要」是說，透過數學函式的計算，可將任何長度的訊息簡化為一小段固定長度的摘要，且不同的訊息其摘要計算結果相同的機率非常小（理論上一定會有相同的可能，但實務上很難找到），取得摘要的人也很難由摘要反推得到原來的訊息。像這種訊息摘要函式，稱為雜湊函式（hash function），常見的雜湊函式有 MD5 和 SHA-1。如果不同的訊息其摘要結果竟然一樣，我們稱之為「碰撞」，那這個雜湊函式就形同被破解了。此時，最好的辦法是再找一個更好的雜湊函式。

有了雜湊函式的幫忙，公開金鑰系統計算速度太慢的缺點就有解了。在做數位簽章之前，可先用雜湊函式將明文轉成一小段訊息摘要，再用私鑰簽署此段摘要，由於摘要長度是固定的，長度不大，簽章的速度因此可獲得提升。

雜湊函式也可運用在完整性的檢查。由於任何兩個不同的訊息，其訊息摘要的計算結果不會相同（機會很小），因此，只要比對訊息摘要，就可立即判別原本的訊息是否遭到篡改。有了訊息摘要的檢核機制，訊息的完整性就可獲得保障。

以上便是 TLS 協定所運用的密碼學原理。利用這幾種加密系統（對稱式加密、公開金鑰、數位簽章、訊息摘要），TLS 便可為通訊的雙方建立起一道安全的傳輸通道。

不過，上述作法，仍存在一個致命傷：試問拿到公鑰的人，如何驗證這把公鑰的確是原私鑰持有人所擁有的呢？顯然，光靠加密系統仍然無法撐持起安全傳輸的重責大任，在傳輸認證結構上，勢必要再引入另外一層元件進來。此元件便是「信任」，這可以解決：「如何信任金鑰確為所屬？」的問題，此即憑證概念的由來。打個比方來說，身份證是政府發的，大多數人可以信任身份證是因為政府是個公信單位；同樣的道理，如何讓別人信任你的公鑰呢？那就需要有一個憑證單位來證明。所以憑證是什麼呢？憑證就是金鑰所有人拿著他的公鑰，到具公信力的憑證中心（CA）辦理驗證，憑證中心會用 CA 的私鑰簽署過之後，核予一張證明書，這個檔案就是憑證。憑證含有金鑰持有人的公開金鑰和電子郵件，以及憑證發行單位、憑證有效期限等等資訊。如圖 15-1-2 所示，這是由 Thunderbird 的「安全性」->「檢視憑證」->「伺服器」->「檢視」得到的畫面，在「一般」及「詳細資料」頁面可查到憑證的內容。

圖 15-1-2：檢視憑證內容

那麼，別人如何辨明真偽呢？這就要回到公開金鑰系統和簽章系統來說明了。欲辨明這把公鑰的真偽，只要拿著憑證中心的公鑰，對核發的憑證解密，然後和待驗的這把公鑰比對，若內容一模一樣，即知這把公鑰的確是憑證中心簽署過的，據此，便可辨明這把金鑰是不是確為某人所有。簡言之，公開金鑰系統若無引入 CA 憑證中心，一切都是空談。另外，為了分散管理，建置 CA 憑證中心也可採

用階層化的架構,像這樣結合 CA 所建立起來的結構,我們稱之為「公鑰基礎建設」(Public Key Infrainstructure),簡稱 PKI。

圖 15-1-3 是加密系統引入「信任」元件的結構圖,此元件便是憑證管理中心(Certificate Authority)的制度,簡稱 CA。圖 15-1-2 中的兩把金鑰,皆為接收端的伺服器所擁有。

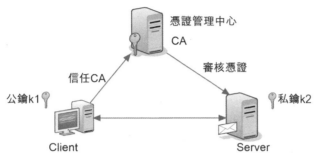

圖 15-1-3:引入 CA 的結構圖

CA 的運作方式是:

1. 首先,傳送訊息端,也就是 Client 端,要先信任此一 CA,當然 CA 通常是由有公信力的第三方成立的。Client 端會由 CA 處取得該 CA 單位所簽署的一份憑證,稱為 CA 憑證。Client 端匯入這份憑證後,將來就可用此 CA 憑證檢驗 CA 所簽署出去的文件是真或偽。

2. 其次,提供服務的單位須先為站台伺服器建立金鑰,然後向 CA 提出憑證的申請書,經 CA 確認身份後,若審核無誤,CA 會發給該伺服器一份簽署過的憑證。

3. 完成上述兩個動作之後,此信任元件的機制即可開始運作。Client 端首先會和伺服端連接,協商出雙方皆可支援的加密函式,然後,伺服端會將其憑證傳輸給 Client 端,Client 端再用其信任的 CA 憑證公鑰,來驗證伺服端憑證的真偽。若一切無誤,Client 端即可信任該公鑰確為伺服器所有。如此,在 CA 的認證下,往後,雙方便可在此信任的加密通道中相互傳輸。

TLS 協定引入上述憑證機制後,安全傳輸通道即可獲得確立。不過,使用者付費、服務有價,前述向 CA 申請憑證是要花錢的,當然,這對政府機構或電子商務網站而言,所需的費用可說九牛一毛,微不足道,但對小公司、小老百姓而言,卻是所費不貲哪,而且,CA 所發給的憑證是有一定年限的,通常以兩年為期,也就是說每兩年都要花錢申請一次,這對想架設網站和郵件系統的人來說,實在是

筆不小的負擔。難道引入憑證機制一定要花大錢嗎？非也！其實，我們也可以自己當 CA 啊，只要 Client 端願意信任我們這個 CA 即可（也就是信任並匯入我們的 CA 憑證），若能如此，自己簽署憑證，核發給自己，有何不可？！:-) 這便是本章的目的。下一節開始，筆者將示範如何自己來擔任 CA，如何手動建立伺服器的憑證和金鑰檔。

最後簡述一下 TLS 協定的運作過程，以做為建立憑證和設定 Postfix 支援 TLS 的基礎知識。

TLS 協定的運作過程如下：

1. 首先 Client 端向 Server 端連接時，會向 Server 端要求安全連線，例如：SMTP Client 端向 Server 端送出 STARTTLS 命令。

2. Client 端向 Server 端出示它支援的加密函式和雜湊函式，供 Server 端挑選。

3. Server 端由 Client 端所列出的支援函式中，挑選最強固的函式。

4. 接著，Server 端將其向 CA 申請得到的憑證傳送給 Client 端。憑證內容包括：伺服器的主機名稱、伺服器的公鑰、核准該憑證的 CA 等資訊。這個步驟相當重要，將來我們在建立 Postfix 的憑證後，須在 Postfix 中設定要傳送給 Client 端的憑證檔，就是根據這個道理。

5. Client 端接收到 Server 端傳過來的憑證後，即進行驗證憑證的動作，作法如下：

   1. 如果其中的 CA 名稱是由第三方公信單位成立的憑證中心，Client 端會向該中心查驗 Server 端的憑證是否合法認證，有效期限是否過期。

   2. 如果此 CA 是 Client 端由它願意信任的單位所取得匯入的，Client 端會用匯入的 CA 憑證和 Server 端的公鑰來進行計算，以驗證 Server 端的憑證是否合法。

   3. 若一切無誤，Client 端才會繼續往下和 Server 端進行後續的動作。

6. 假設步驟 5 正確無誤，接著 Client 端會產生一個隨機亂數（random number，簡稱 RN），然後用 Server 端的公鑰對此亂數加密，再將加密結果傳送給 Server 端。基於公開金鑰密碼系統的原理，此加密結果只有 Server 端用其私鑰才能正確解開，據此，便可避開第三方監聽竊取的可能。

7. 利用步驟 6 產生的隨機亂數，Client 端和 Server 端各自產生一把對稱加密函式需要的私鑰。

8. 雙方接著用步驟 7 的私鑰，對欲傳送的訊息進行加解密的動作，此操作會持續到連線傳送期（session）結束為止。

9. 雙方在連線傳送期間，會運用雜湊函式檢查傳送的訊息是否完整，如此可避免傳輸的資料遭人中途篡改。

由上述 TLS 運作過程，我們得到幾個重要資訊：

1. Server 端要備有向 CA 申請的憑證和自己的金鑰（公鑰私鑰對）。

2. Client 端要有 CA 的資料或事先匯入 CA 本身的憑證。

3. 雙方加密傳輸資料用的私鑰，是由隨機亂數產生的，每次連線時皆不同。

4. TLS 運用了數種密碼學原理，包括公開金鑰系統、雜湊函式、對稱加密系統，以及數位簽章系統。

15.2 自建憑證管理中心（CA）

◉ 安裝 OpenSSL

OpenSSL 是建立憑證管理中心的重要工具，將來建立和簽署主機憑證檔和私鑰檔都要靠它。

OpenSSL 支援 SSL（v2/v3）、TLS（v1）協定，內含相關工具以及加密函式庫，功能相當齊備。OpenSSL 雖是以開放原始碼授權，但功能可不含糊喔，並不會輸給商用軟體。不過，不久之前發生了 HeartBleed 的安全漏洞，卻引起軒然大波，這可說是有史以來影響最廣泛的安全威脅。有鑑於此，著名的安全作業系統 OpenBSD，其基金會在 HeardBleed 事件之後不久，成立了 LibreSSL 計劃，將 OpenSSL 的程式碼移植到 OpenBSD 中加以改良，後來迅速地就推出了 portable 的版本，讓其他 Linux/Unix-Like 的作業系統都能使用。在這兩個團隊良性競爭之下，不久的將來，相信我們必定會有更安全的加密工具可以使用。

在 LibreSSL 尚未充份成熟之前，本章仍以 OpenSSL 來做示範。讀者若有興趣，也可以嘗試改用 LibreSSL，作法和效果應該都是一樣的。

目前大多數 UNIX-like 平台都有提供 OpenSSL 的套件，若您所用的平台沒有，或者您想使用最新的版本，那麼，可到 OpenSSL 的網站下載原始碼，自行手動編譯安裝，此過程並不困難。

OpenSSL 網址：http://www.openssl.org/。LibreSSL 網址：http://www.libressl.org/。

以下示範兩種安裝方式。

在 Debian Linux 平台安裝 OpenSSL

```
apt-get update
apt-get install openssl
```

對這個套件的內容，管理者應了解以下幾點：

1. 工具程式目錄：/usr/bin、/usr/lib/ssl/misc。

2. 設定檔目錄：/etc/ssl。

3. 命令列主程式：/usr/bin/openssl。

4. 主要設定檔：/etc/ssl/openssl.cnf。

5. 建立憑證的介面：/usr/lib/ssl/misc/CA.pl。（使用 perl 語言撰寫）

使用原始碼編譯安裝 OpenSSL

自行編譯 OpenSSL，操作亦十分簡單。這裡以 1.0.1i 版為例，步驟如下：

1. 下載、解壓：

```
wget http://www.openssl.org/source/openssl-1.0.1i.tar.gz
tar xvzf openssl-1.0.1i.tar.gz
cd openssl-1.0.1i
```

2. 編譯安裝：

```
./config
make
make test
make install
```

若編譯時，不是使用 root 權限，最後一個指令請改為「sudo make install」。

安裝完成後，OpenSSL 會置放在 /usr/local/ssl 目錄之下。

請注意：如果平台中有 OpenSSL 套件，也有自行編譯安裝的 OpenSSL，那麼，往後執行 OpenSSL 的工具程式時，要特別留意使用的版本，最好不要混用，以免執行結果不是預期。

◉ 使用 OpenSSL：CA.pl 和 openssl

建立 CA 和站台憑證，可以利用 OpenSSL 的兩支程式，一是 CA.pl，一是 openssl。CA.pl 有較友善的介面，執行 CA.pl 時，其實叫用的程式還是 openssl。由於 openssl 的參數和選項眾多，難度較高，對新手而言是不小的挑戰，因此，筆者建議，若無特殊需求，直接使用 CA.pl 就可以了，它的用法較為簡單方便。

要注意一點，通常，在使用 OpenSSL 之前，我們會先用 locate 指令搜尋檔案系統，查看主機中是否存在版本不同的 OpenSSL。

用例如下：

```
locate CA.pl
```

這裡使用 locate 命令，由檔名資料庫中尋找 CA.pl 的相關位置，假設結果如下：

```
/usr/lib/ssl/misc/CA.pl
/usr/local/ssl/man/man1/CA.pl.1
/usr/local/ssl/misc/CA.pl
/usr/share/man/man1/CA.pl.1ssl.gz
```

這表示，系統中有兩支 CA.pl（列 1 屬於 deb 套件、列 3 是手動編譯安裝的）。使用 CA.pl 之前，要特別注意叫用的是哪一支程式。

主要設定檔：locate openssl.cnf

```
/usr/lib/ssl/openssl.cnf
/usr/local/ssl/openssl.cnf
```

在建立憑證和金鑰檔之前，我們可以編輯 openssl.cnf，設妥常用的設定項，將來在使用上會方便很多。

例如，可編輯 /usr/lib/ssl/openssl.cnf，修改以下設定項：

```
# 憑證的有效期限（單位：天），預設是一年。若不想每年做一次，可改為三年 1095 天。
default_days    = 1095

# 預設國別代碼，改為 TW
countryName_default = TW
```

```
# 預設地區，改為 Taiwan
stateOrProvinceName_default = Taiwan
```

關於變更憑證預設的有效期限，也可以直接修改 CA.pl。

在 CA.pl 程式碼中，CA 憑證的有效期限，預設是 3 年（即 1095 天），其他憑證的有效期限，則是一年（365 天），可修改的變數如下：

```
$DAYS="-days 365";      # 1 year
$CADAYS="-days 1095";   # 3 years
```

變數 $DAYS 是其他憑證的有效期限；變數 $CADAYS 是 CA 憑證本身的有效期限。

◎ 角色說明

1. 主機 gig.ols3.net 為筆者的 CA 主機，專門用來接受申請，並核發站台憑證給申請的主機。以下簡稱 CA giga。

   在 CA giga 中操作的動作有：

   - 建立 CA：這個動作只做一次。產生 cacert.pem 和 cakey.pem。

   - 簽署憑證申請：常態性的工作，只要有人申請，就執行。

2. 主機 pbook.ols3.net 是申請站台憑證的主機。以下簡稱 pbook 主機。

   在 pbook 主機中操作的動作有：

   - 建立私鑰檔以及憑證申請檔。私鑰檔由 pbook 主機保存。

   - 將憑證申請檔傳送到 CA giga 申請站台憑證。

   - 將憑證和私鑰檔放在主機中，供伺服器設定 SSL/TLS 之用。

底下，我們將以 15.1 節的觀念，運用 OpenSSL 的工具來建立 CA。也就是說，不假外求，由我們自己擔任憑證管理中心，「自己發牌照給自己」，這樣，就不必花大錢向其他 CA 申請憑證了。不過，在 15.1 節筆者曾提過，如此作法，缺點有二：

1. Client 端的使用者必須願意信任我們這個 CA 才行。

2. Client 端的使用者要匯入我們的憑證。

簡單地說，自建 CA，對 Client 端來說，會比花錢申請憑證麻煩一點點。

另外，補充說明一點，CA 也可以採用階層式架構佈署。位在最上層的 CA，稱為 root CA，root CA 可以再委任給其他下層的 CA，各層 CA 均可接受憑證申請。由於，我們只是要建立自家用的 CA 而已，因此，並不需要採取複雜的架構，只要建立一個 root CA 即可。root CA 所建立的憑證稱為「根憑證」（root certificate），為求簡便，以下根憑證皆簡稱為「CA 憑證」。

◉ 方法一、使用 CA.pl 建立 CA

請注意，這是在 CA giga 主機中操作。

使用 CA.pl 建立 CA 憑證的步驟如下：

1. 先開設一個專用目錄，例如 /root/ssl：

```
mkdir /root/ssl
cd /root/ssl
```

2. 使用 locate 尋找 CA.pl 和 openssl，確定工具程式的位置，例如：/usr/lib/ssl/misc/CA.pl。

3. 在專用目錄中，執行 CA.pl，建立一個新的 CA。

    請執行：

```
/usr/lib/ssl/misc/CA.pl -newca
```

    建立 CA 憑證的過程如下：

```
CA certificate filename (or enter to create)
                    <--- 這裡按 ENTER 鍵即可。
Making CA certificate ...
Generating a 2048 bit RSA private key
.................................+++
.......................................................+++
writing new private key to './demoCA/private/cakey.pem' <--- 此為 CA 本
身的私鑰檔。
Enter PEM pass phrase: <--- 請輸入管理 CA 的通行密碼，請自訂。
Verifying - Enter PEM pass phrase: <--- 再輸入一次密碼，以比對兩次輸入的密碼
是否相同。
-----
You are about to be asked to enter information that will be incorporated
into your certificate request.
What you are about to enter is what is called a Distinguished Name or a
DN.
There are quite a few fields but you can leave some blank
```

```
For some fields there will be a default value,
If you enter '.', the field will be left blank.
-----
Country Name (2 letter code) [TW]:  <--- 輸入兩個字元的國碼 TW。
State or Province Name (full name) [Taiwan]:  <--- 這裡筆者輸入台灣 Taiwan。
Locality Name (eg, city) []:Tainan  <--- 這裡請改成你居住的城市。
Organization Name (eg, company) [Internet Widgits Pty Ltd]:OLS3NET  <---
公司或組織名稱。
Organizational Unit Name (eg, section) []:LXER  <--- 所屬單位名稱。
Common Name (e.g. server FQDN or YOUR name) []:giga.ols3.net  <--- 請輸
入擔任 CA 的主機名稱。
Email Address []:ols3@lxer.idv.tw  <--- 管理者的電子郵件位址。


Please enter the following 'extra' attributes
to be sent with your certificate request
A challenge password []:  <--- 這裡的密碼設定，請直接按 ENTER 鍵跳過即可。
An optional company name []:  <--- 請直接按 ENTER 鍵跳過
Using configuration from /usr/lib/ssl/openssl.cnf
Enter pass phrase for ./demoCA/private/cakey.pem:  <--- 請輸入前面自訂的 CA
通行密碼。
Check that the request matches the signature
Signature ok
Certificate Details:
        Serial Number: 10882762050396864596 (0x9707566ced01c054)
        Validity
            Not Before: Aug 16 07:07:25 2014 GMT
            Not After : Aug 15 07:07:25 2017 GMT
        Subject:
            countryName               = TW
            stateOrProvinceName       = Taiwan
            organizationName          = OLS3NET
            organizationalUnitName    = LXER
            commonName                = giga.ols3.net
            emailAddress              = ols3@lxer.idv.tw
        X509v3 extensions:
        X509v3 Subject Key Identifier:

9E:56:55:6C:E8:37:0B:1E:F6:17:C7:7B:DD:3B:F5:57:CE:83:4A:97
        X509v3 Authority Key Identifier:

keyid:9E:56:55:6C:E8:37:0B:1E:F6:17:C7:7B:DD:3B:F5:57:CE:83:4A:97


        X509v3 Basic Constraints:
                CA:TRUE
Certificate is to be certified until Aug 15 07:07:25 2017 GMT (1095 days)


Write out database with 1 new entries
Data Base Updated
```

上述過程中，國碼、地區、城市、公司名稱、單位名稱等請自訂，其中，最要緊的是「Common Name」，這裡請填入 CA 的主機名稱，要一模一樣才行。另外，管理 CA 憑證的通行密碼自訂之後，請務必牢記，將來核發伺服器的主機憑證時會再用到它，千萬不要忘記這個密碼！

執行 CA.pl 之後，會在目前的工作目錄下，產生 demoCA 的子目錄，其中內含 CA 本身的憑證以及私鑰檔，檔名位置如下所示：

表 15-2-1：CA 憑證和私鑰檔

名稱用途	檔名位置	私密性
CA 憑證檔	demoCA/cacert.pem	可公開，請以可靠的管道提供給用戶。
CA 私鑰檔	demoCA/private/cakey.pem	不可公開，此檔和密碼請務必妥善保管。

私鑰檔要特別注意安全，只有 root 才能取用，因此，請執行以下指令，把其他人對此檔的權限移除：

```
chmod 600 demoCA/private/cakey.pem
或
chmod go-rw demoCA/private/cakey.pem
```

請妥善保管 cakey.pem，千萬不要外流。

◉ 方法二、使用 openssl 建立 CA

注意，這是在 CA giga 中操作。

若您不想靠 CA.pl 的幫忙，也可以直接使用 openssl 來建立憑證。不過，openssl 的指令十分複雜，您必須先了解各個選項參數的意義才行。

使用 openssl 建立 CA 的作法如下：

1. 先建立 CA 的私鑰：

```
mkdir /root/ssl2
cd /root/ssl2
openssl genrsa -des3 -out cakey.pem 2048
```

執行過程：

```
Generating RSA private key, 2048 bit long modulus
.................................................................
.......................+++
.............+++
```

```
e is 65537 (0x10001)
Enter pass phrase for cakey.pem: <--- 請自訂私鑰的通行密碼。
Verifying - Enter pass phrase for cakey.pem: <--- 再輸入一次密碼。
```

這裡，指定要產生 RSA 格式的金鑰，並用 DES 168bits 對金鑰加密，私鑰
檔名為 cakey.pem，金鑰長度是 2048 bits。

2. 接著建立 CA 憑證：

```
openssl req -new -key cakey.pem -days 1095 -out cacert.pem -x509
```

執行過程如下：

```
Enter pass phrase for cakey.pem: <--- 這裡請輸入私鑰的通行密碼。
You are about to be asked to enter information that will be incorporated
into your certificate request.
What you are about to enter is what is called a Distinguished Name or a
DN.
There are quite a few fields but you can leave some blank
For some fields there will be a default value,
If you enter '.', the field will be left blank.
-----
Country Name (2 letter code) [TW]:
State or Province Name (full name) [Taiwan]:
Locality Name (eg, city) []:Tainan
Organization Name (eg, company) [Internet Widgits Pty Ltd]:OLS3NET
Organizational Unit Name (eg, section) []:LXER
Common Name (e.g. server FQDN or YOUR name) []:giga.ols3.net
Email Address []:ols3@lxer.idv.tw
```

上述指令，會以步驟 1 的私鑰來建立 CA 的憑證檔，檔名為 cacert.pem，憑
證的有效期限為 3 年（1095 天）。

3. 還是一樣要注意私鑰檔的安全，除了 root 之外，禁止其他人讀取：

```
chmod 600 cakey.pem
```

欲了解 openssl 各個選項參數的意義，可執行以下指令：

- man openssl
- openssl genrsa help （表示要了解「openssl genrsa」的用法）
- openssl req -new help（表示要了解「openssl req -new」的用法）

Client 端匯入 CA 憑證

建立 CA 憑證後，接下來，管理者應透過相關管道（例如：網站下載），讓 Client 端的使用者取得憑證檔，然後匯入相關的應用程式之中。

以讀寫郵件的軟體 Thunderbird 為例，其匯入 CA 憑證檔的方法如下：

> 功能表：「編輯」->「偏好設定」->「進階」->「憑證」->「檢視憑證」->「憑證機構」->「匯入」->由檔案系統中選擇 CA 憑證檔。

其他軟體匯入憑證的方法應該都很簡單，請自行參考該軟體的操作說明。

15.3 建立 Postfix 的主機憑證和金鑰

CA 建好了之後，接下來，我們要介紹的是如何建立伺服器的主機憑證和金鑰。例如前一章提到的：運用 stunnel 設定 POP3S，以及 dovecot 設定 SSL/TLS 連線等等，都需要主機憑證和金鑰。下一章，我們也要以此為基礎，說明如何建立 Postfix 的加密通道，以保護 Postfix 和郵件用戶之間授權認證的安全。像這種由 CA 簽署之後核發給伺服器使用的憑證，我們稱之為站台憑證（node certificate）、或是「主機憑證」。

建立站台憑證的過程很簡單，一樣是執行 CA.pl，或是直接叫用 openssl，其概要如下：

- 首先建立主機的私鑰和憑證申請檔（等於是向 CA 提出的申請書）。
- 接著，讀取憑證申請檔，經 CA 的私鑰簽署之後，輸出主機憑證檔。

要特別注意的是，申請主機的私鑰檔本身不可以再加密（不可再設定密碼），不然將來無法在 Postfix 等伺服器上使用。

以下仍以 CA.pl 和 openssl 各示範一次作法。

方法一、使用 CA.pl 建立站台憑證

請注意，這是在欲申請憑證的 pbook 主機上操作，不是在 CA 上喔！

首先自建一個目錄 /root/myssl，專門用來存放私鑰和憑證申請檔：

```
mkdir /root/myssl
cd /root/myssl
```

接著用 CA.pl 建立憑證申請檔。什麼是憑證申請檔？其實很簡單，你把它想成是在填寫「憑證申請書」，就可以了。

```
/usr/lib/ssl/misc/CA.pl -newreq-nodes
```

請注意這裡用的選項是「-newreq-nodes」，而不是「-newreq」。

「-newreq」是指建立私鑰和憑證申請檔，不過，這個選項建立的私鑰檔會再用密碼加密，並不適合用在 Postfix、dovecot 等伺服軟體的設定上。因此，請改用「-newreq-nodes」。

「-nodes」是「no des」的簡稱，no 是不要，des 是代表「Data Encryption Standard」，這是一種加密的方法，所以'-nodes'是指私鑰檔不要再用密碼加密，正合乎我們的需求。

產生憑證的過程如下：

```
Generating a 2048 bit RSA private key
...................................+++
...........+++
writing new private key to 'newkey.pem'
-----
You are about to be asked to enter information that will be incorporated
into your certificate request.
What you are about to enter is what is called a Distinguished Name or a DN.
There are quite a few fields but you can leave some blank
For some fields there will be a default value,
If you enter '.', the field will be left blank.
-----
Country Name (2 letter code) [TW]:
State or Province Name (full name) [Taiwan]:
Locality Name (eg, city) []:Tainan
Organization Name (eg, company) [Internet Widgits Pty Ltd]:OLS3NET
Organizational Unit Name (eg, section) []:LXER
Common Name (e.g. server FQDN or YOUR name) []:pbook.ols3.net <--- 請輸入申請
憑證者的主機名稱
Email Address []:ols3@lxer.idv.tw

Please enter the following 'extra' attributes
to be sent with your certificate request
A challenge password []:
```

```
An optional company name []:
Request is in newreq.pem, private key is in newkey.pem
```

執行畢，會在現行的工作目錄之下（/root/myssl），產生站台憑證和私鑰檔：

- newreq.pem：站台憑證申請檔。

- newkey.pem：申請主機本身專屬的私鑰檔。請自行妥善保管，不交給任何人。

接著，pbook 主機將憑證申請檔 newreq.pem 傳送給 CA giga，以便進行簽署的動作，之後 CA giga 便可核發憑證給 pbook 主機。

請注意，接下來的動作是在 CA giga 中操作，不要搞錯囉！

```
# 把憑證申請檔放入 /root/ssl
root@giga:~# mv newreq.pem /root/ssl
root@giga:~# cd /root/ssl
# 簽署憑證申請
root@giga:~/ssl# /usr/lib/ssl/misc/CA.pl -sign
```

CA.pl 會讀取 /root/ssl 目錄之中的憑認申請檔 newreq.pem，然後輸出主機憑證檔 newcert.pem，其過程如下：

```
Using configuration from /usr/lib/ssl/openssl.cnf
Enter pass phrase for ./demoCA/private/cakey.pem:  <--- 這裡請輸入 CA 本身的通
行密碼。
Check that the request matches the signature
Signature ok
Certificate Details:
        Serial Number: 10882762050396864597 (0x9707566ced01c055)
        Validity
            Not Before: Aug 16 09:02:07 2014 GMT
            Not After : Aug 15 09:02:07 2017 GMT
        Subject:
            countryName               = TW
            stateOrProvinceName       = Taiwan
            localityName              = Tainan
            organizationName          = OLS3NET
            organizationalUnitName    = LXER
            commonName                = pbook.ols3.net    <--- 這裡會出現 CA 核
發憑證的對象
            emailAddress              = ols3@lxer.idv.tw
        X509v3 extensions:
            X509v3 Basic Constraints:
                CA:FALSE
            Netscape Comment:
                OpenSSL Generated Certificate
```

```
        X509v3 Subject Key Identifier:
            8C:2F:98:4D:65:98:5E:1D:7B:DE:13:8E:94:48:87:B9:75:80:50:14
        X509v3 Authority Key Identifier:

keyid:9E:56:55:6C:E8:37:0B:1E:F6:17:C7:7B:DD:3B:F5:57:CE:83:4A:97

Certificate is to be certified until Aug 15 09:02:07 2017 GMT (1095 days)
Sign the certificate? [y/n]:y  <--- 請回答 y。
1 out of 1 certificate requests certified, commit? [y/n]y  <--- 請回答 y。
Write out database with 1 new entries
Data Base Updated
Signed certificate is in newcert.pem  <--- 憑證輸出結果。
```

查看 /root/ssl 目錄，應該會發現以下兩個檔案：

- newcert.pem：新建立的「站台憑證檔」。

- newreq.pem：憑證申請檔。

上述工作完成後，CA 只要把「站台憑證檔」（newcert.pem）交回給申請者即可。（至於要不要收費，就看商業規則了）

newcert.pem 這個憑證案和 pbook 主機原有的私鑰檔，將來都要放在申請者的主機之中，以本例而言，申請主機指的是 pbook.ols3.net。至於憑證和私鑰檔的路徑和檔名，只要內容不改變，都可以自訂，例如在 pbook 主機中，將檔案改名為：

```
pbook@root:~/# mv newcert.pem pbook-cert.pem
pbook@root:~/# mv newkey.pem pbook-key.pem
```

方法二、使用 openssl 建立站台憑證

接下來介紹直接使用 openssl 程式建立站台憑證的方法。

運用此法之前，筆者要提醒您：使用 openssl 建立憑證和私鑰檔時，必須指定 PEM 格式，而且，私鑰檔不可以再使用密碼加密。

操作方法如下：

1. 先建立私鑰檔：在 pbook 主機上操作。

```
openssl req -new -nodes -keyout newkey.pem -out newreq.pem -days 1800
```

上述指令，指定私鑰檔的檔名為 newkey.pem，憑證申請檔名是 newreq.pem。其中，選項「-nodes」表示不對私鑰檔再加密，也就是說，伺服器本身要取用私鑰時不必再輸入密碼。

因為此憑證檔是自己要用的（CA 也是自己開的），所以憑證的有效期限就設長一點；這裡，筆者使用選項「-days」指定憑證的有效期限為 5 年（1800 天）。

2. 執行簽署，產出憑證檔：在 CA giga 上操作。

將 pbook 主機的憑證申請檔傳送給 CA giga，由 CA 操作以下指令：

```
openssl ca -policy policy_anything -out newcert.pem -infiles newreq.pem
```

這裡，指定輸出（-out）站台憑證的檔名為 newcert.pem，讀取進來（-infiles）的憑證申請檔名為 newreq.pem。

接著，如同方法一，將站台憑證檔 newcert.pem 交給 pbook 主機查收保管。

15.4 佈署 Postfix 的站台憑證和私鑰檔

◉ 設定 Postfix 的憑證，啟用 TLS。

以下是在已申請憑證的 pbook 主機中操作。

首先，開設一個目錄，專門用來儲存站台憑證和私鑰檔：

```
mkdir /etc/postfix/certs
mv cacert.pem /etc/postfix/certs
mv pbook-cert.pem /etc/postfix/certs
mv pbook-key.pem /etc/postfix/certs
chmod 600 /etc/postfix/cert/pbook-key.pem
```

接著，編輯 main.cf，加入以下設定（不含列號）：

```
01.  #smtpd_use_tls=yes
02.  smtpd_tls_security_level = may
03.  smtpd_tls_session_cache_database = btree:${data_directory}/smtpd_scache
04.  smtp_tls_session_cache_database = btree:${data_directory}/smtp_scache
05.  smtpd_tls_key_file = /etc/postfix/certs/pbook-key.pem
06.  smtpd_tls_cert_file = /etc/postfix/certs/pbook-cert.pem
07.  smtpd_tls_CAfile = /etc/postfix/certs/cacert.pem
```

```
08.   smtpd_tls_CApath = /etc/ssl/certs
09.   tls_random_source = dev:/dev/urandom
10.   smtpd_tls_received_header = yes
11.   smtpd_tls_auth_only = yes
12.   smtpd_tls_loglevel = 0
```

各列設定，說明如下：

列 1，啟用 smtpd 伺服器支援 TLS 的功能。請注意：smtpd_use_tls 適用於 Postfix 2.2 版之前，若您的 Postfix 是 2.3 以後的版本，請改用列 2 的「smtpd_tls_security_level = may」。

smtpd_tls_security_level 共有三種參數值：（Postfix 2.3 版以後適用）

- none：不使用 TLS。

- may：伺服器端會向 Client 端列示有支援 STARTTLS 的命令，但不強迫 Client 端一定要使用 TLS 加密。一般公開服務的 SMTP Server 應使用 may 的選項。

- encrypt：伺服器端強制 Client 端一定要使用 TLS，才允許 Client 端連線。encrypt 的選項只適合用在專屬的伺服器上，即有特定限制的 Client 端範圍。Postfix 2.2 版以前，強制使用 TLS 連線的設定項是 smtpd_enforce_tls = yes。

列 3～4，設定 smtpd 和 smtp 兩者在連線過程中，存放 TLS 快取檔案的路徑位置。請注意，變數 data_directory 只在 Postfix 2.5 版以後才支援，若使用的 Postfix 版本較舊，請改用絕對路徑，通常在 /var/lib/postfix。

列 5，設定 pbook 主機的私鑰檔。

列 6，設定 pbook 主機的站台憑證檔。

列 7，加入 pbook 信任的 CA 憑證檔。本例中是使用 CA giga 的憑證檔。如果沒有要求 Client 端必須使用憑證（smtpd_tls_ask_ccert 預設值為 no 即不要求），本設定項可以省略不設。也就是說，如果只是要讓連線雙方在一個加密的安全通道中，而不在意憑證的真偽，此選項不必設定無妨。請注意，smtpd_tls_CAfile 設定項所指定的 CA 檔，在 Postfix 進入 chroot 目錄之前就會自動讀取，因此，若有啟用 chroot 功能，此檔並不需要放在 chroot 的目錄之中。

列 8，設定其他合法的 CA root 憑證檔的置放目錄，以 Debian Linux 為例，系統會將常見的、具有第三方公信力的 CA 憑證，全都拷貝成一個檔案，並放置於上述目錄之中，檔名為 ca-certificates.crt。另外，若 Postfix 有啟用 chroot 功能，則這裡的目錄位置，實際上指的是：/var/spool/postfix/etc/ssl/certs/。如果沒有要求 Client 端也要使用憑證，本設定項可以省略不設。

列 9，在 Postfix 中，負責處理 TLS 工作的是 tlsmgr 這個伺服程式。為求安全起見，tlsmgr 會維護一個虛擬的隨機亂數產生器（pseudo-random number generator，簡稱 PRNG），在 smtpd 和 smtp 的 TLS 連線過程中，此產生器可供應亂數種子給 Postfix 的 TLS 引擎。此 tls_random_source 設定項，即是用來指定作業系統核心所提供的隨機亂數設備檔。

列 10，在郵件表頭留下 TLS 連線的訊息，以方便偵錯。

TLS 的訊息樣本如下：

```
Received: from mmm5.lxer.idv.tw [192.168.1.195]
        (using TLSv1.2 with cipher ECDHE-RSA-AES128-GCM-SHA256 (128/128 bits))
```

列 11，要求 Client 端「只有在 TLS 安全連線通道已建立的情況下，才能進行 SMTP AUTH 授權轉信」。關於 SMTP 授權請參考下一章。

列 12，smtpd_tls_loglevel 設定系統是否要記錄 TLS 的訊息，以及訊息的詳細程度。設定值的定義，如下表所示：

表 15-3-1：TLS 訊息的詳細程度

設定值	作用
0	不記錄 TLS 的訊息。
1	記錄 TLS 連線初始化的訊息和憑證資訊。
2	記錄 TLS 協商過程。
3	以 16 進位和 ASCII 字元的方式傾印 TLS 協商過程。
4	以 16 進位和 ASCII 字元的方式傾印：自 STARTTLS 命令之後的全部過程。

修改 main.cf 之後，請重新載入 Postfix，讓新的設定生效。如此一來，這部 Postfix 主機即已具備 SSL/TLS 伺服器的功能，Client 端連線時，雙方便可在加密的通道中，進行安全的傳輸。

◉ 設定 dovecot 的 TLS

憑證和私鑰檔也可以運用在其他伺服器軟體，例如：dovecot、stunnel 等等。

以下是在 pbook 主機中操作。

設定 dovecot 的 TLS 的方法如下：

```
cd /etc/dovecot/conf.d
vi 10-ssl.conf
```

在 10-ssl.conf 中設定憑證檔和私鑰檔：

```
#ssl = yes  <--- 這是預設值，不用修改。
ssl_cert = </etc/postfix/certs/pbook-cert.pem
ssl_key = </etc/postfix/certs/pbook-key.pem
```

接著，重新啟動 dovecot 即可。

◉ 測試 TLS

測試 Postfix TLS

方法一、使用 telnet 指令測試 TLS。

欲知 Postfix 是否支援 TLS，可用 telnet 指令連接 SMTP 主機的 25 埠查看：

```
demo~# telnet pbook.ols3.net 25
```

過程如下：（不含列號）

```
01.   Trying 220.130.228.194...
02.   Connected to pbook.ols3.net.
03.   Escape character is '^]'.
04.   220 pbook.ols3.net ESMTP Postfix
05.   ehlo mail.example.com  <--- 這裡請輸入你的主機名稱
06.   250-pbook.ols3.net
07.   250-PIPELINING
08.   250-SIZE 10240000
09.   250-VRFY
10.   250-ETRN
11.   250-STARTTLS
12.   250-ENHANCEDSTATUSCODES
13.   250-8BITMIME
14.   250 DSN
15.   starttls    <--- 這裡請輸入 starttls 命令
16.   220 2.0.0 Ready to start TLS
```

說明：

列 11，請注意此 SMTP Server 的回應訊息中出現了「STARTTLS」，這表示這部 Postfix 支援 TLS 協定。

列 15，輸入 starttls 命令，然後注意觀察 Postfix 的回應。

列 16，出現「Ready to start TLS」，這表示 Postfix 已接受使用 TLS 連線。

經過上述測試，可以得知，這部 Postfix 主機的確已支援 TLS。接著，請按組合鍵"Ctrl+]"，再按 ENTER 鍵，輸入 quit 按 ENTER，即可結束連線。

方法二、使用 openssl 測試 TLS 連線。

```
openssl s_client -starttls smtp -connect pbook.ols3.net:25
```

參數 s_client 代表這是一個安全連線的 Client 端，選項 -starttls 指定使用的通訊協定是 smtp，選項 -connect 指定欲連接的 SMTP Server。此指令執行之後，如果受測主機有支援 TLS，則其 smtpd 會傳回 Server 端的 TLS 憑證訊息。

測試 dovecot TLS

若要查看 dovecot 是否支援 TLS，可執行以下指令連接 pbook 主機的 143 埠：

```
telnet pbook.ols3.net 143
```

結果如下：

```
Trying 220.130.228.194...
Connected to pbook.ols3.net.
Escape character is '^]'.
 * OK [CAPABILITY IMAP4rev1 LITERAL+ SASL-IR LOGIN-REFERRALS ID ENABLE IDLE
STARTTLS LOGINDISABLED] Dovecot ready.
```

請注意關鍵字「STARTTLS」，這表示 dovecot 已支援 SSL/TLS 的連線功能。

圖 15-4-1 是用戶端使用 MUA 軟體（Thunderbird）連接至 pbook 主機時，自動偵測到 pbook 主機支援 STARTTLS 的畫面。

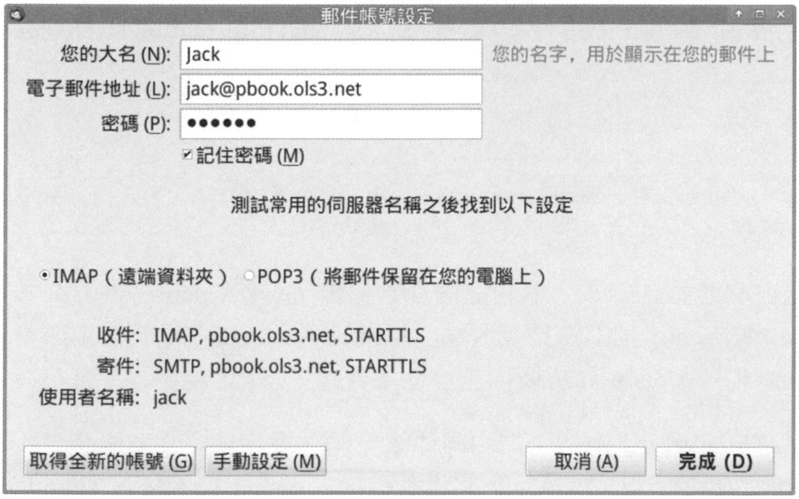

圖 15-4-1：Thunderbird 確認憑證的畫面。

圖 15-4-2 是用戶端連接至 pbook 主機時，出現確認憑證的畫面。只要點按「確認安全例外」的按鈕，即可開始在加密的安全通道中登入主機、傳輸信件。

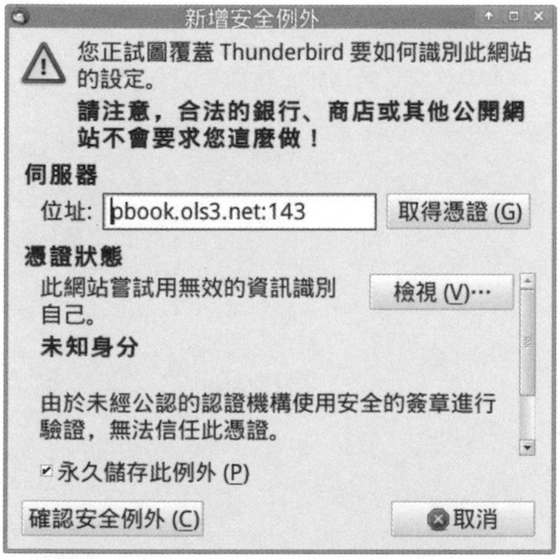

圖 15-4-2：Thunderbird 確認憑證的畫面。

◉ 匯入用戶端自已的憑證

用戶端也可以申請自己的憑證，其作法如同 15.3 節建立 pbook 主機憑證一樣。不過，最後還要多做一個轉換的動作，即把金鑰及憑證檔轉成 pkcs12 格式。pkcs12 是把金鑰和憑證存放在一個檔案中的格式。pkcs 是 Public-Key Cryptography

Standards 的簡稱，12 是 PKCS 第 12 號標準：Personal Information Exchange Syntax Standard。

作法如下：

```
openssl pkcs12 -export -inkey newkey.pem -in code-cert.pem -name code.ols3.net
-out code.p12
```

假設用戶端自取名稱為 code，其自建的私鑰檔為 newkey.pem，經 CA 簽署的憑證檔為 code-cert.pem，則上述指令的輸出結果為 code.p12，這個檔案即是 pkcs12 的格式。此過程中，openssl 會要你設定一道密碼，請自訂之。

接下來，以 Thunderbird 為例，請由郵件帳號的「設定」->「安全性」->「檢視憑證」->「你的憑證」->「匯入」，然後選取檔案 code.p12，接著 Thunderbird 會詢問上一步驟你設定的密碼，若密碼無誤，即可匯入成功，結果如圖 15-4-3。

圖 15-4-3：匯入用戶端自己的 pks12 憑證。

那麼，用戶端的憑證怎麼用？其適用時機在於：伺服端要求 Client 端一定要有憑證才允許連線時。

假設 pbook 主機中 Dovecot IMAP Server 增加以下設定項：

```
# 編輯 conf.d/10-ssl.conf
# 啟用 CA root 憑證
ssl_ca = /etc/postfix/certs/cacert.pem
# 要求驗證 Client 端的憑證
ssl_verify_client_cert = yes
```

重新載入 Dovecot 之後，此設定即可生效。接著 Client 端便可以開始用憑證來連接 Dovecot 的 IMAP 服務了，連線結果如圖 15-4-4。

圖 15-4-4：Dovecot 確認 Client 端憑證的畫面

SMTP 授權認證

16.1 關於 SMTP 授權認證

使用者用 MUA 寄出信件時，大部份均須透過 MTA 幫忙轉遞郵件，為避免主機被當成垃圾郵件的跳板，現今，大多數 MTA 預設都會限制轉遞（relay）郵件的來源範圍，也就是說，只有 MTA 信任的 SMTP 用戶端，MTA 才會將郵件轉遞出去。

以 Postfix 為例，Postfix 預設不幫任何主機轉遞郵件，管理者須手動修改 main.cf，只有 IP 列在 \$mynetworks 之中的主機，Postfix 才會開放 relay。也就是說，MTA 是否開放 relay 信件，完全以 Client 端的 IP 是否經過管理者授權來決定。

通常，管理者會把和 Postfix 主機位於同一網段的 IP 列入 mynetworks 中（請參考 3.3 節的說明）。不過，這樣一來，若使用者的主機不在網段範圍內，欲寄送郵件就很不方便了。例如：使用者出差在外，使用的是外部的 IP，欲運用原單位的 MTA 轉寄信件，就會遭到 MTA 拒絕，因為 MTA 只認 IP 不認人。當然，管理者也可以事先把外部 IP 列入 mynetworks，不過，這種作法有很大的風險。由於使用者在外部取得的 IP，並非都是固定的，例如手機、筆電等行動用戶（mobile users）取得的 IP，大多數是 ISP 提供的動態 IP，範圍很大，因此，把外部 IP 加入 mynetworks 的作法並不可取，因為，若其他垃圾郵件業者剛好也用了這段外部 IP，原單位的 MTA 很可能就淪為不肖業者的垃圾郵件轉運站。

有幾種方法可以滿足上述需求，例如 VPN、SMTP-AFTER-POP、SMTP-AFTER-IMAP、憑證授權、SMTP 授權認證，等等。其中，筆者認為，比較好的解決方案是，運用 SMTP 授權認證（SMTP authentication，簡稱 SMTP AUTH）。此法成本最低，易於實作，可說是最經濟實用的辦法。

所謂的 SMTP 授權認證是說，當 MTA 接收到 MUA 轉遞郵件的要求時，可由 SMTP Server 檢查使用者的帳號密碼，若驗證無誤，就將 MUA 主機視為已受信任的 SMTP Client 端，然後開放該 MUA 可以轉遞郵件。如此，不管 MUA 的 IP 是否在 $mynetworks 信任的網段之中，使用者都可以很方便地寄送信件，而 MTA 本身也可以免除被當作垃圾郵件跳板的危險（當然，此大前提是使用者的帳號密碼未被盜用）。

由於 SMTP 授權認證並非 SMTP 協定原有的功能，因此，通常 MTA 會委由第三方的模組來完成（依據「擴充 SMTP 服務認證」的標準，請參考 RFC4954），最常見的方法是利用 SASL。

SASL 是 Simple Authentication and Security Layer 的簡稱，這是一種在連線協定中加入授權認證的方法。最有名的 SASL 模組，是美國卡內基梅隆大學推出的 Cyrus SASL，網址在：http://asg.web.cmu.edu/sasl/。

自 Postfix 2.3 版開始，Postfix 新增「插件」（plug-in）機制，可支援其他 SASL 模組。因此，Postfix 除了可和 Cyrus SASL 搭配之外，也可以和 Dovecot 一起運作。在 14.3 節我們曾提到，Postfix 自 2.3 版開始，可直接運用 Dovecot 的 SMTP 授權後台（backend），不需再借助其他軟體，指的就是這件事。由於 Dovecot 的安全性較佳，Postfix 的作者在文件中，比較推薦 Dovecot 提供的解決方案。

註解
16-1-1

作者意指 Cyrus SASL 較不安全的講法很含蓄，他說大家會選擇使用 Postfix，是因為 Postfix 相較於其他郵件系統來說會比較安全。由於 Cyrus SASL 包含很多程式碼，若使用 Cyrus SALS 和 Postfix 搭配的話，Postfix 的安全性就和其他郵件系統搭配 Cyrus SASL 的安全等級沒什麼兩樣。因此，Dovecot 是較值得考慮的 SASL 方案。

SMTP 授權認證，除了可在 SMTP 伺服端驗證來自 Client 端的要求之外（即 MUA 對 MTA），也可以由 MTA 向其他 SMTP Server 要求授權認證（即 MTA 對 MTA）。前者，我們稱該 MTA 具有 SASL Server 端的功能（簡稱 SASL Server）；後者，我們稱該 MTA 具有 SASL Client 端的功能（簡稱 SASL Client）。

目前 Postfix 支援 SASL 的狀況如下：

- Cyrus SASL 第 1 版，包括 SASL Server 和 SASL Client。

- Cyrus SASL 第 2 版，包括 SASL Server 和 SASL Client。

- Dovecot 協定第 1 版，但只有 SASL Server，且自 Postfix 2.3 版之後才有支援。

欲知主機中的 Postfix 支援哪種 SASL Server 模組，可執行：

```
postconf -a
```

若出現以下訊息，表示 Postfix 支援 Cyrus 和 Dovecot：

```
cyrus
dovecot
```

欲知主機中的 Postfix 支援哪種 SASL Client 模組，可執行：

```
postconf -A
```

目前只有 Cyrus 一種。

SMTP 授權認證雖然可以解決區域網路外部轉遞郵件的需求，不過，MUA 和 MTA 的連線通道並沒有加密保護，尤其在驗證密碼時若採用明碼（plain，login），則極易遭人用 sniffer 之類的工具竊取，實在是不安全。因此，比較好的做法是，運用 TLS 加密的安全連線，讓 Client 和 Server 雙方先建立加密的傳輸通道，然後在此安全連線中進行認證。據此，下一節，我們在設定 SASL AUTH 時，會再搭配 TLS 的設定，讓兩者一起協同運作。

16.2 設定 SMTP AUTH：使用 Dovecot SASL

如果，主機中的 Postfix 是用原始碼編譯的，那麼，由於 Dovecot 使用自己的 daemon 行程來幫 Postfix 做 SMTP 認證，因此，編譯 Postfix 的方法就比較簡單，不必連結任何函式庫，編譯 Postfix 時，只要加入以下選項即可：

```
make makefiles CCARGS='-DUSE_SASL_AUTH -DDEF_SERVER_SASL_TYPE=\"dovecot\"'
```

若是使用平台作業系統提供的套件，例如在 Debian Linux 中，只要按 14.3 節的說明，把 Dovecot 安裝好，Postfix 就可以運用 Dovecot 提供的 SMTP 認證後台。其他 UNIX-like 作業系統平台，作法也是類似的。

請先執行 postconf -a，確定 Postfix 能使用 Dovecot 提供的認證機制。接下來，只要分別設定 Dovecot 和 Postfix 即可。

設定 Dovecot，開放 SMTP AUTH 後台

請編輯 /etc/dovecot/conf.d/10-master，找到「service auth {」這一段，修改設定如下（不含列號）：

```
01.     # Postfix smtp-auth
02.     unix_listener /var/spool/postfix/private/auth {
03.       mode = 0666
04.       user = postfix
05.       group = postfix
06.     }
```

這裡設定 Dovecot 可接受 Client 端提出授權認證的要求。

接著，編輯 conf.d/10-auth.conf：

```
auth_mechanisms = plain login
```

設定 SMTP Client 端和 SASL Server 在連線時協商認證的機制，這裡開放 plain 和 login 二種方法，供 SMTP Client 選用。請注意，Dovecot 預設有啟用「disable_plaintext_auth = yes」，這表示，以明碼的方式驗證密碼，預設是禁止的，不過，若在有開啟 TLS 加密的情況下則是可以的，因此，下一節完成 Postfix 的 SASL 設定之後，還要再加上 TLS 的設定才行。

Dovecot 支援的認證機制，有以下幾種：

```
plain login digest-md5 cram-md5 ntlm rpa apop anonymous gssapi otp skey
gss-spnego
```

這裡選用 plain 和 login 就夠用了。

請注意，Postfix 預設會使用 chroot 功能，請記得要將 Dovecot 授權認證的連線通道設在 Postfix chroot 的目錄（$queue_directory）之下（上述 service auth 設定第 2 列）。

設定 Postfix 使用 SMTP AUTH

Dovecot 設妥之後，在 Postfix 這一方，也要指定使用 Dovecot 的 SASL 認證機制，啟用的方法是在 main.cf 加入以下兩列設定（不含列號）：

```
01.   smtpd_sasl_type = dovecot
02.   smtpd_sasl_path = private/auth
```

列 1，告知 Postfix，欲使用的 SASL 類型是 dovecot 自行實作完成的 SASL 協定。

列 2，設定 SMTP Server 轉介認證要求給 Dovecot 的路徑。這裡設定的是位於 /var/spool/postix 下的相對目錄 private/auth。

啟用 Dovecot SASL 之後，還要設定 Postfix 開啟 SASL 的功能，完整的設定如下：

```
01.  smtpd_sasl_type = dovecot
02.  smtpd_sasl_path = private/auth
03.  smtpd_sasl_auth_enable = yes
04.  broken_sasl_auth_clients = yes
05.  smtpd_sasl_authenticated_header = yes
06.  smtpd_sasl_security_options = noanonymous
07.  smtpd_recipient_restrictions =
08.          permit_mynetworks
09.          permit_sasl_authenticated
10.          reject_unauth_destination
```

說明：

列 1～2，如前述。

列 3，啟用 SMTP AUTH。

列 4，某些較舊的 MUA 軟體，使用的 AUTH 協定命令，語法並不標準，為求最大相容性，因此設定這一類的 MUA 也接受連線。

列 5，在信件表頭的「Received:」欄中，留下 SASL 登入時的帳號名稱。這個選項，可用可不用。（註 16-2-1）

列 6，限制 SALS 不可以使用匿名授權。

列 7，在 SMTP Client 端送出 RCPT TO 命令階段，設置存取限制條件，目前共設置列 8~10 三個限制條件。

列 8，接續列 7 的設定。permit_mynetworks 這個限制條件的意思是說，凡管理者信任的 Client 端主機，Postfix 允許轉遞其郵件，也就是說，只要 Client 端的 IP 在 $mynetworks 之中，Postfix 皆接受其轉遞郵件的要求，不必再檢查接下來的限制條件。

列 9，接續列 7 的設定。permit_sasl_authenticated 的意思是說，凡已通過 SASL 授權認證的 Client 端，Postfix 皆接受其轉遞郵件的要求。

列 10，接續列 7 的設定。reject_unauth_destination 的意思是說，拒絕轉遞郵件到未經授權的目的地（拒絕 relay）。換言之，若 SMTP Client 端沒有通過列 8 和列 9 的檢查，其傳送的郵件會被 Postfix 拒收。此時，Postfix 會按 $relay_domains_reject_code 的設定，傳送拒絕的回應代碼給對方，預設值是 554。關於回應碼的說明，請參考 5.3 節。

另外，我們也希望在 SASL 授權認證時，能在 TLS 加密通道中進行，因此，請在 main.cf 再加入以下設定（不含列號）：

```
01.   # TLS
02.   smtpd_tls_security_level = may
03.   smtpd_tls_session_cache_database = btree:${data_directory}/smtpd_scache
04.   smtp_tls_session_cache_database = btree:${data_directory}/smtp_scache
05.   smtpd_tls_cert_file = /etc/postfix/certs/pbook-cert.pem
06.   smtpd_tls_key_file =  /etc/postfix/certs/pbook-key.pem
07.   smtpd_tls_CAfile = /etc/postfix/certs/cacert.pem
08.   smtpd_tls_CApath = /etc/ssl/certs
09.   tls_random_source = dev:/dev/urandom
10.   smtpd_tls_received_header = yes
11.   smtpd_tls_auth_only = yes
12.   smtpd_tls_loglevel = 1
```

請注意列 11，smtpd_tls_auth_only = yes 的意思是說，只有在 TLS 加密的安全通道之下，才能使用 SMTP AUTH，此設定恰好呼應了 Dovecot 預設的要求：

```
disable_plaintext_auth = yes
```

也就是說，沒有 TLS 加密，就不能使用明碼授權（auth_mechanisms = plain login）。

其他設定列的涵義，請參考前一章的說明。

註解
16-2-1

在「Received:」欄中留下寄件者帳號名稱，表頭欄位的樣本如下：

```
eceived: from m5.lxer.idv.tw ([192.168.1.195])
     (Authenticated sender: john)
```

◉ 測試

首先，我們要了解一點：MUA 和 smtpd 連接時，會按 SMTP/ESMTP 協定進行對話，MUA 送出 EHLO 命令獲得 smtpd 回應後，MUA 會將使用者帳號和密碼以 base64 編碼，然後放在 auth 認證命令中，傳送給 SASL Server 進行驗證。為此，

要先準備好 base64 編碼的資料。perl 有一 MIME::Base64 的模組，可幫忙做這件工作。做法如下：

```
perl -MMIME::Base64 -e 'print encode_base64("\0 帳號\0 密碼");'
```

假設帳號為 jack、密碼 password，計算結果為「AGphY2sAcGFzc3dvcmQ=」，請複製此一字串備用。

接著，我們要以手動的方式，確認 SASL Server 的運作是否可如預期。

使用 telnet 連接 Postfix 的 smtpd，過程如下：

```
01.   demo~# telnet pbook.ols3.net 25
02.   Trying 220.130.228.194...
03.   Connected to pbook.ols3.net.
04.   Escape character is '^]'.
05.   220 pbook.ols3.net ESMTP Postfix (Debian/GNU)
06.   ehlo mail.example.com <--- 這裡輸入你的主機名稱
07.   250-pbook.ols3.net
08.   250-PIPELINING
09.   250-SIZE 10240000
10.   250-VRFY
11.   250-ETRN
12.   250-STARTTLS
13.   250-AUTH PLAIN LOGIN
14.   250-AUTH=PLAIN LOGIN
15.   250-ENHANCEDSTATUSCODES
16.   250-8BITMIME
17.   250 DSN
18.   auth plain AGphY2sAcGFzc3dvcmQ=    <--- 輸入 base64 編碼字串
19.   235 2.7.0 Authentication successful
20.   quit
21.   221 2.0.0 Bye
22.   Connection closed by foreign host.
```

說明：

在列 6 輸入：「ehlo 你的主機名稱」，以便和 smtpd 進行對話（請參考 5.3 節）。列 7~17 是 smtpd 回應的結果。

請注意列 13，此 MTA 多了 AUTH 命令，且列出了它支援的認證機制有 PLAIN 和 LOGIN 兩種。

列 14，AUTH 多了「=」，這是舊式 MUA 用的授權語法。由於我們在 main.cf 中有啟用「broken_sasl_auth_clients = yes」，因此，目前的 SASL Server 接受舊式 MUA 連接，可保有較大的相容性。

列 18，請輸入 auth plain「base64 編碼字串」。

列 19，smtpd 回應碼 235 代表認證成功。

列 20，請輸入 quit，結束連線。

操作至此，表示 SASL Server 已可正常運作。如果列 19 出現錯誤回應，可將 base64 編碼的字串解碼回來看看：

```
perl -MMIME::Base64 -e 'print decode_base64("AGphY2sAcGFzc3dvcmQ=")';
```

解碼結果應為「jackpassword」，若不是，請回顧前述設定步驟，檢查看看是否有哪些設定不小心遺漏了。

最後，我們使用 MUA 再實際測試一下上述設定是否可以正常運作。這裡，以 Thunderbird 為例。

請由 Thunderbird 選單中的「編輯」->「帳號設定」->「SMTP 寄件伺服器」->點選 SMTP 伺服器->點按「編輯」，在「安全與認證」區，核取「使用帳號名稱及密碼」，並在「使用者名稱」欄中填入帳號，如圖 16-2-1 所示。

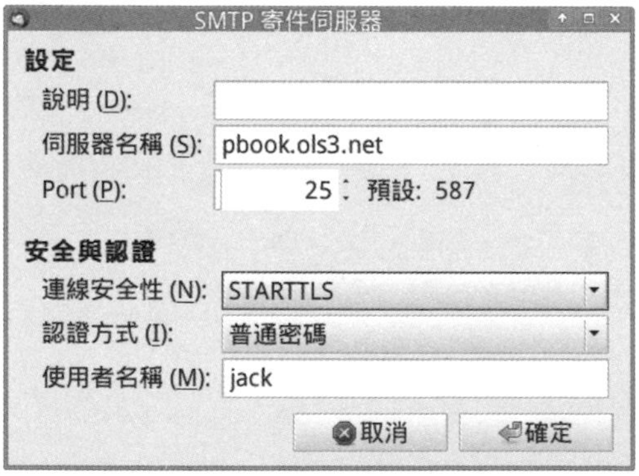

圖 16-2-1：啓用 SMTP AUTH 要求

傳送郵件時，會出現詢問密碼的畫面，請輸入該帳號的密碼即可，如圖 16-2-2。

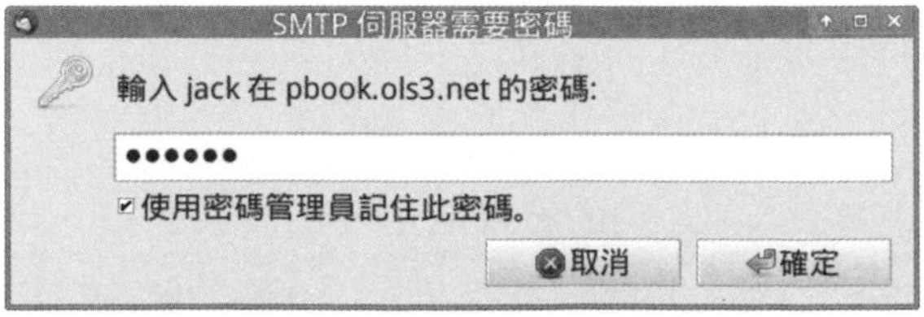

圖 16-2-2：傳送郵件時詢問密碼的畫面。

傳送郵件後，檢查一下郵件記錄檔 /var/log/mail.log，由以下訊息記錄可以發現：
MUA 和 SMTP Server（即 smtpd）協商的認證機制是「PLAIN」，帳號名稱是 jack。

```
Jan 24 23:08:11 pbook postfix/smtpd[9208]: connect from
m5.lxer.idv.tw[192.168.1.195]
Jan 24 23:08:53 pbook postfix/smtpd[9208]: 530BADE3C4:
client=m5.lxer.idv.tw[192.168.1.195], sasl_method=PLAIN, sasl_username=jack
```

再由以下信件的表頭來看，SASL 授權的帳號 jack，而且是使用 TLSv1.2 加密：

```
Received: from [192.168.1.195] (unknown [220.130.228.30])
        (using TLSv1.2 with cipher ECDHE-RSA-AES128-GCM-SHA256 (128/128 bits))
        (Authenticated sender: jack)
        by pbook.ols3.net (Postfix) with ESMTPSA
```

綜合上述，這表示 Postfix 結合 Dovecot 的 SMTP 認證機制，以及啟用 TLS 加密
通道，均已設定成功！

16.3　設定 SMTP AUTH：使用 Cyrus SASL

這一節，我們要讓 Postfix 的 smtpd 改用 Cyrus SASL 的認證方法。

在 Debian Linux 中，請先安裝 sasl2-bin 套件：

```
apt-get update
apt-get install sasl2-bin
```

這個套件含有一個 daemon 程式：/usr/sbin/saslauthd，Postfix 支援 SMTP AUTH 的
關鍵即是在這個程式上。當 smtpd 接到 MUA 要求授權認證時，Postfix 會將驗證
工作轉交給 saslauthd 處理。sasl2-bin 這個 deb 套件，把 saslauthd 執行時的參數
放在 /etc/default/saslauthd，啟動 saslauthd 服務（實際上時執行 /etc/init.d/saslauthd）
時，就會讀取參數，餵給主程式 /usr/sbin/saslauthd。相同的原理，將來，若我們
用的 Cyrus SASL 是自己手動編譯的，只要在命令列餵合適的參數給它即可。

設定 Postfix 支援 SMTP AUTH 的工作計有兩項：

1.　設定 Cyrus SASL。

2.　設定 Postfix。

以下分別說明設定方法。

設定 Cyrus SASL

1. 使用 saslauthd 負責 SMTP AUTH 的工作：

   首先設定 Cyrus SASL 的設定檔檔名和內容。主檔名可自訂（由 Postfix 這一邊來設定），一般是取名為 smtpd.conf。

   如果使用的 Postfix 是 Debian 套件提供的，請編輯 /etc/postfix/sasl/smtpd.conf。如果是用原始碼編譯的，請編輯 /usr/lib/sasl2/smtpd.conf。Cyrus SASL 預設會先搜尋 /usr/lib/sasl2 目錄。

   在 smtpd.conf 中，加入以下設定內容：

   ```
   log_level: 3
   pwcheck_method: saslauthd
   mech_list: plain login
   ```

   說明：

   smtpd.conf 這個檔案的作用是，設定 Postfix 如何運用 Cyrus SASL 函式庫（Postfix 在編譯時連結到 libsasl，Postfix 會呼叫 SASL 的函式來進行兩者之間的溝通），這裡的設定是告知 Cyrus SASL 要使用 saslauthd 驗證 SMTP Client 端的帳號密碼，並且以明碼的方式比對密碼，記錄檔的詳細程度是 3 級。

   設定檔的主檔名由 Postfix 決定，在執行驗證前，Postfix 會將此設定檔的主檔名傳給 Cyrus SASL 函式庫，然後由 Cyrus SASL 自己加上 .conf。

   因此，請在 main.cf 加上此一主檔名的設定：

   ```
   # Postfix 2.3 版及之後的版本適用。主檔名設為 smtpd。
   smtpd_sasl_path = smtpd
   # Postfix 2.3 版以前適用。
   smtpd_sasl_application_name = smtpd
   ```

2. 修改 /etc/default/saslauthd（不含列號）：

   這裡是設定 deb 套件版本的 saslauthd 啟動時要使用的參數。

   ```
   01.  START=yes
   02.  MECHANISMS="pam"
   03.  OPTIONS="-c -m /var/run/saslauthd"
   04.  #OPTIONS="-c -m /var/spool/postfix/var/run/saslauthd"
   ```

列 1，把「START=no」改成「START=yes」，表示一開機就啟用 saslauthd。

列 2，使用 PAM 的機制查驗帳號密碼。

列 3，這裡設定 Cyrus SASL 和 Postfix 雙方溝通的 socket 通道目錄，saslauthd 啟用時會自動建立它。其中，選項 -m 用來指定 socket 目錄的絕對路徑，選項 -c 表示要啟用授權認證的快取功能。請特別注意，Postfix 對這個目錄要有讀取和寫入的權限，否則認證會失敗。

列 4，如果 Postfix 使用 chroot 功能，請改用此一設定，並把列 3 註解掉。

以上是在 Debian Linux 中的作法。如果是自行編譯安裝的 Cyrus SASL，可在開機執行 saslauthd 時，使用選項「-a pam」指定查驗密碼的方法，用選項「-c -m socket 檔目錄」指定 saslauthd 的 socket 檔位置（通常在 /var/run/saslauthd）。同樣地，要特別注意 Postfix 對該目錄是否有讀取和寫入的權限。

設定 Postfix

1. 將帳號 postfix 加入 sasl 的群組中：

```
addgroup postfix sasl
```

檢查一下：

```
demo:~# grep sasl /etc/group
sasl:x:45:postfix
```

出現上述第二列的訊息，表示 ok。

2. 編輯 /etc/postfix/main.cf，加入以下設定（不含列號）：

```
01.   #smtpd_sasl_type = cyrus
02.   # 設定 Cyrus SASL 設定檔的主檔名為 smtpd
03.   smtpd_sasl_path = smtpd
04.   smtpd_sasl_auth_enable = yes
05.   broken_sasl_auth_clients = yes
06.   smtpd_sasl_authenticated_header = yes
07.   smtpd_sasl_security_options = noanonymous
08.   smtpd_recipient_restrictions =
09.         permit_mynetworks
10.         permit_sasl_authenticated
11.         reject_unauth_destination
```

列 1，免設定，Postfix 預設是使用 cyrus。

列 3，設定 saslauthd 設定檔的主檔名。

列 10，設定：若通過 SMTP 授權認證，就開放轉遞郵件。

其他各列的涵義，同 16.2 節的說明。

◉ 啟用 saslauthd、重新載入 Postfix

完成前述設定之後，接下來，就可以啟用 saslauthd 了，操作方法如下：

```
service saslauthd start
```

記得要重新載入 Postfix，讓 SASL 的設定能夠生效：

```
service postfix reload
```

另外，Cyrus SASL 一樣可搭配 TLS 加密使用，關於 TLS 的設定方法，同 16.2 節的說明，這裡就不再贅述了。以下列出設定列：

```
# TLS
smtpd_tls_security_level = may
smtpd_tls_session_cache_database = btree:${data_directory}/smtpd_scache
smtp_tls_session_cache_database = btree:${data_directory}/smtp_scache
smtpd_tls_cert_file = /etc/postfix/certs/pbook-cert.pem
smtpd_tls_key_file =  /etc/postfix/certs/pbook-key.pem
smtpd_tls_CAfile = /etc/postfix/certs/cacert.pem
smtpd_tls_CApath = /etc/ssl/certs
tls_random_source = dev:/dev/urandom
smtpd_tls_received_header = yes
smtpd_tls_loglevel = 1
smtpd_tls_auth_only = yes
smtpd_sasl_tls_security_options = $smtpd_sasl_security_options
```

唯一不同的是，這裡增加了 smtpd_sasl_tls_security_options 設定項，它的意思是要規範 SASL 授權驗證時的安全選項，預設值是 $smtpd_sasl_security_options 的參數值，其預設值為 noanonymous，即不准 Client 端使用匿名驗證。

◉ 測試

使用 testsaslauthd 測試 SASL。

Cyrus SASL 附有一支測試工具 testsaslauthd，可用來測試 saslauthd 是否能夠正常運作，用法如下：

```
testsaslauthd -u 帳號 -p 密碼 -f 「socket 檔」
```

選項 -f 後接 saslauthd 的 socket 檔位置。

用例：

```
# 若 Postfix 沒有啟用 chroot：
testsaslauthd -u 帳號 -p 密碼 -f /var/run/saslauthd/mux
# 若 Postfix 有啟用 chroot：
testsaslauthd -u 帳號 -p 密碼 -f /var/spool/postfix/var/run/saslauthd/mux
```

若測試成功，會出現「0: OK "Success."」的訊息。

◉ 使用原始碼編譯 Cyrus SASL

Cyrus SASL 的網址在 http://www.cyrussasl.org/。

安裝法：

1. 首先由該計劃網站下載原始碼壓縮檔：

   ```
   wget ftp://ftp.cyrusimap.org/cyrus-sasl/cyrus-sasl-2.1.26.tar.gz
   tar xvzf cyrus-sasl-2.1.26.tar.gz
   cd cyrus-sasl-2.1.26
   ```

2. 編譯安裝：

   ```
   ./configure
   make
   make install
   ```

   安裝好了之後，saslauthd 和其他工具程式放在 /usr/local/sbin 目錄，包括：saslpasswd2、testsaslauthd、sasldblistusers2。

3. 調整及設定：

   Cyrus SASL 比較特殊的地方是它要求函式庫要在 /usr/lib/sasl2 這個目錄，但實際上函式庫是安裝在 /usr/local/lib/sasl2，因此，要做以下動作：

   ```
   # 備份原有的 /usr/lib/sasl2 目錄
   cd /usr/lib
   mv sasl2 sasl2.backup
   ```

```
# 建立軟連結，把 /usr/lib/sasl2 指向到 /usr/local/lib/sasl2
ln -s /usr/local/lib/sasl2 /usr/lib/sasl2
# 把原設定檔拷貝一份到新的目錄中
cp /usr/lib/sasl2.backup/smtpd.conf /usr/local/lib/sasl2
```

smtpd.conf 的內容仍然如下：

```
log_level: 3
pwcheck_method: saslauthd
mech_list: plain login
```

至於 Postfix 中關於 SASL 和 TLS 的設定仍然和之前的設定相同。

4. 建立執行 saslauthd 的 script 檔：

編輯 /root/start-saslauthd.sh，內容如下：

```
#! /bin/bash
/usr/local/sbin/saslauthd -a pam -c -m /var/spool/postfix/var/run/saslauthd
```

給予執行權：

```
chmod +x /root/start-saslauthd.sh
```

接著編輯 /etc/rc.local，將「/root/start-saslauthd.sh」寫入其中，使其一開機就可以執行。

5. 執行：

```
/root/start-saslauthd.sh
```

⬢ 設定 MSA（Mail Submission Agent）支援 TLS/SMTP AUTH

筆者在 3.4 節介紹 postscreen 時，曾建議 smtpd 25 埠留給外部的 SMTP Server 連接，域內使用者要傳送郵件時則改用 submission 587 埠。既然我們已了解 TLS 和 SMTP AUTH 的作法，底下，補充列出 submission 的設定。

請編輯 master.cf 修改 submission 的設定選項如下：（不含列號）

```
01.  submission inet n       -       y       -       -       smtpd
02.    -o syslog_name=postfix/submission
03.    -o smtpd_tls_security_level=encrypt
04.    -o smtpd_sasl_auth_enable=yes
05.    -o smtpd_sasl_type=dovecot
```

```
06.     -o smtpd_reject_unlisted_recipient=no
07.     -o smtpd_sasl_path=private/auth
08.     -o smtpd_sasl_security_options=noanonymous
09.     -o smtpd_sasl_local_domain=$myhostname
10.     -o smtpd_client_restrictions=permit_sasl_authenticated,reject
11.     -o smtpd_sender_login_maps=hash:/etc/postfix/login_map
12.     -o smtpd_recipient_restrictions=reject_non_fqdn_recipient,
        reject_unknown_recipient_domain,permit_sasl_authenticated,reject
13.     -o milter_macro_daemon_name=ORIGINATING
```

說明：

列 2，記錄訊息時使用的名稱。

列 3，強迫使用 TLS 加密。

列 4，啟用 SMTP AUTH。

列 5，使用 Dovecot SASL。

列 6，不檢查收件者帳號是否存在。因為在列 11 我們要啟用登入名稱比對的功能。

列 7，指定 SASL 和 Postfix 溝通的目錄管道。

列 8，不允許匿名授權。

列 9，設定驗證的領域域名。這裡設定：只有 $myhostname 的寄件者來源才可以授權。假設 $myhostname 的值是 mail.example.com，那麼只有「帳號@mail.exemaple.com」的使用者才能使用。

列 10，只有授權認證通過者，才允許連接。

列 11，對郵件來源位址，也就是 MAIL FROM 的位址進行比對。/etc/postfix/login_map 的格式同 virtual 表，請參考 8.3 節。

列 12，只有授權認證通過者，才允許轉遞郵件。

列 13，設定 Milter 程式的 daemon 巨集名稱為 ORIGINATING。假設有啟用 DKIM 簽署郵件，通常我們只希望我方使用者提交出去的郵件才做簽署的動作，這裡加註 ORIGINATING 可供 DKIM 判斷這是我方的用戶所傳遞的郵件。

因為 submission 是專門服務域內的用戶，因此上述設定採取較為嚴格的方式，用意是不讓域外未經授權者隨意連接，這和 3.4 節規劃「25 埠主外、587 埠主內」的作法是一致的。

◈ 補充說明：

1. Cyrus SASL 設定檔的位置：

   若 Cyrus SASL 是用原始碼編譯安裝的，依 Cyrus SASL 版本的不同，函式庫的位置通常在以下目錄：

   ```
   # Cyrus SASL 2.x 版
   /usr/local/lib/sasl2/
   # Cyrus SASL 1.5.x 版
   /usr/local/lib/sasl/
   ```

   安裝好了之後，要做目錄連結如下：

   ```
   # 2.x 版
   ln -s /usr/local/lib/sasl2 /usr/lib/sasl2
   # 1.x 版
   ln -s /usr/local/lib/sasl /usr/lib/sasl
   ```

   以 Cyrus SASL 2.x 版來說，優先搜尋的設定檔目錄是 /usr/lib/sasl2。2.1.22 版則是 /etc/sasl2。

   若 Cyrus SASL 是由 UNIX-like 等作業系統提供的套件安裝的，例如 Debin Linux，則設定檔位置在 /etc/postfix/sasl，參數預設檔則在 /etd/dafault/saslauthd；其他平台，請參考該套件的說明，例如，位置可能在 /var/lib/sasl2/ 目錄。

2. log_level 用來設定 Cyrus SASL 記錄系統訊息時的詳細程度。各層級的意義如下表：

層級	詳細程度
0	不做記錄。
1	不尋常的錯誤，此為預設值。
2	認證失敗時。
3	普通警告訊息。
4	比 level 3 詳細一點。
5	比 level 4 詳細一點。
6	追蹤內部的協定。
7	同 level 6，也包括密碼。

3. Cyrus SASL 驗證密碼的方法有四種：

Cyrus SASL 驗證密碼的方法，其適用的情況如下表：

表 16-3-1：Cyrus SASL 驗證密碼的方法和適用情況

密碼驗證後台	驗證密碼的服務或嵌入模組
/etc/shadow	saslauthd
PAM	saslauthd
IMAP 伺服器	saslauthd
sasldb	sasldb
MySQL、PostgreSQL、SQLite	sql
LDAP	Ldapdb

設定密碼驗證後台的設定項是：pwcheck_method。

這四種方法，分述如下：

- 方法一：使用平台系統本身的密碼檔。例如：密碼表、shadow 檔。通常會委由 Cyrus SASL 提供的 saslauthd 來做這件工作，設定如下：

```
pwcheck_method: saslauthd
mech_list: plain login
```

saslauthd 本身有多種執行查驗密碼的機制，例如：getpwent、kerberos4、kerberos5、pam、rimap、shadow、sasldb、ldap，等等。在 Linux 平台，最常選用的是 PAM 的機制（pam），因此，執行 saslauthd 時，多會加上「-a pam」的選項，表示指定用 PAM 來查驗密碼。

- 方法二：使用 Cyrus SASL 工具自建的密碼檔。例如以下設定：

```
pwcheck_method: auxprop
auxprop_plugin: sasldb
mech_list: PLAIN LOGIN CRAM-MD5 DIGEST-MD5
```

密碼檔的位置通常在 /etc/sasldb2，可用 saslpasswd2 維護，用法如下：

```
saslpasswd2 -c -u `postconf -h myhostname` 帳號
```

其中，選項 -c 表示要新增一個帳號，選項 -u 指定該帳號所屬的領域（realm）。這裡使用 shell 語法，執行 `postconf -h myhostname` 可取得 Postfix 的主機名稱。

用例：

```
saslpasswd2 -c -u `postconf -h myhostname` john
```

使用 sasldblistusers2 可列出 /etc/sasldb2 內的帳號和其所屬的領域，用例如下：

```
demo:~# sasldblistusers2
john@pbook.ols3.net: userPassword
```

在 Postfix 這一頭，可限制屬於某一領域的帳號才能進行查驗，方法如下：

```
# 在 /etc/postfix/main.cf 中設定
smtpd_sasl_local_domain = $myhostname
```

smtpd_sasl_local_domain 的預設值是空的，這裡設定只有屬於主機名稱的領域，才能查驗。

- 方法三：使用 MySQL 或 PostgreSQL 資料庫建立的用戶資料。例如以下設定：

MySQL：

```
pwcheck_method: auxprop
auxprop_plugin: sql
sql_engine: mysql
sql_verbose: yes
sql_hostnames: localhost
sql_user: 資料庫帳號
sql_passwd: 資料庫密碼
sql_database: 資料庫名稱
sql_select: select password from 資料表 where username = '%u@%r'
sql_usessl: no
```

其中，%u 代表帳號；%r 代表領域（realm），通常是主機或網域名稱。

PostgreSQL：

```
pwcheck_method: auxprop
auxprop_plugin: pgsql
sql_engine: pgsql
sql_verbose: yes
sql_hostnames: localhost
sql_user: 資料庫帳號
sql_passwd: 資料庫密碼
sql_database: 資料庫名稱
sql_select: select password from 資料表 where username = '%u@%r'
sql_usessl: no
```

- 方法四：使用 LDAP 建立的用戶資料。例如以下設定：

```
pwcheck_method: auxprop
auxprop_plugin: slapd
ldapdb_uri: ldap://ldap.example.com
ldapdb_id: root
ldapdb_pw: secret
ldapdb_mech: DIGEST-MD5
ldapdb_canon_attr: uid
```

4. mech_list 設定可供 SMTP Client 端選用的認證機制，例如：PLAIN、LOGIN、CRAM-MD5、DIGEST-MD5，等等。

   請特別注意，如果使用 saslauthd，則 mech_list 只能選用 plain 和 login 這兩種機制。

5. Postfix 支援政策設定，可規範 Cyrus SASL 認證機制的限制，如下表：

表 16-3-2：Cyrus SASL 認證機制的限制

機制性質	說明
noanonymous	不可使用匿名驗證。
noplaintext	不可使用明碼驗證。
nodictionary	不可使用易遭受字典比對密碼攻擊的機制。
mutual_auth	Client 端和 Server 端須互相認證通過。

   限制性質是在 Postfix 中用 smtpd_sasl_security_options 設定項來指定。

6. 關於 Cyrus SASL 各種選項的說明，可參考 Cyrus SASL 函式庫原始碼包裡的 doc/options.html。

16.4 設定 Postfix 擔任 SASL Client

Postfix 擔任 SASL Client 的意思是說：當 Postfix 轉遞郵件到目的地主機或某一個 MTA 中繼站時，對方要求須先通過 SMTP 授權認證，才願意接收郵件。

此作用過程是：使用者用 MUA 寄出信件時，交由 Postfix 轉遞，Postfix 將郵件傳送到另一中繼 MTA 時（例如 ISP），對方要求須先完成 SMTP 授權認證。

在 Postfix 中，欲啟用 SASL Client，必須結合 Cyrus SASL 才行，Dovecot 並無此功能。關於這一點，請參考 16.1 節的說明。

Postfix 啟用 SASL Client 的方式，是以郵件目的地的主機名稱或網域名稱進行查表，以找出對應的帳號和密碼，然後，用對應的帳號密碼和遠端的 MTA 主機進行 SMTP 授權認證。

在 main.cf 中，設定工作有以下兩項：

1. 啟用 SASL 認證功能。

2. 建立目的地和帳號密碼的對照表。

分別說明如下。

◉ 啟用 SASL 認證功能

編輯 /etc/postfix/main.cf（不含列號）：

```
01.  smtp_sasl_auth_enable = yes
02.  smtp_sasl_security_options = noanonymous
03.  smtp_sasl_password_maps = hash:/etc/postfix/sasl_client_passwd
04.  smtp_sasl_type = cyrus
05.  relayhost = [mail.myisp.com]
```

列 1，啟用 SASL Client 授權認證的功能。

列 2，禁用匿名認證。這裡只有 noanonymous 選項，讓 Postfix 可以和只支援 plain、login 明碼認證的 MTA 連接。若再加上 noplaintext 選項，就不能使用明碼認證。

列 3，設定查詢帳號密碼的對照表。

列 4，指定使用 Cyrus SASL Client。smtp_sasl_type 這個設定項，在 Postfix 2.3 版以後才有支援，2.3 版以前不用設定。

列 5，指定中繼的 MTA，例如用戶的 ISP 主機：mail.myisp.com。這裡使用 [] 將中繼的郵件主機括號起來，表示不執行 MX 查詢，直接將郵件往這個位址傳遞。

請特別注意，上述設定項是以「smtp_」開頭的喔！（勿寫成「smtpd_」）這表示 Postfix 是擔任 SMTP Client 的角色。凡是以 smtp_* 開頭的設定項，皆是針對 SMTP Client 設定的，這點，請勿搞錯了。

另外，Postfix 擔任 SMTP Client 和其他 SMTP Server 連接時，也可以啟用 TLS 加密，作法如下：

```
# 編輯 main.cf：
smtp_tls_security_level = may
```

◉ 建立目的地和帳號密碼的對照表

這裡欲建立的對照表是 /etc/postfix/sasl_client_passwd（檔名可自訂），內含目的地和帳號密碼的對應。

sasl_client_passwd 的每一列，左邊是郵件目的地的主機名稱或網域名稱，右邊是對應的帳號密碼，格式如下：

```
目的地的主機名稱或網域名稱                帳號:密碼
```

對照表 sasl_client_passwd 的用例如下：

```
pbook.ols3.net          john:dontusepwd
```

使用 postmap 編譯此對照表：

```
postmap /etc/postfix/sasl_client_passwd
```

這樣，Postfix 擔任 SASL Client 的設定就完成了。

注意！sasl_client_passwd 這個檔案要特別保護，最好只供 root 讀取，因此請執行：

```
chmod 600 /etc/postfix/sasl_client_passwd
```

◉ 應用實例

接下來，我們來看一個應用實例。

筆者在一部主機設定 Postfix 擔任 SASL Client，主機名稱是 mmm5。在 mmm5 中，設定中繼的 MTA 是 pbook.ols3.net，如下所示：

```
# /etc/postfix/main.cf
smtp_sasl_auth_enable = yes
smtp_sasl_security_options = noanonymous
smtp_sasl_password_maps = hash:/etc/postfix/sasl_client_passwd
smtp_sasl_type = cyrus
relayhost = [pbook.ols3.net]
# 啟用 TLS 加密
smtp_tls_security_level = may
```

接著,使用 MUA 寄一封測試信給 ols3er@gmail.com。在 MUA 中,指定 SMTP Server 是 mmm5。mmm5 接到 MUA 寄來的郵件之後,便會根據上述設定,由對照表 sasl_client_passwd 查出 SMTP AUTH 所需的帳號密碼,然後和中繼的 MTA 連接(即 pbook.ols3.net)。

以下是中繼 MTA pbook.ols3.net 的記錄檔訊息片斷:

```
Jan 27 09:25:52 TLS connection established from mmm5.lxer.idv.tw
[220.130.228.195]: TLSv1.2 with cipher AECDH-AES256-SHA (256/256 bits)
Jan 27 09:25:52 pbook postfix/smtpd[13199]: 08105DE3B1:
client=mmm5.lxer.idv.tw[220.130.228.195], sasl_method=PLAIN,
sasl_username=john
Jan 27 09:25:52 pbook postfix/cleanup[13203]: 08105DE3B1:
message-id=<20100127012532.D099934CB05@mmm5.lxer.idv.tw>
Jan 27 09:25:52 pbook postfix/qmgr[12349]: 08105DE3B1:
from=<root@mmm5.lxer.idv.tw>, size=519, nrcpt=1 (queue active)
Jan 27 09:25:52 pbook postfix/smtpd[13199]: disconnect from
mmm5.lxer.idv.tw[220.130.228.195]
Jan 27 09:25:55 pbook postfix/smtp[13204]: 08105DE3B1: to=<ols3er@gmail.com>,
relay=gmail-smtp-in.l.google.com[209.xx.xxx.49]:25, delay=3.8,
delays=0.02/0.01/1.7/2, dsn=2.0.0, status=sent (250 2.0.0 OK 1264555556
15si11439206iwn.112)
Jan 27 09:25:55 pbook postfix/qmgr[12349]: 08105DE3B1: removed
```

由第一列可看出,mmm5 連接 pbook.ols3.net 時已啟用了 TLS 加密通道。

由第二列可看出,mmm5 連接 pbook.ols3.net 時,主動使用 PLAIN 的認證機制,認證帳號是 john。由倒數第二列可看出,SMTP AUTH 授權成功之後,pbook.ols3.net 便將剛剛由 mmm5 傳遞過來的郵件往目的地傳送,且對方也已順利地收下郵件。

◉ 補充說明

除了使用主機名稱或網域名稱當查表關鍵字之外,自 Postfix 2.3 版以後,也可以使用寄件者的郵件位址查表,做法如下:

1. 設定 main.cf:

```
01.   smtp_sender_dependent_authentication = yes
02.   sender_dependent_relayhost_maps = hash:/etc/postfix/sender_relay
03.   smtp_sasl_auth_enable = yes
```

```
04.   smtp_sasl_password_maps = hash:/etc/postfix/sasl_client_passwd
05.   relayhost = [mail.myisp.com]
```

說明：

列 1，設定項 smtp_sender_dependent_authentication 的意思是說，關閉 SMTP 連線快取，依不同的寄件者使用不同的 SASL 授權認證。

列 2，設定項 sender_dependent_relayhost_maps，設定不同的寄件者使用不同的轉遞主機。此設定會覆蓋全域的 relyhost 設定項。

2. 建立 sasl_client_passwd 對照表：

```
# 依寄件者的郵件位址所對應的帳號密碼
user1@example.com          username1:password1
user2@example.net          username2:password2

# relayhost 預設使用的帳號密碼
mail.myisp.net             username:password
```

3. 建立 sender_relay 對照表：

```
user1@example.com          [mail.example.com]
user2@example.net          [mail.example.net]
```

如果中繼的 MTA 使用 Submission 協定接收郵件（587 port），也可以指定 Postfix 連接對方主機的 TCP 587 port，設定方法如下：

1. 在 main.cf 的設定：

```
relayhost = [mail.myisp.com]:submission
```

2. sasl_client_passwd 對照表：

```
mail.myisp.com:submission            username:password
```

3. sender_relay 對照表：

```
user1@example.com          [mail.example.com]:submission
```

架設虛擬網域 / 多網域郵件系統

17.1 關於虛擬網域郵件系統

什麼是虛擬網域？

所謂虛擬網域是說，管理員手上維護著許多不同的正式域名，但收發郵件卻只靠一部主機。由外界的觀點來看，這些網域的運作像是獨立存在的一樣，各自使用不同的主機，但實際上，只有一部機器在運作。

虛擬網域的作法有二：

■ 使用「虛擬別名網域」：

此法利用 Postfix 位址改寫的機制，將各虛擬網域的郵件位址，對應到本機真實的郵件帳號或外部其他主機的郵件帳號。說穿了，虛擬別名和別名檔（aliases）的運作方式，其實是一樣的。虛擬別名的投遞作業程式是 local 和 smtp；前者投遞本機信箱，後者負責轉遞郵件到外部其他主機信箱。虛擬別名使用的是 virtual 對照表，請參考 8.3 節。

■ 使用「虛擬信箱網域」：

此法也是利用 Postfix 位址改寫的機制，不同的是，虛擬信箱類別的收件者，並不需要使用真實的郵件帳號，每個收件者都會有一個專屬的虛擬信箱，信箱的位置會以域名分類，存放在不同的郵件目錄。虛擬信箱的投遞作業程式是 virtual。虛擬信箱使用的是 virtual_mailbox_maps 對照表。

這兩種作法，在 Postfix 內部的運作方式雖然不同，但在 DNS 方面的設定方式卻是一樣的，都需要在 DNS Server 上，為這些域名設定郵件交換器（即 MX），讓各虛擬網域的 MX 主機，都指向同一部郵件主機，這部主機即可幫這些虛擬網域，處理郵件的投遞作業。

◎ 關於域名的分類

在開始架設多網域郵件系統之前，要先了解一下 Postfix 對域名的分類。Postfix 將域名分成以下四種方式來看待：

表 17-1-1：Postfix 對域名的分類

名稱	是不是郵件最後投遞的目的地
正規域名	是
寄宿域名	是
MX 域名	不是
預設域名	不是

正規域名包括主機名稱、主機的 IP 位址、主機名稱的父域名（這三者稱為「canonical domains」），皆按「本機域名位址類別」來處理。凡是郵件最後的目的地是正規域名者，就依本機的投遞作業方式來投遞郵件。

除了正規域名之外，Postfix 可以把其他域名設定為郵件最後的投遞目的地，這類域名稱為寄宿域名（hosted domains）。這些域名和這部主機本身並沒有直接的關聯，也就是說，域名並沒有直接設定在主機的介面之中。寄宿域名會依「虛擬別名域名位址類別」、或按「虛擬信箱域名位址類別」來處理。

Postfix 也可以設定成某些域名的 MX 備援主機，也就是說當該域名的主要 MX 主機當掉無法收信時，MX 備援主機可以暫時幫忙接收郵件，俟主要 MX 主機恢復正常時，再將郵件傳回給它。在這種運作方式下，郵件最後投遞目的地並不是這部主機本身，屬於「relay 域名位址類別」。

最後，Postfix 還有預設的用法，即我們可以設定 Postfix 來幫忙轉遞郵件給網際網路上的其他主機，在這種運作方式下，郵件最後投遞目的地也不是這部主機本身。這種機制的服務對象，僅限已經過授權的 Client 端或用戶，屬於「預設域名位址類別」。

關於郵件位址分類以及合適的投遞方法，請參考 8.2 節的說明。

◉ 郵件帳號和多網域系統

多網域系統，除了要考慮域名如何處理之外，另外還有一個考量重點，即管理郵件帳號的問題。帳號是要用 Unix-Like 系統中的真實帳號呢？（/etc/passwd、shadow）還是要用虛擬不存在的帳號？

對於小型的郵件系統，我們可以採前一種方式；但對於大型的郵件系統，一旦真實帳號的數量多了起來，管理上就會不方便。比較好的作法是把帳號移入 LDAP 和資料庫，不但查詢和管理方便，而且還可以設計客製化的介面。

那麼，虛擬帳號在郵件主機中，就只剩下一個用途，即做為郵件分類存放之用。例如把帳號和域名結合起來，做為郵件目錄的命名依據。以 jack@example.com 為例，可規劃郵件存放在以下目錄：

```
#/基底目錄/域名/帳號第一個字元/帳號
/var/vmail/example.com/j/jack
```

當用戶要收取郵件時，由前端系統引導到 LDAP 或資料庫，取得帳號及郵件目錄位置之後，交給下載郵件系統負責取信的工作，或是轉至 webmail 介面，讓用戶直接使用瀏覽器收發信件。

◉ 結合資料庫、LDAP

多網域郵件系統，最終還是要結合關聯式資料庫、LDAP 等等機制，才能把系統做大，管理上也較為方便。不過，在初期規劃的階段，可考慮先使用本機對照表的檔案格式來做測試（例如 DBM、Berkely DB），等到測試無誤，再轉成關聯式資料庫或 LDAP 的作業方式。使用本機對照表的優點是偵錯十分容易，把它當成是一種實驗模型，既省時又方便。

例如，以下是什使用內建的 hash 對照表：

```
postmap -q jack@example.com hash:/etc/postfix/virtual
```

查詢測試成功之後，讓規劃中的機制開始運作，然後進行觀察，若一切無誤，就可以準備轉進資料庫或 LDAP 來處理。在開始正式運作之前，只要把前述指令稍微修改一下，就可以測試查詢結果是否正常。

例如把它改成以下查詢 LDAP 的語法：

```
postmap -q jack@example.com ldap:/etc/postfix/virtual.cf
```

由於在這之前，規劃中的機制已測試完成，這裡只不過是把查詢的對象改到 LDAP 而已（ldap:），整個機制運作成功的可靠性就可以大大地提高。

◉ 最簡單的多網域郵件系統

建立多網域郵件系統，最簡單的方法是把域名加入 mydestination 中，郵件帳號則使用主機的真實帳號。

假設，主機的域名為 mail.example.com，現在要增加接收 john@example2.net 的郵件，可做如下設定：

```
# 編輯 main.cf
myhostname = mail.$mydomain
mydomain = example.com
mydestination = $myhostname localhost.$mydomain example2.net
```

然後，增加帳號 john：

```
adduser john
```

以上這種增加網域的方式，做法雖然簡單，不過卻有兩個麻煩的缺點：

1. 我們很難區隔 jack@mail.example.com 和 john@example2.net 的郵件。

2. 當帳號數量很多時，在管理上十分不方便。

後面兩節，在介紹多網域郵件系統時，將針對這兩個缺點來加以改善。

17.2 架設虛擬別名網域郵件系統

虛擬別名網域在 Postfix 域名的分類中，是屬於寄宿域名，簡單來說，就是掛名在某一部主機上。至於郵件帳號，仍是使用系統的真實帳號，虛擬別名網域的郵件位址須和系統真實的帳號做對應。

◉ 架設方法

架設虛擬別名網域郵件系統有兩大步驟：一、在 Postfix 上設定。二、在 DNS Server 上設定。

一、在 Postfix 上設定：

首先要規劃哪些域名要設成虛擬別名網域，其次，有哪些虛擬別名網域的郵件位址。

這裡以 root.tw 為例。主機是 pbook.ols3.net。

1. 編輯 main.cf 加入：

```
01.  virtual_alias_domains = root.tw
02.  virtual_alias_maps = hash:/etc/postfix/virtual
```

列 1，設定 root.tw 為虛擬別名網域。若還有其他域名，可加入它的後面。

列 2，設定虛擬別名網域的郵件位址對照表。

2. 建立郵件位址對照表：

```
01.  # 主機域名為 pbook.ols3.net
02.  info@root.tw      jack
03.  sales@root.tw     mary
04.  support@root.tw   pop, tech
05.  @root.tw          catchall
```

列 2，把郵件位址 info@root.tw 對應到本機真實帳號 jack。

列 3，把郵件位址 sales@root.tw 對應到本機真實帳號 mary。

列 4，把郵件位址 support@root.tw 對應到本機真實帳號 pop 和 tech。

列 5，其他 @root.tw 的郵件都由 catchall 這個帳號接收。使用這列設定要特別小心，因為很容易收下一堆垃圾郵件。如果沒有啟用本列設定，Postfix 只會接收 info、sales 和 support 的郵件，其他的都拒收。

3. 編譯郵件位址對照表：

```
postmap /etc/postfix/virtual
```

4. 測試：

```
postmap -q 'sales@root.tw' /etc/postfix/virtual
```

若出現 mary，表示測試成功。

5. 重新載入 Postfix：

```
service postfix reload
```

二、在 DNS Server 上設定：

在 DNS Server 上的設定，主要是建立 MX 記錄。

1. 編輯正解檔，加入以下 MX 設定：

```
root.tw.  IN  MX  10  pbook.ols3.net.
```

2. 重新啟動 BIND9。

3. 測試 MX 記錄是否生效：

```
dig root.tw MX
```

若出現以下訊息，表示 MX 設定成功。

```
;; QUESTION SECTION:
;root.tw.                        IN      MX
;; ANSWER SECTION:
root.tw.                86400  IN      MX      10 pbook.ols3.net.
```

最後一列訊息是說 root.tw. 的 MX 主機已指向 pbook.ols3.net。

接下來，就可以試寄一封信來測試看看了，結果如下：

```
Aug 21 14:26:13 pbook postfix/local[26532]: 964FE1024C1:
to=<mary@pbook.ols3.net>, orig_to=<sales@root.tw>, relay=local, delay=0.11,
delays=0.09/0.01/0/0, dsn=2.0.0, status=sent (delivered to mailbox)
```

請注意關鍵字串「to=<mary@pbook.ols3.net>」，這表示最後投遞的對象已轉為 mary，而「orig_to=<sales@root.tw>」則是表示該郵件原本的收件人是 sales@root.tw。

由上述訊息看來，此虛擬別名網域的測試就是成功了。

◉ 以虛擬別名網域的郵址回寄信件

前述架設成功之後，還留下一個問題，我方真實帳號的收件人，要如何以虛擬別名網域的位址格式回寄信件呢？其實作法很簡單，只要利用我們在 8.3 節介紹的 canonical 對照表即可。

作法如下：

1. 輯輯 main.cf，加入：（不含列號）

```
01.  canonical_maps = hash:/etc/postfix/canonical
02.  local_header_rewrite_clients = permit_mynetworks,
03.          permit_sasl_authenticated
```

列 1，設定 canonical 對照表的路徑檔名。

列 2～3，設定 mynetworks 來源端以及通過 SMTP 授權認證的來源位址皆視為本機改寫範圍。如果不做這個設定，那麼使用者必須登入主機，在本機的命令列中回信，這是很不方便的。有了這個設定，使用者可離線在遠端用 MUA 寫信，再透過主機的 SMTP 轉信出去，此時，canonical 仍可以對這些視為本機範圍內的郵件加以改寫。

2. 編輯 canonical 對照表，把之前在 virtual 中的左右手對應關係反過來寫：

```
jack@pbook.ols3.net   info@root.tw
mary@pbook.ols3.net   sales@root.tw
catchall@pbook.ols3.net catchall@root.tw
```

3. 編譯 canonical 對照表：

```
postmap /etc/postfix/canonical
```

4. 重新載入 Postfix。

接著，試寄郵件進行測試，結果如下：

在 pbook.ols3.net 這部主機的 mail.log 中有以下訊息：

```
Aug 21 14:51:08 pbook postfix/qmgr[26589]: 8B6621005E6: from=<sales@root.tw>,
size=940, nrcpt=1 (queue active)
```

請注意關鍵字串「from=<sales@root.tw>」，這表示 Postfix 已由 canonical 對照表，將 mary@pbook.ols3.net 轉換成 sales@root.tw 之後，再把郵件往外遞送。

再來看收件者這一端。底下是收件者收到這一封信時的信件表頭片段：

```
Message-ID: <53F59DA4.2070301@pbook.ols3.net>
Date: Thu, 21 Aug 2014 14:51:19 +0800
From: sales@root.tw
User-Agent: Mozilla/5.0 (X11; Linux x86_64; rv:31.0) Gecko/20100101
Thunderbird/31.0
```

```
MIME-Version: 1.0
To: ols3er@gmail.com
```

由信件的表頭欄位「From:」可看出，mary@pbook.ols3.net 這個寄件者郵址確已轉換成 sales@root.tw 了。

關於 canonical 對照表的運作方式，請參考 8.3 節，這裡不再贅述。

◉ 虛擬別名網域區隔不同的域名郵件

虛擬別名網域解決了前一節提到的第一個缺點，此法可讓不同網域的郵件都擁有可以區隔的資訊。不過，仍然沒有解決第二個問題；虛擬別名網域還是得用系統真實的帳號，而且，當加入的域名越多時，需用到的真實帳號就越多。

下一節，我們將針對此第二個缺點來加以改善。

17.3 架設虛擬信箱網域郵件系統

當「寄宿域名」越來越多時，郵件帳號大量增加的問題，就越需要考慮，最好的方法是不要使用真實的主機帳號。本節介紹的虛擬信箱網域郵件系統，正是建立在這個觀點之上。另外，在架構本系統時，我們可以先採用對照表，等一切都測試正常了，再轉用資料庫來替代，下一章會再介紹這樣的做法。

架設虛擬信箱網域，主要是利用 Postfix 的域名投遞程式 virtual，其運作流程請參考圖 7-4-1。virtual 程式專門用來處理虛擬網域寄宿的服務，此程式會先查詢收件者的郵件位址對照表，根據對照表，按不同的域名，將郵件分別存入不同的目錄。這些郵件目錄的使用者和群組代碼，只要統一使用一個帳號即可。此法，可解決在 17.1 節提到的第二個缺點的問題，未來就算寄宿域名越來越多，真實帳號也只要用一個就夠了。

不過，virtual 程式的功能，單純地只能用在投遞虛擬信箱的郵件，若要進行郵件轉寄、或自動回信通知等功能，卻是沒有，這必須再配合使用虛擬別名、別名表等其他機制才行。

◉ 虛擬信箱網域架設法

架設虛擬信箱網域，有幾個步驟：一、規劃哪些域名要寄宿，建立域名列表；二、建立域名信箱對照表；三、建立用來存放各域名郵件的目錄區；四、設定目錄區的使用者和群組代碼。五、為每個寄宿域名指定一個 postmaster 管理者信箱。六、設定 DNS Server 上的 MX 記錄指向。

這裡假設要加入寄宿的域名有：

```
root.tw
ols3.net
lxer.idv.tw
```

寄宿域名的服務主機是 pbook.ols3.net。

架設方法說明如下：

1. 建立寄宿域名列表：

    編輯 main.cf，加入：

    ```
    virtual_mailbox_domains = root.tw, ols3.net, lxer.idv.tw
    ```

    這裡把三個域名加入到設定項 virtual_mailbox_domains 之中，表示這三個網域要成為寄宿網域。

    注意事項：

    *   在設定 virtual_mailbox_domains 時，請注意，列表於其中的域名，不可以和 mydestination 的值重複，也就是說，列於 virtual_mailbox_domains 中的網域名稱，不可以出現在 mydestination 的設定之中。

2. 建立域名信箱對照表

    ```
    virtual_mailbox_maps = hash:/etc/postfix/vmailbox
    ```

    /etc/postfix/vmailbox 的內容，即虛擬信箱郵址和郵件目錄的對照表：

    ```
    # 虛擬信箱郵址      郵件目錄
    # root.tw
    info@root.tw    root.tw/info/
    sales@root.tw   root.tw/sales/
    # ols3.net
    mary@ols3.net   ols3.net/mary/
    support@ols3.net ols3.net/support/
    ```

```
# lxer.idv.tw
jack@lxer.idv.tw lxer.idv.tw/jack/
tech@lxer.idv.tw lxer.idv.tw/tech/
```

執行 postmap /etc/postfix/vmailbox。

請注意，郵件目錄的路徑最後的「/」是要採用 maildir 格式的意思，若欲使用的是 mbox 格式，請不要加上「/」。

3. 建立用來存放各域名郵件的目錄區：

```
virtual_mailbox_base = /var/mail/vhosts
```

設定目錄區的基底目錄為 /var/mail/vhosts。

接著，使用以下指令，在此基礎目錄下，開設各域名的子目錄：

```
mkdir -p /var/mail/vhosts
cd /var/mail/vhosts
mkdir -p root.tw
mkdir -p ols3.net
mkdir -p lxer.idv.tw
```

4. 在 main.cf 設定目錄區的使用者和群組代碼：

```
01.  virtual_minimum_uid = 100
02.  virtual_uid_maps = static:6000
03.  virtual_gid_maps = static:6000
```

列 1，設定最小的使用者代碼（uid）不可小於 100，否則退信。

列 2，設定虛擬信箱使用者代碼的對照表。因為只有一個 uid，因此，使用 static 型態的對照表。static 這個關鍵字會直接傳回 6000 當做查表的結果。

列 3，設定虛擬信箱使用者群組代碼（gid）的對照表。因為只有一個 gid，因此，也是使用 static 型態的對照表，它會直接傳回 6000 當做查表的結果。

接下來要建立一個真實的郵件帳號，其 uid 和 gid 都是 6000，帳號名稱可自訂，這裡是設定帳號為 vmail。

作法如下：

1. 建立群組名稱 vmail，群組代碼 6000：

```
addgroup --gid 6000 vmail
```

2. 建立系統帳號 vmail，指定使用者代碼 6000：

```
adduser \
  --system \
  --shell /bin/false \
  --gecos 'system account' \
  --uid 6000 \
  --gid 6000 \
  --disabled-password \
  --home /nonexisted \
  --no-create-home \
  vmail
```

3. 將虛擬信箱目錄的擁有者全設成 vmail 所有，這樣，virtual 投遞程式才有寫入的權限：

```
cd /var/mail
chown -R vmail.vmail vhosts
```

5. 為寄宿域名各別指定一個對外的管理者信箱（公關信箱）：

```
virtual_alias_maps = hash:/etc/postfix/virtual
```

這裡是借助虛擬別名對照表，來設定各域名的 postmaster 郵址要轉寄給誰，對照表設定如下：

```
postmaster@root.tw          postmaster
postmaster@ols3.net         postmaster
postmaster@lexer.idv.tw     postmaster
```

執行 postmap /etc/postfix/virtual。

6. 設定 MX 記錄指向：

在 DNS Server 中，編輯正解檔，設定各虛擬網域的 MX 記錄，均指向這部虛擬主機，用例如下：

```
root.tw.      IN   MX    10    pbook.ols3.net.
ols3.net.     IN   MX    10    pbook.ols3.net.
lxer.idv.tw.  IN   MX    10    pbook.ols3.net.
```

總結以上設定步驟，在 main.cf 中要加入的完整設定如下：

```
# 寄宿域名列表
virtual_mailbox_domains = root.tw, ols3.net, lxer.idv.tw
# 虛擬郵件帳號和虛擬信箱的對照表
virtual_mailbox_maps = hash:/etc/postfix/vmailbox
# 虛擬信箱的基底目錄
```

```
virtual_mailbox_base = /var/mail/vhosts
# 設定虛擬信箱郵件目錄的使用者和群組代碼
virtual_minimum_uid = 100
virtual_uid_maps = static:6000
virtual_gid_maps = static:6000
# 為各虛擬域名建立 postmaster 管理員郵件
virtual_alias_maps = hash:/etc/postfix/virtual
```

接下來，進行測試。以下是測試郵件寄給 tech@lxer.idv.tw 之後，郵件記錄檔 mail.log 的訊息片段：

```
Aug 22 10:23:46 pbook postfix/qmgr[29335]: 0A163102551:
from=<ols3@obsd.ols3.net>, size=864, nrcpt=1 (queue active)
Aug 22 10:23:46 pbook postfix/smtpd[29564]: disconnect from
obsd.ols3.net[192.168.1.166] ehlo=1 mail=1 rcpt=1 data=1 quit=1
Aug 22 10:23:46 pbook postfix/virtual[29496]: 0A163102551:
to=<tech@lxer.idv.tw>, relay=virtual, delay=0.3, delays=0.29/0/0/0.01,
dsn=2.0.0, status=sent (delivered to maildir)
```

請注意關鍵字串「to=<tech@lxer.idv.tw>, relay=virtual」，這表示此收件者郵址已交給 virtual 程式進行投遞，最後的結果是「status=sent (delivered to maildir)」，表示已存入虛擬信箱目錄中，而且是使用 maildir 的格式存入。

以下是 virtual 投遞之後，郵件存入目錄區的結果：

```
root@pbook:/var/mail/vhosts/lxer.idv.tw# ls -la tech/
總計 20
drwx--S--- 5 vmail vmail 4096  8 月 22 10:23 .
drwxr-sr-x 3 vmail vmail 4096  8 月 22 10:23 ..
drwx--S--- 2 vmail vmail 4096  8 月 22 10:23 cur
drwx--S--- 2 vmail vmail 4096  8 月 22 10:23 new
drwx--S--- 2 vmail vmail 4096  8 月 22 10:23 tmp
```

操作至此，表示架設虛擬信箱網域郵件系統已經成功了。

那麼，接下來，使用者要如何取得郵件呢？要解決這個問題，第一個要考量的是：如何驗證這些虛擬信箱網域的帳號密碼。顯然，光靠對照表是不夠的，基於管理規模和方便性，此時，引入資料庫系統和 LDAP 目錄服務，就很重要了。

往後兩章，我們將介紹 Postfix 和資料庫、以及 Postfix 和 LDAP 搭配的方法。

17.4 單純轉信域名

這種多域名郵件系統，單純只是用來轉信到別的地方，並不會在本機留下信件，因此，也不會用到真實的主機帳號，說穿了根本就是一種虛擬別名網域的對應關係。

作法很簡單。

假設轉信主機為 fmail.example8.com，設定如下：

1. 編輯 main.cf，加入：

   ```
   01.  virtual_alias_domains = example.com, example.org, example.net
   02.  virtual_alias_maps = hash:/etc/postfix/virtual_forward
   ```

   列 1，這裡把三個要轉信的域名設定在 virtual_alias_domains。要特別注意的是，這些域名都不可以出現在 mydestination。

   列 2，設定郵件位址的別名對應關係對照表 virtual_forward。

2. 編輯 /etc/postfix/virtual_forward：

   ```
   01.  postmaster@example.com    postmaster
   02.  postmaster@example.org    postmaster
   03.  postmaster@example.net    postmaster
   04.  jack@example.com          jack@mail-a.example2.com, pop@mail-a.example2.com
   05.  jane@example.net          jane@mail-b.example3.com
   06.  mary@example.org          mary@mail-c.example6.com
   ```

   列 1～3，分別給三個域名設立 postmaster 管理員信箱。

   列 4～6，郵件位址轉寄的對應關係，可加入任意數量的設定列，右手方也可以擺放多個郵件位址。

3. 在 DNS Server 正解檔中設定 MX 的指向：

   ```
   example.com.    IN    MX    10    fmail.example8.com.
   example.org.    IN    MX    10    fmail.example8.com.
   example.net.    IN    MX    10    fmail.example8.com.
   ```

   這裡把三個域名的郵件交換器皆指向負責轉信的主機 fmail.example8.com。

以寄給 jack@example.com 的郵件為例，Postfix 會由 virtual_alias_domains 列表中查到 example.com 是屬於虛擬別名網域，因此，它會接著對 /etc/postfix/virtual 查表，發現此郵件的對應郵址有兩個，因此分別轉寄出兩封郵件，其訊息如下：

```
Aug 23 18:35:16 fmail postfix/smtp[12998]: 98C76102606:
to=<jack@mail-a.example2.com>, orig_to=<jack@example.com>,
relay=fmail.example8.com[192.168.1.26]:25, delay=4.5,
delays=0.09/0.02/1.7/2.7, dsn=2.0.0, status=sent (250 2.0.0 OK 1408790174)
Aug 23 18:35:16 fmail postfix/smtp[12997]: 98C76102606:
to=<pop@mail-a.example2.com>, orig_to=<jack@example.com>,
relay=fmail.example8.com[192.168.1.26]:25, delay=4.8,
delays=0.09/0.02/1.4/3.3, dsn=2.0.0, status=sent (250 2.0.0 OK 1408790174)
```

請注意關鍵字串「to=jack@mail-a.example2.com」和「orig_to=jack@example.com」，以及轉信主機 relay=fmail.example8.com[192.168.1.26]:25，由這些訊息可看出，此一轉信域名的機制已架設成功。

Postfix 和資料庫設定管理

18.1　Postfix 和資料庫

◈ 關於資料庫查表

在 3.5 節，我們曾提過「對照表」的觀念。由於 Postfix 運作時，經常需要執行查表的動作，因此，查表的效能不能太差。以對照表的索引檔格式來說，儲存在純文字檔的對照表，編譯成 hash 格式後，查表的效能，事實上已相當不錯，在大部份情況下，應已足敷所需。不過，檔案型的對照表，雖然能滿足一般應用，但對需提升服務容量的應用系統而言，能力卻有所不足。例如，單一郵件主機如何能提供郵件服務給數十萬的用戶？若要以多部郵件主機協同運作，使用者的帳號資料如何管理？散落在各部主機的資料，如何有效的維護？當郵件主機容量不足時，如何擴充加入新的主機？顯然，僅靠檔案型的對照表，勢必無法滿足日益複雜的系統需求。

為此，查表的方法需要做一些改變。我們的想法是，如果把使用者的資料，儲存在外部資料庫，由 Postfix 直接取用資料庫，或許更能迅速反應系統管理的需求。例如說：使用者註冊應用系統後，會在資料庫留下基本資料，例如帳號、密碼、電子郵件位址等等資訊，提供 Email 服務的系統，便可由應用系統的資料庫中直接取用資料，如此，可立即判斷：使用者是否存在、要不要收下使用者的郵件、或把郵件轉遞到指定的 MTA 主機。此一想法的實例應用雛型，可以圖 18-1-1 來說明。

圖 18-1-1 是一郵件服務系統的架構圖，其運作方式是，當外部網域的 MTA 主機，欲傳遞郵件給本系統的使用者時，會先由 DNS 解析本網域的郵件交換器（即閘道主機），然後將郵件轉遞到 Email 服務系統的閘道主機。接著，閘道主機會向

應用系統的資料庫查詢該郵件的使用者是否存在。若使用者不存在，則閘道器會拒收郵件；反之，若使用者存在，則由資料庫中查出使用者的收件信箱位置。最後，由閘道主機執行投遞作業，將郵件傳遞到對應的信箱主機，例如圖 18-1-1 中的 MTA 2。

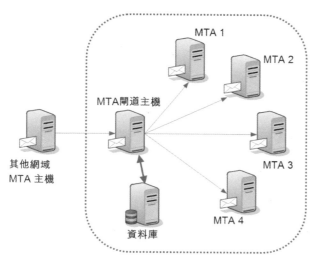

圖 18-1-1：郵件服務系統架構圖

使用這樣的系統架構，有以下優點：

1. 應用系統和郵件服務系統分離，各自使用不同的機器運作，可降低主機的負載瓶頸，增加系統規劃的彈性。

2. 應用系統和郵件服務系統，可各自設計和維護管理。

3. 只需維護一份使用者的資料庫，資料不會散落在各部主機，避免維護上的困擾。

4. 郵件主機和閘道主機皆可視負載情形進行擴充，可應付各種規模的服務容量。

這便是使用資料庫查表帶來的好處。

Postfix 支援的資料庫

Postfix 支援兩種常見的資料庫軟體 MySQL（包括 MariaDB）以及 PostgreSQL。欲使用這兩種資料庫查表，在編譯 Postfix 時，須加入支援這兩種資料庫的編譯選項：

```
CCARGS='-DHAS_MYSQL -I/usr/local/mysql/include \
        -DHAS_PGSQL -I/usr/local/include/pgsql' \
AUXLIBS='-L/usr/local/mysql/lib
        -lmysqlclient -lz -lm \
        -L/usr/local/lib -lpq'
```

如果您使用的是 Postfix 2.12 以後的版本，而且想要啟用動態載入 MySQL 和 PostgreSQL 的函式庫連結，請把 AUXLIBS 改成 AUXLIBS_MYSQL 和 AUXLIBS_PGSQL，如下所示：

```
CCARGS='-DHAS_MYSQL -I/usr/local/mysql/include \
        -DHAS_PGSQL -I/usr/local/include/pgsql' \
AUXLIBS_MYSQL='-L/usr/local/mysql/lib -lmysqlclient -lz -lm' \
AUXLIBS_PGSQL='-L/usr/local/lib -lpq'
```

在 Postfix 2.12 版之後，AUXLIBS 仍然有用，不過，編譯出來的 Postfix 是採用靜態連結的方式結合 MySQL 和 PostgreSQL 的函式庫。

雖然編譯原始碼自由度比較高，但卻比較費時麻煩，難度也較高。其實，大多數 UNIX-like 系統（Linux/BSD），在製作 Postfix 套件時，均已加入對這兩個資料庫的支援，使用平台系統提供的套件來安裝，既省時又省力。

以 Debin Linux 為例，可加裝以下套件：

```
apt-get update
apt-get install postfix-mysql postfix-pgsql
```

要瞭解系統中的 Postfix 是否支援這兩個資料庫，可執行 postconf -m 來查看，如下所示：

```
pbook:# postconf -m | egrep '(mysql|pgsql)'
mysql
pgsql
```

若有出現 mysql、pgsql 字串，表示 Postfix 支援這兩種資料庫的查表功能。

◉ 使用資料庫查表

在確定 Postfix 有支援之後，欲使用資料庫查表，就可在 main.cf 中設定叫用格式，用例如下：

```
alias_maps = mysql:/etc/postfix/mysql-aliases.cf
```

這裡，設定別名檔改用 mysql 來查表，連接資料庫的設定檔為 mysql-aliases.cf。此連線設定檔的格式，和 main.cf 的語法相同，我們在下一節，將會介紹連線設定檔的相關設定項。

請特別注意一點，資料庫查表的速度，比不上普通的對照表格式（例如 hash），若連線查詢資料庫的行程過多，可能會拖累 Postfix 的運作效能，例如出現「too many connections」的錯誤現象（同時連線數過多）。

還好，Postfix 也有提供解決方案。利用 Postfix 的 proxymap，可限制同時存取資料庫的行程數目，作法如下：

```
alias_maps = proxy:mysql:/etc/postfix/mysql-aliases.cf
```

此法是在 mysql 查表格式之前，加上「proxy:」，表示要通過 proxymap 伺服器來執行查表的動作，其連線數目自然會受到 proxymap 行程數上限的限制。proxymap 的行程數上限，定義在 /etc/postfix/master.cf（設定列第 7 個欄位），預設值是 100，若有修改的需要，請參考 4.1 節的說明來調整其大小。

另外，Postfix 可連接多個資料庫主機，若有某資料庫主機暫時無法連通，Postfix 會依序查詢下一部主機，若所有的資料庫主機都無法連通，則該郵件會暫時放入延遲佇列，俟一段時間後，再向資料庫主機查詢。

本章，筆者只示範 Postfix 和 MySQL 搭配使用的方法，至於 PostgreSQL，因作法類似，就不再贅述。當然，讀者須具備關連式資料庫（RDBMS）的基本知識，對結構化查詢語言（SQL）也要有一點認識才行。這一部份，就請讀者自行補足了。

18.2 實例應用一：以轉信功能為例，說明連線設定檔的格式

上一節曾提到，使用資料庫查表時，須在 main.cf 中指定連線設定檔。這一節，我們將以一個實例應用，說明此設定檔的格式。

首先必須了解，Postfix 連接資料庫的設定檔，以 Postfix 2.2 版為分界，在格式上有很大的不同。Postfix 2.2 版以及之後的版本，查詢語句（query）已集中在單一設定項；而在 Postfix 2.2 版以前，則須以多個設定項分別設定。這兩種格式的使

用順序是，Postfix 會優先以新的格式解讀查詢的語法，若新語法不存在，再改用舊式的語法。不過，未來新版的 Postfix，舊式語法會被廢除，因此，如果可以，請儘量以新式的語法撰寫。

為讓讀者易於了解，以下，筆者先舉一轉信實例，再補充說明語法的細節。

此應用實例的作法是，我們打算讓 Postfix 在接收郵件時，由資料庫的資料表找出使用者的信箱位置，然後進行投遞作業。如此一來，我們就可以使用 Postfix 結合網站應用程式，建構一套大型的郵件服務系統。此架構想法的雛型，請參考圖 18-1-1。

底下是一個簡易的使用者資料庫 foo，內含一個資料表 regtable，此表中含有帳號、密碼、轉信與否關鍵字（若是 local，則不轉信；若是 forward，則轉信）、以及對應的郵件位址。

本例各項條件如下：

1. 閘道主機名稱：mail.example.com。

2. 資料庫主機：共有三部，一部是 localhost，另外兩部是 db1.example.com、db2.example.com。

3. MySQL 資料庫名稱：foo。

4. 資料庫帳號：fooadm。

5. 資料庫密碼：passdontuse。

6. 開設資料庫權限的 SQL 指令如下：

   • 在本機資料庫開設權限：

   ```
   grant all privileges
   on foo.*
   to fooadm@localhost
   identified by 'passdontuse'
   ```

   • 在 db1.example.com 開設閘道主機連接的權限：

   ```
   grant all privileges
   on foo.*
   to fooadm@mail.example.com
   identified by 'passdontuse'
   ```

- 在 **db2.example.com** 開設閘道主機連接的權限：

```
grant all privileges
on foo.*
to fooadm@mail.example.com
identified by 'passdontuse'
```

7. 使用者資料表名稱：regtable。資料表結構及內容如下：

```
SET SQL_MODE="NO_AUTO_VALUE_ON_ZERO";

-- 資料庫: `foo`
-- 資料表格式: `regtable`

CREATE TABLE IF NOT EXISTS `regtable` (
  `sno` int(11) NOT NULL auto_increment,
  `username` varchar(20) NOT NULL,
  `passwd` varchar(12) NOT NULL,
  `type` varchar(12) NOT NULL,
  `email` varchar(36) NOT NULL,
  PRIMARY KEY  (`sno`)
) ENGINE=MyISAM  DEFAULT CHARSET=latin1 AUTO_INCREMENT=4;

-- 列出以下資料庫的數據: `regtable`

INSERT INTO `regtable` (`sno`, `username`, `passwd`, `type`, `email`)
VALUES
(1, 'jack', '9876', 'forward', 'jack@ms1.example.com'),
(2, 'mary', '12341', 'forward', 'mary@ms2.example.com'),
(3, 'joy', '87654', 'forward', 'joy@ms3.example.com'),
(4, 'mmm', 'm1212', 'local', 'mmm@pbook.ols3.net');
```

資料表共有 5 個欄位：

- sno：流水號，採用 auto_increment，增加一筆記錄時，此序號會自動加 1。

- username：使用者帳號名稱。

- passwd：使用者密碼。

- type：服務型態。目前只有兩種 forward 和 local。forward 表示閘道主機會幫此使用者轉遞郵件到對應的信箱主機，而 local 則表示該帳號為本機帳號或別名，郵件會交由 local 程式存入本機信箱。

- email：應用系統配發給註冊使用者的電子郵件位址。

您可以利用 phpmyadmin 來建立以上的資料庫，作法如下：

1.　登入 http://主機位址/phpmyadmin。

2.　在資料庫頁面，輸入資料庫名稱 foo，然後按「建立」。

3.　點選資料庫 foo，再按 SQL 頁面。複製貼上底下的 SQL 指令：

```
CREATE TABLE IF NOT EXISTS `regtable` (
  `sno` int(11) NOT NULL auto_increment,
  `username` varchar(20) NOT NULL,
  `passwd` varchar(12) NOT NULL,
  `type` varchar(12) NOT NULL,
  `email` varchar(36) NOT NULL,
  PRIMARY KEY  (`sno`)
) ENGINE=MyISAM  DEFAULT CHARSET=latin1 AUTO_INCREMENT=4;
```

4.　點選資料表 regtable，點按 SQL 頁面，複製貼上底下的 SQL 指令：

```
INSERT INTO `regtable` (`sno`, `username`, `passwd`, `type`, `email`)
VALUES
(1, 'jack', '9876', 'forward', 'jack@ms1.example.com'),
(2, 'mary', '12341', 'forward', 'mary@ms2.example.com'),
(3, 'joy', '87654', 'forward', 'joy@ms3.example.com'),
(4, 'mmm', 'm1212', 'local', 'mmm@pbook.ols3.net');
```

5.　點選 foo 資料庫，點按 SQL 頁面，複製貼上底下的 SQL 指令：

```
grant all privileges
on foo.*
to fooadm@localhost
identified by 'passdontuse'
```

注意！密碼：passdontuse 請自行替換成您的密碼，不要照抄這裡的密碼。

這樣，foo 資料庫就完成建置了。接著便可以使用指令來測試連接資料庫了：

```
mysql -u fooadm -p foo
```

請輸入密碼，看看能否連接得上。

8.　閘道主機使用 Postfix 擔任 MTA，在 main.cf 中，設定 MySQL 的對照表如下：

```
alias_maps = hash:/etc/aliases, mysql:/etc/postfix/mysql-aliases.cf
```

請找到 alias_maps 那一列，把 mysql: 的設定接在後面。底下若提到 alias_maps，請和這裡的作法一樣。

底下，分別說明這兩種新舊語法。讀者若要套用這裡的例子，請將 db1.example.com、db2.example.com 改成您的主機名稱和域名。

◉ 新式語法：Postfix 2.2 版（含 2.2）以後的連線設定檔

連線設定檔的語法和 main.cf 相同，計有以下設定項：

表 18-2-1：新式語法設定項

設定項	用途
hosts	資料庫主機名稱
user	資料庫帳號
password	資料庫密碼
dbname	資料庫名稱
query	查詢 SQL 指令

在本例中，mysql-aliases.cf 的內容如下（不含列號）：

範例 18-2-1：mysql-aliases.cf

```
01.  # MySQL 資料庫主機名稱，可指定多筆。
02.  # 如果您只有一部主機，只要寫上 localhost 即可。
03.  hosts = localhost db1.example.com db2.example.com
04.
05.  # MySQL 資料庫帳號：
06.  user = fooadm
07.  # MySQL 資料庫密碼：
08.  password = passdontuse
09.
10.  # MySQL 資料庫名稱：
11.  dbname = foo
12.
13.  # Postfix 2.2 版及以後的版本，查詢語法樣版：
14.  query = SELECT email FROM regtable WHERE username='%u' AND type='forward'
```

各列說明：

列 3，設定欲連線的資料庫有三：

- 先嘗試和本機（即 localhost）的資料庫連接。

- 若本機無法連接，再隨機和 db1.example.com 或 db2.examle.com 連接。

列 5~11，設定資料庫帳號、密碼、資料庫名稱。

列 14，按前述說明已提到，Postfix 2.2 版及以後的版本，查詢語法已簡化成單一的 query 語法。此 query 查詢語句的意思是說，Postfix 欲由資料表 regtable，取出使用者的 email 欄位，查詢條件是，使用者名稱要和 Postfix 提供的收件者名稱相符（人名部份，以 %u 表示），且服務型態是 forward。（forward 的意思是指閘道主機會幫使用者轉遞郵件）

Postfix 讀取連線設定檔後，會解析 query 語句，並替換相關輸入資料。列 14 中的 %u 稱為「輸入鍵」（input key），Postfix 會將資料餵入其中。以這個例子來說，Postfix 會把收件者名稱代入 %u，然後，Postfix 連接 MySQL，送出查詢的 SQL 指令，如此，便可找出使用者的 email 位址。

請注意，%u 外圍的單引號是必要的，如此，可避免輸入的資料含有危險的特殊字元。

除了 %u 之外，Postfix 還支援其他替換符號，稍後再來說明。

◉ 舊式語法：Postfix 2.2 版以前的連線設定檔

舊式語法的連線設定檔，計有以下設定項：

表 18-2-2：舊式語法設定項

設定項	用途
hosts	資料庫主機名稱
user	資料庫帳號
password	資料庫密碼
dbname	資料庫名稱
select_field	欲查詢的欄位
table	資料表名稱
where_field	欲比對的欄位
additional_conditions	額外的比對條件

在本例中，mysql-aliases.cf 的內容如下（不含列號）：

範例 18-2-2：mysql-aliases-old.cf

```
01.    # MySQL 資料庫主機名稱，可指定多筆。
02.    hosts = localhost db1.example.com db2.example.com
03.
04.    # MySQL 資料庫帳號：
05.    user = fooadm
```

```
06.    # MySQL 資料庫密碼:
07.    password = passdontuse
08.
09.    # MySQL 資料庫名稱:
10.    dbname = foo
11.
12.    # Postfix 2.2 以前的版本，查詢語法樣版:
13.    # 欲查詢的欄位
14.    select_field = email
15.    # 資料表
16.    table = regtable
17.    # 欲比對的欄位
18.    where_field = username
19.    # 額外的比對條件
20.    additional_conditions = AND type = 'forward'
```

各列說明：

列 1~10 的寫法，同範例 18-2-1。

列 12~20 用來組合查詢語句。Postfix 會把 select_field、table、where_field、additional_conditions 等設定項的值，組合成 SQL 指令，其結果同範例 18-2-1 的列 14。

main.cf 和連線設定檔，設定完成後，請重新載入 Postfix，以使設定生效。

接下來，須進行必要的測試，以確定運作無誤。

測試方法如下：

■　方法 1：

```
postmap -q "關鍵字" mysql:/etc/postfix/mysql-aliases.cf
```

用例：

```
postmap -q "jack" mysql:/etc/postfix/mysql-aliases.cf
```

正確結果應顯示：jack@ms1.example.com。

■　方法 2：

```
postmap -q - mysql:/etc/postfix/mysql-aliases.cf <含輸入列的檔案
```

也可以把欲查詢的關鍵字存放在檔案中，然後用轉向輸入的方法，餵給 postmap 查詢。上述指令中的 「-」，代表 postmap 由標準輸入讀取資料。

注意事項：

1. 用 postmap 測試時，記得要在 /etc/postfix/mysql-aliases.cf 之前，加上對照表的型式「mysql:」。

2. Postfix 接收 SMTP 郵件，是由 smtpd 負責，該伺服器在 master.cf 的定義如下：

```
smtp      inet   n    -     -     -     -     smtpd
```

請注意第 5 個欄位，其預設值為「-」，表示 smtpd 會使用 chroot 功能（請參考 4.1 節的說明）。也就是說，smtpd 會被限制在 chroot 目錄下活動（/var/spool/postfix），如果因此出現 Postfix 無法和 MySQL 連線的現象，則當外界寄信進來時，由於無法向 MySQL 查詢，會發生「暫時查詢失敗」的錯誤訊息（Temporary lookup failure），如下所示：

```
Jan 17 09:03:22 pbook postfix/smtpd[3111]: NOQUEUE: reject: RCPT from
lxer.idv.tw[220.130.228.193]: 451 4.3.0 <joy@pbook.ols3.net>: Temporary
lookup failure; from=<ols3@lxer.idv.tw> to=<joy@pbook.ols3.net>
proto=ESMTP helo=<mail.lxer.idv.tw>
```

解決的方法有二：

* 第一，把 smtpd 改成不使用 chroot：

```
smtp      inet n    -     n     -     -     smtpd
```

再重新載入 Postfix 即可：

```
postfix reload
```

不過，筆者認為此法不好，smtpd 還是保持預設值，使用 chroot 會比較安全，因此，建議改用以下方法二。

* 第二，使用 proxymap：

```
alias_maps = proxy:mysql:/etc/postfix/mysql-aliases.cf
```

這裡，在「mysql:」的前面加上「proxy:」，表示要由 proxymap 伺服器，代為叫用和 MySQL 連線的行程，如此，即可避免 smtpd 在 chroot 目錄裡運行而無法和 MySQL 連線的困擾。

⬡ 連線設定檔的設定項説明

以下，只説明 Postfix 2.2 版以後的設定項，至於 2.2 版以前，請參考範例 18-2-2 的説明。

■ hosts

用途：設定欲連線查詢的資料庫主機。

説明：資料庫主機名稱，可使用 UNIX domain socket 格式或 TCP 連線格式。一次可設定多部，Postfix 會隨機地（註 18-2-1）嘗試和這些資料庫主機連接，若連線成功，就送出查詢 SQL 指令。若連線閒置超過一分鐘，Postfix 會自動關閉與資料庫的連線。

用例 1，使用 Unix domain socket 格式：

```
hosts = unix:/var/run/mysqld/mysqld.sock
```

用例 2，使用 TCP 連線格式：

```
hosts = inet:host1.example.com
hosts = host2.example.com
```

TCP 為預設格式，「inet:」可省略不寫，例如列 2，寫成「host2.example.com」即可。

注意：若主機名稱只寫 localhost，即使在其前面加上 inet:，Postfix 仍然會用 Unix domain socket 的方式連接 MySQL。欲強制使用 TCP 連接格式，應改寫成：

```
hosts = 127.0.0.1
```

用例 3，混合寫法：

```
hosts = unix:/var/run/mysqld/mysqld.sock host1.example.com
host2.example.com
```

註解
18-2-1

UNIX domain socket 永遠比 TCP 優先，也就是説 socket 的部份先隨機連線，再輪到 TCP 隨機連線。

- dbname、user、password

  用途：分別用來設定資料庫名稱、資料庫帳號、資料庫密碼。

  用例：請參考範例 18-2-1。

- query

  用途：資料庫查詢語句。

  用例：

  ```
  query = SELECT email FROM regtable WHERE username = '%u' AND type = 'forward'
  ```

  說明：使用單一查詢語句，內含欲查詢的欄位和比對條件。

  query 語句支援多個替換符號，其意義如下表：

  表 18-2-3：query 語句的替換符號

替換符號	意義
%%	替換成 '%' 這個字元本身。
%s	輸入鍵，由 Postfix 餵入資料。若以單引號含括，可避免危險的特殊字元。
%u	若 Postfix 餵入的資料是 user@domain 型式的位址，則 %u 代表人名部份 user；若不是左述型式，則 %u 代表全部輸入的字串。
%d	若 Postfix 餵入的資料是 user@domain 型式的位址，則 %d 代表域名部份；若不是該型式，則本次查詢停止，而且不會傳回查詢結果。
%S、%U、%D	分別和 %s、%u、%d 的作用相同，輸入時改以大寫字元組成的字串。
%[1-9]	由右至左，把輸入鍵的域名分解，分別對應到 %1, %2, ... %9。例如：若輸入鍵為「user@mail.example.com」，則 %1 代表 com、%2 代表 example、%3 代表 mail，其他依此類推。

- result_format

  用途：查詢結果的樣式。預設值是 %s。

  用例：

  ```
  result_format  =  smtp:[%s]
  ```

  說明：result_format 最常用在查詢結果的前後加上字串。

result_format 支援以下替換符號：

表 18-2-4：result_format 的替換符號

%%	表 '%' 字元本身。
%s	查詢結果。
%u	若查詢結果是 user@domain 的型式，則 %u 代表人名部份。
%d	若查詢結果是 user@domain 的型式，則 %d 代表域名部份。
%[SUD1-9]	%S、%U、%D、%1～%9 的涵義皆同於前述 query 的用法。

■ domain

用途：合格的域名列表。

用例：

```
domain = example.com, hash:/etc/postfix/searchdomains
```

說明：只有以列表中的域名，所組成的「人名@域名」型式，才會拿來當成輸入鍵查詢，若只有人名或只有域名部份，則不予查詢，如此可減少 MySQL 的連線負擔。

■ expansion_limit

用途：限制查詢結果傳回值的數目。

說明：預設值 0，表示不限制。若把 expansion_limit 的值設為 1，可避免傳回多個值。

18.3 實例應用二：判斷收件者是否存在

Postfix 和資料庫的第二個實例應用是查詢資料庫，判斷收件者是否存在。

在 13.1 節曾提到，Postfix 判斷郵件目的地是屬於 local 類別後，會依據 $local_recipient_maps 指向的檔案，進行查表，以判斷該使用者是否有效，進而決定 SMTP Server 是否收下郵件或者逕予拒絕。$local_recipient_maps 的預設值是密碼檔以及別名表，通常不必更改。這裡，我們將把 local_recipient_maps 指向一個 MySQL 資料庫，讓 Postfix 直接取用此資料庫，以判斷郵件的收件者是否存在。

以 18.2 節的資料庫為例，作法如下：

1. 編輯 /etc/postfix/main.cf，加入：

```
local_recipient_maps = proxy:mysql:/etc/postfix/mysql-localrecip.cf
```

2. mysql-localrecip.cf 的內容（不含列號）：

範例 18-3-1：mysql-localrecip.cf
```
01.   # MySQL 資料庫主機名稱，可指定多筆。
02.   hosts = localhost db1.example.com db2.example.com
03.
04.   # MySQL 資料庫帳號：
05.   user = fooadm
06.   # MySQL 資料庫密碼：
07.   password = passdontuse
08.
09.   # MySQL 資料庫名稱：
10.   dbname = foo
11.
12.   # Postfix 2.2 版及以後的版本，查詢語法樣版：
13.   query = SELECT username FROM regtable WHERE username='%u' AND
type='local'
```

Postfix 對 local_recipient_maps 指向的對照表，進行查表的動作時，只須關注輸入鍵在資料庫中是否存在即可，因此，從資料表 regtable 取值的欄位名稱，只要和查詢條件的欄位相同即可（都是 username）。若查表結果有傳回值，表示該使用者存在，Postfix 便可據以執行接下來的本機投遞作業。

以上是 Postfix 2.2 版以後新式的語法。

3. 若是 Postfix 2.2 版以前，請改用以下設定（不含列號）：

範例 18-3-2：mysql-localrecip-old.cf
```
01.   # MySQL 資料庫主機名稱，可指定多筆。
02.   hosts = localhost db1.example.com db2.example.com
03.
04.   # MySQL 資料庫帳號：
05.   user = fooadm
06.   # MySQL 資料庫密碼：
07.   password = passdontuse
08.
09.   # MySQL 資料庫名稱：
10.   dbname = foo
11.
12.   # Postfix 2.2 以前的版本，查詢語法樣版：
13.   # 欲查詢的欄位
```

```
14.  select_field = username
15.  # 資料表
16.  table = regtable
17.  # 欲比對的欄位
18.  where_field = username
19.  # 額外的比對條件
20.  additional_conditions = AND type = 'local'
```

由於，只是判斷收件者是否存在，因此，select_field 和 where_field 都設為 username 即可。

4. 測試：

請重新載入 Postfix，再執行以下指令：

```
postmap -q mmm mysql:/etc/postfix/mysql-localrecip.cf
```

postmap 執行時，查詢的帳號 mmm 會置入 username='%u' AND type='local' 中，%u 會替換成 mmm，然後執行 SQL 指令。正確結果應出現：mmm，表示這個郵件帳號的型態是 local 信箱。

18.4 實例應用三：虛擬信箱網域郵件系統

本節將舉例說明：虛擬信箱網域郵件系統搭配資料庫的做法。

此系統，利用 MySQL 管理各虛擬網域的使用者信箱。這些虛擬網域，各有不同的正式域名，但郵件的收發卻只集中在同一部主機。由外界的觀點來看，這些虛擬網域像是各別存在一樣，好像各自使用不同的主機獨立運作，但其實只有一部機器。

Postfix 的運作方式是：當主機接收到郵件時，會連接資料庫查詢虛擬網域是否存在，若不存在，則逕予退信，若存在，則 Postfix 會查出使用者的信箱位置，然後進行郵件的投遞作業。

虛擬信箱網域系統的建置步驟如下：

1. 建立資料表，存放各虛擬信箱網域的資料：

資料庫的內容如下：

```
SET SQL_MODE="NO_AUTO_VALUE_ON_ZERO";

-- 資料庫: `vhosts`
-- 資料表格式: `vdomains`

CREATE TABLE IF NOT EXISTS `vdomains` (
  `sno` int(11) NOT NULL auto_increment,
  `domain` varchar(60) NOT NULL,
  `email` varchar(60) NOT NULL,
  `mailbox` varchar(60) NOT NULL,
  PRIMARY KEY (`sno`)
) ENGINE=MyISAM  DEFAULT CHARSET=latin1 AUTO_INCREMENT=4 ;

-- 列出以下資料庫的數據: `vdomains`

INSERT INTO `vdomains` (`sno`, `domain`, `email`, `mailbox`) VALUES
(1, 'root.tw', 'jack@root.tw', 'root.tw/jack'),
(2, 'ols3.net', 'joy@ols3.net', 'ols3.net/joy'),
(3, 'lxer.idv.tw', 'mary@lxer.idv.tw', 'lxer.idv.tw/mary');
```

資料庫名稱為 vhosts，表示此為管理虛擬主機專用的資料庫，內有資料表 vdomains，共有以下四個欄位：

欄位名稱	用途
sno	流水號
domain	虛擬網域
email	使用者電子郵件
mailbox	信箱的實際路徑

開設資料庫權限的方法，請參考 18.2 節的說明。

2. 開設虛擬信箱，作法如下：

1. 在架設虛擬網域的主機中，新增一個使用者帳號，帳號名稱為 vhmail，使用者代碼和群組代碼相同，皆設為 1002（可自訂）。

2. 設定虛擬信箱最上層目錄的位置，並設定 vhmail 為該目錄的擁有者：

   編輯 /etc/postfix/main.cf，加入以下設定：

   ```
   virtual_mailbox_base = /home/vhmail
   virtual_uid_maps = static:1002
   virtual_gid_maps = static:1002
   ```

3. 建立各虛擬信箱主目錄，並設妥權限：

```
mkdir -p /home/vhmail/root.tw
mkdir -p /home/vhmail/ols3.net
mkdir -p /home/vhmail/lxer.idv.tw
chown -R vhmail:vhmail /home/vhmail
```

上述指令的用意是，在 vhmail 主目錄下，以域名為子目錄名稱，開設各虛擬信箱的主目錄。

4. 設定虛擬網域對照表，採 mysql 格式：

```
virtual_mailbox_domains = proxy:mysql:/etc/postfix/vdomains.cf
```

5. 設定虛擬信箱對照表，採 mysql 格式：

```
virtual_mailbox_maps = proxy:mysql:/etc/postfix/vmailboxs.cf
```

在上述步驟 4 中，虛擬網域對照表 vdomains.cf 的內容如下（不含列號）：

範例 18-4-1：vdomains.cf

```
01.    # MySQL 資料庫主機名稱，可指定多筆。
02.    hosts = localhost db1.example.com db2.example.com
03.
04.    # MySQL 資料庫帳號：
05.    user = fooadm
06.    # MySQL 資料庫密碼：
07.    password = passdontuse
08.
09.    # MySQL 資料庫名稱：
10.    dbname = vhosts
11.
12.    # Postfix 2.2 版及以後的版本，查詢語法樣版：
13.    query = SELECT domain FROM vdomains WHERE domain='%s'
```

在這個連線設定檔中，最重要的是列 13。%s 為收件者郵址中的域名部份，以此查詢資料表 vdomains，可判斷是否有對應的 domain 存在。

在上述步驟 5 中，虛擬信箱對照表 vmailboxs.cf 的內容如下（不含列號）：

範例 18-4-2：vmailboxs.cf

```
01.    # MySQL 資料庫主機名稱，可指定多筆。
02.    hosts = localhost db1.example.com db2.example.com
03.
04.    # MySQL 資料庫帳號：
05.    user = fooadm
06.    # MySQL 資料庫密碼：
```

```
07.   password = passdontuse
08.
09.   # MySQL 資料庫名稱：
10.   dbname = vhosts
11.
12.   # Postfix 2.2 版及以後的版本，查詢語法樣版：
13.   query = SELECT mailbox FROM vdomains WHERE email='%s'
```

列 13，利用收件者的電子郵件位址為輸入鍵（%s），查詢資料表 vdomains，取得虛擬郵址所對應的信箱位置。

3. 設定各虛擬網域的郵件交換主機（MX）：

    在 DNS Server 中，設定各虛擬網域的 MX 記錄，均指向這部虛擬主機，用例如下：

```
root.tw.     IN     MX     10     pbook.ols3.net
ols3.net.    IN     MX     10     pbook.ols3.net
lxer.idv.tw. IN     MX     10     pbook.ols3.net
```

    這樣一來，只要是寄給這些虛擬網域的郵件，便會往 pbook.ols3.net 遞送。當 pbook 主機收到郵件時，會依據 virtual_mailbox_domains 和 virtual_mailbox_maps 的設定，由 MySQL 資料庫中，找出收件者對應的信箱位置，然後完成投遞作業。

4. 測試：

    上述設定完成後，請重新載入 Postfix，以使設定生效。接著，請完成以下測試，確保運作無誤。

    1. 輸入域名，測試 domain 是否存在：

```
postmap -q 'ols3.net' mysql:/etc/postfix/vdomains.cf
```

        正確結果應顯示：ols3.net。

    2. 測試對應的信箱位置：

```
postmap -q 'joy@ols3.net' mysql:/etc/postfix/vmailboxs.cf
```

        正確結果應顯示：ols3.net/joy。

注意事項：

在設定 virtual_mailbox_domains 時，請注意，列表於其中的域名，不可以和 mydestination 的值重複，也就是說，列於 virtual_mailbox_domains 中的網域名稱，不可以出現在 mydestination 的設定之中。

Postfix 和 LDAP
設定管理

19.1 Postfix 和 LDAP

除了普通的對照表以及前一章介紹的資料庫型態的對照表之外，Postfix 還支援一種稱為 LDAP 的對照表。什麼是 LDAP 對照表？在說明之前，我們先來瞭解一下什麼是 LDAP。

LDAP 是「Lightweight Directory Access Protocol」的簡稱，這是一種輕量型的目錄通訊協定。LDAP 採階層式的樹狀架構，經常用於儲存人事資料，是「名錄服務」的一種。使用 LDAP 的好處是，可將散落於各處的資料統合起來（例如使用者資料、伺服器設定資料），集中存放，供各個 Client 端分享，而且，存取資料具有權限保護，各種應用非常有彈性。使用 LDAP，避免在多部主機維護重複的資料，管理者只要維護集中儲存的資料即可，可大大減輕管理工作的負擔。LDAP 的特性和資料庫相似；和資料庫不同的是：LDAP 讀取資料的頻率和效益多於寫入，資料庫則是讀取和寫入並重。

目前流行的 LDAP 軟體，以開放原始碼的 OpenLDAP 最受矚目。關於 OpenLDAP 的詳細說明，可參考 OpenLDAP 的網站：http://www.openldap.org/。

利用 LDAP 的特性，管理者可將郵件系統的資料集中存放，供 Postfix 等 MTA 分享，且取用資料時也有良好的認證保護。像這種把原本儲存在普通對照表的資料，改儲存在 LDAP Server 的查表方式，稱為：「LDAP 查表」。LDAP 查表可運用的地方很多，例如：別名表（/etc/aliases）、虛擬別名表（/etc/postfix/virtual）、正式位址轉換表（/etc/postfix/canonical），等等。

欲支援 LDAP 查表，在編譯 Postfix 前，主機須先裝妥 OpenLDAP 的函式庫和引入檔。安裝 OpenLDAP 的設定選項如下：

```
./configure  --without-kerberos --without-cyrus-sasl --without-tls \
    --without-threads --disable-slapd --disable-slurpd \
    --disable-debug --disable-shared
```

上述設定，安裝好的 OpenLDAP 函式庫，只擔任 LDAP Client 端的工作，也就是說，僅供 Postfix 連接 LDAP Server 之用，本身並沒有擔任 LDAP Server 的角色。

編譯 Postfix 的選項如下：

```
make makefiles CCARGS="-I/usr/local/include -DHAS_LDAP" \
    AUXLIBS="-L/usr/local/lib -lldap -L/usr/local/lib -llber"
```

若您是 Postfix 2.12 之後的版本，而且想啟用動態連結 LDAP 函式庫的功能，請使用 AUXLIBS_LDAP 設定函式庫的選項：

```
make makefiles CCARGS="-I/usr/local/include -DHAS_LDAP" \
    AUXLIBS_LDAP="-L/usr/local/lib -lldap -L/usr/local/lib -llber"
```

其他編譯選項，例如 MySQL、PostgreSQL 等，請自行加入。

在 Debian Linux 中，Postfix 欲支援 LDAP 查表，只要加裝以下套件即可：

```
apt-get update
apt-get install postfix-ldap
```

其他 UNIX-like 平台，多有已編譯好的 postfix-ldap 套件（名稱未必相同），請自行安裝。

本章，將說明如何運用 LDAP 查表的方法。下一節，筆者會簡單介紹一些 LDAP 簡易入門的基礎知識，但是，關於 LDAP 更詳細的內容，限於篇幅的關係，讀者應參考相關書籍、文件，自行補足這方面的知能。

19.2 以實例介紹 LDAP 入門

這一節，筆者將以建立使用者帳號為例，介紹 LDAP 的基本用法。此實例，也是下一節 LDAP 查表的資料來源。

在 Debian Linux 佈署 OpenLDAP

以下是在 Debian Linux（代號 Wheezy）中，安裝 OpenLDAP Server 的方法：

```
apt-get update
apt-get install slapd ldap-utils
```

slapd 是 OpenLDAP 的伺服程式套件，ldap-utils 則是工具程式。

在安裝過程中，原本會出現多個設定的畫面，但新版的 slapd 只會詢問 Administrator 密碼，其他問題，例如域名等，slapd 的套件安裝程式會自行由本機的主機名稱中取得。如果您要重新設定，可執行以下指令：

```
dpkg-reconfigure slapd
```

此時，請依序回答幾個問題，建議答案如下：

- Omit OpenLDAP server configuration？（是否不設定 OpenLDAP Server）：請回答 No，表示要進行設定。

- DNS domain name：輸入網域名稱，例如 ols3.net。

- Organization name：ols3.net。這裡請輸入單位名稱，建議和網域名稱相同。

- Administrator password：輸入 OpenLDAP Server 的管理密碼，請自訂。

- Confirm password：再輸入一次管理密碼，以確認輸入正確。

- Database backend：設定 OpenLDAP Server 本身儲存資料用的小型資料庫格式，建議選用 HDB。

- Do you want the database to be removed when slapd is purged？（OpenLDAP Server 移除後，是否刪除資料庫）請回答 No。

- Allow LDAPv2 protocol？（是否允許使用 LDAP 第二版的協定連接）：回答 No，只使用第三版的協定（LDAPv3）。

回答上述問題之後，OpenLDAP 伺服程式 slapd 便會自動執行起來（以系統帳號 openldap 的身份運行），OpenLDAP 預設使用 389 的通道，如下所示：

```
pbook:~# netstat -ant | grep 389
tcp        0      0 0.0.0.0:389             0.0.0.0:*               LISTEN
tcp6       0      0 :::389                  :::*                    LISTEN
```

OpenLDAP 的設定檔目錄在 /etc/ldap，重要的設定檔有：

- /etc/ldap/slapd.conf：OpenLDAP Server 的設定檔。

- /etc/ldap/ldap.conf：OpenLDAP Client 端工具的設定檔。

slapd 自 2.4.23-3 版開始，Server 端採用新式的設定檔，預設目錄在 /etc/ldap/slapd.d，這樣做的好處是，往後，只要修改了設定，便可立即生效，而不必重新啟動 slapd。修改設定的方法，改成以 ldapadd 和 ldapmodify 匯入 ldif 設定檔的方式來操作。

搜尋設定內容的方法：

```
ldapsearch -Y EXTERNAL -H ldapi:/// -b "cn=config"
```

修改設定的方法：

```
ldapmodify -Y EXTERNAL -H ldapi:/// -f 含操作設定的ldif
```

說明：

選項 -H 是指定 LDAP URI 位址之意，其格式為：「協定/主機:通訊埠」，如果寫成 ldapi:/// 則是代表本機。

選項 -Y 是指選擇 SASL 認證使用者的機制，不寫的話，則由 slapd 自行挑選最佳的方式。

選項 -b 是指搜尋的基底。

目前，傳統上使用 slapd.conf 的設定方法仍可選用，如果要使用這種管理方式，可如下操作：

```
cp /usr/share/slapd/slapd.conf /etc/ldap
```

在設定目錄中，還有一個重要的目錄，稱為「綱要目錄」（schema）。OpenLDAP 的綱要目錄在 /etc/ldap/schema，其中重要的綱要檔有：

```
/etc/ldap/schema/core.schema
/etc/ldap/schema/cosine.schema
/etc/ldap/schema/nis.schema
/etc/ldap/schema/inetorgperson.schema
```

所謂的「綱要」（schema），是指 LDAP 類別的定義檔，這是用來規範各種屬性型態（稱為 attributetype）和物件類別（稱為 objectClass）的原型。以 objectClass

的定義來說，objectClass 至少包括：物件名稱、物件的繼承關係、物件識別碼（OID）、必要的屬性、選用的屬性，等等。簡單地來說，綱要便是名錄資料的定義，在建立 LDAP 的項目（entry）時，便是根據綱要來建立物件的實例（instance），除此之外，綱要還有另一個作用，可用來驗證資料格式是否正確。

OpenLDAP 的程式分成兩大部份：伺服程式端的工具，以及 Client 端的工具，這兩類工具，各自使用不同的設定檔來控制。

slapd 套件內含多個伺服器程式和工具程式，檔名皆以 slap* 開頭：

```
/usr/sbin/slapd
/usr/sbin/slapcat
/usr/sbin/slappasswd
/usr/sbin/slapacl
/usr/sbin/slapauth
/usr/sbin/slapschema
/usr/sbin/slaptest
/usr/sbin/slapdn
/usr/sbin/slapadd
/usr/sbin/slapindex
```

slap* 開頭的程式，不必連接 slapd 伺服器，可直接執行，直接讀寫 OpenLDAP 的資料庫。

ldap-utils 套件內含 Client 端的工具，檔名皆以 ldap* 開頭：

```
/usr/bin/ldapdelete
/usr/bin/ldappasswd
/usr/bin/ldapwhoami
/usr/bin/ldapcompare
/usr/bin/ldapsearch
/usr/bin/ldapmodrdn
/usr/bin/ldapmodify
/usr/bin/ldapadd
```

檔名以 ldap* 開頭的程式，須透過 LDAP 協定連接 OpenLDAP Server 之後，才能讀寫 OpenLDAP 的資料庫。

以 sl* 開頭的程式受 /etc/default/slapd 設定檔的影響，而 ldap* 開頭的程式，則會讀取 /etc/ldap/ldap.conf 的設定，做為預設的環境變數值。

OpenLDAP 本身需要儲存資料，存放 LDAP 資料庫相關檔案的預設目錄，位置在 /var/lib/ldap/。此目錄的擁有者和群組身份，應設為 openladp 這個系統帳號。

設定 OpenLDAP 的流程

前述安裝 OpenLDAP 時，在回答問題後，此 OpenLDAP Server 本身，便已完成了基本的設定，接下來，我們只要再約略調整一下即可。

此部份的操作流程如下：

首先，修改以下設定檔：

1. /etc/ldap/slapd.conf 或是 /etc/ldap/slapd.d。

2. /etc/ldap/ldap.conf

然後，進行測試，以確認 slapd 能順利運作。

建立索引檔

方法一、使用 slapd.conf 建立索引檔

請編輯 /etc/ldap/slapd.conf：

1. 首先，要檢查一下，以下的綱要檔是否存在：

```
include        /etc/ldap/schema/core.schema
include        /etc/ldap/schema/cosine.schema
include        /etc/ldap/schema/nis.schema
include        /etc/ldap/schema/inetorgperson.schema
```

其中，core.schema 這個綱要檔，是必須引入的基本綱要檔，至於其他綱要檔是否需要引入，則端視欲建立的 LDAP 項目而定。例如說，這裡，我們打算把使用者的帳號、群組、email 等資料，集中儲存在 LDAP Server，因此，至少需要兩個物件類別，分別是 posixAccount 和 inetOrgPerson。前者定義在 nis.schema，後者則定義在 inetorgperson.schema。因此，這兩個綱要檔就必須引入。另外，cosine.schema 是 nis.schema 必備的輔助綱要檔，因此，此檔也必須引入，而且引入該檔的語法，要寫在 nis.schema 之前。

2. 修改記錄檔記錄訊息的詳細程度：

```
loglevel       296
```

OpenLDAP 產生的系統訊息，分成數個類別，各以不同的數字代表，例如 8 和連線管理有關、32 和搜尋過濾有關、256 和連線操作有關，將這三個數

字加起來 8 + 32 + 256 = 296，表示要讓 OpenLDAP 在記錄檔中，留下這三類訊息。

3. 修改欲建立的索引及比對方式：

```
index    objectClass           eq
index    cn                    pres,sub,eq
index    sn                    pres,sub,eq
index    uid                   pres,sub,eq
index    displayName           pres,sub,eq
index    default               sub
index    uidNumber             eq
index    gidNumber             eq
index    mail,givenName        eq,subinitial
index    dc                    eq
```

這裡針對各列第二個欄位（例如：objectClass 和 uid）建立索引，以各列第三個欄位指定的方式比對。例如 eq 代表「相同」者才予以列出。

4. 接著，請停止 slapd，執行 slapindex 之後，再啟動 slapd：（均不含列號）

```
01.   service slapd stop
02.   slapindex
03.   chown -R openldap:openldap /var/lib/ldap
04.   service slapd start
```

指令說明如下：

列 1，先停止 slapd。

列 2，因為新增索引，因此，這裡使用系統工具 slapindex 重建索引檔。

列 3，修改 /var/lib/ldap 的擁有者和群組為 openldap。

列 4，啟動 slapd。

方法二、使用新式設定檔 cn=config

建立索引檔的方法如下：

首先建立一個 ldif 檔案，檔名可自訂，例如：olcindex.ldif，內容為：

```
dn: olcDatabase={1}hdb,cn=config
changetype: modify
add: olcDbIndex
olcDbIndex: cn pres,sub,eq
-
add: olcDbIndex
```

```
olcDbIndex: sn pres,sub,eq
-
add: olcDbIndex
olcDbIndex: uid pres,sub,eq
-
add: olcDbIndex
olcDbIndex: displayName pres,sub,eq
-
add: olcDbIndex
olcDbIndex: default sub
-
add: olcDbIndex
olcDbIndex: uidNumber eq
-
add: olcDbIndex
olcDbIndex: gidNumber eq
-
add: olcDbIndex
olcDbIndex: mail,givenName eq,subinitial
-
add: olcDbIndex
olcDbIndex: dc eq
```

請注意，各索引列之後的「-」是必要的，代表以下還有額外的動作。

接著使用 ldapmodify 匯入此設定檔：

```
ldapmodify -Y EXTERNAL -H ldapi:/// -f ./olcindex.ldif
```

執行此指令之後，slapd 會在內部自行重新建立索引檔。

⬡ 設定 ldap.conf

編輯 /etc/ldap/ldap.conf，設定如下：

```
BASE     dc=ols3,dc=net
# 指向 pbook.ols3.net 的 LDAP Server
#URI      ldap://pbook.ols3.net
# 指向本機的 LDAP Server
URI      ldap://
```

此檔供檔名為 ldap* 開頭的 Client 端工具所共用。其中，BASE 是此 LDAP 的命名環境，URI 是 LDAP 伺服器的位址，可指向其他主機的 LDAP Server，格式為「協定://主機:通訊埠」，通訊埠可寫可不寫。若 URI 只寫成「ldap://」，則指向本機。

◉ 測試

1. 測試 LDAP Server：

   在啟動 LDAP Server 之後，應測試一下 slapd 的狀態。

   請執行 slapcat，結果如下（不含列號）：

```
01.  dn: dc=ols3,dc=net
02.  objectClass: top
03.  objectClass: dcObject
04.  objectClass: organization
05.  o: ols3.net
06.  dc: ols3
07.  structuralObjectClass: organization
08.  entryUUID: e23d9330-be57-1033-9301-d55496a40651
09.  creatorsName: cn=admin,dc=ols3,dc=net
10.  createTimestamp: 20140822145355Z
11.  entryCSN: 20140822145355.436175Z#000000#000#000000
12.  modifiersName: cn=admin,dc=ols3,dc=net
13.  modifyTimestamp: 20140822145355Z
14.
15.  dn: cn=admin,dc=ols3,dc=net
16.  objectClass: simpleSecurityObject
17.  objectClass: organizationalRole
18.  cn: admin
19.  description: LDAP administrator
20.  userPassword:: e1NTSEF9UjRGQ2430X1CNUp1VVQzUkdXeE5UQmRlR1lJclZrVWs=
21.  structuralObjectClass: organizationalRole
22.  entryUUID: e23defa6-be57-1033-9302-d55496a40651
23.  creatorsName: cn=admin,dc=ols3,dc=net
24.  createTimestamp: 20140822145355Z
25.  entryCSN: 20140822145355.438547Z#000000#000#000000
26.  modifiersName: cn=admin,dc=ols3,dc=net
27.  modifyTimestamp: 20140822145355Z
```

上述結果包含兩個項目（entry），說明如下：

列 1~13 代表最上層節點的資料。

列 1 為最上層節點的識別名稱（distinguished name，簡稱 dn），代表此 LDAP 的命名環境。dn 的表示法為：「dn: dc=ols3,dc=net」，其中，dc 是 domain component 的簡稱。使用網域名稱的組成來建立 dn，可避免 LDAP 的命名環境和其他單位重複。

列 2~4，objectClass 列出此項目參考的物件類別，總共有三個 top、dcObject 和 organization。

列 14 是空白列，在兩個 LDAP 項目之間，都會用一個空白列隔開。

列 15~27 為管理者的資料。

第 15 列為管理者項目的識別名稱，記為「dn: cn=admin,dc=ols3,dc=net」。其中，cn 是 common name 的簡稱。列 16~17，objectClass 列出此項目參考的物件類別，有 simpleSecurityObject 和 organizationalRole。

上述每一列（不含列號），稱為項目的屬性（attribute），最左邊是屬性名稱，接著是「:」和一空白字元，然後，後接屬性值，格式如下所示：

```
屬性: 值
```

此輸出格式，稱為 LDAP 交換格式，簡稱為 LDIF（LDAP Interchange Format）。

我們可以使用 slapcat，把上述項目資料存成純文字檔，稱為 LDIF 檔，檔名可自訂，但副檔名通常取為「.ldif」。作法如下：

```
slapcat > ols3net.ldif
```

LDIF 檔可用來維護 LDAP Server 中的項目資料，常見的操作有：新增、刪除、修改。

2. 測試 LDAP 的搜尋結果：

再來，執行 ldapsearch -x，測試一下搜尋狀況，用例結果如下：

```
# extended LDIF
#
# LDAPv3
# base <dc=ols3,dc=net> (default) with scope subtree
# filter: (objectclass=*)
# requesting: ALL
#

# ols3.net
dn: dc=ols3,dc=net
objectClass: top
objectClass: dcObject
objectClass: organization
o: ols3.net
dc: ols3

# admin, ols3.net
dn: cn=admin,dc=ols3,dc=net
objectClass: simpleSecurityObject
```

```
objectClass: organizationalRole
cn: admin
description: LDAP administrator

# search result
search: 2
result: 0 Success

# numResponses: 3
# numEntries: 2
```

由上述搜尋結果可知，目前 LDAP Server 中包含兩個項目，即最上層節點以及管理者的資料。

若能操作到這裡，表示此 OpenLDAP Server 已佈署完成，接下來，就可以準備在其中，建立欲集中存放的使用者資料了。

在 OpenLDAP Server 建立資料

在 19.1 節，我們曾提到，LDAP 物件採階層式的樹狀架構，LDAP 的每一個分支點，稱為一個節點，在 LDAP Server 中，此即代表一個項目（entry）資料，其架構圖例如下：

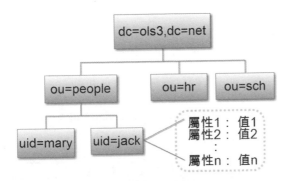

圖 19-2-1：LDAP 的物件架構圖例

在圖 19-2-1 中，每一個節點名稱，在同一階層中都是獨一無二的，稱為相對識別名稱（relative distinguished name），簡稱 rdn。例如，在第二層中，組織單位（organization unit，簡稱 ou）名稱叫 people 的只有一個，叫 sch 的也只有一個。將各層節點的 rdn，由下而上串列起來，彼此以「,」分隔，則稱為該節點的識別名稱，簡稱 dn。例如：jack 的 dn 為 uid=jack,ou=people,dc=ols3,dc=net。每個 LDAP 的項目（entry），都有一個唯一的識別名稱。

如果把 LDAP 的樹狀架構比喻成檔案結構，可能會更容易理解。rdn 就好比工作目錄或檔案的名稱，dn 則是絕對路徑名稱，不過，兩者串接的順序相反，對比如下：

```
dn: uid=jack,ou=people,dc=ols3,dc=net
絕對路徑 /net/ols3/pepole/jack
```

dn 屬性值的上層寫在右手邊，但目錄名稱的上層寫在左手邊。

底下，我們將按上述架構，在 LDAP Server 中，建立三個項目：第二層的 ou=people，第三層的 uid=jack 和 uid=mary。也就是說，在單位 people 下，建立兩筆使用者的資料。

首先，建立 ou 的項目。以下是建立 ou 的 LDIF 檔，檔名：ou.ldif，其內容如下：

```
dn: ou=people,dc=ols3,dc=net
ou: people
objectClass: organizationalUnit
```

執行以下指令，將資料餵入 LDAP Server 中：

```
service slapd stop
slapadd -c -v -l ou.ldif
service slapd start
```

也可以用 Client 端的工具來建立項目：

```
ldapadd -c -x -D cn=admin,dc=ols3,dc=net -W -f ou.ldif
```

系統會詢問管理密碼，密碼比對無誤後，資料才會匯入 LDAP Server 中。

以下是 ldapadd 這支工具程式的選項說明（也適用於其他 ldap* 開頭的程式）：

選項	作用
-c	連續模式，若有錯誤，仍會繼續操作下一個項目，結束後，報告錯誤的狀況。
-x	使用簡易認證，而非使用 SASL。
-D	後接欲「繫結」（bind）LDAP Server 的資料，稱為 binddn。這裡，-D 後接的參數，為管理者的識別名稱：cn=admin,dc=ols3,dc=net。
-W	提示詢問密碼。
-f	指定 LDIF 檔案。
-H	指定 LDAP URI。
-Y	指定 SASL 認證的機制。

接著，建立使用者的 uid 項目。以下是建立 uid 的 LDIF 檔，檔名：uid.ldif，其
內容如下：

```
dn: uid=jack,ou=people,dc=ols3,dc=net
objectClass: inetOrgPerson
objectClass: posixAccount
cn: jack
sn: jack
mail: jack@ms1.ols3.net
uid: jack
uidNumber: 10001
gidNumber: 10001
loginShell: /bin/bash
homeDirectory: /home/jack

dn: uid=mary,ou=people,dc=ols3,dc=net
objectClass: inetOrgPerson
objectClass: posixAccount
cn: mary
sn: mary
mail: mary@ms2.ols3.net
uid: mary
uidNumber: 10002
gidNumber: 10002
loginShell: /bin/bash
homeDirectory: /home/mary
```

請注意，在這兩個項目之間，請務必用一個空白列隔開。

請執行以下指令：

```
ldapadd -c -x -D cn=admin,dc=ols3,dc=net -W -f uid.ldif
```

資料匯入後，再用以下指令測試一下：

```
ldapsearch -x uid=jack
```

上述指令的測試結果如下：

```
# extended LDIF
#
# LDAPv3
# base <dc=ols3,dc=net> (default) with scope subtree
# filter: uid=jack
# requesting: ALL
#

# jack, people, ols3.net
```

```
dn: uid=jack,ou=people,dc=ols3,dc=net
objectClass: inetOrgPerson
objectClass: posixAccount
cn: jack
sn: jack
mail: jack@ms1.ols3.net
uid: jack
uidNumber: 10001
gidNumber: 10001
loginShell: /bin/bash
homeDirectory: /home/jack

# search result
search: 2
result: 0 Success

# numResponses: 2
# numEntries: 1
```

這表示，此項目資料已匯入 LDAP Server 中無誤。

◉ 維護 OpenLDAP Server 的資料

除了 slapadd、ldapadd 之外，ldapmodify 也可用來新增 LDAP 的項目。當然，ldapmodify 也能修改和刪除項目資料。

新增 LDAP 的項目

這裡，筆者用 ldapmodify 再新增一個 LDAP 項目，joy.ldif 的內容如下：

```
dn: uid=joy,ou=people,dc=ols3,dc=net
objectClass: inetOrgPerson
objectClass: posixAccount
cn: joy
sn: joy
mail: joy@ms3.ols3.net
uid: joy
uidNumber: 10003
gidNumber: 10003
loginShell: /bin/bash
homeDirectory: /home/joy
```

執行：

```
ldapmodify -a -c -x -D cn=admin,dc=ols3,dc=net -W -f joy.ldif
```

選項 -a 表示要新增一筆資料，其他選項 -c、-x、-D、-W、-f 意義同 ldapadd，請
參考前面提到的 ldapadd 指令。

執行結果：

```
Enter LDAP Password: <--- 這裡請輸入管理密碼
adding new entry "uid=joy,ou=people,dc=ols3,dc=net"
```

這表示，uid=joy 的項目已新增成功。

維護 LDAP 的項目

接下來，要示範如何修改或刪除已存在的 LDAP 項目資料，甚至還可以順便新增
LDAP 項目。

這裡，介紹一個 LDIF 檔的重要關鍵字 changetype。changetype 可用來指定如何
維護項目的屬性，其常見的操作有：

changetype: add	新增項目
changetype: delete	刪除項目
changetype: modify	修改項目

用例（不包括列號）：modify.ldif

```
01.   # 修改 joy 的 email
02.   dn: uid=joy,ou=people,dc=ols3,dc=net
03.   changetype: modify
04.   delete: mail
05.   mail: joy@ms3.ols3.net
06.   -
07.   add: mail
08.   mail: joy@ms4.ols3.net
09.
10.   # 刪除項目 mary
11.   dn: uid=mary,ou=people,dc=ols3,dc=net
12.   changetype: delete
13.
14.   # 新增項目 john
15.   dn: uid=john,ou=people,dc=ols3,dc=net
16.   changetype: add
```

```
17.    objectClass: inetOrgPerson
18.    objectClass: posixAccount
19.    cn: john
20.    sn: john
21.    mail: john@ms5.ols3.net
22.    uid: john
23.    uidNumber: 10004
24.    gidNumber: 10004
25.    loginShell: /bin/bash
26.    homeDirectory: /home/john
```

說明：

這裡，總共有三種操作，各個項目之間用一個空白列隔開：

列 1~8，修改 uid=joy 的 email 位址。

列 3，指定 changetype 為 modify，表示要做修改，接下來的列 4，用關鍵字 delete 指定刪除 mail 屬性，並在列 5 指定要刪除的屬性值為 joy@ms3.ols3.net，列 6 置放「-」的符號，代表以下還有額外的動作，列 7 用關鍵字 add 指定要增加一個 mail 的屬性，列 8 指定 mail 新的屬性值為 joy@ms4.ols3.net。

列 10~12，刪除項目 mary。

列 14~26，新增項目 john。

執行：

```
ldapmodify -c -x -D cn=admin,dc=ols3,dc=net -W -f modify.ldif
```

執行結果：

```
Enter LDAP Password: <--- 這裡請輸入管理密碼
modifying entry "uid=joy,ou=people,dc=ols3,dc=net"
deleting entry "uid=mary,ou=people,dc=ols3,dc=net"
adding new entry "uid=john,ou=people,dc=ols3,dc=net"
```

這表示，已依序「修改、刪除、新增」指定的 LDAP 項目成功。

◉ 設定存取控制

假設要針對 loginShell 屬性，做修改、讀取等存取控制的設定。

方法一、使用 slapd.cnf 設定：

編輯 /etc/ldap/slapd.conf，在「access to *」這一列之前，加入以下設定：

```
01.  access to attrs=loginShell
02.       by dn="cn=admin,dc=ols3,dc=com" write
03.       by self write
04.       by * read
```

列 1，設定屬性 loginShell 的存取控制。

列 2，設定管理員可以修改。

列 3，帳號擁有人自己可以修改。

列 4，其他人只能讀取。

方法二、使用 cn=config 動態設定：

自訂 LDIF 檔名為 olcaccess.ldif，內容如下：

```
01.  dn: olcDatabase={1}hdb,cn=config
02.  changetype: modify
03.  add: olcAccess
04.  olcAccess: {1}to attrs=loginShell
05.    by dn="cn=admin,dc=ols3,dc=net" write
06.    by self write
07.    by * read
```

列 1，dn 指定使用 cn=config 的設定。

列 2，指定的操作動作是「修改」。

列 3，加入存取控制權。

列 4，要限制的屬性是 loginShell。

列 5，設定管理員可以修改。

列 6，帳號擁有人自己可以修改。

列 7，其他人只能讀取。

接著執行 ldapmodify 指令，即可生效。

```
ldapmodify -Y EXTERNAL -H ldapi:/// -f ./olcaccess.ldif
```

◉ 管理 LDAP 帳號的工具

若要方便管理 LDAP 帳號,可選用 ldapscripts 這個套件。

```
apt-get install ldapscripts
```

執行 dpkg -L ldapscripts | grep sbin 可查看這個套件提供的工具程式清單。

主要設定檔在 /etc/ldapscripts/ldapscripts.conf,大致上要修改的設定項用例如下:

```
SERVER="ldap://localhost"
SUFFIX="dc=ols3,dc=net"
GSUFFIX="ou=Groups"          # 群組
USUFFIX="ou=Users"           # 使用者
MSUFFIX="ou=Machines"        # 機器
BINDDN="cn=admin,dc=ols3,dc=net"
BINDPWDFILE="/etc/ldapscripts/ldapscripts.passwd" # 儲存 LDAP 管理者的密碼。
GIDSTART="10000" # 群組起始 ID 編號
UIDSTART="10000" # 使用起始 ID 編號
MIDSTART="20000" # 機器起始 ID 編號
USHELL="/bin/bash"        # 使用者預設的 shell 程式
UHOMES="/home/%u"         # 家目錄預設的路徑,%u 代表帳號名稱
CREATEHOMES="yes"         # 自動建立家目錄
HOMESKEL="/etc/skel"    # 家目錄初始化設定檔
HOMEPERMS="755"           # 家目錄預設的權限
PASSWORDGEN="pwgen"  # 使用 pwgen 幫忙建立密碼
RECORDPASSWORDS="yes"   # 是否將密碼記錄在 log 檔中。
PASSWORDFILE="/var/log/ldapscripts_passwd.log" # 密碼暫存記錄檔。
```

請注意,若 RECORDPASSWORDS 設成 yes,則在告知使用者密碼之後,記得要刪除記錄檔 /var/log/ldapscripts_passwd.log,以免密碼外洩。

接著設定管理員的密碼:

1. 將 LDAP 管理者的密碼寫入 /etc/ldapscripts/ldapscripts.passwd:

    ```
    echo -n 'LDAP 管理者的密碼' > ldapscripts.passwd
    ```

    選項 -n 是指揮 echo 不要加入換列字元。常見的錯誤是,管理員直接用編輯程式編輯 ldapscripts.passwd,結果,留下了不可見的換列字元,這樣的話,ldapscritps 的各式命令就無法成功登入 LDAP Server。

2. 限制只有 root 才能讀取密碼檔:

    ```
    chmod 640 ldapscripts.passwd
    ```

接下來就可以增加使用者群組：

```
ldapaddgroup techgroup
```

加入一位使用者 pop 到 techgroup 之中：

```
ldapadduser pop techgroup
```

如果要讓 Linux 的使用者可以用 LDAP 帳號登入主機，請再安裝以下套件：

```
apt-get install libnss-ldap
```

它會出現設定 LDAP 相關的詢問畫面，請依據回答問題。若要重新設定，請執行：

```
dpkg-reconfigure libnss-ldap
```

其他相關設定（/etc/nsswitch.conf），限於本書篇幅的關係，就請讀者自行實作了。

19.3 LDAP 查表的方法

這一節，我們將以 19.2 節的實例為資料來源，示範 LDAP 查表的方法。

設定 Postfix 連接 LDAP Server 的查表方法，和資料庫查表一樣，在 Postfix 的某一個版本之後，語法有很大的不同。在 Postfix 2.1 版以前，欲連接 LDAP Server，須在 main.cf 中先定義一個 LDAP 的來源名稱，再以此來源名稱為字首，設定 LDAP 的查詢參數；2.1 版及以後的版本，原本的作法改變了，LDAP 查表，只要將 LDAP 的設定項，集中放在一個連線設定檔中，再由 main.cf 叫用此設定檔即可。

這裡，我們要以擴充別名表的查詢來源為例。其他 LDPA 查表應用，例如虛擬別名表（virtual）、正式位址轉換表（canonical）等等，作法都是類似的。

流程如下：

- 首先在 main.cf 中設定 alias_maps，除指向本機別名表之外，還指向一部 LDAP Server。
- 其次，按 Postfix 版本的不同，使用合適的方法，設定 LDAP 的各項參數，然後，進行查詢測試。

這樣一來,當 Postfix 進行本機投遞作業時,若在別名表中找不到收件者,Postfix 會連接這部 LDAP Server,執行 LDAP 查表。查表結果的處理方式是:若 LDAP Server 有傳回值,則按傳回的位址投遞郵件,若無,則 Postfix 會將郵件退回。

底下,分成兩種狀況,說明 LDAP 查表的設定方法。

◉ 新式語法:Postfix 2.1 版(含 2.1)以後的連線設定

先在 main.cf 設定 LDAP 查表的來源。請編輯 /etc/postfix/main.cf,找到 alias_maps 那一列,將設定改成:

```
alias_maps = hash:/etc/aliases, ldap:/etc/postfix/ldap-aliases.cf
```

接著,設定 ldap-aliases.cf。

ldap-aliases.cf 的格式和 main.cf 相同,內容如下(不含列號):

範例 19-2-1:ldap-aliases.cf
```
01.  version = 3
02.  server_host = pbook.ols3.net
03.  search_base = dc=ols3,dc=net
04.  query_filter = uid=%u
05.  result_attribute = mail
```

以下是各列設定說明。

這裡,共使用 5 個設定項:

列 1,指定使用 LDAPv3 的協定連接。不指定的話,Postfix 預設會使用 LDAPv2。如果您安裝 LDAP 時設定成只有使用 LDAPv3,那麼,在查詢對照表時,會出現協定錯誤的訊息(Protocol error),因此,請務必加上此列。

列 2,server_host 指向 LDAP Server 的位址。

列 3,search_base 設為 LDAP Server 的命名環境:「dc=ols3,dc=net」。

列 4,query_filter 是查詢 LDAP Server 的條件句,其中 %u 代表收件者郵址的人名部份,由 Postfix 負責取得,並置換此處的 %u。例如說,收件者的郵址是「joy@pbook.ols3net」,則人名部份為「joy」,查詢條件為 uid=joy。

列 5，result_attribute 設定欲傳回 LDAP 項目的哪一個屬性，例如這裡指定傳回 mail。欲傳回的屬性，一次可設定多個，例如以下設定，可傳回 mail 和 sn 兩個屬性：

```
result_attribute = mail, sn
```

設妥 main.cf 和 ldap-aliases.cf 之後，請重新載入 Postfix，跟著進行測試，以確定查詢無誤。

```
postmap -q joy@pbook.ols3.net ldap:/etc/postfix/ldap-aliases.cf
```

正確結果應顯示：

```
joy@ms3.ols3.net
```

最後，為保險起見，請試寄一封郵件給 joy，然後查看 /var/log/mail.log 的記錄檔訊息。應可得到以下類似的結果：

```
Jan 22 21:54:51 pbook postfix/local[7371]: 10779DE3C4: to=<joy@pbook.
ols3.net>, orig_to=<joy>, relay=local, delay=0.07, delays=0.04/0.02/0/0.01,
dsn=2.0.0, status=sent (forwarded as 1C278DE31A)
Jan 22 21:54:51 pbook postfix/qmgr[7302]: 10779DE3C4: removed
Jan 22 21:54:55 pbook postfix/smtp[7372]: 1C278DE31A: to=<joy@ms3.ols3.net>,
orig_to=<joy>, relay=ms3.ols3.net[220.130.228.193]:25, delay=0.44,
delays=0.07/0.01/0.24/0.13, dsn=2.0.0, status=sent (250 Ok: queued as
9DFEB1677C3)
```

由上述記錄中可看出，原本寄給 joy 的信件，經由 LDAP 查表，最終找到的郵件位址是「joy@ms3.ols3.net」，於是，改由 smtp 將郵件轉遞出去。

◉ 舊式語法：Postfix 2.1 版以前的連線設定

舊版的 Postfix，LDAP 查表全在 main.cf 中設定。

編輯 main.cf，加入以下設定（不含列號）：

範例 19-2-2： old-ldap-setup.txt
```
01.  alias_maps = hash:/etc/aliases, ldap:LDAPSRC
02.  LDAPSRC_server_host = pbook.ols3.net
03.  LDAPSRC_search_base = dc=ols3,dc=net
04.  LDAPSRC_query_filter = uid=%u
05.  LDAPSRC_result_attribute = mail
```

各列說明如下：

列 1，alias_maps 除了指向原本的別名表，也指向一 LDAP 資料來源。在「ldap:」之後的 LDAPSRC，為 LDAP 的來源名稱，其名稱可自訂，一般都使用大寫字母命名。其他 LDAP 的參數設定，均須在字首放置此來源名稱，格式為：來源名稱_設定項名稱，例如：LDAPSRC_server_host。

列 2~5，在各設定項前，加上 LDAP 的來源名稱。各設定項的意義，請參考範例 19-2-1 的說明。

舊版的 Postfix，LDAP 查表的測試方法，和新版的語法差不多，但須指向「ldap:LDAP 來源」，如下所示：

```
postmap -q joy@pbook.ols3.net ldap:LDAPSRC
```

正確結果應顯示：

```
joy@ms3.ols3.net
```

◉ LDAP 設定項說明

- server_host

  用途：設定 LDAP Server 的主機名稱，預設值是 localhost。

  說明：本設定項，可指定多部 LDAP Server，也可同時指定 LDAP Server 的連接通道（port）。不過，能否連接多部 LDAP Server，和 LDAP Client 端使用的函式庫是否支援有關。

  用例 1：指定 LDAP Server 時，也指定連接通道為埠號 1688。若不加埠號，預設會使用 389 port。這裡指定的埠號，優先權高於 server_port 的設定。

  ```
  server_host = ldap.example.com:1688
  ```

  用例 2：可指定多部 LDAP Server。若是 OpenLDAP，可加上「ldap://」的協定位址符號。

  ```
  server_host = ldap://ldap.example.com:1688
                ldap://ldap2.example.com:1688
  ```

  用例 3：若是 OpenLDAP，可加上 Client 端函式庫有支援的協定位址符號，包括 Unix Domain Socket 和 LDAP SSL。

```
erver_host = ldapi://%2Fvar%2Frun%2Fslapd%2fslapd.sock
                ldaps://ldap.example.com:636
```

列 1，使用 Unix Domain Socket 連接 OpenLDAP，其中，「%2F」是 URI 位址的編碼，對應的字元為路徑分隔符號「/」。

列 2，使用 SSL 協定和 LDAP Server 連接，前提是 OpenLDAP 在編譯時須有加入 SSL 的支援才行。

■ server_port

用途：設定 LDAP Server 接受連線的通道，預設值是 389。

用例：

```
server_port = 778
```

■ timeout

用途：設定 LDAP 連線 session 的有效時間，預設值是 10 秒。

用例：

```
timeout = 5
```

■ search_base

用途：設定 LDAP 的命名環境，即搜尋時建構識別名稱的基礎 dn。

用例：

```
search_base = dc=ols3, dc=net
```

說明：

search_base 支援以下替換符號：

表 19-3-1：search_base 的替換符號

替換符號	作用
%%	替換成 '%' 這個字元本身。
%s	輸入鍵，由 Postfix 餵入資料。若以單引號含括，可避免危險的特殊字元。
%u	若 Postfix 餵入的資料是 user@domain 型式的位址，則 %u 代表人名部份 user；若不是左述型式，則 %u 代表全部輸入的字串。
%d	若 Postfix 餵入的資料是 user@domain 型式的位址，則 %d 代表域名部份；若不是該型式，則本次查詢會停止，且沒有傳回結果。

替換符號	作用
%S、%U、%D	分別和 %s、%u、%d 的作用相同，輸入時改以大寫字元組成的字串。
%[1-9]	由右至左，把輸入鍵的域名分解，分別對應到 %1, %2, ... %9。例如：若輸入鍵為「user@mail.example.com」，則 %1 代表 com、%2 代表 example、%3 代表 mail，其他依此類推。

- query_filter

    用途：設定 LDAP 查表的搜尋條件。

    說明：query_filter 亦支援替換符號，格式請參考表 19-3-1。

    用例：

    ```
    query_filter = uid=%u
    ```

    這裡，設定查詢條件為「uid=%u」。其中，Postfix 會用收件者郵址的人名部份取代 %u。

- result_format

    用途：設定 LDAP 查表時，回傳結果的格式。在 Postfix 2.2 版以前，稱為 result_filter，為避免混淆，自 2.2 版之後，改稱為 result_format。

    用例：

    ```
    result_format  =  smtp:[%s]
    ```

    說明：result_format 同樣支援替換符號，格式請參考表 19-3-1，所不同的是，各替換符號是回傳的資料（如 %s）或其中一部份（如 %d）。以 %u 為例，%u 是指在查詢結果中，使用者郵件位址的人名部份。

- domain

    用途：合格的域名列表。

    用例：

    ```
    domain = example.com, hash:/etc/postfix/searchdomains
    ```

    說明：只有列表中的域名所組成的「人名@域名」型式，才會當成輸入鍵來查詢，若單只有人名或單只有域名則不查詢，如此可減少 LDAP Server 的查詢負擔。

■ result_attribute

用途：設定欲傳回的 LDAP 屬性，可指定多種屬性。

用例：

```
result_attribute = mail, sn, homeDirectory
```

■ version

用途：指定要連接使用的 LDAP 協定版本，預設為版本 2，即 LDAPv2。

用例：

```
version = 3
```

Postfix 還支援許多 LDAP 設定項，限於篇幅的關係，無法盡列於此，讀者可參考 Postfix 網站上的文件，位址如下：

```
http://www.postfix.org/ldap_table.5.html
```

Postfix 瓶頸分析與效能調整

Postfix 是一個安全與效能兼具的 MTA，面對各種狀況，Postfix 自己本身就可以處理很好，彈性十足。不過，總是有不如人意的時候，例如：管理員設定錯誤、突然無法接收郵件、無法傳遞郵件、作業平台系統軟體出了問題、硬體出狀況、系統資源不足、遭受網虫攻擊、郵件流量過高、無法遞送的郵件積壓過多、系統回應速度變慢、等等。

本章將介紹，在 Postfix 中，一位郵件管理員如何面對問題，找出對策，並且，調整郵件系統，使郵件主機能在高效能的狀態下，安全且平順地，完成傳遞郵件的任務。

20.1　Postfix 除錯

郵件管理員最常碰到的問題有兩個：一、無法接收郵件，二、無法傳遞郵件。面對這種情況，通常，我們嘗試解決問題的方法，都是先查看郵件記錄檔，尋找相關的錯誤訊息，再研判發生問題可能的原因，然後，擬訂略策，調整設定，重新載入 Postfix，再進行反覆的測試，一直到問題解決為止。

不過，如果碰到比較奇怪棘手的症狀，光用前述的方法，未必就能解決，這時，可能就要改用其他方法，或者運用除錯工具來幫忙了。

以下筆者列出，在管理 Postfix 系統時，經常運用的幾種除錯的方法：

1.　找出設定檔目錄

　　Postfix 除錯的第一步是確定設定檔的目錄位置，並檢查其設定是否正確。

作法：

```
root@demo:~# postconf config_directory
config_directory = /etc/postfix
```

上述訊息的結果表示，設定檔目錄的位置是在 /etc/postfix。

接著檢查設定檔：

```
postfix check
```

若有誤訊訊息，請根據出處，修正之。

檢查設定檔語法的正確性，只是最基本的工夫。語法正確，並不代表 Postfix 的運作就能照著我們的規劃執行，有些邏輯上的錯誤（但語法沒問題），不一定就能馬上發覺，即便發現了，要怎麼解決，可能，也不是一件簡單的事情。這時，就要由各子系統的運作原理切入思考了。這就是為什麼，筆者在本書前面各章，要不斷地說明 Postfix 各個層面其運作細節的原因，唯有瞭解了原理，在面對問題時，才能正確地把脈診斷，找出病因，從而擬定出確實有效的解決策略。

瞭解觀念、原理是非常重要的一件事，這一點，許多管理人員經常沒有耐心去面對。須知：有了觀念，才會有技術，一旦日子長了，系統管理的工夫才能紮得又穩又深。

2. 查找郵件記錄檔中的錯誤訊息

作法：

```
egrep '(warning|error|fatal|panic):' /var/log/mail.log | less
```

這裡使用 egrep 指令，由郵件記錄檔 mail.log 中尋找四種問題的癥候訊息，用例結果如下：

```
Sep  6 12:17:20 dns postfix/smtpd[16144]: warning: hostname mail2.
example.com does not resolve to address 60.249.xxx.94 : No address
associated with hostname
```

這裡出現了警告訊息（warning）：來源端的主機名稱 mail2.example.com 和來源端的 IP 60.249.xxx.94 不符，而且 mail2.example.com 在 DNS 中根本就查不到 IP。

果然，我們在郵件記錄檔中，接著就發現了拒收郵件的訊息：

```
Sep  6 10:32:17 dns postfix/smtpd[15780]: NOQUEUE: reject: RCPT from
unknown[60.249.xxx.94]: 450 4.7.1 <mail2.example.com>: Helo command
rejected: Host not found; from=<webmaster@mail2.example.com>
to=<ols3@lxer.idv.tw> proto=ESMTP helo=<mail2.example.com>
```

這是因為在 main.cf 中，我們做了如下的傳入限制：

```
01.  smtpd_helo_restrictions=
02.       permit_mynetworks
03.       reject_invalid_hostname
04.       reject_non_fqdn_hostname
05.       reject_unknown_hostname
06.       check_helo_access hash:/etc/postfix/check_helo
07.       check_policy_service unix:private/policyd-spf
```

列 3 和列 5，若發現來源端的主機名稱無效，或是在 DNS 中未對應到任何
IP 位址，則一律拒收郵件。

解決的方法是，請對方調整主機名稱的設定，並在 DNS Server 中設妥主機
名稱和 IP 位址的對應。

再來看一個例子：

```
egrep 'status=bounced' /var/log/mail.log
```

這裡使用關鍵字尋找無法傳遞郵件出去而被退信的訊息
（status=bounced），用例結果如下：

```
Sep  6 13:19:19 dns postfix/smtp[16424]: 18B068157D:
to=<ols3err@gmail.com> status=bounced (host
gmail-smtp-in.l.google.com[74.125.203.27] said: 550-5.1.1 The email
account that you tried to reach does not exist.
```

由上述訊息可看出：收件者 ols3err@gmail.com 並不存在，原來收件者帳號
名稱拼錯了，只要請寄件者把收件者的名稱由 ols3err 改成 ols3er 即可。

補充說明訊息關鍵字的意義：

表 20-1-1：Postfix 的錯誤訊息關鍵字

panic	這是軟體本身的問題，只有程式作者才能解決。修正後，Postfix 才能再繼續運作。
fatal	檔案遺失、檔案權限錯誤、設定檔中存在錯誤的設定項。修正後，Postfix 才能再繼續運作。

error	錯誤報告。為安全計，若出現 13 次以上的錯誤，Postfix 便會終止行程。
warning	不是嚴重的錯誤，但應儘速修正，若不然，日後可能會造成 Postfix 無法執行。

3. 由內部進行偵錯

除了查看郵件記錄檔之外，也可以利用 Postfix 來產生郵件遞送報告，根據此報告的內容，便可查探發生問題可能的原因。這份報告除了可看出寄件者/收件者郵件位址在經過位址改寫、別名擴展、轉送郵件後的處理情況，也可以看出遞送郵件到本機信箱、外部程式、以及遠端郵件主機的回應訊息等等。Postfix 會將這份郵件遞送報告，寄給執行此一偵測指令者的帳號信箱。

假設寄往收件人 mary@mail2.example.com 的郵件老是出現問題，以下有兩種產生遞送報告的作法。

* 作法一、只產生郵件遞送報告，但並不會真的寄出測試郵件

以一般帳號 jack 登入郵件主機，執行：

```
jack@mail:~$ /usr/sbin/sendmail -bv mary@mail2.example.com
```

執行結果如下：

```
Mail Delivery Status Report will be mailed to <jack>.
```

報告的內容：

```
01.  Reporting-MTA: mail; mail.lxer.idv.tw
02.  X-Postfix-Queue-ID: EE2A681730
03.  X-Postfix-Sender: rfc822; jack@lxer.idv.tw
04.  Arrival-Date: Sat,  6 Sep 2014 13:48:41 +0800 (CST)
05.
06.  Final-Recipient: rfc822; mary@mail2.example.com
07.  Action: undeliverable
08.  Status: 5.4.4
09.  Diagnostic-Code: X-Postfix; Host or domain name not found. Name
service error
10.      for name=mail2.example.com type=A: Host not found
```

前四列是產生報告的主機資訊，後五列是傳送郵件的結果，列 7 表示無法遞送，列 8 是傳送結果的狀態代碼，列 9～10 是錯誤診斷的結果，無法遞送郵件的原因是該主機在 DNS 中沒有設定任何 IP 位址。

- 作法二、產生郵件遞送報告；在命令列中編輯郵件，並寄出測試郵件

```
01.  jack@mail:~$ /usr/sbin/sendmail -v mary@mail2.example.com
02.  test mail...
03.  .
04.  Mail Delivery Status Report will be mailed to <jack>.
```

列 2 是測試信件的內容，列 3 '.' 表示測試信件的內容到此結束，列 4 表示遞送報告已寄到登入帳號 jack 的本機信箱。

4.　關閉 chroot 執行模式

如果郵件問題持續發生，一時之間找不出原因，那麼，可以考慮暫時關閉 Postfix 的 chroot 執行模式，方法是編輯 master.cf，將行程設定列中第 5 個欄位改成 n，用例如下：

```
01.  cd /etc/postfix
02.  cp master.cf master.cf.bk
03.  vi master.cf
04.  # ================================================================
05.  # service type  private unpriv  chroot  wakeup  maxproc command
06.  #               (yes)   (yes)   (yes)   (never) (100)
07.  # ================================================================
08.  smtp      inet  n       -       n       -       -       smtpd
```

列 2，先做備份，以免修改錯誤無法復原。

列 8，第 5 個欄位（chroot）改成 n。

接著，重新載入 Postfix，然後，持續觀察郵件問題是否已經消失？若問題解決了，這就表示問題的根源很有可能是 chroot 的執行環境沒有設定好的關係，例如：chroot 需要的函式庫沒有拷貝到 chroot 目錄、基本的主機設定檔不存在、檔案權限錯誤等等。因此，解決的方法就是重新設妥 chroot 環境，或者，乾脆就不要啟用 chroot 模式。

5.　針對特定主機列表，提高記錄檔訊息的詳細程度，以利偵錯

編輯 main.cf：

```
debug_peer_level = 3
debug_peer_list = mail2.example.com, 192.168.1.188
```

上述設定，凡是 debug_peer_list 列表中的主機名稱或 IP，在郵件記錄檔中的訊息，其詳細程度均提高到 level 3（預設是 level 2）。

6. 利用 sniffer 工具記錄 SMTP 傳輸過程

   例如，利用 tcpdump 記錄 Postfix 和郵件主機 mail2.example.com 的傳輸過程，作法如下：

   ```
   tcpdump -w /tmp/dump.mail2 -s 0 host mail2.example.com and port 25
   ```

   經過一段時間之後，按 Ctrl-C 中斷執行，然後再用 ethereal 或 wireshark 等工具來判讀 /tmp/dump.mail2。當然，若您能力夠的話，只使用分頁顯示工具 less 來觀看，也是可以的。

7. 啟用 daemon 程式留下詳細訊息的選項：

   ```
   # 編輯 /etc/postfix/master.cf:
   smtp      inet n    -    n    -    -    smtpd -v
   ```

   在 daemon 命令列中加入 -v 的選項，可讓行程在執行時留下較詳細的訊息，有利於偵錯。除了 smtpd 之外，其他像是 cleanup、trivial-rewrite、qmgr、local、pipe、smtp、virtual、lmtp、oqmgr 等等，都可以加上 -v 的選項。

8. 使用工具，手動追蹤 Postfix 的伺服器行程

   ```
   # Linux 平台
   strace -p 行程編號

   # Solaris、FreeBSD 平台
   truss -p 行程編號

   # 一般 4.4BSD 平台
   ktrace -p 行程編號

   # SunOS 4 平台
   trace -p 行程編號
   ```

   以 Debian 為例，若主機中沒有 strace/ltrace，可用以下指令安裝：

   ```
   apt-get update
   apt-get install strace ltrace
   ```

   ltrace 可進一步用來追蹤系統的函式庫呼叫，用法如下：

   ```
   ltrace -p 行程編號
   ```

   strace 和 ltrace 可讓我們了解 Postfix 的行程在系統底層的工作細節，當然，要判讀這些資訊，需要有系統程式方面的相關知識才行。

9. 使用工具，自動追蹤 Postfix 的伺服器行程

和前一個方法類似，也是使用 strace/ltrace 等工具，不過，這裡是改成由 Postfix 的伺服器行程自動呼叫 strace/ltace，作法如下：

1. 修改 master.cf，在命令列加入選項 -D：

```
smtp       inet n     -    n     -     -      smtpd -D
```

2. 編輯 main.cf，設定 debugger_command 參數：

```
debugger_command =
        PATH=/bin:/usr/bin:/usr/local/bin;
        (strace -p $process_id 2>&1 | logger -p mail.info) & sleep 5
```

其中，logger 是 shell 到 syslog 的介面程式，在 Debian 中，它是屬於 bsdutils 套件的一部份。

10. 使用 ddd 除錯程式，追蹤 Postfix 的伺服器行程

1. 修改 master.cf，在命令列加入選項 -D：

```
smtp       inet n     -    n     -     -      smtpd -D
```

2. 編輯 main.cf，設定 debugger_command 參數：

```
debugger_command =
        PATH=/bin:/usr/bin:/usr/local/bin:/usr/X11R6/bin
        ddd $daemon_directory/$process_name $process_id & sleep 5
```

3. 設定 X window 的存取控制：

```
export XAUTHORITY=$HOME/.Xauthority
```

11. 使用 gdb 除錯程式，協同 screen 程式，追蹤 Postfix 的伺服器行程

1. 修改 master.cf，在命令列加入選項 -D：

```
smtp       inet n     -    n     -     -      smtpd -D
```

2. 編輯 main.cf，設定 debugger_command 參數：

```
debugger_command =
        PATH=/bin:/usr/bin:/sbin:/usr/sbin; export PATH; HOME=/root;
        export HOME; screen -e^tt -dmS $process_name gdb
        $daemon_directory/$process_name $process_id & sleep 2
```

重新載入 Postfix 之後，連接 screen，開啟 gdb 互動偵錯畫面：

```
# HOME=/root screen -r
gdb) continue
gdb) where
```

12. 使用 gdb 除錯程式，在非互動模式下，追蹤 Postfix 的伺服器行程

1. 修改 master.cf，在命令列加入選項 -D：

```
smtp        inet n    -    n    -    -    smtpd -D
```

2. 編輯 main.cf，設定 debugger_command 參數：

```
debugger_command =
        PATH=/bin:/usr/bin:/usr/local/bin; export PATH; (echo cont;
echo
        where; sleep 8640000) | gdb $daemon_directory/$process_name
        $process_id 2>&1
        >$config_directory/$process_name.$process_id.log & sleep 5
```

這裡是設定：把偵錯的訊息，轉向存入「Postfix 的設定檔目錄/行程名稱.行程編號.log」的記錄檔中。

3. 重新載入 Postfix。

20.2 郵件佇列瓶頸分析

如果 Postfix 主機處理郵件的速度變慢了，第一個想到的，可能是佇列塞滿了待處理的郵件所致。那麼，為什麼郵件會塞在佇列中呢？原因可能有很多。本節將介紹觀察郵件佇列的方法、分析郵件擁塞可能的原因，以及各種狀況的解決之道。

◉ 佇列分析工具

qshape 是 Postfix 所附的佇列分析工具，當主機處理郵件的速度變慢時，我們可以利用這支工具列出佇列擁塞的狀況。在 12.3 節已初步介紹過 qshape 的用法，以及如何觀看佇列郵件統計表的方法，請參考該節的說明。

以 active 佇列為例，其基本用法如下：

```
# 觀察寄件者來源位址的郵件統計表
qshape -s active
# 觀察收件者位址的郵件統計表
qshape active
```

如果發現某一域名的郵件堆積甚多，那麼，就應該趕快查看郵件記錄檔。

假設 qshape 輸出的統計結果如下表：

```
                    T    5   10   20   40    80   160 320 640 1280 1280+
            TOTAL 5000  200  200  400  800  1600 1000 200 200  200   200
mail2.example.com 4000  160  160  320  640  1280 1440   0   0    0     0
          ...
```

由此表可看出 mail2.example.com 的郵件十分擁塞，於是趕緊執行以下這兩道命令，查看此域名的郵件記錄訊息，或許可以由這些訊息中找出發生問題的原因。

查看以此域名為收件者位址的方法：

```
root@demo:~# tail -10000 /var/log/mail.log |
        egrep -i ': to=<.*@mail2\.example\.com>,' |
        less
```

查看以此域名為寄件者來源位址的方法：

```
root@demo:~# tail -10000 /var/log/mail.log |
        egrep -i ': from=<.*@mail2\.example\.com>,' |
        less
```

這兩個命令都是先利用 tail 指令找出郵件記錄檔末 10000 列，然後利用 egrep 指令比對 to 和 from 的樣式，找到之後，再交給分頁顯示程式 less 顯示出來。

也可以使用佇列編號來尋找記錄訊息。

假設郵件的佇列編號為 3B1236EF86，以下指令可找出此佇列編號的郵件：

```
root@demo:~# tail -10000 /var/log/mail。log | egrep ': 3B1236EF86: '
```

尋找郵件記錄檔中的警告或錯誤訊息：

```
root@demo:~# egrep 'qmgr.*(panic|fatal|error|warning):' /var/log/mail.log
```

綜合上述這些步驟所得到的資訊，應該就可以判斷：造成此域名的郵件之所以塞在佇列之中的可能原因。

接下來，我們來觀察一下，各種佇列的擁塞狀況，以及如何解決問題的策略和方法。

健康的郵件佇列

一般而言，Postfix 的處理效能是相當不錯的，因此，平常在郵件佇列中，不易看到有郵件留存於其中。

以下是健康的郵件佇列統計表：

```
root@demo:~# qshape
              T  5 10 20 40 80 160 320 640 1280 1280+
     TOTAL    5  0  1  0  0  0   0   1   0    1     2
 gmail.com    5  0  1  0  0  0   0   1   0    1     2
```

此表是執行 qshape 的結果，呈現的是 incoming 和 active 佇列，在正常的情況下，這兩個佇列中的郵件由於很快都被處理好了，因此，這兩個佇列大多是空的。（若然，恭喜你！）

也可以分開來查看。

只查看 incoming 佇列：

```
root@demo:~# qshape incoming
              T  5 10 20 40 80 160 320 640 1280 1280+
     TOTAL    0  0  0  0  0  0   0   0   0    0     0
```

只查看 active 佇列：

```
root@demo:~# qshape active
              T  5 10 20 40 80 160 320 640 1280 1280+
     TOTAL    5  0  1  0  0  0   0   1   0    1     2
 gmail.com    5  0  1  0  0  0   0   1   0    1     2
```

如果佇列的內容是長這個樣子，那麼，就請您繼續快樂地擔任郵件管理員吧！

延遲佇列遭受字典攻擊

如果對於某一域名的郵件，沒有做好收件者存在性的驗證，那麼，很可能會收下一大堆無效的郵件（即收件者不存在），不但無法轉遞出去，而且還會造成大量退信並回射給無辜使用者的現象（此稱為 backscatter）。

以下是對延遲佇列的分析用例：

```
root@demo:~# qshape deferred | head
                   T   5  10  20  40  80 160 320 640 1280 1280+
           TOTAL 2234   4   2   5  10  30  57 108 301  364  1353
    yahoo.com.tw  207   0   0   1   1   6   6   8  25   68    92
      gmail.com   105   0   0   0   0   0   0   0   5   44    56
      hinet.net    63   2   1   2   4   4  14  14  14    8     0
     homail.com    49   0   0   0   1   0   2   4   3   16    23
  groups.msn.com   46   0   0   0   0   1   0   2   6   12    25
    livemail.tw    44   0   0   0   0   1   0   2   8   11    22
      freesf.tw    43   1   0   0   1   1   3   3   6   12    16
       ols3.net    41   0   0   0   0   0   1   2  11   12    15
```

由此表可看出，這部郵件主機近日疑似曾遭到字典攻擊，即寄件者以字典列表的單字隨機亂填，寄件的域名眾多且分散，不過，在最近的時間內，此攻擊傳入的郵件已在逐漸減少之中，例如：由 yahoo.com.tw 那一列可看出，無法投遞的延遲郵件數量越來越少（要由右往左看），這表示字典攻擊的高峰已經過去了。管理員此時應檢查一下 incoming 和 active 佇列，只要這兩個佇列沒有擁塞的狀況，那麼，堆積在延遲佇列 defferred 中的無效郵件，對主機的傷害就不會太大。

再來查看寄件者來源位址的統計：

```
root@demo:~# qshape -s deferred | head
                    T   5  10  20  40  80 160 320 640 1280 1280+
           TOTAL 2192   3   4   6   8  33  56 104 205  465  1309
   MAILER-DAEMON 1708   3   4   6   8  33  55 101 198  452   849
     example.com  265   0   0   0   0   0   0   0   0    4   261
     example.org  219   0   0   0   0   0   1   3   6   21   188
     example.net    6   0   0   0   0   0   0   0   0    0     6
     example.edu    3   0   0   0   0   0   0   0   0    0     3
     example.gov    2   0   0   0   0   0   0   0   1    0     1
     example.mil    1   0   0   0   0   0   0   0   0    0     1
```

由 MAILER-DAEMON 那一列可看出，果然要退回的信件佔絕大多數（退信的寄件者名稱為 MAILER-DAEMON）。

面對上述狀況，解決之道是：

1. 趕快檢查 main.cf 的設定，對寄宿域名的郵件一定要做好收件者存在性的檢查。

編輯 /etc/postfix/main.cf：

```
01.  smtpd_recipient_restrictions =
02.      permit_mynetworks
03.      reject_unauth_destination
04.      reject_unknown_recipient_domain
05.      reject_unverified_recipient
06.
07.  unverified_recipient_reject_reason = Address lookup failed
```

列 3，對未授權的目的地拒絕轉遞郵件。

列 4，對未知收件者域名的郵件拒絕接收。

列 5，對已知會被退信的收件者或是無法傳送到達的域名，皆拒絕接收。

列 7，設定拒收郵件的訊息字串。

2. 使用佇列管理工具，清理延遲佇列：

```
postsuper -d ALL deferred
```

◉ 作業佇列擁塞

有使用者反應，郵件主機的回應速度非常緩慢，無法接收郵件，此時，管理員馬上執行 qshape 查看郵件佇列統計表，結果如下：

```
root@demo:~# qshape
                    T   5  10  20  40  80  160  320   640  1280  1280+
            TOTAL 11268  0   0   1   1  52  198  241  2248  3056   5471
   lists1.example.com 8358  0   0   0   0  30  100  120  1690  2200   4218
   lists2.example.com 2622  0   0   0   0  22   80  100   400   810   1210
     mail.example.org  102  0   0   0   0   0    0    2   100     0      0
```

此表中，T 代表在 incoming 和 active 佇列中的郵件統計，其數量竟然高達一萬多封。通常這兩個佇列不會有太多的郵件在其中才對，如果其中塞滿了郵件，那麼必定是某一個環節出現了問題。

觀察上表的第三和第四列可知，多數郵件的目的域名均指向郵件論壇 list1 和 list2，據此推測應該是論壇的投遞程式出現了問題，疑似是無窮迴圈（可能 procmail 的過濾規則設定有誤），由於郵件無法轉遞出去，新郵件又不斷地擠壓進來，因此，造成佇列中的郵件數量快速地增加。

很清楚地，問題目標是這兩個郵件論壇位址，因此，管理員只要針對這兩個位址檢修論壇的投遞程式（包括虛擬別名對照表的設定都要檢查），應該就可以快速地修正問題、排除障礙了。

◉ 傳送至某一目的端的郵件大量堆積

如果欲傳送郵件的目的主機故障無法接收郵件，那麼在延遲佇列 deferred 中可能會累積大量的郵件，甚至會累及作業佇列 active 也擁塞起來。

以下是利用 qshape 查詢延遲佇列的用例：

```
root@demo:~# qshape deferred | head
                 T    5   10   20   40    80   160  320  640 1280 1280+
        TOTAL 5000  300  300  500  700  1300  1000  300  300  200   100
      ols3.net 4000  180  180  300  660  1260  1420    0    0    0     0
```

由上表可以發現，過去這二三個小時以來，deferred 佇列開始大量地累積無法遞送至 ols3.net 的郵件，而且，其數量仍在持續地增加之中。如果 ols3.net 並沒有倒站，只是接收郵件的速度比較慢，此時，除了觀察延遲佇列之外，管理員應該再查看一下 active 佇列：

```
qshape active
```

如果 active 作業佇列也是擁塞的話，那麼，很顯然地，新郵件接收進來的速度，已遠超過遞送郵件至 ols3.net 的速度，在渲洩不及的情況下，當然就積壓了一大堆延遲的郵件囉。此時，管理員可以利用 access 對照表，請寄件者來源端暫時不要再傳送郵件進來。作法如下：

1. 編輯 /etc/postfix/check_sender：

```
piza@list.example.com    450  Some Kind Of Trouble. Try again later.
```

2. 編譯對照表：

```
postmap /etc/postfix/check_sender
```

3. 編輯 main.cf：

```
smtpd_sender_restrictions =
        permit_mynetworks
        reject_non_fqdn_sender
        reject_unknown_sender_domain
        check_sender_access hash:/etc/postfix/check_sender
```

4. 重新載入 Postfix：

```
postfix reload
```

這樣一來，若寄件者來源端和 check_sender 比對符合，Postfix 會傳回 450 的回應代碼，這表示 Postfix 會暫時拒絕對方連接。一旦問題故障排除了，只要拿掉 check_sender 的設定，便可重新接收此來源端的郵件。

另一種可能的狀況。如果欲傳送至目的端 ols3.net 的連線，迅速地被 ols3.net 所有的 MX 主機拒絕，或者對方因故持續快速地回應「421 Server busy errors」，那麼，此目的端很可能會被佇列管理程式標註為「倒站」（dead），若欲再往該處傳送郵件，就必須等待最小的積壓時間（$minimal_backoff_time）經過之後，Postfix 才會重新嘗試遞送。如果 ols3.net 的 MX 主機經常有這種回應現象的話，那麼，在惡性循環之下，延遲佇列中的郵件就會不斷地增加。為了避免這種狀況發生，我們可以將 ols3.net 設定在 smtp_connection_cache_destinations 之中：

```
smtp_connection_cache_destinations = ols3.net
```

往後，若和 ols3.net 的 MX 主機連接成功，本機的 Postfix 便可以把和對方的連線狀態快取起來，此快取持續的時間設定在參數值 $smtp_connection_cache_time_limit（預設是 2 秒），在這段時間內，後續的郵件就可以繼續地傳送，而不必每傳一封郵件就要重新連接對方一次，如此，可降低對方被本機佇列管理程式標註為倒站的可能性，而延遲佇列中的郵件數量便可逐漸地減少。

如果設定連線快取的方法，沒有辦法奏效，Postfix 還有一種解法：調高遞送郵件時可容忍的失敗次數，設定方法如下：

1. 編輯 /etc/postfix/main.cf：

```
01.  transport_maps = hash:/etc/postfix/transport
02.  trymore_destination_concurrency_failed_cohort_limit = 100
03.  trymore_destination_concurrency_limit = 20
```

列 1，定義傳輸路由表檔名為 transport。

列 2，設定和傳輸路由表中的站台連接失敗時，最大可容忍的次數為 100 次。未達此上限時，佇列管理程式不會把對方標註為「倒站」。

列 3，設定和傳輸路由表中的站台連接時，平行行程的個數最多為 20 個。

2. 編輯傳輸路由表 /etc/postfix/transport：

```
ols3.net   trymore:
```

這裡設定凡要往 ols3.net 遞送的郵件均叫用 trymore 的自訂行程。

3. 編譯傳輸路由表：

```
postmap /etc/postfix/transport
```

4. 編輯 /etc/postfix/master.cf，設立一個 smtp 的複製行程，名稱為 trymore：

```
# service type private unpriv chroot  wakeup  maxproc command
trymore   unix    -      -      n       -      20     smtp
```

5. 重新載入 Postfix。

最後，如果對方的主機接收郵件的速度實在太慢，即使我方把傳輸的行程數目降到 1 時，對方仍然無力負荷的話，那麼，可以考慮拉長投遞郵件的時間間隔，作法如下：

1. 編輯 /etc/postfix/main.cf：

```
01.   transport_maps = hash:/etc/postfix/transport
02.   tooslow_destination_rate_delay = 1
03.   tooslow_destination_concurrency_failed_cohort_limit = 100
```

列 2，設定往目的地投遞郵件的時間間隔拉長 1 秒鐘（原本預設值 $default_destination_rate_delay 是 0 秒，即投遞郵件沒有間隔時間）

2. 編輯傳輸路由表：

```
/etc/postfix/transport:
ols3.net   tooslow:
```

這裡設定，凡是要往 ols3.net 遞送的郵件，均叫用 tooslow 的自訂行程。

3. 編譯傳輸路由表：

```
postmap /etc/postfix/transport
```

4. 編輯 /etc/postfix/master.cf，設立一個 smtp 的複製行程，名稱為 tooslow：

```
# service type private unpriv chroot  wakeup  maxproc command
tooslow   unix    -      -      n       -             smtp
```

5. 重新載入 Postfix。

20.3 Postfix 自動調整負載壓力

在正常的狀況下，當 SMTP Client 端連接 Postfix 時，Postfix 的回應速度是很快的，不過，如果 SMTP Client 端的連線數超過 smtpd 服務行程的數量時，Postfix 處理外部連線的效能就會明顯地降低，SMTP Client 端必須等待某些 smtpd 處理連線完成後，才能進行連接。投遞郵件也是如此，如果等待處理的郵件數量很多，投遞時間便會顯著地拉長。

一部 Postfix 主機，可以服務外部 Client 端的連線數量，以及投遞郵件時可以及時處理的數量，我們稱之為 Postfix 的「負載壓力」。如果郵件數量突然出現暴衝（burst），使得接收或傳送郵件的任何一方，超過了 Postfix 行程可以處理的容量，此時則稱 Postfix 發生了「過載」（overload）。

郵件數量發生爆衝的原因，有可能是合法的郵件來源造成的，也有可能是惡意攻擊者造成的。例如：設定錯誤或者程式臭蟲，造成轉遞的郵件形成無窮迴圈，incoming 和 active 佇列塞爆了新郵件。又例如：網蟲攻擊（過去曾發生大量求職信病毒）、郵件字典攻擊、以及其他蓄意的攻擊等等。

那麼，如果 Postfix 出現過載的話，會有哪些症狀呢？

1. 首先，SMTP Client 端和 Postfix 連接時，Postfix 的回應會很緩慢，SMTP Client 端都要等很久，才得到 Postfix 回應「220 hostname.example.com ESMTP Postfix」的訊息。

2. 其次，在郵件記錄檔中會出現許多連通後斷線的訊息：「lost connection after CONNECT」，這是因為 SMTP Client 一直在等待 smtpd 的回應，苦等不到，所以就逾時斷線了。

3. Postfix 在郵件記錄檔中產生以下警示訊息，表示所有的服務行程都已被佔滿了：

```
Sep  8 10:24:36 demo postfix/master[27136]: warning: service "smtp"
 (25) has reached its process limit "30": new clients may experience
 noticeable delays
Sep  8 10:24:36 demo postfix/master[27136]: warning: to avoid this
 condition, increase the process count in master.cf or reduce the
 service time per client
Sep  8 10:24:36 demo postfix/master[27136]: warning: see
 http://www.postfix.org/STRESS_README.html for examples of
 stress-adapting configuration settings
```

Postfix 對此問題的建議是：一、增加 smtpd 服務行程的數量，二、縮減每個 Client 端連接伺服端時所佔用的服務時間。另外一個建議就是：啟用 Postfix 自動調節負載壓力的設定。

慶幸的是，若 Postfix 發生過載的現象，對合法的寄件者來說，並不會造成掉信的損失，只要管理員能儘速修正問題，一旦 Postfix 恢復正常，就可以再次順利地接收及轉遞郵件。

自動調整負載壓力

自 2.5 版開始，Postfix 加入了自動調整負載壓力的功能，其運作方式如下：

1. 如果所有的 smtpd 服務行程都在忙碌中，無法再供應給外部的 Client 連接，主管行程 master 會在郵件記錄檔中留下警示訊息，然後增加 smtpd 命令列的負壓選項參數「-o stress=yes」，接著 master 重新啟動 smtpd 行程（但仍然在連線中的服務行程不會被中斷）。

2. 一旦負壓的參數啟用之後，在 main.cf 中，數個連線設定項的值，隨即自動調整，影響到的設定項有：

```
01.  smtpd_timeout = ${stress?10}${stress:300}s
02.  smtpd_hard_error_limit = ${stress?1}${stress:20}
03.  smtpd_junk_command_limit = ${stress?1}${stress:100}
04.  # 以下是 Postfix 2.6 版以後支援的設定項：
05.  smtpd_per_record_deadline = ${stress?yes}${stress:no}
06.  smtpd_starttls_timeout = ${stress?10}${stress:300}s
07.  address_verify_poll_count = ${stress?1}${stress:3}
```

說明：

列 1，smtpd_timeout：smtpd 伺服端傳送回應並等待 SMTP Client 連線要求的逾時秒數。正常狀態下的預設值是 300 秒，若是負壓的狀況下，則縮短為 10 秒。

變數擴展 ${stress?10} 的解法是：若 $stress 的值不是空值，則取 10 為設定值。

變數擴展 ${stress:300} 的解法是：若 $stress 的值為空值，則取 300 為設定值。

因此，如果 stress 設成 yes 的話，則最終 smtpd_timeout 的設定值便是 10s（10 秒）。

列 2，smtpd_hard_error_limit：外部 Client 端在未完成遞送郵件的情況下，容許發生錯誤的次數。正常狀態下的預設值是 20 次，負壓情況下是 1 次。

列 3，smtpd_junk_command_limit：外部 Client 端可以傳送垃圾命令（例如：NOOP, VRFY, ETRN, RSET）的最大次數。正常狀態下的預設值是 100 次，負壓情況下是 1 次。

列 5，smtpd_per_record_deadline：改變 smtpd_timeout 時限的計數方式，正常狀態下（no），預設是以一次讀或寫的系統呼叫來計算；負壓情況下（yes），是以一個完整的傳送或接收來計數。

列 6，smtpd_starttls_timeout：設定 TLS 協定完成交握的時限，正常狀態下的預設值是 300 秒，負壓情況下是 10 秒。

列 7，address_verify_poll_count：verify 服務完成位址驗證的查詢次數，正常狀態下的預設值是 3 次，負壓情況下是 1 次。

由以上自動調整負載壓力的設定項可以看出，Postfix 主要的目的，是要讓合法的郵件在負載壓力極大的狀況下，仍可以繼續進行投遞。

怎麼知道 Postfix 主機是否支援自動調整負載壓力呢？判斷的方法如下：

1. 連接 smtpd：傳送測試信，或者用 telnet 指令，讓 smtpd 有作用。

   首先由外部主機，以 telnet 指令連接至 Postfix：

   ```
   telnet pbook.ols3.net 25
   Trying 220.130.228.194...
   Connected to pbook.ols3.net.
   Escape character is '^]'.
   220 pbook.ols3.net ESMTP Postfix
   ```

2. 在 Postfix 主機中執行 ps 指令，查看 smtpd 行程：

   ```
   root@pbook:~# ps ax|grep smtpd
   14980 ?        S      0:00 smtpd -t pass -u -c -o stress=
   ```

   如果在 smtpd 的行程訊息中，其選項參數的部份，有出現「-o stress=」或「-o stress=yes」，則表示這部 Postfix 主機有支援自動調整負載壓力的功能。

如果要強制開啟或關閉自動調整負載壓力的設定，在 main.cf 中設定 stress=yes 是無效的，必須修改 master.cf 才行，做法如下：

強制開啟：

```
# =============================================================
# service type  private unpriv  chroot  wakeup  maxproc command
# =============================================================
#
smtp      inet     n      -      n      -      -      smtpd
   -o stress=yes
```

強制關閉：

```
# =============================================================
# service type  private unpriv  chroot  wakeup  maxproc command
# =============================================================
#
smtp      inet     n      -      n      -      -      smtpd
    -o stress=
```

如果你是使用 submission 來供應 SMTP Client 連接，關閉的方法如下：

```
# =============================================================
# service type  private unpriv  chroot  wakeup  maxproc command
# =============================================================
submission inet   n      -      n      -      -      smtpd
    -o stress=
    -o . . . .
```

如果造成負載壓力的來源，不是因為主機遭受惡意攻擊的話，那麼，管理員應該修改 master.cf 的設定，調高 smtpd 的行程數量。但是，如果這麼做之後，smtpd 忙碌的情況仍然沒有改善，那麼，可能就要考慮提升主機硬體的等級了，例如：改用更快、更多的 CPU、增加記憶體、加速磁碟存取速度（改用 SSD）等等，如此才能滿足更多的連線要求。

20.4 手動調整負載壓力的設定

承上一節的說明，Postfix 自動調整負載壓力的方法，若無法疏解 SMTP Client 端連接逾時的問題，手動調整 Postfix 的設定，或許可以解決。

策略有四：

1. 調高 smtpd 服務行程的數量，供應更多的連接服務給 SMTP Client 端。

2. 減少每個 SMTP Client 端連接 smtpd 時消耗的時間。

3. 阻擋可疑的、惡意的 SMTP Client 端。

4. 啟用 postscreen。

◉ 調高 smtpd 服務行程的數量

這個方法要注意兩點：

一、由於系統需要更多的記憶體，因此增加實際的記憶容量是最直接的辦法；但如果暫時無法做到，可以考慮改用 cdb 取代 Berkeley DB 的 hash 或 btree 的查表格式。

二、如果要把最大的行程數調高到 1000 以上，除了 Postfix 的版本要在 2.4 版以後，作業系統的核心也必須支援事件過濾器的功能才行（kernel-based event filters），例如：BSD kqueue、Linux epoll、Solaris /dev/poll。

設定方法：

1. 編輯 main.cf：

```
default_process_limit = 200
```

調高預設的行程數量上限，這裡設定為 200。

2. 編輯 master.cf：

```
# ================================================================
# service type  private unpriv  chroot  wakeup  maxproc command
# ================================================================
smtp      inet   n       -       n       -       200    smtpd
```

將 smtpd 服務列第七個欄位 maxproc 的設定值設為 200。

3. 重新載入 Postfix：

```
postfix reload
```

◉ 減少 SMTP Client 端連線時耗用的時間

這個想法很簡單，如果能減少 SMTP Client 端連線時耗用的時間，smtpd 行程當然就可以服務更多的外部連線的要求。

策略有四：

1. 刪除沒有作用的黑名單偵測機制（RBL）。怎麼知道 RBL 已沒有作用呢？很簡單，只要查看郵件記錄檔即可，Postfix 會在記錄檔中留下 RBL 沒有反應的警示訊息。

2. 減少黑名單偵測機制的數量。如果不同的 RBL 的作用效果差不多，可以考慮刪掉其中一部份，如此可以減少連線時延遲耗用的時間。

3. 關閉內建的過濾表格 header_checks、body_checks，或者只保留少許必要的過濾規則。

```
# 編輯 main.cf：
# 關閉 header_checks
#header_checks = regexp:/etc/postfix/header_checks

# 關閉 body_checks
#body_checks = regexp:/etc/postfix/body_checks
```

4. 如果非要啟用 header_checks、body_checks，請把類似的過濾規則集中在一起：

```
01. # 編輯 /etc/postfix/header_checks：
02. if /^Subject:/
03.    /^Subject: virus found in mail from you/ reject
04.    /^Subject: ..other../ reject
05. endif
06.
07. if /^Received:/
08.    /^Received: from (postfix\.org) / reject forged client name in
received header: $1
09.    /^Received: from ..other../ reject ....
10. endif
```

列 2～4，集中擺放 /^Subject:/ 的樣式比對。

列 7～9，集中擺放 /^Received:/ 的樣式比對。

阻擋可疑的、惡意的 SMTP Client 端

如果惡意的 SMTP Client 端持續佔用 smtpd 連線服務，當然會妨礙其他合法的連線者，若有這種情況，可利用 RBL 和回應碼將可疑的 SMTP Client 端阻擋在外，如果確定是惡意的 Client 端的話，甚至可以在防火牆中設定規則予以濾除，例如，假設惡意的 Client 端其 IP 位址是 192.168.3.100，那麼可用 iptables 指令把它濾除：

```
/sbin/iptables -A INPUT -s 192.168.3.100 -j DROP
```

阻擋可疑的 SMTP Client 端的設定方法如下：

1. 編輯 /etc/postfix/main.cf，設定傳入限制列表：

```
01.  smtpd_client_restrictions =
02.       permit_mynetworks
03.       reject_rbl_client zen.spamhaus.org=127.0.0.10
04.       reject_rbl_client zen.spamhaus.org=127.0.0.11
05.       reject_rbl_client zen.spamhaus.org
06.
07.  rbl_reply_maps = hash:/etc/postfix/rbl_reply_maps
```

這裡使用的是 www.spamhaus.org 提供的 RBL 服務，列 3～4 指定傳回碼 127.0.0.10~11 主要是適用於非 MTA 的 Client 端，換言之，這些機器極有可能來自於具有動態 IP 位址的惡意殭屍網路（botnet）。關於指定傳回碼的用法，請參考：http://www.spamhaus.org/zen/。

列 7，是用來設定回應代碼對照表的路徑檔名。

2. 設定回應代碼對照表。

編輯 /etc/postfix/rbl_reply_maps：

```
zen.spamhaus.org=127.0.0.10 521 4.7.1 Service unavailable;
    $rbl_class [$rbl_what] blocked using
    $rbl_domain${rbl_reason?; $rbl_reason}

zen.spamhaus.org=127.0.0.11 521 4.7.1 Service unavailable;
    $rbl_class [$rbl_what] blocked using
    $rbl_domain${rbl_reason?; $rbl_reason}
```

這裡對於查詢 RBL 的傳回碼是 127.0.0.10 或 127.0.0.11，分別設定回應代碼 521 來拒絕 Client 端的連線。

如果您使用的 Postfix 版本是比較舊的 2.3～2.5 版之間，請將上述回應代碼
改成 421。

3.　重新載入 Postfix。

⬡ 啟用 postscreen

自 Postfix 2.8 版之後，Postfix 新增了 postscreen 的防禦機制，可用來防護 smtpd 行
程，避免發生過載的情形。筆者強烈建議，如果您有架設 Postfix，務必要啟用
postscreen，因為它實在是太棒、太好用了！還在使用舊版 Postfix 的朋友，也請
儘快升級吧。早升級，就可以早享受喔！

關於 postscreen 的用法，請參考 3.4 節的說明。

20.5　Postfix 效能調整

在預設情況下，Postfix 本身的執行效能已經很不錯了，除非是長期處於高承載的
郵件主機，否則幾乎沒有調整效能的必要。不過，還是有些基本原則可以遵循的，
按照這些原則來設定，百利無一害，其實也是很不錯的管理方針。這一節，將以
條列的方式呈現效能調整的原則，部份細節則以設定列說明。

調整效能的基本原則如下：

1.　先確定 Postfix 主機可以正常地傳送和接收郵件。若不行，請按 20.1 節的方
　　法進行偵錯。

2.　選擇合適的過濾郵件機制，調整過濾程式的效能，不要讓過濾程式佔用太
　　多時間。

3.　過濾程式的行程數量，應按郵件主機本身的硬體資源條件，經過嘗試錯誤
　　的觀察之後，設定合適的行程數量上限。

4.　避免使用耗時的對照表查詢機制。

5.　高承載的郵件主機應關閉 RBL 黑名單機制，並且關閉耗時的外部資料庫查詢。

6.　關閉內建的過濾表格 header_checks、body_checks，或者只保留少許必要的
　　過濾規則，等網虫的高峰期一過，立即關閉。

底下，筆者將按「接收郵件」以及「傳送郵件」時的階段，分別說明各種調整效能的原則和方法。

◉ 接收郵件時的效能調整原則

接收郵件時效能調整的基本原則如下：

1. 管理員應充份了解 maildrop、incoming、active 等佇列的運作原理，請參考 12.1 節的說明。

2. 架設本地端的 DNS 伺服器，供應給郵件主機查詢，一旦查詢 DNS 的速度加快了，接收郵件的工作效率也會提高。

3. 如果必須搭配使用 LDAP Server，請指定明確完整的域名資訊，以減少查詢時耗用的時間，如果可以，儘量避免查詢外部的 LDAP Server。

4. 如果郵件記錄檔中出現查不到 Client 端域名的現象，請檢查 /etc/resolv.conf，確定其中指向的 DNS Server 都能快速地回應、正確地查詢。

5. 如果 smtpd 服務行程的數量已達上限，請按 20.4 節的說明進行調整，避免讓 SMTP Client 端因枯等逾時而無法順利連接。

6. 啟用 submission 專門服務域內的使用者，smtpd 25 埠則留給外部的 SMTP Client 端連接。請參考 3.4 節。

7. 抑制出現過多錯誤行為的 SMTP Client 端。

   smtpd 行程對每一個 Client 端連線過程會自行記錄 Client 端的錯誤次數，如果錯誤次數累積達到上限，Postfix 會暫時予以延遲一小段連線時間。此法，主要是用來抑制行為疑似脫序的 Client 端。

8. 抑制連接次數過多的 SMTP Client 端。

關於第 7 點的設定方法如下：

```
# 錯誤次數的軟性上限，預設值是 10 次
smtpd_soft_error_limit = 10
# 若錯誤次數達到軟性上限，就開始將雙方的連線延遲，
# 錯誤次數每超過一次，延遲的時間長度就往上遞增，
# 此遞增值，預設值是 1 秒鐘。
smtpd_error_sleep_time = 1s
```

```
# 錯誤次數的硬性上限，預設值是 20 次
smtpd_hard_error_limit = 20
```

如果 Client 端連線錯誤的次數達到硬性上限，Postfix 就中斷連線。

利用這以上這三個設定項，管理員可以抑制行為疑似脫序的 Client 端，例如，若把 smtpd_hard_error_limit 設成 1 次，則 Client 只要有出錯，Postfix 就會馬上斷線。

關於第 8 點，smtpd 可以限制同一個 SMTP Client 連接的次數和頻率，這項統計工作，smtpd 是委由 anvil 行程負責，相關的連線限制設定如下：

```
# 同一 Client 端最大的可同時連線的次數，預設是 50 次：
smtpd_client_connection_count_limit = 50
# 同一 Client 端在單位時間內可以連線的最大頻率，預設沒有限制（0 代表無限制）：
smtpd_client_connection_rate_limit = 0
# anvil 計算頻率的單位時間，預設是 60 秒：
anvil_rate_time_unit = 60s
# 同一 Client 端在單位時間內要求遞送郵件的數量，預設沒有限制（0 代表無限制）：
smtpd_client_message_rate_limit = 0
# 同一 Client 端在單位時間內要求遞送的收件者人數，預設沒有限制（0 代表無限制）：
smtpd_client_recipient_rate_limit = 0
# 同一 Client 端在單位時間內要求 TLS 加密交握的次數，預設沒有限制（0 代表無限制）：
smtpd_client_new_tls_session_rate_limit = 0
# 哪些 Client 不必受到 anvil 統計次數的限制，預設 $mynetworks 的來源 IP 都不必受限：
smtpd_client_event_limit_exceptions = $mynetworks
```

如果要抑制 SMTP Client 連接的次數，可調降上述設定值，例如，頻率都設成 10 次，最大同時連線數為 5 次：

```
# 同一 Client 端最大的可同時連線的次數：
smtpd_client_connection_count_limit = 5
# 同一 Client 端在單位時間內可以連線的最大頻率：
smtpd_client_connection_rate_limit = 10
# anvil 計算頻率的單位時間，預設是 60 秒：
anvil_rate_time_unit = 60s
# 同一 Client 端在單位時間內要求遞送郵件的數量：
smtpd_client_message_rate_limit = 10
# 同一 Client 端在單位時間內要求遞送的收件者人數：
smtpd_client_recipient_rate_limit = 10
# 同一 Client 端在單位時間內要求 TLS 加密交握的次數：
smtpd_client_new_tls_session_rate_limit = 10
# 哪些 Client 不必受到 anvil 統計次數的限制，預設 $mynetworks 的來源 IP 都不必受限：
smtpd_client_event_limit_exceptions = $mynetworks
```

這樣一來，就不會有同一個 Client 端不斷地霸佔 smtpd 連線資源的問題。

傳遞郵件時的效能調整原則

傳遞郵件時效能調整的基本原則如下：

1. 管理員應充份了解 maildrop、incoming、active、以及 deferred 等佇列的運作原理，請參考 12.1 節的說明。

2. 如果遞送郵件的速度很慢，請參考 20.2 節，利用 qshape 來分析郵件佇列的瓶頸。

3. 如果一封郵件要傳送給一群人，請儘量在郵件中指定此群收件者的位址，對比「大量地以一對一的方式、個別地寄信給單一的收件人」來說，前者的效率要好很多。

4. 如果要餵送郵件，請儘量以 SMTP 協定的方式來傳送；避免直接叫用 /usr/sbin/sendmail。前者的效能較高。大量餵送郵件時，建議調整一下 smtpd_recipient_limit 的值，此參數可用來設定每一封郵件可以遞送的收件者人數，預設值是 1000 人。調整的設定方法如下：

    ```
    smtpd_recipient_limit = 2000
    ```

    這樣，可以把單一郵件可寄送人數的要求，拉高到每封郵件 2000 人。

5. 架設本地端的 DNS 伺服器，供應給郵件主機查詢，一旦查詢 DNS 的速度加快了，遞送郵件的工作效率也會提高。

6. 減少 smtp_connect_timeout（預設 30 秒）和 smtp_helo_timeout（預設 300 秒）的設定值，這樣的話，smtp 投遞程式與無法回應的 MTA 嘗試連接時，才不會浪費太多的時間。

7. 將正常郵件和問題郵件分流，即：設立一個特定的投遞程式，把有問題的域名都交給它負責處理。做法如下：

    編輯 /etc/postfix/transport：

    ```
    mail4.example.com    bugdest:
    ```

    編譯 transport：

    ```
    postmap /etc/postfix/transport
    ```

    編輯 /etc/postfix/master.cf：

    ```
    # service type  private unpriv  chroot  wakeup  maxproc command
    ```

```
bugdest    unix    -    -    n    -    -    smtp
```

重新載入 Postfix。

8. 將可以連通和不能連通的主機分流。方法是利用 smtp_fallback_relay 設立專門的轉遞主機，凡是找不到域名或無法連通的主機，都交給它嘗試遞送：

```
smtp_fallback_relay = [try2.example.com]
```

這裡指定 try2.example.com 嘗試遞送無法寄達的郵件。中括號 []，是告訴 Postfix 直接連接 try2.example.com，不必多費時間試圖尋找 try2.example.com 的 MX 主機來遞送郵件。

9. 調整延遲郵件嘗試遞送的頻率。

郵件無法遞送時，視為延遲郵件，歸究其原因，若是郵件本身的問題造成的，那麼，Postfix 會將郵件移入延遲佇列之中，並修改其檔案時間為下一次投遞的時間；若是接收端的問題（例如無法連通），則除了延遲時間之外，還要再多等一小段時間，Postfix 才會再嘗試遞送。

以下是管理員可以調整的遞送參數值：

```
# 佇列管理程式掃瞄延遲佇列的時間間隔，預設 300 秒
# Postfix 2.4 版之前預設是 1000 秒
queue_run_delay = 300s

# 最小積壓時間，預設 300 秒
minimal_backoff_time = 300s

# 最大積壓時間，預設 4000 秒
maximal_backoff_time = 4000s

# 佇列中可以存活的最長時間，預設 5 天
# 超過此段時間，延遲佇列中的郵件
# 會被當成無法遞送的郵件，而退信給原寄件者
# 若設成 0，則只要第一次無法遞送，就馬上退信
maximal_queue_lifetime = 5d

# 退信生命期，預設 5 天
# 凡寄件人標註為 MAILER-DAEMON 者，只能留存 5 天
bounce_queue_lifetime = 5d

# 佇列管理程式在記憶體中快取的收件者人數，
# 或者記憶體中快取在短期內「倒站」的狀態數
qmgr_message_recipient_limit (default: 20000)
```

```
# 傳輸至目的主機可以容忍的錯誤次數，超過即視為「倒站」。
# 預設值是 default_destination_concurrency_failed_cohort_limit
# 預設是 1 次
transport_destination_concurrency_failed_cohort_limit =
    $default_destination_concurrency_failed_cohort_limit

# 上述參數值會搭配以下設定：

# 相同目的主機，不同的收件人之間，投遞郵件時的間隔時間
# 預設是 0 秒
transport_destination_rate_delay =
    $default_destination_rate_delay
# 平行投遞的行程數量，預設是 20 個
transport_destination_concurrency_limit =
    $default_destination_concurrency_limit
# 一開始平行投遞的行程數，同一目的主機，預設是 5 個
initial_destination_concurrency = 5
```

請注意，如果只是一昧地增加嘗試遞送延遲郵件的頻率，或者使用佇列管理工具將所有延遲郵件「出清」重送，那麼，Postfix 的效能可能反而會變得更差，其基本症狀如下：

1. active 佇列變成飽和的狀態，塞滿重新投遞的延遲郵件。新郵件要遞送時，必須和延遲郵件競爭，因此投遞速度會變慢。

2. 投遞程式變成都在嘗試和無法投遞的主機連接。投遞新郵件的工作，反而被耽誤了。

如果投遞的郵件經常延遲，最好的辦法應該是修正發生延遲的主因，而非增加嘗試遞送的頻率；或者，把問題郵件交給 fallback_relay 指向的轉遞主機負責傳送，這樣可避免延誤正常的郵件。

10. 調整同時投遞的連線數。

Postfix 的佇列管理程式在指揮投遞工作時，一開始會先採取少量投遞的策略，如果對方沒啥問題，且流量順暢的話，則逐漸增加同時投遞的數量，但如果連線擁塞的話，就逐漸減少之。

有兩個設定項可控制上述行為：

```
# 同一投遞目的主機，一開始同時投遞的數量，預設值是 5：
initial_destination_concurrency = 5
# 同一投遞目的主機，最多可同時投遞的數量，預設值是 20：
# default_destination_concurrency_limit = 20
```

如果某一個域名可以調高同時投遞的數量（承載能力較高者），我們可藉由設立一個專門的投遞服務來達成此一目標，作法如下：

1. 編輯 main.cf：

```
# 設定傳輸表
transport_maps = hash:/etc/postfix/transport
# 這裡設定 upmore 服務同時投遞的次數為 30：
upmore_destination_concurrency_limit = 30
```

對特定目的地設定投遞次數的格式為：服務名稱_destination_concurrency_limit。

2. 編輯 transport，域名 example.com 的郵件，由 upmore 服務負責投遞：

```
example.com     upmore:
```

注意，upmore 的最右邊要加上 ':'。

3. 編譯 transport：

```
postmap /etc/postfix/transport
```

4. 編輯 master.cf，設定 upmore 服務成為一種 smtp 投遞程式：

```
# service type  private unpriv  chroot  wakeup  maxproc command
upmore    unix    -       -       n       -       30      smtp
      -o smtp_connect_timeout=5s
```

注意，這裡在 upmore 服務的 smtp 命令列中，增加選項 smtp_connect_timeout，指定較短的 smtp 連接逾時秒數（5 秒），對容許高承載的目的主機而言，同時投遞的效率便可提高。

5. 重新載入 Postfix。

11. 調整每一封投遞郵件的收件者人數。

投遞郵件時，可同時複製郵件給多個收件人，複製人數的上限預設值為 50，定義在以下設定項：

```
default_destination_recipient_limit = 50
```

我們也可以針對不同的投遞程式，設定不同的複製人數上限，其格式為：

```
服務名稱_destination_recipient_limit = 數量
```

例如：

```
upmore_destination_recipient_limit = 100
```

如果複製人數超過上限，佇列管理程式會將人數拆成較小的幾份，然後以平行的方式進行遞送。

12. 加快、加大磁碟快取。

13. 選用 SSD（固態硬碟），加快存取速度。這可能是目前提升 Postfix 存取速度，最有效但也較為昂貴的方法。（期待 SSD 快點降價囉！）

20.6　郵件記錄檔分析

使用人工的方式查看及分析郵件記錄檔，是一件十分累人的工作，如果有個工具可以幫忙，那該有多好。Pflogsumm 正是這樣的一支好工具，可幫我們分析 Postfix 的郵件記錄檔。

原始程式的下載位址：

```
http://jimsun.linxnet.com/postfix_contrib.html
```

使用 deb 套件來安裝，方法很簡單：

```
apt-get update
apt-get install pflogsumm
```

用法：

```
pflogsumm [選項] 郵件記錄檔的路徑檔名
```

用例：

```
pflogsumm /var/log/mail.log
pflogsumm -d today /var/log/mail.log
```

pflogsumm 會呈現許多報表，例如：匯總、每日郵件來往統計、每小時統計、以域名和主機名稱列表呈現傳送和接收郵件的排行統計、寄件者和收件者的信件數量排行統計、寄件者和收件者的信件大小排行統計，還有延遲、退信、拒收郵件等項目的統計，警示和錯誤訊息等等，真是非常地好用。

我們可以在 crontab 中設定，每日執行 pflogsumm 一次，並將統計結果郵件給管理員 admin，方法如下：

1. 編輯 crontab：

```
crontab -u root -e
```

2. 建立自動執行的 script：

編輯 /root/gen-pflog.sh

```
01.  #! /bin/bash
02.  # 管理員的郵件位址或本機帳號名稱
03.  mailto=admin
04.  # 產生報表，寄給管理員
05.  /usr/sbin/pflogsumm -u 5 -h 5 --problems_first \
06.      -d today /var/log/mail.log \
07.      | mail -s "pflogsumm report $(date)" $mailto
```

列 5，叫用 pflogsumm 產生報表之後，將統計結果透過管線，利用 mail 指令寄出。

-u 5 是指：呈現使用者郵件前 5 名的排行統計。-h 5 是指前呈現域名郵件前 5 名的排行統計。--problems_first 會先呈現延遲、退信、警示等訊息。-d today 的意思是說：只產生今日的郵件統計報表。

3. 設定執行權：

```
chmod +x /root/gen-pflog.sh
```

4. 在 crontab 加入以下設定：

```
59 23 * * * /root/gen-pflog.sh
```

這裡安排每日午夜，自動產生報表，並將統計結果郵寄給管理員。

Postfix 郵件系統建置手冊

作　　者：臥龍小三
企劃編輯：莊吳行世
文字編輯：王雅雯
設計裝幀：張寶莉
發 行 人：廖文良

發 行 所：碁峰資訊股份有限公司
地　　址：台北市南港區三重路 66 號 7 樓之 6
電　　話：(02)2788-2408
傳　　真：(02)8192-4433
網　　站：www.gotop.com.tw
書　　號：ACN026600
版　　次：2014 年 11 月初版
建議售價：NT$680

商標聲明：本書所引用之國內外公司各商標、商品名稱、網站畫面，其權利分屬合法註冊公司所有，絕無侵權之意，特此聲明。

版權聲明：本著作物內容僅授權合法持有本書之讀者學習所用，非經本書作者或碁峰資訊股份有限公司正式授權，不得以任何形式複製、抄襲、轉載或透過網路散佈其內容。
版權所有 ● 翻印必究

國家圖書館出版品預行編目資料

Postfix 郵件系統建置手冊 / 臥龍小三著. -- 初版. -- 臺北市：碁峰
　資訊, 2014.11
　　面；　公分
　ISBN 978-986-347-355-8 (平裝)
　1.電子郵件　2.電腦程式
312.1692　　　　　　　　　　　　　　　　　　103020889

讀者服務

- 感謝您購買碁峰圖書，如果您對本書的內容或表達上有不清楚的地方或其他建議，請至碁峰網站：「聯絡我們」\「圖書問題」留下您所購買之書籍及問題。(請註明購買書籍之書號及書名，以及問題頁數，以便能儘快為您處理)
http://www.gotop.com.tw

- 售後服務僅限書籍本身內容，若是軟、硬體問題，請您直接與軟體廠商聯絡。

- 若於購買書籍後發現有破損、缺頁、裝訂錯誤之問題，請直接將書寄回更換，並註明您的姓名、連絡電話及地址，將有專人與您連絡補寄商品。

- 歡迎至碁峰購物網
http://shopping.gotop.com.tw
選購所需產品。